现代铝合金板带

投资与设计、技术与装备、产品与市场

周鸿章　谢水生　编著

北　京

冶金工业出版社

2012

内 容 提 要

　　本书是一部集现代铝合金板带项目投资与设计、技术与装备、产品与市场等于一体的、符合现代企业科学和创新发展的综合性技术读物，内容丰富、实用。

　　全书共分 3 篇 22 章。第 1 篇：投资与设计，主要介绍了投资者必备思维、投资方式的选择，大型铝板带加工项目设计思想、设计要点、最佳工艺平面布置、铝板带项目可行性研究报告等。第 2 篇：技术与装备，全面介绍了熔炼与铸造、轧制、精整、机加工、热处理、物流、在线检测、信息化管理等现代铝合金板带加工最新技术与装备等。第 3 篇：产品与市场，重点介绍了罐体用铝板材、印刷版用铝板材、钎焊用铝合金复合板、铝合金预拉伸中厚板、高强高韧铝合金材料、铝箔坯料及双零箔、高压阳极铝箔、建筑装饰用铝板材、汽车车身用铝板材等高新技术铝合金板带典型产品与市场等。

　　本书可供从事铝合金板带项目投资、商务、设计、制造、生产、技术、科研、管理、教学等人员阅读，也可供大专院校有关专业师生参考。

图书在版编目（CIP）数据

现代铝合金板带：投资与设计、技术与装备、产品与市场/周鸿章，谢水生编著 . —北京：冶金工业出版社，2012.4
　ISBN 978-7-5024-5836-2

　Ⅰ.①现…　Ⅱ.①周…　②谢…　Ⅲ.①铝合金—板材轧制
②铝合金—带材轧制　Ⅳ.①TG335.5

　中国版本图书馆 CIP 数据核字（2012）第 032627 号

出 版 人　曹胜利
地　　址　北京北河沿大街嵩祝院北巷 39 号，邮编 100009
电　　话　（010）64027926　电子信箱　yjcbs@cnmip.com.cn
责任编辑　张登科　美术编辑　彭子赫　版式设计　孙跃红
责任校对　王贺兰　责任印制　李玉山
ISBN 978-7-5024-5836-2
北京鑫正大印刷有限公司印刷；冶金工业出版社出版发行；各地新华书店经销
2012 年 4 月第 1 版，2012 年 4 月第 1 次印刷
169mm×239mm；28 印张；544 千字；429 页
79.00 元
冶金工业出版社投稿电话：(010)64027932　投稿信箱：tougao@cnmip.com.cn
冶金工业出版社发行部　电话：(010)64044283　传真：(010)64027893
冶金书店　地址：北京东四西大街 46 号(100010)　电话：(010)65289081(兼传真)
　　　　（本书如有印装质量问题，本社发行部负责退换）

前　　言

20 世纪 50 年代，中国第一代铝加工人操纵苏联制造的 2000mm 热粗轧机时，我们这一代人还是中小学生。60 年代，当我们这一代人进入高等学校压力加工专业学习，在压延厂见习时，见到的是二人转轧机。70 年代，中国第一代铝加工人操纵中国制造的 2800mm 热粗轧机时，我们这一代人是刚刚步入铝加工厂的大学毕业生，在操纵室里认真地记录各种铝合金轧制工艺数据。90 年代初，当中国第一代铝加工人步入花甲之年时，我们这一代人已经成长为中国第一条双机架热轧生产线上的指挥员。今天，我们这一代人已过花甲之年，高兴的是在中国东南西北的大地上，都能看到多机架热连轧生产线上一条条铝板带如银色长龙翩翩起舞。

60 多年来，中国铝加工业随着中国经济的腾飞和世界铝加工技术的发展，经历了 1949～1978 年民族铝加工业奠基时期，1979～1993 年铝加工业大发展时期，1994～2004 年铝加工业第一次辉煌时期。2005～2011 年中国铝加工业又迎来第二次发展高潮，令人兴奋和鼓舞！

2010 年，中国铝加工材年产量达 2026 万吨，年消费量超过 2000 万吨，从最初的铝加工小国已迈入了铝加工大国，从最初的铝消费小国已迈入了在交通、建筑、包装、电子、机械、耐用品等众多领域的铝加工材消费大国。

形势虽好，但我们不能盲目乐观，应清楚地看到，尽管中国的铝加工企业几乎拥有了当今国外最先进的铝板带装备和技术，但是我国铝加工材在品种、质量以及综合经济技术指标等方面还相对落后，与国际先进水平相比仍有一定差距，特别是新技术研究和新品种开发的力量匮乏，水平差距更大。面对中国铝加工业发展的现状，我们仍然要坚信，"小国－大国－强国"是中国铝加工业发展的必由之路。我们要明白，中国有了多台万吨挤压机，甚至有了多条热连轧生产线、双机架热轧生产线、多台宽幅（2000mm）铝箔轧机，中国就会成为铝加工强国吗？答案是肯定的，但现在不是，是今后十年、二十年，还是更长时间，应该由新一代铝加工人回答。无论时间多长，要圆中国铝加工业强国之梦，中国铝加工企业应朝着大者更强、专者更精的方向发展。

2010 年初，开始酝酿写作本书，其宗旨是想和行业人士一起，早圆铝加工业强国之梦。总体构思是要把本书编写成一部集现代铝合金板带项目投资与设计、技术与装备、产品与市场等于一体的、符合现代企业科学和创新发展的综合性技术读物。书中凝聚了作者从事铝加工生涯的"学习—实践—学习—实践"之苦旅以及经验知识之积累。书中既有中国铝加工业历史的缩影，也有中国铝加工业发展的方向；既有中国铝板带生产经验，也有世界铝板带生产发展的最新动态；既有铝板带加工的基本原理、相关理论和技术，也有铝板带加工项目投资与设计；既有铝板带加工成套工艺、现代装备和最新技术，也有铝板带加工高精产品技术和商业的研究方向；既有世界铝板带加工企业纵览和分析，也有铝板带加工基础知识。书中历史的点滴会使我们永远记住老一辈铝加工人艰辛的奉献，传承老一辈铝加工人的拼搏精神和丰富经验，一代又一代传下去。书中所汇集、提炼的当今铝板带最新装备技术和相关理论知识会告诉我们，要在不断地学习和实践中，永远跟踪并掌握世界铝加工最新技术，早圆铝加工强国之梦。书中运用了"共性和个性"的哲学观点分析问题，希望能与学者、工程技术人员共享对铝加工业的发展、新技术的研究、新品种的开发所需要的独特思维和见解，以实现"中国制造"到"中国创造"的跨越。书中提倡的投资理念和现代设计思想力图与投资者和设计者共同实现对新的铝板带加工项目，遵循科学发展、持续发展和环境友好的理念，以及资源节约和低碳经济的发展方式。

在撰写本书时，挥之不去的记忆是感谢和珍惜。在西南铝加工厂这块成长的热土上和东北轻合金有限责任公司这个铝加工摇篮里，有过激情和往事，留下过不少难忘的身影和足迹。感谢老厂长蒋民宽、贺广瑗的关怀；感谢老师左铁镛院士的教诲；珍惜与中南大学钟掘院士、张新明教授、刘楚明教授、重庆大学潘复生教授、汪凌云教授合作的情景与友谊。同时，对作者而言，亚洲铝业再造的知识平台将是"学无止境"的一种新的延续和探索。

全书由周鸿章教授构思并撰写初稿，由谢水生教授进行加工和补充，最后共同修改、定稿。

本书在编写过程中，参考或引用了国内外有关专家、学者的一些珍贵资料、研究成果和著作，编入或列举了一些企业或科研院所的数据和图表，如参阅了洛阳有色金属加工设计研究院的"铝板带项目可行性研究报告"的有关内容，并得到冶金工业出版社的大力支持，在此一并表示衷心的感谢！

由于书中内容涉及面广，加之作者水平所限，难免有不妥之处，恳请广大读者批评指正，提出宝贵意见。

作　者

2012 年 2 月

目 录

第1篇 投资与设计

1 投资者必备思维 ……………………………………………………………… 3

1.1 铝板带加工产品市场应用广泛 ………………………………………… 3

  1.1.1 铝的优良特性 ………………………………………………………… 3

  1.1.2 铝合金品种繁多 …………………………………………………… 4

  1.1.3 应用范围广泛 ……………………………………………………… 5

1.2 铝板带加工项目生产工序复杂 ………………………………………… 9

  1.2.1 工序衔接——道道相连 …………………………………………… 9

  1.2.2 工序质量——前后遗传 …………………………………………… 13

1.3 铝板带加工项目技术含量高 …………………………………………… 13

  1.3.1 现代铝板带加工装备 ……………………………………………… 13

  1.3.2 代表性产品关键加工技术 ………………………………………… 14

1.4 铝板带加工项目一次性投资巨大 ……………………………………… 16

1.5 铝加工项目符合国家产业政策 ………………………………………… 17

  1.5.1 铝及铝材是一种可再生的资源 …………………………………… 17

  1.5.2 铝及铝材是一种节能和储能材料 ………………………………… 17

  1.5.3 未来铝工业的发展趋势 …………………………………………… 17

  1.5.4 我国对铝加工产业发展的政策和指导意见 ……………………… 17

2 投资方式的选择 ……………………………………………………………… 18

2.1 投资机遇和风险 ………………………………………………………… 18

  2.1.1 投资机遇 …………………………………………………………… 18

  2.1.2 投资风险 …………………………………………………………… 22

2.2 项目投资思路 …………………………………………………………… 23

  2.2.1 产品品种定位 ……………………………………………………… 23

  2.2.2 产品目标定位 ……………………………………………………… 24

  2.2.3 投资指导原则 ……………………………………………………… 25

2.2.4 投资设备选择 ………………………………………… 29
2.3 投资者的共同目标 …………………………………………… 34
2.3.1 投资决策的科学判断力 …………………………………… 34
2.3.2 区域资源配置的控制力 …………………………………… 34
2.3.3 产品技术开发的支撑力 …………………………………… 34
2.3.4 国际国内市场的融通力 …………………………………… 35

3 设计要点 …………………………………………………………… 36
3.1 设计理念现代 ……………………………………………… 36
3.2 产品方案清晰 ……………………………………………… 36
3.3 项目目标明确 ……………………………………………… 36
3.4 总体设计合理 ……………………………………………… 36
3.5 设计内容全面 ……………………………………………… 37
3.6 预测指标实际 ……………………………………………… 37

4 最佳工艺平面设计 ………………………………………………… 38
4.1 亚铝板带项目工艺平面设计图 …………………………… 38
4.1.1 分步总体布置 …………………………………………… 39
4.1.2 现代物流布置 …………………………………………… 39
4.1.3 节能经济布置 …………………………………………… 40
4.1.4 要素精细布置 …………………………………………… 40
4.1.5 产品质量保证 …………………………………………… 40
4.1.6 安全健康保证 …………………………………………… 40
4.2 国外铝加工厂典型工艺平面设计选编 …………………… 41
4.2.1 Davenport 工厂热轧生产线 …………………………… 41
4.2.2 Alunorf 工厂 …………………………………………… 42
4.2.3 Furukawa 福井工厂 …………………………………… 43

5 铝板带项目可行性研究报告 ……………………………………… 44
5.1 总论 ………………………………………………………… 44
5.2 市场分析及拟建规模 ……………………………………… 45
5.3 厂址与建厂条件 …………………………………………… 46
5.4 主要生产设施 ……………………………………………… 46
5.5 辅助及公用设施 …………………………………………… 47
5.6 土建工程 …………………………………………………… 47

5.7 总图运输 ……………………………………………………………… 47
5.8 节能 ……………………………………………………………………… 47
5.9 环境保护 ………………………………………………………………… 47
5.10 劳动安全卫生 ………………………………………………………… 48
5.11 消防 …………………………………………………………………… 48
5.12 劳动定员与职工培训 ………………………………………………… 49
5.13 项目实施计划 ………………………………………………………… 49
5.14 总投资估算 …………………………………………………………… 49
5.15 资金使用计划与资金筹措 …………………………………………… 49
5.16 成本与费用估算 ……………………………………………………… 50
5.17 损益计算 ……………………………………………………………… 50
5.18 财务评价 ……………………………………………………………… 50
5.19 综合评价 ……………………………………………………………… 50

第 2 篇 技术与装备

6 熔炼铸造技术及设备 …………………………………………………… 53
6.1 熔炉高效燃烧技术 …………………………………………………… 54
6.1.1 蓄热式燃烧技术 …………………………………………… 54
6.1.2 布洛姆导流板燃烧器 ……………………………………… 56
6.1.3 熔炼过程的其他节能技术 ………………………………… 57
6.2 熔体搅拌技术及设备 ………………………………………………… 57
6.2.1 熔体搅拌通用方法 ………………………………………… 58
6.2.2 熔体 EMS 电磁搅拌技术 ………………………………… 58
6.2.3 熔体 EMP 电磁泵技术 …………………………………… 63
6.3 熔体净化处理技术 …………………………………………………… 66
6.3.1 熔体净化原理 ……………………………………………… 66
6.3.2 传统的熔体炉内净化处理技术 …………………………… 67
6.3.3 炉内净化处理技术的发展趋势 …………………………… 67
6.3.4 现代的熔体炉外在线净化处理技术 ……………………… 68
6.3.5 现代的熔体炉外在线过滤技术的发展 …………………… 73
6.4 铝合金铸造的现代工艺技术 ………………………………………… 79
6.4.1 结晶器设计技术的发展 …………………………………… 80
6.4.2 结晶器液面自动控制铸造技术 …………………………… 85
6.4.3 现代复合锭铸造技术 ……………………………………… 86

7　轧制技术及设备 ·················· 88

7.1　连轧技术 ·················· 88

7.1.1　国内外热连轧概况 ·················· 88

7.1.2　国内外冷连轧概况 ·················· 91

7.1.3　热、冷连轧装备及工艺技术的再开发 ·················· 92

7.1.4　亚铝热连轧生产线 ·················· 93

7.2　轧制现代装备技术 ·················· 95

7.2.1　热轧现代装备 ·················· 96

7.2.2　冷轧现代装备 ·················· 101

7.2.3　AGC 自动控制系统 ·················· 103

7.2.4　分段冷却系统 ·················· 105

7.2.5　轧辊凸度可变技术 ·················· 106

7.2.6　冷轧现代板形控制技术的特殊设计 ·················· 111

7.2.7　HS 水平稳定系统 ·················· 115

7.2.8　轧制表面控制现代技术 ·················· 115

7.2.9　轧制润滑现代技术 ·················· 117

7.2.10　冷轧含油空气洗涤系统 ·················· 142

7.2.11　热粗轧斜轧工艺技术 ·················· 144

7.2.12　连铸连轧工艺 ·················· 152

8　精整技术及设备 ·················· 157

8.1　现代拉矫、辊矫技术 ·················· 157

8.1.1　BWG 公司开发的 Levelflex® 型张力矫直技术 ·················· 158

8.1.2　BWG 公司开发的板带纯拉伸矫弯技术 ·················· 160

8.1.3　SELEMA 公司开发的 Tension – leveller 技术 ·················· 162

8.1.4　UNGERER 公司开发的拉弯矫（AFC）技术 ·················· 164

8.2　铝板带精确切边技术 ·················· 164

8.3　DANIELI – FROHLING 的铝带高精度分切技术 ·················· 167

8.4　铝箔精确分切技术 ·················· 168

8.4.1　上、下圆刀的重叠量 ·················· 169

8.4.2　侧压 ·················· 169

8.4.3　速差 ·················· 169

8.4.4　入剪切区时的位置 ·················· 169

8.4.5　圆刀的精磨和刃磨 ·················· 170

8.4.6　圆刀的材料选择和组合 ·················· 170

8.5　多功能精整生产线 ·· 170
8.6　涂层近红外固化技术 ··· 171
8.6.1　近红外涂层固化系统 ······································ 171
8.6.2　NIR 近红外技术 ·· 172
8.6.3　近红外涂层固化工艺数据 ······························ 174
8.7　静电涂油先进技术 ··· 174
8.7.1　立式静电涂油机 ··· 175
8.7.2　卧式静电涂油机 ··· 176
8.8　铝卷、铝板自动包装生产工艺 ······························· 177

9　机加工技术及设备 ·· 179
9.1　扁锭锯床 ·· 179
9.1.1　高速扁锭切削带锯系统 ··································· 179
9.1.2　Drylube 干式润滑技术 ·································· 180
9.1.3　扁锭锯切长度精度控制技术 ····························· 181
9.1.4　锯屑旋风吸收系统 ··· 182
9.1.5　扁锭锯切精度 ··· 182
9.2　扁锭铣床 ·· 183
9.2.1　铝锭运输系统 ··· 183
9.2.2　铝锭检测和扫描系统 ······································ 184
9.2.3　铣面机机身 ·· 185
9.2.4　碎屑收集系统 ··· 188
9.2.5　扁锭铣削精度 ··· 188
9.3　高表面高精度轧辊磨辊技术 ···································· 189
9.3.1　床身和基础设计 ·· 190
9.3.2　Monolith 床身 ··· 190
9.3.3　砂轮架床身设计 ·· 190
9.3.4　砂轮架 ··· 190
9.3.5　磨头 ··· 192
9.3.6　轧辊的测量和检测 ··· 192
9.3.7　轧辊的自动磨削 ·· 193
9.3.8　轧辊的凸度磨削 ·· 193
9.3.9　轧辊磨削精度 ··· 194

10　热处理技术及设备 ·· 195
10.1　大型铝合金热处理炉 ··· 195

10. 1. 1　几种先进的大型铝合金热处理炉 ……………………………… 195

10. 1. 2　炉体节能结构设计现代技术 …………………………………… 195

10. 1. 3　铸锭推进式加热炉 ………………………………………………… 199

10. 1. 4　均质炉 ………………………………………………………………… 201

10. 1. 5　时效炉 ………………………………………………………………… 202

10. 2　铝合金中厚板卧式淬火炉及热处理技术 ………………………… 204

10. 2. 1　辊底式淬火炉的结构及特点 ……………………………………… 204

10. 2. 2　铝合金中厚板的热处理 …………………………………………… 205

10. 3　铝合金带材气垫式热处理技术 …………………………………… 207

10. 3. 1　气垫原理 …………………………………………………………… 209

10. 3. 2　主要工艺技术参数的设计与选择 ……………………………… 213

10. 3. 3　淬火系统的设计分析 ……………………………………………… 218

10. 4　铝合金带、箔材箱体式退火炉温度精控技术 ………………… 220

11　物流技术及设备 ………………………………………………………… 223

11. 1　铸锭铣面机的碎片收集、处理和储存系统 …………………… 223

11. 2　智能现代物流——高架库 ………………………………………… 224

11. 3　轧制卷平面智能库 …………………………………………………… 226

11. 4　轧制板材高架智能库 ………………………………………………… 226

12　在线检测技术及设备 …………………………………………………… 227

12. 1　熔体氢含量检测技术 ………………………………………………… 227

12. 2　熔体粒子含量检测技术 ……………………………………………… 228

12. 3　热精轧板厚度凸度和板型集成化的测量系统 ………………… 229

12. 4　热轧温度检测及温度自动控制系统 …………………………… 230

12. 5　铝带在线表面检测技术 ……………………………………………… 231

12. 6　表面阳极氧化检测技术 ……………………………………………… 232

12. 7　建筑幕墙检测技术 …………………………………………………… 232

12. 7. 1　幕墙试验件要求 …………………………………………………… 233

12. 7. 2　空气渗透性能测试 ………………………………………………… 233

12. 7. 3　雨水渗透性能检测 ………………………………………………… 233

12. 7. 4　风压变形性能测试 ………………………………………………… 233

12. 7. 5　迪拜塔幕墙测试 …………………………………………………… 234

13　信息化管理系统 236
　13.1　现代化生产信息管理技术 236
　　13.1.1　科学的生产计划投入方式 236
　　13.1.2　有力的生产控制手段 238
　13.2　现代信息管理 240
　　13.2.1　系统4级制概念 241
　　13.2.2　系统功能描述 241

第3篇　产品与市场

14　罐体用铝板材 249
　14.1　罐体用铝板材的基本要求 249
　14.2　冶金质量 250
　14.3　立方织构 253
　　14.3.1　织构与制耳关系 253
　　14.3.2　两类制耳相互补偿 254
　　14.3.3　热轧立方织构 255
　14.4　厚差控制 259
　　14.4.1　横向厚差 260
　　14.4.2　纵向厚差 264
　　14.4.3　轧制过程的弹塑性曲线 264
　14.5　技术商务 267
　　14.5.1　罐料市场 267
　　14.5.2　下游需求的增加 268
　　14.5.3　商务认证程序 270

15　印刷版用铝板材 272
　15.1　印刷版用铝板材的基本要求 272
　15.2　表面质量 274
　　15.2.1　表面粗糙度 274
　　15.2.2　表面粘铝 276
　　15.2.3　表面伤痕 277
　　15.2.4　表面油痕 277
　　15.2.5　表面轧制纹 279
　15.3　板形平直度 279
　　15.3.1　铝版基材表面平直度与印刷版电解砂目的关系 279

15.3.2　铝版基材表面平直度与印刷版阳极氧化膜的关系 ················· 280
15.4　内部质量 ······································· 281
　　15.4.1　化学成分不均 ····························· 281
　　15.4.2　组织粗大 ······························· 281
　　15.4.3　不同产品的对比研究及差异分析 ·················· 284
15.5　技术商务 ······································· 288
　　15.5.1　印刷版用铝基市场 ·························· 289
　　15.5.2　商务认证 ······························· 290

16　钎焊用铝合金复合板 ································· 292
16.1　传统的复合板生产过程 ·························· 292
16.2　钎焊用铝合金复合板的基本结构及特点 ················ 293
16.3　焊合强度 ······································· 295
　　16.3.1　热轧焊合试验 ···························· 295
　　16.3.2　界面焊合扩散机理 ·························· 296
16.4　包覆层厚度均匀性 ································ 298
　　16.4.1　复合板截面方向的包覆层变化规律 ················ 299
　　16.4.2　复合比率变化规律 ·························· 299
　　16.4.3　包覆层与基材金属形变速度之间的关系 ·············· 301
16.5　复合过程分析 ··································· 302
16.6　钎焊机理 ······································· 303
16.7　钎焊用铝合金复合板、复合箔市场 ·················· 303

17　铝合金预拉伸中厚板 ································· 305
17.1　铝合金预拉伸板的主要用途及基本要求 ················ 305
17.2　材料残余应力分析 ································ 306
　　17.2.1　材料残余应力的普遍性 ······················ 306
　　17.2.2　轧制过程 ······························· 307
　　17.2.3　淬火热处理过程 ·························· 308
　　17.2.4　拉伸机理分析 ···························· 311
17.3　高强铝合金的性能 ································ 311
17.4　铝合金预拉伸中厚板生产设备 ···················· 313
17.5　可探讨的铝合金预拉伸特厚板热轧生产技术 ············· 314
　　17.5.1　异步轧制技术的应用 ························ 315
　　17.5.2　蛇形轧制技术的应用 ························ 316

　17.5.3　多向锻造后轧制的复合强应变技术应用 …………………… 317
　17.6　铝合金预拉伸中厚板市场 …………………………………………… 318

18　高强、高韧铝合金材料 …………………………………………………… 319
　18.1　市场应用分析 ……………………………………………………… 319
　　18.1.1　ARJ-21 型客机 ……………………………………………… 319
　　18.1.2　波音 777 客机 ……………………………………………… 320
　　18.1.3　空客 380 客机 ……………………………………………… 321
　　18.1.4　航天器 ………………………………………………………… 321
　18.2　高强、高韧铝合金的特点 ………………………………………… 322
　18.3　高强、高韧铝合金的热处理 ……………………………………… 323
　　18.3.1　时效的特点及分类 …………………………………………… 324
　　18.3.2　脱溶过程 ……………………………………………………… 324
　　18.3.3　脱溶相结构 …………………………………………………… 325
　　18.3.4　铝合金时效强化机理 ………………………………………… 328
　　18.3.5　铝合金时效强化工艺 ………………………………………… 329
　18.4　高强、高韧铝合金组织强化 ……………………………………… 331
　18.5　高强、高韧铝合金强化研究新途径 ……………………………… 332
　　18.5.1　强化固溶 ……………………………………………………… 332
　　18.5.2　双重淬火 ……………………………………………………… 332
　　18.5.3　原子簇强化 …………………………………………………… 332
　18.6　高强、高韧铝合金断裂韧性等综合性能 ………………………… 333
　　18.6.1　断裂韧性 ……………………………………………………… 333
　　18.6.2　抗应力腐蚀性能 ……………………………………………… 334

19　铝箔坯料及双零箔 …………………………………………………… 335
　19.1　1235 合金组织控制 ………………………………………………… 335
　19.2　1235 合金铸锭高温转变和组织遗传性 …………………………… 336
　　19.2.1　铸锭组织遗传性 ……………………………………………… 337
　　19.2.2　铸锭均匀化工艺的选择 ……………………………………… 337
　19.3　影响铝箔坯料轧制性能的主要因素 ……………………………… 338
　　19.3.1　Fe、Si 在铝基体中的固溶度 ……………………………… 338
　　19.3.2　化合物相的大小、形状和分布 ……………………………… 340
　　19.3.3　晶粒大小 ……………………………………………………… 341
　19.4　中间退火工艺的选择 ……………………………………………… 341

19.4.1　单级中间退火工艺 ……………………………………… 342

19.4.2　两级中间退火工艺 ……………………………………… 342

19.5　铝箔针孔 ……………………………………………………… 343

19.6　双零箔成品率 ………………………………………………… 344

19.6.1　外在因素 …………………………………………………… 344

19.6.2　内在因素 …………………………………………………… 345

19.7　现代铝箔的装备水平 ………………………………………… 347

19.8　中国铝箔轧机现状 …………………………………………… 347

19.9　铝箔市场及分类 ……………………………………………… 347

20　高压阳极铝箔 ……………………………………………………… 349

20.1　铁杂质对高纯铝箔再结晶织构及比电容的影响 …………… 349

20.2　微量铍对高纯铝箔再结晶织构形成的影响 ………………… 352

20.3　预变形及退火对高纯铝箔立方织构的影响 ………………… 356

20.3.1　试验和结果 ………………………………………………… 356

20.3.2　分析和讨论 ………………………………………………… 358

20.4　分级成品退火对高纯铝箔再结晶织构的影响 ……………… 360

20.4.1　试验和结果 ………………………………………………… 360

20.4.2　分析和讨论 ………………………………………………… 361

20.5　生产优质高压阳极电容箔的关键问题 ……………………… 363

20.5.1　严格控制高纯铝锭的原始化学成分 ……………………… 363

20.5.2　严格控制高纯铝铸坯的最终化学成分 …………………… 364

20.5.3　把住关键的工艺要点 ……………………………………… 364

20.6　电解电容器用铝箔市场 ……………………………………… 365

20.6.1　国际市场变化趋势 ………………………………………… 365

20.6.2　国内市场变化趋势 ………………………………………… 365

20.6.3　需求增长趋势 ……………………………………………… 366

21　建筑装饰用铝板材 ……………………………………………… 367

21.1　铝涂层板 ……………………………………………………… 367

21.1.1　涂料 ………………………………………………………… 368

21.1.2　涂层板的生产工艺 ………………………………………… 369

21.1.3　废气处理 …………………………………………………… 378

21.1.4　质量保证 …………………………………………………… 379

21.1.5　涂层新产品 ………………………………………………… 380

21.2　铝幕墙板 ……………………………………………… 382
  21.2.1　铝塑板 ……………………………………………… 383
  21.2.2　铝单板 ……………………………………………… 386
  21.2.3　蜂窝铝板 …………………………………………… 387

22　汽车车身用铝板材 ……………………………………… 389
  22.1　车身轻量化的必然趋势 ……………………………… 389
  22.2　车身铝合金板 ………………………………………… 390
    22.2.1　车身板用铝合金 …………………………………… 391
    22.2.2　车身板铝合金的成形性能 ………………………… 392
  22.3　我国汽车车身铝板标准 ……………………………… 392
  22.4　欧美汽车车身铝板研究 ……………………………… 393
    22.4.1　车身外板 …………………………………………… 394
    22.4.2　车身内板 …………………………………………… 395
    22.4.3　车身内外板复合材料 ……………………………… 396
  22.5　日本汽车车身铝板研究 ……………………………… 396
  22.6　汽车工厂车身板部件加工及组装工艺 ……………… 398
  22.7　中国交通铝板用量步入快速增长期 ………………… 399

附录 ………………………………………………………… 401
  附录1　中国变形铝及铝合金状态代号及表示方法 ……… 401
  附录2　中国变形铝及铝合金化学成分表 ………………… 407
  附录3　各国变形铝及铝合金牌号对照表 ………………… 415
  附录4　国内外主要铝合金板带箔加工企业一览表 ……… 421

参考文献 …………………………………………………… 426

第 1 篇

投资与设计

您想投资铝板带加工项目吗？

您若是国有企业的董事长或厂长，投资是一种神圣的责任，是国家的重托，职工的信任。

您若是上市公司的 CEO，投资是一种远见，是团队智慧的集中体现，是股民的期盼。

您若是私营企业的老板，投资是一种财富的积累，是家族兴旺的延续。

无论属于哪一种类型，只要您想投资铝板带加工项目，本篇所述内容是每个成功投资者的必备思维。

1 投资者必备思维

投资铝板带加工项目的投资者首先必须知晓铝板带加工项目的四大特点：

（1）铝板带加工产品市场应用广泛；

（2）铝板带加工项目生产工序复杂；

（3）铝板带加工项目技术含量高精；

（4）铝板带加工项目一次性投资巨大。

1.1 铝板带加工产品市场应用广泛

1.1.1 铝的优良特性

铝的蕴藏量和产量在有色金属中占首位，应用非常广泛。除有丰富的蕴藏量（约占地壳质量的 8.2%，为地壳中分布最广的金属元素）外，铝更重要的是可以回收，并有一系列优良特性：

（1）密度小。纯铝的密度约为 $2700kg/m^3$，是铁密度的 35% 左右。

（2）可强化。纯铝通过冷加工可使其强度提高一倍以上。而且可通过添加镁、锌、铜、锰、硅、锂、钪等元素合金化，再经过热处理进一步强化，其比强度可与优质的合金钢媲美。

（3）易加工。铝可用任何一种铸造方法铸造。铝的塑性好，可轧成薄板和箔；拉成管材和细丝；挤压成各种型材；可以在大多数机床所能达到的最大速度进行车、铣、镗、刨等机械加工。

（4）耐腐蚀。铝及其合金的表面，易生成一层致密、牢固的 Al_2O_3 保护膜。这层保护膜只有卤素离子或碱离子的激烈作用下才会遭到破坏。因此，铝有很好的耐大气（包括工业性大气和海洋大气）腐蚀和水腐蚀的能力。能抵抗多数酸和有机物的腐蚀，采用缓蚀剂，可耐弱碱液腐蚀；采用保护措施，可进一步提高铝合金的抗蚀能力。

（5）无低温脆性。铝在零摄氏度以下，随着温度的降低，强度和塑性不会降低，反而提高。

（6）导电、导热性好。铝的导电、导热性能仅次于银、铜和金。

（7）反射性强。铝的抛光表面对白光的反射率达 80% 以上，纯度越高，反射率越高。同时，铝对红外线、紫外线、电磁波、热辐射等都有好的反射性能。

（8）无磁性、冲击不产生火花。

（9）有吸声性。

（10）耐核辐射。

（11）美观。铝及其合金由于反射能力强，表面呈银白色光泽。经机加工后可达至很高的光洁程度和光亮度。经阳极氧化和着色，可获得五颜六色、光彩夺目的铝制品。

1.1.2 铝合金品种繁多

目前国际上已经注册的铝合金牌号有 1000 多个，每个牌号又有多种状态，能获得各种性能指标，满足广泛的应用需求。按铝合金所含主要元素成分，可分为八大系列，具体如下：

1×××系 工业纯铝

2×××系 Al – Cu 合金

3×××系 Al – Mn 合金

4×××系 Al – Si 合金

5×××系 Al – Mg 合金

6×××系 Al – Mg – Si 合金

7×××系 Al – Zn – Mg – Cu 合金

8×××系 Al – 其他合金元素

按产品的合金状态可分：自由加工状态、退火状态、加工硬化状态、固溶热处理状态、热处理状态（不同于 F、O、H 状态）。根据 GB/T 16475—1996 标准规定，基础状态代号分为 5 种，用一个英文大写字母表示，如表 1 – 1 所示。细分状态代号采用基础状态代号后跟一位或多位阿拉伯数字表示方法，细分状态代号参见附录 1 所示。

表 1 – 1 基础状态代号

代号	名 称	说明与应用
F	自由加工状态	适用于在成形过程中，对于加工硬化和热处理条件无特殊要求的产品，该状态产品的力学性能不作规定
O	退火状态	适用于经完全退火获得最低强度的加工产品
H	加工硬化状态	适用于通过加工硬化提高强度的产品，产品在加工硬化后可经过（也可不经过）使强度有所降低的附加热处理 H 代号后面必须跟有两位或三位阿拉伯数字

代号	名　　称	说明与应用
W	固溶热处理状态	一种不稳定状态，仅适用于经固溶热处理后，室温下自然时效的合金，该状态代号仅表示产品处于自然时效阶段
T	热处理状态（不同于 F、O、H 状态）	适用于热处理后，经过（或不经过）加工硬化达到稳定状态的产品；T 代号后面必须跟有一位或多位阿拉伯数字

1.1.3　应用范围广泛

铝板带箔产品的主要形式如图 1 - 1 所示。

图 1 - 1　铝板带箔产品的主要形式

铝板带箔产品的应用范围广泛，具体如下：

（1）良好的导热、导电性能，在电子、电器、空调领域有不可替代的作用。如电子、电器领域的电容器、IT 电子板；空调领域的双金属钎焊箔等，其产品的主要应用如图1 - 2所示。

光驱盒　　　　　　　　KO处理膜　　　　　　　　PDP后盖

热交换器　Heat Exchanger　　　　　　液晶反射板

图1-2　铝板带箔产品在电子、电器、空调领域的主要应用

（2）独有的质轻、装饰、密闭性能，在建筑装饰业、包装业、印刷业铝板带箔几乎有一统天下的作用。如建筑领域的幕墙板、涂层板、波纹板、压花板；包装领域的饮料罐、啤酒桶、集装箱、防盗盖、香烟包装、日用品包装、医药包装等，其产品的主要应用如图1-3所示。

（3）良好的高强、高韧、质轻性能，使铝加工材成为航空、航天和现代交通运输（包括飞机、航天器、高速列车、地铁、轻轨、火车、客车、轿车、舰艇、船舶、摩托车、集装箱等）轻量化，高速化的关键材料。其产品的主要应用如图1-4所示。

图 1－3　铝板带箔产品在建筑装饰、包装和印刷等行业的主要应用

图1-4 铝板带箔产品在航空航天和现代交通运输业的主要应用

1.2 铝板带加工项目生产工序复杂

铝及铝合金加工按其不同的加工方法、加工工艺和加工产品形状,可分为三大加工分支,即轧制成形(板、带、箔产品),挤压成形(管、棒、型产品),锻压成形(自由锻、模锻、冲压产品)。

铝板带加工项目生产的铝板、带、箔产品按其不同用户的使用要求,尽管加工工艺有所不同,但都具有两个基本的特点:工序衔接—道道相连;工序质量—前后遗传。

1.2.1 工序衔接——道道相连

铝板带生产的工艺流程依据产品的合金、状态而制定。其细分的工艺流程如图1-5所示。

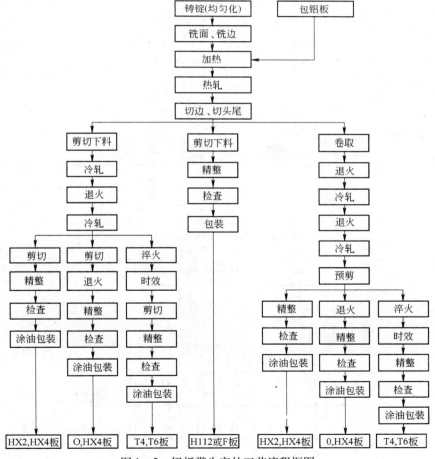

图1-5 铝板带生产的工艺流程框图

从图 1-5 可以看出，铝板带加工基本的生产工序是：熔炼—铸造—锯切—铣面—加热—热轧（中间退火)—冷轧（中间退火)—（箔轧)—精整（清洗、拉矫、热处理、纵切、横切、涂层、检查、包装)。

基本的生产工序告诉投资者，要生产满足用户需求的板、带、箔产品，上述工序缺一不可，且工序衔接，道道相连。某一工序设计能力出现咽喉地带或设备出现故障，都会导致运转不畅，特别是热轧、冷轧出现重大事故停机，会导致生产线全线停产。

对于某一个工序，按其投资者的实力和产品生产能力，产品质量水平的定位，可以选择不同的加工方式和加工工艺。本书仅以热轧工序为例，在项目加工工艺设计中，可供选择的加工方式就有单机架 2 辊片式热轧、单机架 4 辊片式热轧、单机架单卷取、单机架双卷取、双机架双卷取、1 + X 机架热连轧、1 + 1 + X 机架热连轧，如图 1-6 所示。

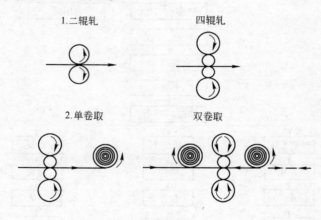

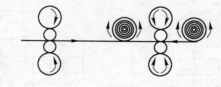

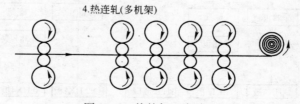

图 1-6　热轧加工方式

国外知名铝业公司已采取的热轧加工方式如图1-7所示。

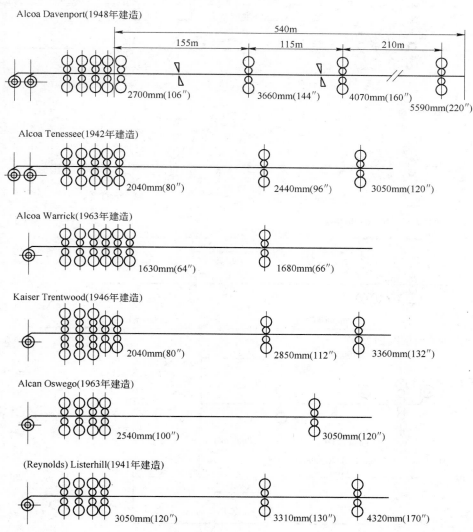

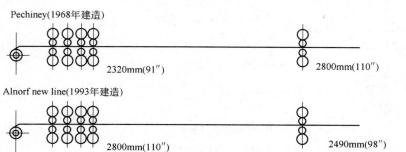

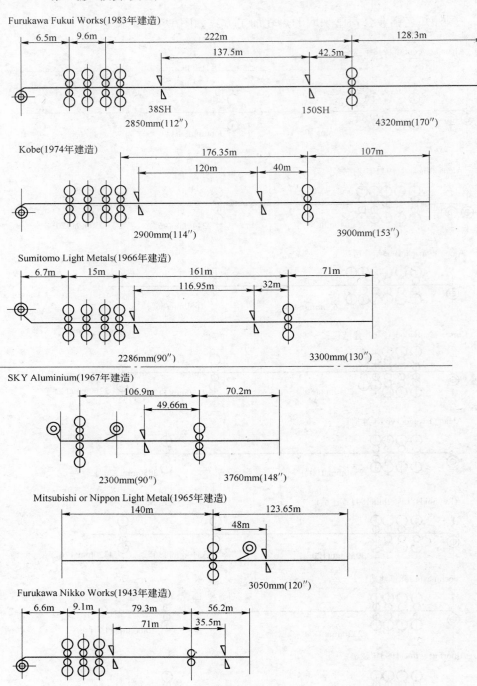

图 1-7   国外知名铝业公司采取的热轧加工方式

1.2.2　工序质量——前后遗传

铝板、带、箔产品按其生产工序的先后排序，其前工序锭坯料的质量缺陷必然在后工序的产品中遗留或扩展。这是一个最基本的规律，这是投资者入门的必备知识。

在生产的所有工序中，熔炼——铸造是第一工序，此工序铸锭的内部组织及冶金质量（如内部组织的晶粒大小、均匀性；化学成分是否均匀、是否有偏析现象；铸锭的含气量、夹杂粒子含量及大小；表面粗晶层、偏析物的厚度等）可以决定后工序的工艺选择和产生的加工缺陷（如铣面和铣边的铣屑量、热轧道次加工率、热轧表面是否会产生气泡、冷轧时是否会产生断带以及最终成品的各种物理性能指标）。

在生产的所有工序中，热轧是承上启下最重要的工序。此工序卷坯的表面质量、板形凸度、厚度公差和板形好坏直接影响冷轧的在线轧制状况，直接影响冷轧产品的厚度和板形精度，热轧卷坯表面的粘铝缺陷是在冷轧不可消除的表面缺陷，热轧卷坯表面的划伤缺陷会使冷轧卷表面产生压过划痕缺陷。

在板、带生产的所有工序中，冷轧是生产成品的最后轧制工序。此工序卷坯板形好坏直接影响精整的在线拉矫状况，卷坯的表面油污量多少直接影响精整的清洗、拉矫、涂层等工序最终产品的质量。

1.3　铝板带加工项目技术含量高

任何人，无论是投资者，还是专家学者，读完本书技术与装备篇、产品与市场篇后，必然会深深感悟到铝板带加工项目技术含量高精。

1.3.1　现代铝板带加工装备

在本书技术与装备篇中，分熔铸技术及设备、轧制技术及设备、精整技术及设备、机加工技术及设备、热处理技术及设备、物流技术及设备、在线检测技术及设备、信息化管理系统 8 大章节详细地阐述了铝板带加工技术及装备是铝合金加工领域最具有代表性的新技术。

在第 6 章熔铸技术及设备中，阐述了熔炉蓄热式燃烧现代技术；熔体搅拌现代技术（EMS 电磁搅拌和 EMP 电磁泵技术）；熔体净化处理现代技术（各种设计的熔体在线处理最新技术）；铝合金铸造现代工艺技术（现代低液位结晶器和结晶器液面自动控制铸造技术）；现代复合锭铸造技术等。

在第 7 章轧制技术及设备中，阐述了创新的（1+1 热粗轧、多机架热精轧、1+1 双卷取）热轧工艺配置生产线；铝带热、冷连轧工艺过程自动控制现代技术（LEVEL2 级现代集成化控制技术）；热、冷连轧机 CVC、DSR、TP 辊配置的板凸度及平直度现代控制技术；热、冷连轧装备及工艺技术的再开发；热粗轧斜轧工艺技术；连铸连轧工艺技术；冷轧现代板形控制技术的特殊设计（SCR 辊和 HES 热边喷射系统）；冷轧 DS 铝带干燥控制系统；冷轧含油空气洗涤系统；轧制润滑现代技术等。

在第 8 章精整技术及设备中，阐述了现代拉矫、辊矫技术（Levelflex® 型张力矫技术；Pure - Stretch - Levelflex® 型纯拉伸矫弯技术；矫直辊直径渐近向大变化设计新理念的 Tension - Leveller 技术；拉矫在线 AFC 技术）；中厚板拉伸矫直技术；铝板带精确切边技术；铝箔精确分切技术；静电涂油新技术；多功能精整生产线技术；涂层近红外固化技术；铝卷、铝板自动包装生产工艺等。

在第 9 章机加工技术及设备中，阐述了高速扁锭切削带锯系统（扁锭切削 Drylube 干式润滑技术、扁锭锯长度精度控制技术、锯屑旋风吸收系统）；现代扁锭铣床系统（立轴式，卧轴式单面、双面铣，侧边铣；激光扫描铝锭表面检测技术、铣屑收集处理）；高表面高精度轧辊磨辊技术（减震垫床身新设计、轧辊的自动磨削、轧辊的凸度磨削、轧辊的测量和检测）等。

在第 10 章热处理技术及设备中，阐述了大型铝合金热处理炉（铸锭均质炉、铸锭加热炉、厚板退火与时效炉）温度精控技术；炉体节能结构设计现代技术；铝合金带材气垫式退火、辊底式淬火热处理温度精控技术；铝合金带、箔材箱体式退火炉温度精控技术。

在第 11 章物流技术与设备中，阐述了铸锭铣面机的碎片收集、处理、贮存并直接进入熔炼 EMP 电磁泵系统；现代物流——热、冷轧卷综合高架智能库；轧制卷平面智能库；轧制板材高架智能库等。

在第 12 章在线检测技术及设备中，阐述了熔体 ALSCAN 氢含量检测技术；熔体 LIMCA CM 粒子含量检测技术；热精轧板厚度凸度和板形集成化测量系统；热轧温度检测及温度自动控制系统；铝带在线表面检测技术；表面阳极氧化检测技术；建筑幕墙检测技术等。

在第 13 章信息化管理系统中，阐述了工厂 4 级信息化管理系统；投入产出生产管理技术等。

1.3.2　代表性产品关键加工技术

在本书产品与市场篇中，选择了加工技术含量最高，市场占有量最大的罐体用铝板材、印刷版用铝板材、铝合金复合板、铝合金中厚板、高强及高韧铝合金材料、铝箔坯料及双零箔、高压阳极铝箔、建筑装饰用铝板材、汽车车身用铝板材 9 个具有代表性的品种进行剖析。并从用户对各产品质量的需求，提出了特殊个性的观点，即本书要重点探讨和研究的关键加工技术。也就是说，对于每一种产品关键的加工技术，因用户要求的特殊个性不同而研究的方向就有所不同。并从技术商务的思维出发，进一步去追踪这些关键加工技术和用户后续加工中的内在联系，明确为什么用户有特殊个性的需求，从而将有效的工作贯穿于整个产品售前、售后的服务链中。

在第 14 章罐体用铝板材中，围绕制作铝罐体的核心技术，保证不出漏罐、针罐、破罐；保证 8 个制耳最低制耳率；保证冲制杯的高度完全一致，顺利通过生产线。铝加工厂生产铝罐体料的关键加工技术，在书中选择了突出特殊个性的冶金质量，立方织构（制耳率）、厚度差进行探讨。

在第 15 章印刷版用铝板材中，围绕制作印刷版的核心技术，保证印刷版具有均匀的细砂目和合理的砂目结构。铝加工厂生产印刷用铝版基的关键加工技术，在书中选择了突出特殊个性的表面质量、板形平直度、内部组织进行探讨。

在第 16 章钎焊用铝合金复合板中，围绕制作双金属复合板、复合箔的核心技术，保证板 – 翅片结构在钎焊时具有优良的抗下垂性能，不会塌形、熔蚀；保证板 – 翅片结构在钎焊时不会产生脱焊或空气通道堵塞。铝加工厂生产钎焊用铝合金复合板的关键加工技术，在书中选择了突出特殊个性的焊合强度、包覆层厚度、均匀性进行探讨。

在第 17 章铝合金预拉伸中厚板中，围绕制作航空、航天整体壁板的核心技术，保证加工成形的整体壁板不变形，具有高而稳定、均匀的各种性能和极细的晶粒，各向同性的结构，最强的成形能力。铝加工厂生产铝合金预拉伸板的关键加工技术，在书中选择了突出特殊个性的残余内应力、辊底式厚板淬火炉热处理技术、T7451，T77 性能进行探讨。

在第 18 章高强、高韧铝合金材料中，围绕制作航空、航天结构件必须保证结构材料要具有更高的比强度，同时也要有更好的断裂韧性（K_{IC}）、抗应力腐蚀断裂性能（S_{CC}）和抗疲劳性能。铝加工厂生产高强、高韧铝合金材料的关键加工技术，在书中选择了突出特殊个性的热处理时效强化机理和时效强化工艺进行探讨。

在第 19 章铝箔坯料及双零箔中，围绕生产优质铝箔坯料的核心技术和轧制双零箔的独特技术和精细管理，保证铝箔坯料具有优良的轧制性能，保证双零箔的成品率。铝加工厂生产铝箔坯料及双零箔的关键加工技术，在书中选择了突出特殊个性的影响铝箔坯料轧制性能的三大因素（Fe、Si 在铝熔体中的固溶度；晶粒大小；化合物相的大小、形状和分布），提高双零箔成品率的内、外两大主要因素进行探讨。

在第 20 章高压阳极铝箔中，围绕影响高压阳极电容铝箔电容量的核心技术，保证高压阳极铝箔最终的再结晶织构组分中，获得高比例的强的立方织构。铝加工厂生产高压阳极铝箔的关键加工技术，在书中选择了突出特殊个性的杂质元素 Fe 的含量，Fe、Si 杂质元素的存在状态、分布形式和各种工艺参数的选择进行探讨。

在第 21 章建筑装饰用铝板材中，围绕生产新型建筑装饰材料，具有装饰效果的铝涂层板，具有独特性能的铝塑板、铝单板、蜂窝铝幕墙板的核心技术，保证铝涂层板的材料强度、加工成形性、耐腐蚀性、装饰性，保证各种铝幕墙板的使用功能和耐久年限。铝加工厂生产建筑装饰用铝板的关键加工技术，在书中选择了突出特殊个性的冶金和化工相结合的表面处理，建筑装饰铝板新技术、新品种的开发进行探讨。

在第 22 章汽车车身用铝板材中，围绕市场对环保要求和安全性能方面的日益关注和生产汽车车身用铝板的核心技术，保证铝板优良的冲压成形性能、焊接性能、烤漆性能和抗腐蚀性能。铝加工厂生产汽车车身用铝板的关键加工技术，在书中选择了突出特殊个性的欧美、日本、中国对汽车车身用铝板新合金的研究和新技术的开发，以及对双金属复合锭铸造技术生产汽车铝合金复合板进行了探讨。

1.4   铝板带加工项目一次性投资巨大

目前，投资一个年产 40 万吨的现代化铝板带加工项目大约耗资 60 亿元，按正常程序，从开始策划到进入项目可行性论证，需一年的时间，从进入设备购买谈判到签订正式购买合同需半年的时间，工厂建设、设备制造、安装、调试需两年半的时间，从试生产进入正常的生产组织需半年的时间，也就是说，从开始策划到正常的生产组织需要四年半的时间。

为了达到产品与市场篇提出的产品质量标准和要求，技术及装备篇提出的现代技术及装备是基础，而购买现代一流装备的价格是非常昂贵的。下面以 2008 ~2010 年的价格为例举例说明。

85t 熔铸机组 2 + 2 + 1 配置：

2 台熔炼炉 + 2 台静置炉，Bricmont 公司制造，报价大约 900 万美元。

1 套铸造机，Wagstaff 公司制造，报价大约 400 万美元。

1 台铸锭三面铣床，SMS MEER 公司制造，报价大约 600 万美元。

1 台 30 个铸锭推进式加热炉，Ebner 公司制造，报价大约 400 万美元。

1 + 4 热连轧生产线，SMS 公司制造，报价大约 1.8 亿美元。

单机架冷轧机，SMS 公司制造，报价大约 3000 万美元。

Pure – Stretch – Levelflex® 型纯拉伸矫，BWG 公司制造，报价大约 1.6 亿元人民币。

辊底式厚板淬火炉，Ebner 公司制造，根据不同的炉体尺寸，报价大约 400 ~1000 万欧元。

120MN 厚板拉伸机，SMS 公司制造，报价大约 4 亿元人民币。

精整高速切边机，达涅利－弗洛林公司制造，报价大约 500 多万欧元。
精整分条机（40 条），STAMCO 公司制造，报价大约 500 多万欧元。

1.5 铝加工项目符合国家产业政策

1.5.1 铝及铝材是一种可再生的资源

地壳中铝元素含量十分丰富，废弃的铝及铝材可以回收重熔。铝几乎成为一种"永不枯竭"的金属材料，因此发展铝加工业符合中国可持续发展战略。

1.5.2 铝及铝材是一种节能和储能材料

由于废弃的铝及铝材可以回收后重熔，既节能又污染小，并且铝的节能、储能功能远大于钢铁及其他许多材料，因此发展铝加工业符合中国建设资源节约型社会，环境友好型社会要求。

1.5.3 未来铝工业的发展趋势

从世界铝工业和中国铝工业发展走过的历程来看，未来铝工业的发展有五大主要趋势：一是一体化趋势，煤（水）—电—铝—铝加工一体化联合企业的形成，使得综合成本下降，规模效益提高，市场竞争力明显增强；二是集团化趋势，集团化是提高市场竞争力、实现规模效益的有效途径；三是国际化趋势，在全球经济一体化的条件下，资源企业在全球范围内参与资源和生产要素的配置、流转，是必然的趋势；四是生态化趋势，铝工业的发展将更加重视节约资源、节约能源、减少污染排放、回收再生、加大综合利用力度；五是品牌化趋势，未来的铝工业将更加注重品牌化经营，良好的企业品牌、产品品牌将成为市场的通行证。

1.5.4 我国对铝加工产业发展的政策和指导意见

近年来，我国为了鼓励铝工业的发展，出台了一些有利于铝加工产业发展的政策，具有如下：

（1）2007 年 1 月 23 日国家发布了《当前优先发展的高技术化重点领域指南》。

（2）2007 年 6 月 18 日国家发布了《关于调低部分商品出口退税率的通知》。

（3）2007 年 10 月 29 日国家发布了《铝行业准入条件》。

（4）2009 年 3 月 14 日国家发布了《铝工业循环经济环境保护导则》。

（5）2011 年国家发改委发布了《产业政策调整目录》。

2 投资方式的选择

投资者可根据自己的投资实力、产品方向、目标水平，在科学判断投资机遇和充分考虑投资风险的前提下选择投资方式。

2.1 投资机遇和风险

任何投资，其投资机遇和投资风险，均是并存的，这是每个投资者必备的思维。

2.1.1 投资机遇

投资机遇来自投资者对未来市场的预见，同时对投资能力和投资方式的把握。投资方式主要有三种：需求性投资、一次性投资和滚动性投资。

2.1.1.1 需求性投资

目前，国内国有铝加工企业都是按照国家需求建设，伴随着中国铝加工业发展而成长壮大的企业。东北轻合金加工厂（现东北轻合金有限责任公司）是国家第一个五年计划中由当时苏联援助建设的第一个综合性铝加工厂；西南铝业（集团）有限责任公司是中国依靠自己的力量，在三线建设的方针下，建设起来的第二个，并经多次改造、扩建成的综合性铝加工厂。下面一段历史的记载，可看出西南铝是需求性投资的典型代表。

1959 年 2 月 7 日，中苏两国政府签订了 27 项协议，其中一项是：在我国的第二个五年计划期间，由苏联援助建设一个年产 10 万吨的大型铝镁钛合金加工厂。7 月国家计委选址兰州红古城，定名甘兰铝镁钛加工厂。1960 年 4 月，苏联撕毁协议，国家立足国内设计建设，并安排了四套大型设备（2800 热轧机、2800 冷轧机、30000t 水压机、12500t 挤压机）制造任务。1962 年重新选址；1963 年 12 月，迁址重庆，改名冶金工业部 112 厂。1965 年 7 月 1 日，工厂建设正式破土动工。1969 年 11 月 22 日，熔铸车间生产第一块大方锭。1970 年 7 月 1 日，压延车间热轧机建成投产；1971 年 5 月 31 日，压延车间全部建成投产。1972 年 8 月 25 日，工厂更名为西南铝加工厂。1979 年 10 月，压延车间生产的中国第一批 36.65t "燕牌" 高表面铝板外销。1981 年，压延车间更名为压延分厂。

生产近 20 年后，西南铝加工厂板带生产线的第一次大改造、扩建工程在经过反复论证，多年前期准备后，正式启动。1990 年 1 月 1 日，压延分厂 2800 热轧机、2800 冷轧机停产，改造主要工程开始，目标是将 2800 热轧机改造成热粗轧机，2800 冷轧机改造成双卷取的热精轧机，组成 1 + 1 双机架热轧生产线。同时，前后配套建设了扁锭新熔铸生产线，扩建了冷轧薄板车间和铝箔车间。1990年 6 月 1 日，扁锭新熔铸生产线建成投产，新增铸锭能力 9.3 万吨；6 月 19 日，压延分厂 1 + 1 双机架热轧生产线负荷试车成功，热轧能力达到 26.3 万吨。1991年，冷轧薄板车间建成投产；1992 年 4 月，铝箔车间建成投产。至此，西南铝加工厂板带产成品的年产能力已经达到 20 万吨，并能采用 1 + 1 热轧工艺和新增的高速冷轧机，开始生产铝罐体料等各种市场需求的进口产品。

时隔 10 年后，西南铝加工厂板带生产线第二次改造、扩建工程开始。2000年 12 月 18 日，国家国债支持的技术改造项目——热连轧生产线升级技术改造项目论证。2002 年 6 月 14 日，西南铝热轧改造项目正式获得国务院批准，2002 年12 月 26 日，1 + 4 热连轧生产线开始建设。2003 年西南铝铝材产量突破 20 万吨，达到 21.4 万吨。2005 年 6 月 25 日，1 + 4 热连轧生产线建成投产，再增热轧能力 30 万吨。之后，工序配套建设了 1 台单机架冷轧机、2 机架冷连轧生产线和多条精整生产线。2006 年根据中国自己造大飞机对材料的需求，国家又批准了西南铝建设大规格中厚板热轧生产线项目，单机架热轧宽幅达到 4300mm。2009 年 12 月 1 日带料试车成功，标志着中国可生产的厚板宽度达到 4000mm，板的厚度可提升到 250mm；随后与 4300mm 轧机配套的 120MN 拉伸机与固溶处理炉都将逐步调试到位，整个项目已在 2011 年 11 月 11 日投产。从此，中国铝加工企业可为航空航天工业提供更多品种的铝板带材。

纵观西南铝 50 年的发展历程，从板带生产线的初期建设到两次含有发展全局的改造、扩建工程，都明显地带有国家的计划需求和国家的政策影响。无论是在计划经济的年代，还是在市场经济的年代，都围绕着国家不同时期的需求目标在不断地改造、扩建。三条热轧生产线分别配备了相匹配的熔炼 - 铸造、铸锭加工、加热、产品热处理、精整设备。因此，工厂总体设计比较分散，上下工序难以合理衔接、物流运输成本较高，给正常生产组织带来一定困难。

目前，中国最早的以东北轻合金有限责任公司为代表的几个国有大型铝加工企业都通过不断地改造、扩建，不仅逐步拥有了很多世界上最先进的设备，同时还拥有雄厚的技术和管理人才，具有一定的研制新材料、开发新产品的能力，这是国内外资和民营铝加工企业无法比拟的。东轻、西南铝生产用于航空、航天、航海、战车等装备的 2×××系、5×××系、7×××系高强、高韧等各种高性能铝合金材料的强势地位不可替代。

2.1.1.2 一次性投资

亚洲铝业集团新建铝板带项目是一次性投资的典型代表。

亚洲铝业集团于 1992 年创建，首间厂房建设于广东南海大坜镇，初期致力于提供精密铝型材的挤压、设计、工程、表面处理及深加工服务。进入 21 世纪，通过成功收购及内部发展，亚洲铝业在中国铝型材业界确立了稳固的领导地位，1998 年 4 月，在香港联合交易所成功上市。2000 年 10 月，与美国最大的独立铝型材鹰都铝业集团建立策略联盟后晋升为全球主要铝业集团。2003 年 7 月，宣布迁址到广东肇庆大旺高新技术开发区发展，占地 6.5 平方公里，建设亚铝工业城，投资计划为集团建立新的生产基地，提供每年超过 30 万吨铝型材及一期 40 万吨铝板带的产能。2003 年 11 月，亚铝工业城奠基。2005 年，项目施工陆续启动。2007 年 1 月，铝型材设施全面投产。2008 年 7 月，铝板带单机架冷轧生产线试生产成功。之后，一场突如其来的金融风暴席卷全球，亚铝也因此陷入困境，板带加工项目几乎处于停建状态。继之，亚铝在经过一场企业存亡的较量之后，依据国际规则，于 2009 年 7 月，在香港重组成功。随之，板带加工项目继续启动，于 2010 年 12 月 17 日举行了投产庆典。

在中国铝加工发展史上，亚铝板带加工项目是首个一次性投资项目，高起点的综合性铝板带加工项目，整体配套的装机水平代表了当今世界铝加工的最高水平。选择的专项设备供应商全是当今世界最新技术的代表。无疑，亚铝的投资决策为今后高新技术产品的实现有了最先进的设备保证。其主要设备如下：

（1）6 组 85t，2 组 50t 熔炼 – 保温炉（2 组 85t 预留，作好地基），美国 BRICMANT 公司提供。

（2）4 套板锭铸造机组（1 套预留，作好地基），美国 WAGSTAFF 公司提供。

（3）1 套板锭锯切机组，美国 ALU – CUT 公司提供。

（4）连续式 2 套板锭三面铣机组（1 组预留，作好地基），德国 SMS – MEER 公司提供。

（5）4 台板锭推进式加热炉（1 台预留，作好地基），奥地利 EBNER 公司提供。

（6）1 + 1 + 5 机架热连轧生产线（中国第一条，也是唯一能生产 1 × × × ~ 8 × × × 系所有合金的热连轧生产线）。

一台 5000mm 热粗轧机（2 期建设，1 期已经总体设计）。

一台 2540mm 热粗轧机，德国 SMS 公司提供。

一个 5 机架 2540mm 热精轧机组，德国 SMS 公司、美国 GE（电气设备）公司共同提供。

（7）11 层铝卷高架仓库（堆放 1972 卷），德国 SIEMAG 公司提供。

（8）一条 5 机架（辊面宽 1727.2mm）冷连轧生产线（中国第一条），德国 SMS 公司、美国 GE（电气设备）公司共同提供。

（9）3 机架或双机架冷连轧生产线（2 期建设，1 期已经总体设计）。

（10）1 台单机架 6 辊 CVC 2450mm 冷轧机组，德国 SMS 公司、美国 GE（电气设备）公司共同提供。

（11）2 条涂层生产线（1 条 2 期建设，1 期已经总体设计）1 期 1 条，SMS

– DEMAG 公司提供。

（12）1 期 8 条精整设备（拉矫，清洗，横切，分切）生产线，已建的由 SMS – DEMAG 公司提供。

（13）15 台 80t 退火炉，其中 1 期 2 台 160t 双排卷材退火炉，中国航天航空设计院提供；5 台 80t 单排卷材退火炉，天炉科技发展有限公司提供。

（14）2 期生产中厚板设备，1 期已总体设计，建设部分厂房。

（15）此外，2 期还设计有：1 台万吨级厚板拉伸机；2 台辊底式厚板淬火炉；2 台时效炉；1 台精密板锯等。

亚铝板带加工项目除具有装备的整体优势之外，还具有珠江三角区的区域优势、高新技术开发区的政策优势、私营人事体制和决策迅速的优势。体制合理、机制灵活、用人少、人工成本低，具有较强的竞争力。但私营铝加工企业缺乏的技术和管理人才是一个普遍现象，尽管可在国内外招聘各种专家和技工，而多国文化的融合，工作方式的磨合都尚待时间；再加上人员流动性大，难以形成稳定的技术队伍。

2.1.1.3　滚动性投资

厦顺铝箔有限公司的建设和发展历程显示，它是滚动性投资的典型代表。

厦顺铝箔有限公司创建于 1989 年，是由香港大庆企业有限公司独资经营的外资企业，是国内最早一家生产高档铝箔的高新技术企业，也是世界上唯一全部生产厚度在 0.006～0.007mm 铝箔的专业型企业，总部设在厦门海沧新阳工业区。成立初期投资 3000 万美元，在厦门湖里建厂，设计产能 6000t（外购铝箔坯卷），1992 年投产。此后，厦顺铝箔沿着专项产品作精之路，不断增资扩产，滚动式发展。

1995 年，第一次滚动发展是湖里工厂扩建，即二期增资 6000 万美元，设计产能由一期的 6000t 上升到 16000t，最后的实际产量突破了 20000t，其产品替代了进口的高档铝箔。

2001 年，第二次滚动发展是增资建设海沧新厂，即三期增资 8000 万美元，设计总产能增至 45000t。这次引进了 3 台德国阿申巴赫公司设计制造的铝箔轧机，其余设备除了退火炉和打包机外，都成套引进，设备的升级使厦顺铝箔成为拥有全套先进设备的铝箔加工厂。2003 年下半年，三期投入生产。2005 年，双零系列铝箔产品达产 45000t，产值达到 16 亿元，成为亚太地区最先进、最大型的铝箔生产厂家和国内唯一替代进口并打入国际市场的超薄铝箔产品厂家。

2006 年，第三次滚动发展是增资扩建三期项目，在 2007 年建成投产后并逐步形成高档铝箔 7 万吨的总产能，产值将达到 25 亿元。

2008 年，在依靠外供铝箔坯料生产 20 年后，工厂双零箔产品的质量水平已领先全国水平，年产能也逐步稳升到 6 万吨，要继续依靠外供铝箔坯料扩大产能和开发新品种，已凸现困难。决策者在工厂积累日益增多的情况下，开始了新一轮向上游发展的扩建项目投资，即第四次滚动发展新建铝板带工程（1 期产能

20 万吨），建设熔铸车间、热轧车间、冷轧车间、精整车间。新投资项目的目标除了自给生产热轧卷坯外，还增加了印刷用 CTP 版铝板基新品种。

铝板带项目主要装备有：

（1）110t 的熔炼－静置炉各 1 台，由德国高奇公司（Gauchi）提供。

（2）110t 内导式液压铸造机 1 台，由美国瓦格斯塔夫（Wagstaff）公司提供。

（3）2450mm（1+1）式热粗－精轧生产线 1 条，由德国西马克（SMS）公司提供。

（4）2450mm 4 辊不可逆式 CVC 冷轧机 1 台。由德国西马克（SMS）公司提供。

（5）2182mm 4 辊不可逆式冷轧机 1 台，由德国阿申巴赫（Achenbach）公司提供。

（6）纯拉伸矫直生产线 1 条，由德国 BWG 公司提供。

2.1.2　投资风险

当前我国国有、私营、民营、外资企业投资铝板带加工项目的热潮不仅方兴未艾，而有些项目的起点水平愈来愈高，起点规模愈来愈大，确实在某种程度上使人担心，有那么大的市场吗？总的来讲：市场需求是在随着经济的发展不断增加的，但是应该注意投资与需求的匹配，同时还应该注意市场需求对产品品质的要求也在不断提高。因此，投资项目应该有发展的眼光。

作者认为，改革开放的实践可以证明两点：一是，无论何种行业的投资项目，不要管投资者是谁，选择何种投资方式，对于一个行业，多种所有制的进入将有利于该行业的发展。二是，无论何种行业的投资项目，多总比少好。多了才能竞争，才会有生命力，才能不断提高产品质量。当然，多总还有个度。对于铝板带加工项目，大家都在上热连轧线，产品方案又都大致相同，到最后只有产品质量好、稳定，且同时成本最低的企业，才真正是最有智慧的投资者，竞争的赢家。

在当前投资中，还存在一些反常现象。一是，投资的铝板带加工项目仍然是低水平；二是，出现了在总体布局下的重复建设项目，这些同样是风险警示的预兆。

2.1.2.1　风险警示 1：低水平重复建设

目前，尽管质量水平相对低的产品在市场细分中还有一定的生存空间，但是按照国内铝板带加工发展的迅猛势头，必然有一天会在市场竞争中出现类似国内铝型材市场的大洗牌。到时，装备技术水平低、产品质量水平差的企业也必将淘汰。所以，对于低水平建设的投资者而言，早知可能有被洗牌的一天，还不如早一点学习厦顺铝箔的投资方式：在资金暂不充足的条件下，千万不要贪全，不如选择某一专项品种投资为好；即使想全，也必须是采取总体设计，分步实施的战略。这样，可以避免风险警示 1。

2.1.2.2　风险警示 2：盲目投资和产能过度扩展

盲目投资和产能过度扩展都会遭遇风险。风险出自于对产品的市场预测出现了重大失误或者根本不考虑市场分析，一种盲目跟随投资大潮的思维占据了主导地位。主要表现形式为：反正企业上了市，有了钱，别人投，我也投；相互攀比，看谁投资大，看谁产能高。近期，出现这种盲目攀高现象，特别是在某些地方政府发展目标的推动下，更是雄心勃勃，要在最大、最高上干一番事业的投资者，确实大有人在。如，别人上热连轧生产线，我也要上热连轧生产线，投资者是否知道在中国凡是热连轧生产线项目的总体设计都具有面对市场的同一产品方案吗？有的企业设计的产品方案既不生产3104合金罐体料，又不生产2×××系、7×××系航空、航天材料，为什么就硬要上热连轧生产线呢？还有的民营企业提出做大规模，降低成本，继而占领更大市场的战略，然而仅生产某一专项品种，一投就超过50万吨，市场一下子能够承受吗？为什么不能采取总体设计，分步实施的战略呢？为什么不能把产品做成精品后再滚动式发展呢？

2.1.2.3　风险警示3：盲目并购重组

2010年，中国铝业公司提出：亏损企业要限期扭亏，如果在规定期限内不能实现扭亏为盈，企业该退出的坚决退出，公司内不允许长期亏损的企业存在。新的战略思想让中国铝业站在了一个新的转折点，随着出售旗下某些企业控股权的交易成交，拉开了国退民进的序幕。

为什么仅在2005年，由多家共同出资建设的企业，就会在短短的五年内因亏损大而出售重组呢？从表面上看，是由于设备上存在先天不足，产品质量不稳定，生产环节运输物流成本较高等众多内部原因，导致企业运营陷入困境。然而从根本上讲，是否可以说先是低水平的盲目并购重组，后是源于自身体制机制存在严重的结构性问题而造成的结果呢？

中国铝业公司提出：在结构调整中，资金和资源要向优势地区、优势企业、优势项目倾斜，要有进有退，坚决淘汰消耗高、污染大、竞争力差的落后产能。通过结构调整，实现公司产业优化升级，增强公司市场竞争力，提高公司发展的质量和效益。

2.2　项目投资思路

项目的投资思路是对于市场需求变化的超前预测和洞察能力。世界经济的繁荣和危机，对于材料工业的影响，发展低碳经济和绿色经济，对于新材料的需求都随时在变。如何面对现实，预测未来，面对变化，洞察趋势都需要投资者有科学的头脑、聪明的才智、敏锐的反应和谨慎的态度。

铝板带项目的投资思路大致是：产品品种定位—产品目标定位—产品工艺选择—产品设备选择—总体规划确认。

2.2.1　产品品种定位

2.2.1.1　铝板带产品的分析

尽管铝加工中的铝板、带、箔产品种类很多，但我们可以选取主要的或典型的代表产品，根据用户要求的主要特性并按加工过程中的技术难易程度分类。

对一个综合的大型铝加工厂设计的典型产品大致有：

（1）罐料（can material），主要包括三部分：罐体坯料（can body stock）（F/G）；罐盖（can end）（G）；罐环（can tab）（F）。

（2）印刷版基（printing sheet）（F/G）。

（3）普通板（common sheet）（A）。

（4）铝箔坯料（aluminum foil stock）（C）。

（5）铝箔（aluminum foil），主要包括三种箔：空调箔（fin foil）（C）；箔带（thin strip）（B）；钎焊箔（bonding foil）（E）。

（6）装饰板（adorning sheet）：主要包括两类：幕墙板（wall siding sheet）（A）；天花板（roof siding sheet）（A）。

（7）涂层板（coating sheet）（D/E）。

（8）合金中厚板（alloy plate），主要为两类：1×××系、3×××系、5×××系（B/C）；2×××系、6×××系、7×××系（G/H）。

（9）工业合金板（航空、航天、船舶）（F/G）。

上述产品是按其加工技术的难易程度和加工工艺的复杂程度，以 A、B、C、D、E、F、G、H 为标号分为 9 类，H 表示难易或复杂程度最高。

2.2.1.2 品种定位

A 多品种

多品种定位，即建设综合性铝加工厂的思路，如类似前述的西南铝业和亚洲铝业。

B 专项品种

专项品种定位，即建设专业性铝加工厂的思路，类似前述的厦顺铝业。

2.2.2 产品目标定位

2.2.2.1 投资战略眼光

投资战略眼光，不仅表现在对产品品种和产能的正确分析，而且还能根据市场的需求，在自己的内部有一个总体的科学布局和产品分工，尽量做到实现专门系列品种，专门规格化生产，发挥最大的规模效益，保证最稳定的生产要素和最稳定的产品质量。Alcoa 公司就做到了这一点。在投资美国本土的项目中，尽管有多条热连轧生产线和冷连轧生产线，而每条连轧生产线的主要功能是什么，生产什么产品，生产什么规格的产品都非常明确，做到了统筹布局和科学分工。因此，也就完全避免了市场中存在的自我竞争。

（1）Alcoa 公司 Davenport 工厂主要生产 2×××系、7×××系航空、航天材料，设计的 1 + 1 + 1（5588 /4064/3058mm）+ 5（2692mm）热轧生产线由 3 台宽规格厚板粗（中）轧机和 1 个 5 机架热精轧机组组成。

（2）Alcoa 公司 Tennessee 工厂主要生产宽幅铝罐体和罐盖材料，其主要设备配置有 1＋5（3048/2248mm）热连轧生产线、1 个 3 机架（2337mm）冷连轧机组，并配有双开卷，单卷取，卷头尾焊接及活套装置，可连续组织生产，年产能可达 38 万吨。生产的产品带最宽 2000mm，可以满足制罐用户冲制 14 个罐的生产线需求。

（3）Alcoa 公司 Warrick 工厂也是生产铝罐体和罐盖材料的企业，最近增加了 PS 版铝板基品种。其主要设备配置 1＋6（2235/1626mm）热连轧生产线和 2 个冷连轧机组［1 台 5 机架（1524mm）、1 台 6 机架（1524mm）］，按照罐体料的生产工艺，可生产的热轧坯卷最宽 1280mm，在冷轧后可保证成品宽 1240mm，最终满足制罐用户冲制 10 个罐的生产线需求。

分析 Alcoa 公司投资的项目，可以确认热连轧生产线具有生产效率高，产品质量稳定，保证专项品种特殊工艺需求三大功能。可以发现选择热连轧生产工艺的专项品种主要是两大产品方向。一是以 2×××系、7×××系航空、航天材料为主导产品；二是以 3104 铝合金罐体料为主导产品。

2.2.2.2 产品目标定位

当今，无论是为了发展需要改造的铝加工企业，还是为了扩充需要新建的铝加工企业，如何选择上述 9 类铝板带产品作为目标定位至关重要。

A 产品品种定位

前面已提出多品种定位和专项品种定位，这里需要补充说明的是多品种定位的目标有 9 类，当今要投资综合性的铝加工厂，选择多品种的含义绝不可能再是包括 9 类铝板带产品，而是在 9 类铝板带产品中进行科学分析，选择工艺基本相同，设备基本类似的多品种定位，这样既可以大大地节约投资，又比之专项品种定位多增加了适度的新品种。

B 产品水平定位

产品水平的定位可分为四级：世界领先水平、国际先进水平、国内先进水平、国内一般水平。对于投资者而言，产品水平定位应依据自己的综合实力考虑。这个综合实力不仅要包括投资者的自我经济实力、生产线的整体装备水平，而且更加关键的是在项目运作时的决策能力，项目建成后的企业管理团队、技术研究团队、产品开发团队是否具有驾驭产品目标技术制高点的可能性；是否具备把握产品目标潜在市场的控制力。

2.2.3 投资指导原则

对于项目投资的指导原则，主要有四点：即产品目标和装备选择的一致性；关键设备和配套设备档次的一致性；专项品种的特殊性；产品与环境的和谐性，下面将从不同的角度加以阐述。

2.2.3.1 目标和装备的一致性

铝板带产品的关键设备是轧机，在本书"产品与市场篇"中会阐述这样一个观点，由于热轧卷坯的加工组织、中凸度、厚度公差的遗传性会对冷轧产品性能产生重要影响，因此，配置合理的热轧机是前提。选择什么样品的热轧生产方式，才能与之定位的产品目标一致呢？

目前，新上项目采用的热轧生产方式通常有单机架双卷取热轧、双机架双卷取热轧、1+X热连轧、1+1+X热连轧、铸轧、连铸连轧。这里，仅选择其中有代表性的双卷取热轧、热连轧、连铸连轧三种方式做技术性比较。

由于双卷取热轧是在1台热精轧机上来回多道次轧制，头尾轧制速度反复升减速必然导致卷坯头尾温度、厚差变化，这是造成整卷材料性能不均匀性、不稳定性的根本原因。同样，这也是造成头尾几何、技术废料多的主要原因。如果生产3104罐体料，依据非最佳条件的限制机理，双卷取热轧卷终轧温度仅仅只能控制在270℃以下，立方织构翻转不充分，需要在后工序增加中间退火，使立方织构翻转补充，即使这样，其效果仍达不到具有最佳条件的热连轧水平。因此，热连轧与双机架热轧比较，其优越性是：

（1）遗传性好（中凸度、厚度精度、表面质量好）。

（2）稳定性好（温度、表面质量、头尾性能）。

（3）经济性好（生产效率高、几何废料少、头尾技术废料少、无中间退火）。

对于连铸连轧，与DC铸锭热轧比较，从它本身金属熔体的成形到轧制全过程的机理和特点认识以及目前产品研制、开发的趋势和现状看，产品目标受到一定的局限性。投资者若选择连铸连轧方式，则选择1×××系、3×××系铝合金的普通板、铝箔坯料、铝箔（钎焊箔除外）、装饰板作为产品目标是最合理的。

如果投资者选择以生产罐体料为主要产品目标的1+4热连轧生产线，轧机辊面的宽度如何选择也至关重要。制罐业需求的罐坯料早已向薄和宽幅的方向发展，国外铝业公司生产的罐坯尺寸多为厚0.25mm、宽1780mm规格。这样，制罐工厂沿带宽向可冲制14个罐。因此，根据罐坯的生产工艺，冲制14个罐所对应的热轧机辊面宽度必须在2200mm以上，否则就只能保证做到冲制10个罐所需要的带宽1243mm；冲制12个罐所需要的带宽1470～1520mm的罐坯料。冲制10～12个罐，显然缺乏市场竞争力。国内建设的第一条高水平的1+4热连轧生产线的轧机辊面宽度仅设计为2000mm，多少有点遗憾。

2.2.3.2 关键设备和配套设备档次的一致性

多数铝加工厂，在改造和引进设备中，比较重视熔炼炉的改造和引进，却往往忽视了必须配套的在线净化处理装置；比较重视高速高精热轧机、冷轧机、箔轧机的引进，却往往忽视了配套装备技术的档次，即必须配套相应档次的横切、纵切、拉弯矫等设备。也正是这种不全面的思维，在某铝加工厂曾引发过用高速高精冷轧机生产的卷材是否需要拉弯矫的争论。虽然投资者的认识已在逐步改变，但本书重提此事是再次阐明其重要性。否则不仅会严重制约产能规模，而且更严重的是制约了产品质量的竞争力。

目前，国内热连轧的投资热还未结束，冷连轧的投资热已经开始。西南铝业引进的 2 机架 2000mm 冷连轧机组和巨科铝业有限公司国内制造的 2 机架 1850mm 冷连轧机组都于 2009 年建成投产。亚洲铝业以生产罐料为主，同时用于生产硬合金的 5 机架冷连轧连续生产线在 2011 年建成投产。南山铝业、山东魏桥铝电邹平和滨海的 3 机架冷连轧项目已经启动，河南中孚的板带项目也已对冷轧车间是选择 1 台单机架冷轧/2 机架冷连轧的配置还是选择 1 台单机架冷轧/3 机架冷连轧的配置进行了比较论证。是选择配置 2 机架连轧，还是 3 机架连轧？作者认为：除了考虑产能的配套之外，更重要的选择依据要把住两大原则，一是工艺最优原则；二是效益最大（生产效率最高，产品质量最好）原则。按照两大原则，对于选择以生产罐体料为主导产品的冷连轧工艺，3 机架连轧工艺好于 2 机架连轧工艺，其优越性有三点。

A　工艺最优

对于罐体料产品，3 机架连轧不仅是单独完成冷轧最终产品，而且是 3 机架冷连轧一个轮次完成冷轧最终产品。如果选择 2 机架连轧，就需要两个轮次完成冷轧最终产品。第一轮次后，带卷送入卷材高架仓库冷却，然后在第二轮次轧制前再将带卷送回来。带卷多一次往返运输，多一次与轧机导路接触，这样无论是对生产效率，还是对带卷表面质量都是不利的。

对于生产厚度 0.218mm 的 5182 合金罐盖料，采用 3 机架冷连轧两个轮次完成冷轧最终产品也是完全可行的工艺。然而采用 1 台单机架冷轧/2 机架冷连轧配置的生产工艺，无论怎样组合，两个轮次都无法完成冷轧最终产品。

B　稳定性好

一个轮次，生产要素稳定，工艺稳定，产品质量稳定。

C　经济性好

一个轮次，生产效率高，消耗少，经济效益高。

选择冷连轧工艺还要注意两个问题：质量保证，在于工艺的可靠性；发挥效益，在于产品的规模性。

2.2.3.3　专项产品的特殊性

除了热连轧、冷连轧热以外，目前在国内悄然兴起的中厚板热也正在升温。

生产高质量的中厚板专项品种，除了有先进的熔铸和大规格的热轧设备以外，还必须有配套的特殊设备，即中厚板辊底式淬火炉和大规格、大吨位拉伸机。显然，生产工艺的改进和先进技术装备的配套，两者缺一不可。如用辊底式淬火炉生产中厚板，与传统的吊挂式淬火设备相比，具有质的飞跃。辊底式淬火热处理后的板材，不仅淬火变形小，残余的内应力小，即板材再经后工序预拉伸和机械加工后的整体壁板，几乎不变形。为波音飞机提供材料的 Alcoa 铝业公司 Davenport 工厂；为空客飞机提供材料的德国 Koblenz 工厂，都购买了奥地利 EBNER 公司的辊底式淬火炉。这也正是当时东轻为什么决策购买 EBNER 公司的辊底式淬火炉最重要的科学依据。

2000～2002 年，东轻发挥自己的优势，引进了国内第一台配有低液位自动铸造的 25t 熔铸生产线；引进了国内第一台中厚板辊底式淬火炉；改造并加大了热粗轧机开口度（从 300mm 加大到 400mm）；加上已进口的 4500t 拉伸机，组成了中国第一条装备先进、工艺完整的中厚板生产链，开始生产高质量的航空中厚板，走在中国这一领域的最前列。

2002 年，西南铝业开始安装 20 世纪 60 年代中国制造的，之后长期处于动维护状态的 6000t 拉伸机。

2005 年，亚洲铝业总体规划的二期建设项目的主导产品，就是中厚板。预留宽幅 5000mm 的热粗轧机工艺平面设计位置，与一期的 1 + 5 热连轧将组成新的 1 + 1 + 5 热连轧生产线。

2005 年底，西南铝业向美国 JUNKER 公司购买一台辊底式厚板淬火炉签订合同。

2006 年 6 月 9 日，东轻中厚板项目向德国 SMS 公司购买宽幅 3950mm 的热粗轧机签订合同。

2008 年 6 月 24 日，西南铝业 50t 熔铸机组试生产大规格 7050 合金方铸锭。

2009 年 12 月 1 日，西南铝业 4300mm 四辊可逆式厚板轧机试车成功。

2010 年 6 月 1 日，由北京维宝世捷投资公司建设的吉林世捷铝业公司铝合金宽厚板项目开工建设。

2010 年 10 月 19 日，爱励国际公司（Aleris International Inc.）与镇江鼎胜铝业有限公司的特种铝合金厚板项目正式签约。2011 年 1 月 18 日，项目在镇江京口奠基，现已动工建设。

2011 年，东轻中厚板项目，宽幅 3950mm 的热粗轧机进入试车阶段。

2011 年，西南铝业与 4300mm 轧机配套的 120MN 拉伸机与固溶处理炉将同步调试到位。

2011 年 11 月 11 日，西南铝业中原板项目建成投产。

除此之外，还有南山铝业、广西南南铝业、大连汇程铝业等企业也在筹建中厚板项目。

当前中厚板的投资热潮，让作者回想到老一代铝加工人为之艰辛奋斗和奉献的聪明才智。从 1971 年开始，西南铝在不完全具备装备的条件下，开始试生产中厚板。淬火热处理工艺在盐浴槽采用板材吊挂式淬火。拉伸工艺采用压延分厂精整硬片机列上的 4MN 拉伸机生产厚度 4～7mm，宽度 1000～2000mm 的中厚板。

在锻造分厂 15MN 型棒材拉伸机上，采用型棒拉伸机的嵌口生产厚度 8~30mm，宽度 1000mm 以内的中厚板；自行设计宽 1700mm 的丁字形嵌口镶嵌在型棒拉伸机的拉伸头内生产厚度 8~30mm，宽度 1000~1700mm 的中厚板。上述三种拉伸工艺，前两种工艺由于拉伸力在嵌口均匀分布，拉伸后板材的平直度基本符合标准。第三种工艺显然由于拉伸力在 1700mm 的嵌口宽向分布是不均匀的，拉伸后板材的平直度受到影响，为了改变嵌口宽 1000mm 以外力传递的不均匀性，研究人员经过反复试验，采用嵌口宽 1000mm 以外部分加适当匹配厚度的垫板，较好地解决了这一问题。

1979 年后，东北轻合金厂引进的 45MN，嵌口宽 4000mm 的拉伸机投入生产，从拉伸工艺装备上，满足了生产宽度大于 1000mm 中厚板的要求。80 年代后，无论是西南铝，还是东北轻，仍然按照传统的盐浴槽板材吊挂式淬火和已有的拉伸装备生产中厚板。2000 年，东北轻引进了国内第一台由 EBNER 公司制造的中厚板辊底式淬火炉；2005 年西南铝引进了国内第二台由 JUNKER 公司制造的中厚板辊底式淬火炉，并且安装了长期处于动维护的 60MN 拉伸机，从此东北轻和西南铝都配置了生产中厚板必须配套的特殊设备，即中厚板辊底式淬火炉和大规格、大吨位拉伸机，并在此基础上进一步发展。作者的铝加工生涯和实践见证了中国中厚板试制和发展的全过程。

2.2.3.4　产品与环境的和谐性

生产某些铝板带箔品种，对工厂周围的环境有一定的要求。在本书中讲述两个真实的历史故事，目的是面对当前的煤—电—电解铝—铝加工产业链投资热，希望投资者有一个清醒的认识。

1996 年，重庆某公司选址在离西南铝压延分厂大约 1km 的地方，投资建设一个 5 万吨的电解铝厂，由于军工产品对板带表面的非金属压入物有严格的要求，西南铝通过权威的科学论证，以环评 1 票否决权，硬是把农民已经动迁，项目已经动工，花费了几百万元人民币的电解铝厂迁址到离西南铝 5km 以外的地方。

2003 年，河南神火集团投资建设铝箔项目，集团听取了专家的意见：电解铝厂排放的污染物不仅可能会影响铝箔产品的针孔度，而且会因为人们对氟化氢生物链积累作用的心理障碍，导致影响食品、医药箔的市场。项目采纳了专家的建议：改变在新扩建的电解铝车间附近建设铝箔车间的方案，最后选址到环境优美、靠近市场的上海浦东地区。

近期，面对铝板带箔项目投资热的现状，仍然出现了人们担忧的现象，竟然在发电厂高高耸立的烟囱下，在紧接电解铝碳素车间的附近，选址建设铝板带项目和铝箔项目。这使人费解，也值得投资者思考？

2.2.4　投资设备选择

根据项目投资指导原则，尽可能做到工艺最优配置、设备合理配置、资源合理配置、物流最佳配置。

2.2.4.1　工艺最优配置

生产同一种产品，若选择的工艺不同，则选择的设备结构特点、设备规格大小、技术装备水平高低都会随之不同。对于生产的每一种产品按其产品质量的关键、生产效率、市场竞争力和节约投资等指标进行综合比较，都有一个最优的工艺配置。本节对罐用铝板材、印刷版用铝板材、铝合金复合板及复合带、铝合金中厚板、高强及高韧铝合金材料、铝箔坯料及双零箔、高压阳极铝箔、建筑装饰用铝板材、汽车车身用铝板材九个典型产品，其实现最佳工艺路线在主要工序仅生产该项品种必需的设备进行说明。

A　罐体用铝板材

选择依据：提供冲制 14 个罐的罐体用铝板材。

（1）120t 熔铸机组：2 台熔炼炉 +2 台静置炉 +1 套低液位、双水腔、双射角结晶器配置；熔体电磁搅拌；熔体在线处理采用 Alpur 法除气和深床/管式双过滤。

（2）宽幅大于 2200mm 的（1 +4）热连轧生产线。

（3）宽幅大于 2000mm 的 3 机架冷连轧生产线（1 轮 3 个道次）。

（4）宽幅大于 2000mm，具有清洗 – 矫直功能的纵切生产线。

（5）卷材自动包装生产线。

B　印刷版用铝板材

选择依据：考虑板带在分切后平直度相对差一些，生产铝版基卷材最好采用宽度不倍尺工艺。

（1）120t 熔铸机组：2 台熔炼炉 +2 台静置炉 +1 套低液位、双水腔、双射角结晶器配置；熔体电磁搅拌；熔体在线处理采用 SNIF 法除气和陶瓷泡沫板/管式双过滤。

（2）宽幅大于 2000mm 的（1 +3）或（1 +1）热连轧生产线。

（3）宽幅大于 1850mm 的 2 机架冷连轧生产线（2 轮 4 个道次）。

（4）宽幅大于 1700mm，具有清洗功能的纯拉矫生产线。

（5）卷材自动包装生产线。

C　铝合金复合板及复合带

（1）85t 熔铸机组：2 台熔炼炉 +2 台静置炉 +1 套低液位、双射角水孔结晶器配置；熔体电磁搅拌；熔体在线处理采用 SNIF 法除气和陶瓷泡沫板过滤。

（2）铝合金外板和芯锭自动点焊机组。

（3）宽幅大于 2000mm 的（1 +1）热轧生产线。

（4）宽幅大于 1850mm 的单机架冷轧机。

（5）宽幅大于 1700mm 多条、高精分切生产线。

D 铝合金中厚板

（1）50t 熔铸机组：1 台熔炼炉 + 1 台静置炉 + 1 套低液位、双水腔、双射角结晶器配置；熔体电磁搅拌；熔体在线处理采用 Alpur 法除气和深床/管式双过滤。

（2）宽幅 4000 ~ 5000mm 热粗轧机。

（3）辊底式淬火炉（产品尺寸匹配）。

（4）厚板拉伸机（2000 ~ 3000t/5000 ~ 6000t/10000 ~ 12000t 配置）。

（5）精密板锯（产品尺寸匹配）。

E 高强及高韧铝合金材料

（1）50t 熔铸机组：1 台熔炼炉 + 1 台静置炉 + 1 套低液位、双水腔、双射角结晶器配置；熔体电磁搅拌；熔体在线处理采用 Alpur 法除气和深床/管式双过滤。

（2）宽幅大于 2800mm 的（1 + 5）或（1 + 1）热连轧生产线。

（3）宽幅大于 2800mm 的单机架冷轧机。

（4）宽幅大于 2600mm，具有退火、淬火双重功能的连续气垫式热处理生产线。

F 铝箔坯料及双零箔

（1）熔铸 – 热轧方式两种选择：

方式一：120t 机组，2 台熔炼炉 + 2 台静置炉 + 1 套低液位、双水腔、双射角结晶器配置；熔体电磁搅拌；熔体在线处理采用 SNIF 法除气；陶瓷泡沫板过滤；宽幅大于 2450mm 的（1 + 1）热连轧生产线。

方式二：宽幅 2450mm（热轧坯卷宽 2200mm）的哈兹列特连铸连轧生产线，生产线配置 120t 矩形熔炼炉，在线处理采用 SNIF 除气，陶瓷泡沫板过滤，哈兹列特铸造机，3 机架热连轧机组。

（2）宽幅 2350mm 的单机架冷轧机。

（3）宽幅 2300mm 的单机架粗—中—精铝箔轧机。

（4）宽幅 2200mm 的铝箔厚箔剪和分切机。

G 高压阳极铝箔

高压阳极铝箔基本上可以采用铝箔坯料及双零箔的生产工艺路线（方式一）选择设备，而有区别的是只需要宽幅大于 2000mm 的（1 + 1）热连轧生产线，最好配置专用的 50t 熔炼炉，在线处理采用 SNIF 除气，陶瓷泡沫板过滤。

H 建筑装饰用铝板材

建筑装饰用铝板材也可以采用铝箔坯料及双零箔的生产工艺路线选择的熔铸、热轧、冷轧设备，另外需要增加相配套的精整设备和专用的建筑、食品涂层生产线。

I 汽车车身用铝板材

汽车车身用铝板材和其他车辆车体用铝板材基本上可以采用高强及高韧铝合金材料的生产工艺路线选择设备，若追求更加完美的生产工艺技术和装备，可考虑下面两点：

（1）铸造工艺采用复合锭铸造结晶器生产双金属复合锭。

（2）宽幅大于2500mm，既有气垫式热处理功能、精整功能（拉矫、纵剪），又有带材表面处理功能、带材表面涂层功能的车体铝合金板材专用生产线。

如果企业是一个综合性的铝加工厂，可根据上述各种产品的工艺路线进行平衡，在充分发挥各种技术装备功能的条件下，以满足市场需求为前提，选择出最合理、经济的设备组合和设备规格。

2.2.4.2 设备合理配置

衡量设备配置是否合理的标准有三条，即：装备尺寸前后配套；工序能力前后配套；装备技术水平前后配套。

A 装备尺寸前后配套

装备尺寸前后配套指的是前后工序装备尺寸的一致性。装备尺寸确认的首要依据是市场所需求产品最大的厚薄、宽窄、长短规格范围。在上一节对于各种典型产品选择的设备尺寸，特别是宽窄尺寸，就是依据了市场需求原则，并在考虑了上下工序生产过程中不同的工艺需求和可能造成的技术、几何废料的损失比例后而确认的。总的来说，对于所有的产品，遵循的共性多一些。

另外，对于板带箔产品的前后工序的每个机组或单体设备的尺寸也一定要做到前后配套，如卷材的内径尺寸就确定了所有前后设备的卷轴外径尺寸。如，亚洲铝业的设计，无论是热精轧机的卷轴外径，还是冷轧机和精整所有生产线的开卷机、卷取机的卷轴外径都是 ϕ508mm。如果客户需求 ϕ610mm 的热轧卷产品，ϕ300mm、ϕ406mm 的冷轧卷产品，可以采用增加对应尺寸的卷轴和在卷轴上加多块适当厚度的扇形板即可。

B 工序能力前后配套

工序能力的前后配套是将各个工序产能合理计算的数据，作为选择设备数量、生产线速度的依据，使各个工序既不出现工序设备待料现象，也不出现工序设备卡颈现象，做到有序生产。

C 装备技术水平前后配套

项目的产品目标确定以后，整个工艺流程中的装备技术水平应该前后一致，才能充分发挥高技术装备水平的作用。

2.2.4.3 资源合理配置

资源合理配置是指整体投资项目的整体设计是在同地建设，还是分割多地建设。这样，就出现了资源如何配置和如何流动的问题，本节就资源集中配置、资源异地配置、物流最佳配置三个问题进行阐述。

A 资源集中配置

国内20世纪90年代前建设和扩建的铝加工项目的前后生产工序都是在同地集中配置。我国最早的西南铝加工厂，尽管在三线分散隐蔽，进山进洞的建设思想指导下，尽管熔炼、铸造车间和板带、挤压、锻造车间有一定的距离，仍然属同地集中配置。工厂总体设计上下工序基本合理，衔接比较紧密；尽管会增加一定的物流运输成本，但对于当时的计划经济年代和备战要求来说，已经是足够合理了。

B　资源异地配置

国内新建的铝加工项目中，因为各种情况，出现了资源异地配置。即前后生产工序不是在同一地点集中配置，如中铝铝加工跨地区的资产重组、中孚实业铝板带项目等。

中铝铝加工跨地区资产重组的战略，是资源异地配置一个典型代表，涉及青海铝、贵州铝大板锭铸造—西南铝1+4热轧—西南铝和瑞闽铝冷轧的生产流程，其目的是直接采用电解铝液生产板坯锭，以实现节能减排和降低生产成本的双效果。资源异地配置在国外早已有成功的范例。由于中国铝加工历史和现状长期存在的区域独立，上下工序分离的局面，必然导致处于两地的管理者、技术人员、操作工人都会有一个适应过程。强化资源异地配置新观点的主要表现有两个方面。

（1）思维方式的统一性。首先是上工序的管理者、技术人员、操作工人的整体思维是否能去适应新的运作方式，在企业的各项基础管理中，人们能否统一到下工序所需求的产品质量目标上。举一个最简单的例子，对于生产电解铝锭和生产1×××～8×××系铝合金热轧板锭，从技术要求而言，完全可以说是不同的两回事。可能上工序感觉各项管理措施已经做得非常好，但仍然会出现满足不了下工序产品质量的要求。一旦出现问题，需要返工或增加措施，增加成本的时候，是否又能统一到下工序所需求的产品质量目标上呢？此时就需要强有力的控制。否则投资者的决策就会因控制不力而事与愿违。甚至会出现上下工序都引进了国外的先进装备，而仍然生产的产品质量水平是中低档产品的结果。

（2）质量稳定的可靠性。对于区域资源配置的统筹计划管理，从数量上应该是批量的、长期的；从品种上可以是多品种，也可以是专项品种。所以为了保证投资者整体的规模效益，就必须保证产品质量批量的、长期的稳定和可靠。因此，也就是必须有一批具备控制该项技术、有经验的技术人员和操作工人，否则就会因为下道工序，直至产品出现的各种质量问题导致异地两方人员扯皮现象。如果没有强有力的资源异地配置控制能力，能够分清是哪一方的责任吗？何况，就是资源同地配置的西南铝，直到现在还会因判断板锭质量的问题，时有发生熔铸分厂和压延分厂的协调问题。

C　物流最佳配置

物流最佳配置：一是指设计的各生产工序在制品的流动路线最合理，保证高效率的运转。二是指保证所有流动工序在制品和最终产品的表面、外观质量存放和流动的过程中不受到损伤。对于中铝的远程板锭运输，总的说是比较好控制；然而对于中孚实业铝板带项目的热轧和部分冷轧异地配置设计，热轧卷坯的异地运输不仅增加了产品成本，而且如何在长期、大量的运输中保证热轧卷坯的质量是必须考虑的问题。

2.3 投资者的共同目标

中国从铝加工大国迈向铝加工强国是所有热心铝加工事业投资者的共同目标。要圆铝加工强国之梦，需要有一大批成功投资者。而投资铝板带加工项目的成功者，必须具备四种能力：投资决策的科学判断力、区域资源配置的控制力、产品技术开发的支撑力和国际国内市场的融通力。

2.3.1 投资决策的科学判断力

在投资机遇和投资风险的章节中，阐述了需求性投资、一次性投资、滚动性投资三种投资方式。在项目投资思路的章节中，阐述了投资每步都必须认真考虑的问题，即产品品种如何定位、产品目标如何定位、产品工艺如何选择、产品设备如何选择、总体规划确认等。

总之，投资者就是要用有限的资源创造和获取最大的效益。面对当前中国铝加工业的形势，在投资决策中，绝对不能一哄而起，应冷静思考，增强投资决策的科学判断力。

2.3.2 区域资源配置的控制力

在投资设备选择一节中，阐述了区域资源配置的各种方式，并着重阐述了异地资源配置可能存在的问题，因为这个问题是在近期铝加工发展过程中出现的新问题，其目的是提醒投资者，你要选择异地资源配置，就必须具备有控制异地区域资源配置的能力。

2.3.3 产品技术开发的支撑力

高质量的产品必须有最先进的设备作基础，必须以高新技术作为支撑。这是"强国"的轨迹。有了最先进的设备，仅仅只是有了"强国"的基础，在"强国"的轨迹中，仅仅是一个起点。最重要的是能否驾驭先进的设备，即在先进装备技术和工艺技术、管理技术最佳结合的条件下，具有能生产代表该领域当代最高质量水准产品的实力。为此，你的企业必须具有通晓关键技术能力的人才和具有前沿技术研发能力的研究中心。

一个企业的实力，要看它研究的产品是否代表了该领域当代最新技术的产物。它的实力就会让它成为该领域的领头羊。

一个企业的市场，要看它生产的产品质量是否具有稳定性，充分满足了顾客对产品适用性和耐久性的要求。这样，它的市场就会有无限的空间。

投资者本人不一定要有关键技术的通晓能力，但是投资者的企业必须有一个通晓关键技术的团队。读完本书后的投资者和管理者，必然领悟：对于每一个铝加工产品关键技术的定位，首先来自于市场；不同的铝加工产品目标尽管有其共性的市场要求，但由于其个性所导致的关键技术定位是完全不同的，在本书技术与装备篇和产品与市场篇涉及的装备技术和产品技术是世界上从事铝板带加工无数人终生奋斗的结晶。因此，团队的每一个人不可能是驾驭所有技术的全才，但起码应该通过新知识不断地学习和积累、生产实践不断的认识和总结，逐渐成长为某一品种或某一工序的专家。在研究每个品种特殊的个性要求时，是一个通晓该品种个性的明白人，不能仅知其然，重要的是知其所以然，要不断提高前沿技术的研发能力，占据品种个性的技术制高点。

当然，作为投资者，还有一个很重要的责任，那就是要为你的团队创造一个良好的研发条件和环境。国外知名的铝业公司都有自己的研究开发中心，研究新技术，开发新产品。作者曾访问过原法铝（1996 年）和美铝（2010 年）的研究中心。研究中心有许多先进的装备和精密的仪器，研究新合金、开发新技术和新品种。以罐料产品为例，其共同点是不仅有小型轧机、制罐生产线，而且有能铸造大规格尺寸坯锭重 20t 的设备。研究中心的研究人员不仅能研究各种工艺参数，如熔铸工艺、热精轧终轧温度和冷轧终轧温度等，更重要的是能研究微观的立方织构。研究中心的研究成果，即确认的最佳生产工艺将直接提供给法铝和美铝的下属工厂。

我们应该承认，国内铝加工企业和国外先进的知名铝业公司相比，无论是研究人才的数量和水平，还是在研究铝加工新技术和开发新品种上的目标思维和研发手段、研发能力上，都还有相当大的差距。

2.3.4 国际国内市场的融通力

人们在中国铝加工的热潮中，又产生了疑虑，生产能力一下子就新增几百万吨，中国市场有这么大的需求吗？应该说疑虑也是有一定道理的，这无疑可以告诉投资者谨慎决策，即投资者要投资铝加工项目，对产品目标一定要做到科学选择。在选准产品目标之后，则仍然面临着必须考虑人们疑虑的市场问题。

（1）市场目标。对于一个铝加工强国，产品替代进口仅是第一步目标，因为它瞄准的就是中国市场，也就是人们疑虑大家竞争的中国市场。作为铝加工强国的强者，从一开始就不能仅考虑第一步目标，应该是与第二步目标国际市场紧紧融通。亚洲铝业投资者从立项开始，就制定了国际国内市场的融通战略，就开始寻找主导产品目标，走向第二步目标的国际合作伙伴。

（2）市场竞争。市场竞争仍然遵循着质量、价格的普遍规律。但无论是质量，还是价格，拥有一流的铝加工技术人才，才有竞争的质量，拥有一流的铝加工管理团队，才有竞争的价格。

3 设 计 要 点

为确保实现投资者的目标，大型铝板带加工项目的总设计师和设计团队应做到：设计理念现代、产品方案清晰、项目目标明确、总体设计合理、设计内容全面、预测指标实际。

3.1 设计理念现代

设计理念现代是指设计思想要先进，主要指以下几方面：

（1）符合国家提倡的资源节约型和环境友好型发展理念。

（2）符合国家对行业发展的各项政策规定。

（3）符合国家环境保护的有关规定。

（4）充分利用好当地建设条件。

（5）适应铝板带加工新装备、新技术、新工艺发展的要求。

（6）实现投资者最大的投资收益目标。

3.2 产品方案清晰

产品方案是每个项目最基本的元素，它来自于市场，最终又回归于市场。设计者应本着职业的责任感，对投资者提出的产品，其市场历史、现状及潜在的发展趋势做出建设性分析。其统计数据和分析结论都将是制定产品方案最重要的依据。

产品方案应根据项目的总规模，按照各品种选择的典型代表规格、各品种的大致所占比例及设计生产总工时等条件，进行计算、确认年总产能。

3.3 项目目标明确

项目的目标应有两点：一是产品水平目标的定位，即确认的水平是国际领先水平、国际水平，还是国内领先水平、国内水平；二是项目投资的收益目标，即代表财务盈利能力的内部收益率及净现值、投资回收期（静态）、投资利润率、投资利税率、资本金净利润率等指标控制在什么水平。

3.4 总体设计合理

总体设计要根据投资者的实力和建设地提供的各种条件，做到选择的厂址合理、总平面的布置合理、选择的产品方案合理、选择的生产工艺合理、选择的装备技术合理等。

3.5 设计内容全面

大型铝板带加工项目设计的内容丰富，必须做到全面的论述和分析。它包括市场分析及拟建规模、厂址与建厂条件、主要生产设施、辅助及公用设施、土建工程、总图运输、节能、环境保护、劳动安全卫生、消防、劳动定员与职工培训、项目实施计划、总投资估算、资金使用计划与资金筹措、成本与费用估算、损益计算、财务评价等。

3.6 预测指标实际

在项目建设的整个过程中，项目涉及的各种计算数据和预测指标，特别是有关经济指标，都可能因各种动态的因素受到影响。因此，要求设计者具有丰富的实践经验，具有用发展眼光判断和分析问题的能力。这样，才能使各种计算数据，特别是在投资估算及经济效果分析中的各种预测指标尽可能符合实际，也才能把动态影响的程度降到最低。

4 最佳工艺平面设计

项目的工艺平面设计可谓总设计师和设计团队精雕细刻的作品，它需在投资者限定的土地范围内，按照板带最基本的生产工序，考虑现代物流、节能经济、要素精细、产品质量、安全健康等众多因素，对其总的规模进行一次性和总体的工艺平面设计。本书选择亚洲铝业有限公司（简称亚铝）的板带项目工艺平面设计举例说明。

4.1 亚铝板带项目工艺平面设计图

亚铝板带项目的工艺平面设计图如图 4-1 所示。

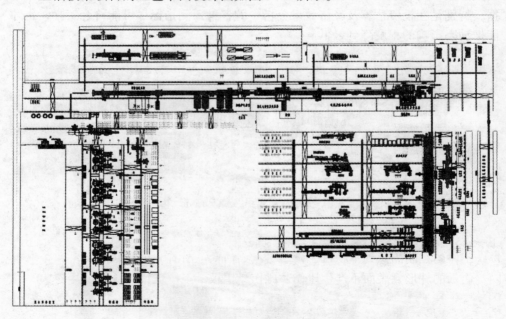

图 4-1 亚铝板带项目的工艺平面设计图

细看亚铝板带项目工艺平面设计图（图 4-1），可以观察到：设计思想现代；符合资源节约型和环境友好型发展理念；做到了分步总体布置、现代物流布置、节能经济布置、要素精细布置、产品质量保证、安全健康保证；达到了最佳的效果。

4.1.1　分步总体布置

亚铝板带项目设计的总目标是年产 70 万吨铝板带，项目分二期建设。一期 40 万吨产能，主导产品是罐体料、罐盖料、IT 板、高镁合金板和交通、建筑需求的合金板。二期 30 万吨产能，主导产品：一是增加航天、航空等领域需求的中厚板；二是增加和热轧工序配套的冷轧、精整工序能力。基于设计的 70 万吨总目标，在土地供给充分的条件下，亚铝板带项目的投资者和设计者对于项目工艺平面设计选择了一次总体布置和分步实施的方式。

总体布置的特点是：

（1）70 万吨总目标所需要的设备一次设计定位，二期的设备位置为预留空间，如二期设计的第二台宽幅（5000mm）粗轧机的位置在一期 1 + 5 热连轧的延长线上；到二期建成后，两台粗轧机将和 5 机架热精轧机组成 1 + 1 + 5 的热连轧生产线。

（2）对每个工序在二期需要配套增加的设备不仅是确定了预留位置，而且对于能够实施土建工程的设备基础在一期采用了同步施工，如熔铸车间的一组 85t 2 + 2 + 1 的熔铸配置、设计安装在一期生产延长线上的第二台铣床、二期需新配置的推进式铸锭加热炉等。此种设计思想注入了环境友好型的理念，不仅保证了二期施工中的一期正常生产，更重要的是保证了一期正常生产高质量产品的环境要求。

（3）把一期和二期分别上的两台铣床总体设计在一条连续的生产线上，在二期建成后，实现各自铣削铸锭的一个大面的目的。这样，节省了铸锭翻转的时间，提高了生产效率。

4.1.2　现代物流布置

在大型的铝板带工厂，正常的投入、产出伴随着大量的在制品存储和流动。如何保证物流在有限的空间和时间里，按照每个产品工艺的顺序流动，并能保证每个工序的在制品做到不积压、不断料；如何保证所有大小不同的铝卷、宽窄不同的铝板的外形、表面不产生压伤、碰伤是铝板带工厂现代物流的设计要求。具体的措施如下：

（1）将生产线的入口和出口设计在不同的两跨，既便于有较大的存储空间，又便于对工序加工前后的产品进行区分和分类管理。

（2）铣床的铣屑分合金收集后，通过管道直接进入与熔炼炉直通的电磁泵装料桶。

（3）设计有平面或高架卷材存储库，集中存储铝卷，实现自动化的存储和取出。特别是采用高架卷材存储库，既减少了厂房占用的空间，又能很好地保护铝卷表面不受到损伤。亚铝的高架卷材存储库是目前世界上最大的多功能存储库，设计的 3 排 11 层高架库可存储热轧卷、冷轧卷，共计 1972 卷。更富有特色的设计还在于高架库的位置选择在三个方位之中，能通过 13 个通道把热轧、冷轧、精整三个车间的生产线和机组，紧密地结合在一起。应该说，亚铝高架卷材库的设计是大型铝板带项目现代物流的代表之作。因此，多个大型铝板带项目模仿该设计。

4.1.3　节能经济布置

设计思想注入了资源节约型的理念是亚铝板带项目又一代表作，公辅设施的位置也选择在三个方位之中，即被熔铸、热轧、冷轧 – 精整三个车间围住。公辅设施可通过最近距离的管道向熔铸、热轧、冷轧 – 精整三个车间通风、通水、通气，达到了最有效的节能经济布置。

4.1.4　要素精细布置

该项目在总体设计中做到了充分考虑各种要素，根据整体规划进行精细布置，具体如下：

（1）在总体设计中，充分考虑了一期和二期工艺连续性的精细衔接，如在一期就按照 1 + 1 + 5 的热连轧生产线考虑，在设计位置时提前考虑和安装了 80m 长的 5000mm 辊道（二期才需要的宽幅辊道），以确保在二期建成后，实现 1 + 1 + 5 的热连轧生产工艺。另外，二期中厚板车间的厂房紧接热轧车间，与热轧车间的厂房并排放置，不仅大大减少了大规格中厚板的运输困难和运输时间，而且从工艺上保证了最合理的工艺路线，可在最短的时间内，实现淬火后的板材进行预拉伸。

（2）轧辊磨床的方位选择在热轧车间和冷轧车间延伸的交叉直角拐点处。这种设计不仅可以同时保证热轧和冷轧各种轧辊最方便的运输，而且避免了人们习惯担心的因为热轧和冷轧运转时可能产生的振动对轧辊磨削精度的影响。

4.1.5　产品质量保证

在亚铝板带项目的总体工艺平面设计中，在产品质量保证中始终贯穿了这样一条主线，即产品工艺流向做到最合理、在制品流动距离做到最短、设备选定的位置做到互相干扰最小、自动化的物流水平做到最先进。

4.1.6　安全健康保证

在亚铝板带项目的工艺平面设计中，处处体现出以人为本新理念的安全健康保证设计。尽管为了保证产品质量，采用了独特的自动门帘封闭的厂房设计，但宽敞的车间、明亮的厂房、通畅的消防通道、明显的各种标示及现代、自动化的物流，都为现场人员创造了良好的工作环境。

4.2 国外铝加工厂典型工艺平面设计选编

在国外铝加工厂中，Alcoa 公司 Davenport 工厂厚板生产线的组成和工艺平面设计是比较典型的，德国 Alunorf 工厂和日本 Furukawa 福井工厂的总平面设计是比较有代表性的。

4.2.1 Davenport 工厂热轧生产线

Davenport 工厂热轧生产线平面布置如图 4 - 2 所示。

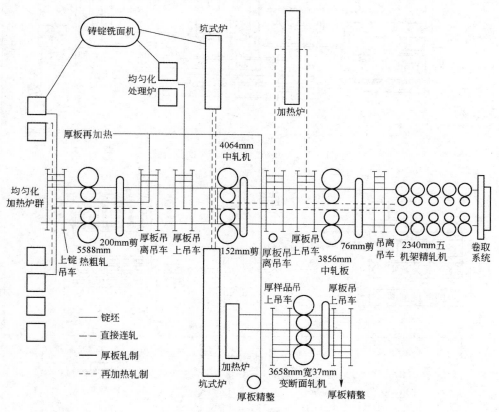

图 4 - 2 Davenport 工厂热轧生产线

由图 4 - 2 中可以看到：Davenport 工厂的热轧生产线，重点突出了热轧厚板的工艺平面设计。表明了 5588mm 热粗轧机和 4064mm、3856mm 两台热中轧机之间的工艺衔接和配套设备、厚板规格的功能分配和物流方向。

1994 年，作者曾访问过 Davenport 工厂，当时站在参观平台上看世界最为壮观的热连轧生产线银龙飞舞之场景，至今难忘。

4.2.2 Alunorf 工厂

图 4-3 和图 4-4 是 Alunorf 工厂的工艺平面设计图和物流流程图。

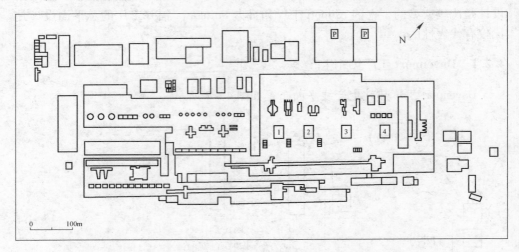

图 4-3 Alunorf 工厂工艺平面设计图

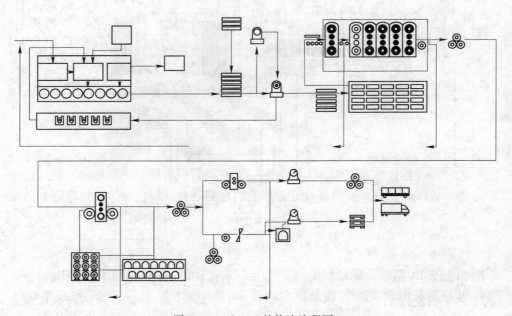

图 4-4 Alunorf 的物流流程图

Alunorf 工厂工艺平面设计图中，还明示了工厂配置的主要设备，即 10 台感应电炉、13 套熔炼 - 铸造机组、4 台铣床、3 台锯床、23 台坑式铸锭加热炉、6 台推进式铸锭加热炉、2 条热连轧生产线、5 台冷轧机、8 条切边 - 分切生产线、2 条横切生产线、1 条拉矫线。热轧年产能 150 万吨，冷轧年产能 105 万吨。

4.2.3 Furukawa 福井工厂

Furukawa 福井工厂总平面设计图如图 4 – 5 所示。

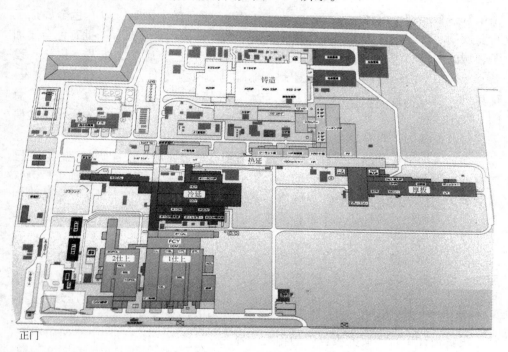

图 4 – 5 Furukawa 福井工厂总平面设计图

由图 4 – 5 中可以看到：Furukawa 福井工厂总平面设计图最富有新意。由于工厂地址选择在日本西海岸，工厂靠海一方修造的一条绿色防护林不仅是一道美丽的风景线，而且更重要的是设计者思维的独到之处，绿色防护林可以起到防海风、防潮湿的作用。因此，保证了铸锭的含气量不会超标，产品不会发生腐蚀。

2011 年，作者在访问该工厂时，亲眼看到了 Furukawa 福井工厂总平面的独特设计，深有感悟。然而，当作者在国内再亲眼看到电厂的大烟囱下和紧挨电解铝厂炭素车间的地方，设计有大型铝板带、箔加工项目的场景时，就更有无限的感慨：反差太大啦！

5　铝板带项目可行性研究报告

　　铝板带项目可行性研究报告应委托专业设计院制定。国内最专业的设计院是洛阳有色金属加工设计研究院，它成立于 1964 年，是中国唯一以有色金属加工行业规划、工程设计为主业的综合性科研、设计机构。全院拥有一批有色金属加工领域的专家和国家注册资质的技术人员。设有有色金属加工工艺、机修、设备、工业炉、液压控制、自动化控制、输配电、电力传动、电讯、自动化仪表、计算机、热力工程、给排水、通风、空调、环境保护、建筑、结构、储运、总图、技术经济、概预算、规划等近三十个专业，并拥有具备国内领先水平实验研发仪器及设备的苏州有色金属加工设计院等研发机构。

　　投资大型铝板带加工项目，最好选择洛阳有色金属加工设计研究院，它在国内设计了以西南铝加工厂为代表的多个铝板带加工厂项目和以洛阳铜加工厂为代表的多个铜板带加工厂项目。纵观洛阳有色金属加工设计研究院对多个铝板带加工厂项目编制的可行性研究报告，其范本内容具有以下两个特点：分工负责和专业性强，结构严密与完整性好。

　　铝加工项目设计是一个综合性的工程，涉及了多个专业的集合，洛阳有色金属加工设计研究院编制的可行性研究报告，凭其雄厚的实力和拥有的人才可在项目总设计师统筹下，实现多个专业人员分工负责制。其专业有熔铸、压延、实验室、供电、水道、热工、储运、总图运输、环保及技术经济，每个专业的参加人员，负责设计可行性研究报告中的相关内容。

　　洛阳有色金属加工设计研究院编制的可行性研究报告从总论到综合评价分以下 19 项内容进行设计和论述。本书选择的既有范本内容的设计思想，也有作者通读范本后的感受。

5.1　总论

　　总论是项目的总论述。它叙述了投资企业的发展历史或投资人的基本概况。投资项目提出的背景和设想。设计单位编制项目可行性研究报告的依据和研究范围。详细地分析了项目选址地的地理位置和交通（陆路、水路、铁路、航空）状况及当地政府的发展规划和投资政策等。

　　它根据场地的现状及产品的生产工艺要求，在对总平面布置进行多方案比较后会优选出两个主要方案，并说明各方案之优点，供投资方选择。按其设计的产品品种，编制项目的建设规模。概述组成项目的主要生产设施、辅助生产设施、公用设施、生活办公设施。详述生产设施各工序（熔铸、压延等）的生产工艺方案和主要生产工艺过程，并根据产品品种、规模和所选生产工艺的要求，应选择的主要生产设备；详述辅助生产及公用设施方案中的试验室、机修、电修所承担的任务；供配电、供配水所需的电力和生产、生活、消防给水系统所需的水量和排水系统所需处理的水量；蒸汽和压缩空气需求的供应量；仓库的种类、大小和功能。概述主要建设工程量和工程进度。

　　分项一般详述项目固定资产和流动资金投资估算的额度；分析资金来源的方向；若要向银行贷款，会发生的贷款年利率。按照项目投资前必须分析的财务数据，详述项目投资后可能给企业带来的经济效益以及随之产生的社会效益。

5.2　市场分析及拟建规模

　　在可行性报告中，市场分析及拟建规模是很重要的一节。它用市场经济的观点，依据相关的统计资料，对世界市场和国内市场的铝加工材总产能和分布状况会做出定量的分析。依据两个市场的消费现状所表现出的消费特点和拥有的消费结构和数量，预测铝板带主要品种的需求量，并在对现有（包括在建和筹建项目）供应预测能力的基础上，为寻求新的供需平衡分析点，对确认的主要品种的目标市场做出正确地判断。另外，本节还将进一步用市场竞争的观点，分析投资方和竞争对手各自拥有的优势，在项目设计中提出相应的对策。

　　纵观世界市场铝加工材的结构分析，其中轧制的铝板带产品通常占总产能的65%左右。依据主要铝材生产国家多年的生产情况统计，美国、中国、日本、德国分排前四位。依据世界贸易的统计资料，铝板带材净出口量最多的国家是德国、美国、日本等；净进口量最多的国家是中国等。

　　纵观国内市场，铝加工主要集中在珠三角、长三角和环渤海经济圈，而拥有资源优势的西部地区十分薄弱。2010年国内铝加工材的总产能1658万吨，其中，珠三角仅广东一省的铝加工材产量就达到了404.8万吨；长三角江苏、浙江、上海三省市的铝加工材产量是258.2万吨；而青海、甘肃、内蒙古三省区的铝加工材产量是39.8万吨，仅占全国总量的2.4%。

　　目前，有一个值得投资者思考的问题是，大型铝板带加工项目选择的目标市场趋同，即产品品种主要集中在热轧供坯的制罐料、PS版基、铝箔坯料、建筑装饰铝带材、IT板、幕墙板及潜在发展的中厚板。作者认为，投资者面对目标市场的趋同性，应该认真地思考，您的竞争优势是什么？

5.3 厂址与建厂条件

厂址与建厂条件是对项目所选地址的地理位置、交通状况、场地的地理形貌、工程地质、水文地质、气象条件的详细说明及建厂地区的社会经济条件、原辅材料供应条件、供电条件、交通运输条件的简要说明。

对地理位置的描述应详细。以亚铝板带项目为例：项目选址在广东省肇庆市高新区大旺园区内。大旺区位于广东省中部，珠江三角洲北端、肇庆市的最东面，处于东经 112°47′~112°52′和北纬 23°15′~23°24′的范围内；园区东与佛山市三水区相望，西与四会市毗邻；东距广州市 45km，西离肇庆市 40km。园区接近三角洲的中心区，同时又接近粤西丘陵地带和部分山区，具有良好的区位优势。

交通状况对园区陆路的国道及高速公路、水路的江河及码头、铁路的路线及货场、航空的机场距离等各种交通条件都应有明确的位向和数据。

地理形貌用专业的术语描述场地的地势，如山丘、平原的形状、面积和海拔高度等。

工程、水文地质主要是依据当地提供的地质报告，分析园区土壤中的素填土、粉质黏土、细沙、淤泥、黏土、粗沙、基岩等种类的组成和承载力。确认本地区的地震基本裂度。分析当地江河常年水位状况和地表水的流向，分析地下水位的深浅并随季节和降水的变化情况。

气象条件要依据当地提供的气象资料，罗列最冷、最热平均气温，极端最低、最高气温，年平均降水量和平均经流量，一日最大降水量，全年最多风向和平均风速等。

作者认为，项目选择建厂地区的社会经济条件、原辅材料供应条件、供电条件、交通运输条件总的原则是：政策优惠、环境友好、保证需求。

5.4 主要生产设施

对于铝板带项目的主要生产设施要细分到主要工序，可按照工厂建制的基本单元，即熔铸、压延、精整等车间进行概述（也可统称压延、精整车间为板带车间；若有中厚板车间，可单独概述）。概述的内容主要包括设计规模、采用的生产工艺技术、选择的设备组成和水平。同时要明示车间典型的生产工艺流程图。要根据国内装备制造业现状和投资者实力，恰当地选择和配置国内外生产装备，并确认设计设备的主要参数。对于板带车间的平面配置一般采用多跨厂房纵横交错的布置形式，在前文中，本书已经详述了最佳工艺平面配置的特点和重点，介绍了国内外板带车间最佳的工艺平面设计。

对于每个车间具体的设计内容，本书不作论述。

5.5 辅助及公用设施

辅助及公用设施包括试验室、机修、电修、电力、自动化仪表及电讯、给排水、供热与供气、仓库。具体的设计内容，本书不作论述。

5.6 土建工程

土建工程除了确认项目所在地的工程地质和水文地质条件外，还应确认当地的建筑施工条件。而更主要的是建筑物的建筑结构形式。目前，熔铸车间、板带车间厂房多为多跨大型联合厂房，因此结构体系和结构选型至关重要。

工业厂房可选择的结构方式有钢筋混凝土结构（钢筋混凝土框架结构、砖混结构）、钢结构和两种相结合使用的结构（厂房柱子、吊车大梁采用钢筋混凝土结构，屋架及屋面采用钢结构）。

5.7 总图运输

总图运输即项目的总平面布置，总平面布置的主要依据是《工业企业总平面布置设计规范》、《建筑设计防火规范》。总体设计在满足生产工艺用地的前提下，一并考虑了物料运输、管线敷设、环境保护、安全卫生、环境绿化及消防等方面的用地需要，且充分结合场地现状和当地自然条件，做到合理布局，统筹考虑。

5.8 节能

本节设计的依据除了按照传统的《有色金属加工企业产品能耗指标》之外，还应注入节能新的发展理念，并在设计中应有明确的能耗指标。

目前，由于铝板带加工现代装备技术的应用，特别是当今大型熔炼炉所采用的一系列节能先进技术和大轧机所采用的传动节电先进技术都大大降低了能耗指标，节能效果明显。生产用水尽量循环使用，使供排水和节能同样能够取得好的效果。

5.9 环境保护

时代的发展、技术的进步改变了人们的生存观念，保护资源，保护大自然已成为人们的共识。因此，认真做好项目的环境保护设计是投资者和设计者的共同责任。

环境保护设计的依据有《水污染物排放限值》、《大气污染物排放限值》、《工业炉窑大气污染物排放标准》、《工业企业厂界噪声标准》。

对于铝板带项目的主要污染源有燃烧烟气、油雾、酸雾、碱雾、有机废气、生产废水和废液、含油废水和废液、酸性废水、生活污水、固体废弃物、噪声等。

燃烧烟气是熔炼炉在原料熔化过程中，添加的覆盖剂（NaCl + KCl）所产生含烟尘、HCl、SO_2 等污染物的烟气，烟气直接由不低于 20m 高的排气烟囱排放。

油雾是热轧和冷轧生产过程中，采用乳液、润滑油冷却时产生含油雾的废气，需经油雾净化系统净化处理后由不低于 20m 高的排油雾筒排放。

碱雾、酸雾是涂层机组用碱液、稀硫酸液进行板带表面处理时产生的。它们需经净化处理后由不低于 20m 高的排雾筒排放。

有机废气是涂层机组在板带涂层和干燥中产生的有机废气，需要在配套设计的焚烧炉中燃烧后排放。

生产废水和废液、含油废水、废液和酸性废水都是熔铸车间和板带车间相关生产机组产生的，均需经废水处理站处理后排放。

生活污水主要是职工食堂、宿舍、办公楼、车间卫生间、洗手池等产生，主要含有机物，需经二级生化处理后排放。

固体废弃物主要是指熔铸车间产生的铝灰渣和板带车间的废轧制油，它们需做外售处理。另外，含油废水处理站产生的少量污泥和板带车间产生的过滤介质应进行无害化处理。

噪声是轧机、铣床、剪切机、风机、空压机运转时产生的，在设计中，应采用基础减振、合理布置、消声装置等综合措施解决，噪声控制在允许的 85dB 标准内。

5.10　劳动安全卫生

劳动安全卫生的设计要遵照《建设项目（工程）劳动安全卫生监察规定》、《中华人民共和国安全生产法》、《工业企业设计卫生标准》、《工业场所有害因素职业接触限值》、《建筑物防雷设计规范》、《建筑设计防火规范》等。

上述各项规定、规范和标准，告诉设计者，对于劳动安全卫生的设计非常重要，应当坚持以人为本的观念，严格设计，这是神圣的责任。

5.11　消防

消防的设计要遵照《中华人民共和国消防法》、《建筑设计防火规范》、《建筑物防雷设计规范》、《通用用电设备配电设计规范》、《工业与民用电力装置的接地设计规范》、《油库设计规范》。

认真做好消防设计，同样是设计者的神圣责任。作者亲身感受到，特别是各建筑物之间的防火间距必须有足够的宽，并保证最小转弯半径的消防通道。板带车间的盐浴槽、板带车间的冷轧机、铝箔车间箔轧机及地下油室是工厂重中之重的防火防爆区。

工厂消防任务，一般委托当地的消防队，若有条件的工厂，可成立专门消防队，配置专业灭火车。

5.12　劳动定员与职工培训

目前，随着新建项目投资的多元化、规模的扩大，装机水平的提高，工厂的劳动定员已经有了很大的变化。因此无论是生产人员，还是非生产人员的编制更加具有灵活性。

同时，提高全员素质，特别是强化生产人员上岗操作前的安全培训和持续增强生产人员的劳动技能培训已成为每个工厂很重要的管理制度。

5.13　项目实施计划

对于大型铝板带项目的工程建设期，即从主要设备合同签订之日起到工程验收为止，大致工期为24个月。每个项目通常实施控制的主要环节和工程进度计划表如表5-1所示。

表5-1　工程进度计划表

序号	进度项目	月　份																							
		01	02	03	04	05	06	07	08	09	10	11	12	13	14	15	16	17	18	19	20	21	22	23	24
1	设备交流考察签订合同																								
2	提供初步设计资料																								
3	初步设计																								
4	提供施工图设计资料																								
5	工厂施工图设计																								
6	施工准备及土建施工																								
7	设备制造与交货																								
8	人员培训与技术准备																								
9	设备安装调试试生产																								

5.14　总投资估算

总投资包括建设投资、建设期利息和流动资金。具体内容，本书不作论述。

5.15　资金使用计划与资金筹措

项目所需的资金来源主要是靠投资者的自身实力或靠投资者的信誉及融资能力。具体内容，本书不作论述。

5.16 成本与费用估算

成本与费用估算的原则是：各种外购材料的价格均按到厂价计算，在测算中外购材料价格均为不含税价。具体内容，本书不作论述。

5.17 损益计算

本节所预测的数据，对投资者是最重要的。由于项目的整个建设过程和最终产能达标的时间，再加上市场的变化等，都可能对损益计算中所预测的数据产生影响，因此，较为准确的分析和判断至关重要。具体内容，本书不作论述。

5.18 财务评价

在市场经济条件下，对每一个投资项目，机会与风险同在，每个投资者必须有足够的心理准备和挑战精神。

财务评价就是对投资项目的机会与风险评价，通过财务传统的各项指标，即财务盈利能力、清偿能力、资金负债、盈亏平衡分析、敏感性分析、投资能力风险、项目建设风险、市场开拓风险、人才风险、经营管理风险进行全面、系统地分析。具体内容，本书不作论述。

国家"十二五"规划再次强调："科技兴国，人才强国"，充分说明了人才在科技兴国中的重要作用。对于一个企业的人才风险而言，作者有两点体会：

（1）专业人才包括技术人才和管理人才。要掌握不断进步的铝板带项目的现代装备技术，企业没有技术人才不行；要精通和控制每个铝板带品种的关键技术，企业没有技术人才不行；要用现代的管理方法和先进的经营手段管理企业，企业没有管理人才不行。

（2）企业聘用的专业人才，无论是技术人才，还是管理人才，要与时俱进，若仅仅停留在原点，没有新思维、新知识、新实践，可能是企业最大的风险。

5.19 综合评价

本节是对投资者决策投资的建设项目，从满足市场需求的必要性、行业发展方向的代表性、装备技术水平的先进性、技术经济指标的可行性做出一个综合评价。

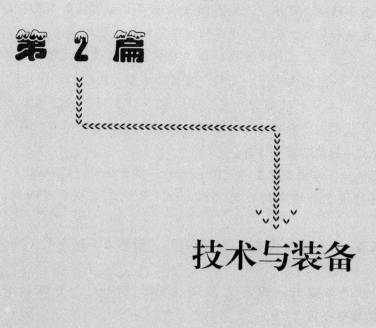

第 2 篇

技术与装备

本篇经作者多年跟踪、凝炼，汇集了21世纪世界铝板带箔加工及装备最新的技术创新、发展和实践，代表了现代铝板带箔加工发展的方向。

铝合金板带箔生产在加工材中要求的加工及装备技术最高，它不仅需要先进的工艺和技术，而且需要先进、高效、可靠的装备。同时，装备投资大。按照铝板带加工生产工序和装备的分类，可以说下列公司无论在设计理念上，还是在拥有的技术人才和实力上，分别是某一工序加工技术及装备的领跑者或进入了该工序领跑的第一方阵：

（1）冶金熔炼炉：布里克蒙公司（Bricmont）、高奇公司（Gautschi）。

（2）冶金热处理炉：埃布纳公司（Ebner）、奥托容克公司（Ottojunker）。

（3）铸造设备：瓦格斯塔夫公司（Wagstaff）、诺威力工程公司（Novelis PAE）。

（4）轧机制造与设计：西马克集团（SMS Group）、奥钢联公司（VAW）、石川岛播磨公司（IHI）。

（5）铝箔轧机制造与设计：阿申巴赫公司（Achenbach）。

（6）自控设备制造与设计：ABB公司、西门子公司（Siemens）、通用电气公司（GE）。

（7）精整铝带拉矫、涂层设备制造与设计：BWG公司、法塔亨特公司（Fatahunter）。

（8）精整铝带、箔分切设备：Stamco公司、达涅利－弗洛林公司（Danieli Frohling）。

此外，有关章节还介绍了其他许多公司在铝板带加工装备某一专门领域最具代表性的新技术。

6 熔炼铸造技术及设备

熔铸设备的发展一直追求大型、节能、高效和自动化。目前，国内外无论是大型顶开圆形熔炼炉，还是倾动式矩形熔炼炉和静置炉，都已经得到了广泛的应用。容量一般为 50~85t，容量大的达 130t 左右，熔炼炉装料完全实现了机械化，如图 6-1~图 6-3 所示。

图 6-1 熔炼设备（车间配置）

图 6-2 熔炼设备（圆形炉）

图 6-3 熔炼设备（矩形保温炉）

在熔体处理方面，广泛采用了先进的净化技术（如除气、除杂、除渣技术）和熔体均匀化技术（如先进的电磁搅拌技术、电磁泵技术等）。

铸造机基本上都使用液压铸造机，大型铸造机可铸 130t/次以上，最大铸锭质量超过了 30t，见图 6-4。

图 6 - 4　铸造设备

　　熔炼炉的燃烧系统一般采用中、高速烧嘴，最新发展、使用了快速切换蓄热式燃烧技术。

6.1　熔炉高效燃烧技术

　　为了提高熔炉的燃料热能利用率，研究开发了蓄热式燃烧技术，并获得广泛应用和迅速推广。蓄热式燃烧技术，即人们所说的第二代再生燃烧技术。蓄热式燃烧系统采用了力学性能可靠、迅速频繁切换的四通换向阀和压力损失小、比表面积大且维护简便的蜂窝形蓄热体，实现了极限余热回收和超低 NO_2 排放。

6.1.1　蓄热式燃烧技术

　　蓄热式燃烧器由一个蜂窝形蓄热体和与其紧密相连的烧嘴组成，蓄热式燃烧器是成对安装的。当一个燃烧器燃烧时，另外一个排放废气。废气流经燃烧器本体和耐火蓄热体。蓄热体被废气加热，吸收并储存燃烧产物中的能量。当蓄热体被完全加热时，换向阀迅速切换；正在燃烧的燃烧器熄火，转为排放废气；刚刚被加热蓄热体的燃烧器便开始进入点火周期，进行燃烧。助燃空气流经蓄热体并吸收储存在蓄热体的热量。此时助燃空气可以被加热到低于炉温 149℃（300°F）的预热温度，因此蓄热式燃烧器的燃料效率特别高。炉内两对蓄热式燃烧系统通过互相的反复变换方向，把废气的热量留给蓄热体，又通过蓄热体把助燃空气预热，如图 6 - 5 所示。

　　在大型的顶开圆形炉炉内安装的两对蓄热式燃烧器，如图 6 - 6 所示。

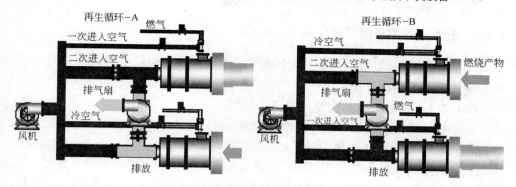

图 6-5 蓄热式燃烧器的工作特点

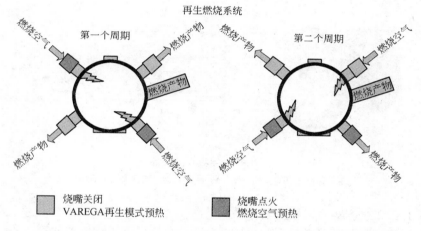

图 6-6 大型的顶开圆形炉炉内安装的两对蓄热式燃烧器示意图

　　蓄热式燃烧器通过换向实现了高水平的余热回收，使废气的排放温度降至 250~300℃。采用这种蓄热式燃烧器的熔铝炉，其吨铝油耗仅为 50~60kg 或更低。与自身预热式或加装换热式使助燃空气要加热到 350~400℃ 的中、高速烧嘴相比，吨铝油耗还可以节约 20~25kg。同时，采用蓄热式燃烧技术还具有以下优点。

　　（1）采用蓄热式燃烧器，不仅由于能耗的降低可以使废气的排放量减少，更加重要的是由于废气经过蓄热器中氧化铝蓄热球的过滤，使一些烟尘附在氧化铝球的表面，减少了烟尘排放量，也就是减少了 NO_2 排放量。

　　（2）由于蓄热式燃烧器使用较少的燃料就可以满足工艺要求，因此 CO_2 的排放也有减少，这往往是不太被人们注意的优点。

　　目前，国内从美国 Bricmont 公司引进了多台大型顶开圆形炉，NO_2 排放量低于 180mg/m³。

6.1.2　布洛姆导流板燃烧器

　　布洛姆导流板燃烧器的 NO_2 减少技术和分段供风燃烧器的分段燃烧技术代表了现代熔炉低碳排放技术。

6.1.2.1　燃烧器基本结构

　　布洛姆导流板燃烧器由本体、燃料喷嘴、导流板和燃烧口组成，见图6-7a。导流板对燃料喷嘴提供支撑，它是火焰和内部燃烧器部件之间的一个辐射屏障。导流板的进气孔和燃烧口的几何形状决定火焰的特性，如火焰形状和发光度，见图6-7b。从图6-7b 中可以看出，燃烧产物回流到火焰，使 NO_2 的排放量大幅度下降。

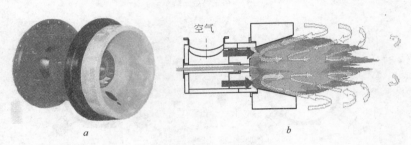

图 6-7　导流板燃烧器

a—导流板燃烧器外形图；b—燃烧产物回流到火焰示意图

6.1.2.2　分段供风燃烧器

　　分段供风燃烧器的前后形状见图6-8a。在分段供风燃烧器的第一段，所有的燃料都与一部分助燃空气混合。余下的助燃空气分一次或多次进入，直到燃料完全燃烧，从而可以减少 NO_2 的排放，见图6-8b。

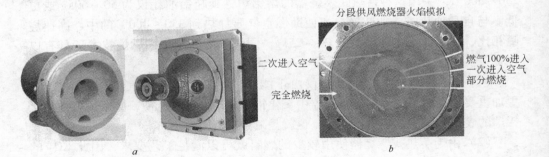

图 6-8　分段供风燃烧器

a—分段供风燃烧器外形图；b—分段供风示意图

布洛姆设计的燃烧器经常把 NO_2 减少技术和分段燃烧技术相结合，得到更低的 NO_2 的排放效果，见图 6 – 9。

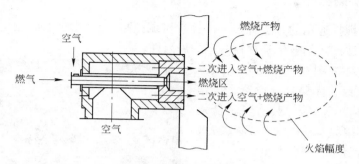

图 6 – 9 NO_2 减少技术和分段燃烧技术相结合示意图

6.1.3 熔炼过程的其他节能技术

（1）在铝熔炼过程中，采用机械扒渣技术可减少操作时的热损失和氧化烧损；采用电磁搅拌或电磁泵搅拌技术可提高铝液的传热效果。

（2）熔炉的炉门和圆形炉上盖不再使用水冷，而采用耐热铸铁分块安装及新型材料密封等新的设计，可减少水的消耗量。

（3）采用高标准的耐火材料筑炉，可延长炉衬的使用寿命，避免多次维修后重新烘炉造成的能源损失。

（4）在熔炼炉内采用富氧燃烧技术，利用排放的废气预热固体料等都是节能技术展望的新途径。

6.2 熔体搅拌技术及设备

熔体搅拌是熔炼工艺中最重要的环节之一，对于保证熔体化学成分的均匀性，保证熔体温度的均匀性，以至最终保证板锭的内部质量起着至关重要的作用。

在熔炼过程中，在熔体中加入合金化元素之后，以及在熔体出炉之前，都要对熔体进行充分的搅拌。熔体搅拌的目的：一是提高合金化元素熔化和溶解的速度，均匀成分。因为金属的溶解是在与铝液接触界面处开始的，在局部形成高浓度聚集区，只有不断搅拌，使聚集区和贫乏区产生对流，才能加速金属的溶解，并使成分均匀。二是均匀温度，避免熔体局部过热。在反射炉的情况下，热量从金属液面自上向下传递，热金属液处在上层，冷金属液处在下层，上、下层金属液间的温差不能经过热的对流来达到平衡。这种温差通常为 $100 \sim 200\,^\circ\text{C}$，并且随着熔池深度和热源高度增大而增大。因此，必须通过搅拌来加强热的传递，使温度均匀。

6.2.1　熔体搅拌通用方法

熔体的搅拌通用的方法有人工搅拌、机械搅拌、炉底透气砖气体上浮搅拌。这些搅拌方法产生的效果都存在一定的局限性。

人工搅拌如图 6 – 10 所示。人工搅拌的特点：其优势是低投资、操作容易、增加脱氢功能；其劣势是低效率、工作环境差、炉衬和炉门易被破坏、熔炼周期长、烧损严重。

气体上浮搅拌如图 6 – 11 所示。气体上浮搅拌的特点：其优势是增加脱氢功能；其劣势是不利于成分均匀，透气砖工作不稳定，影响熔炼效果，对减少烧损效果不明显。

图 6 – 10　人工搅拌

机械搅拌如图 6 – 12 所示。机械搅拌的特点：其优势是低投资、可用于金属传输；其劣势是需要对液态熔池进行搅拌，容易堵塞，维护费用高，可靠性低。

图 6 – 11　气体上浮搅拌

图 6 – 12　机械搅拌

6.2.2　熔体 EMS 电磁搅拌技术

ABB 公司开发的 EMS 电磁搅拌技术用于熔铝炉已有近 50 年的历史。由于它对铝熔体的搅拌效果充分保证了熔体化学成分和温度的均匀性，因此新建设的大型铝加工厂都采用了这一现代技术。

目前，在设备配置中普遍采用的是两台熔铝炉配置一台电磁搅拌装置，两台熔铝炉炉底之间设计有轨道相通，可将电磁搅拌装置按指令传输到两台熔铝炉炉底的指定位置，如图 6 – 13 所示。

6.2.2.1　EMS 工作原理

EMS 安装在熔铝炉炉底或炉侧处，有一块不锈钢（奥氏体不锈钢），EMS 位于此无磁性不锈钢板附近。

EMS 线圈中的低频电流产生一个可移动的行波磁场，此行波磁场穿透不锈钢板并在熔池内产生搅拌力。在图 6 – 14 中，搅拌力驱动熔池铝熔体，均匀熔池上、下表面温度；同时均匀合金化学成分。

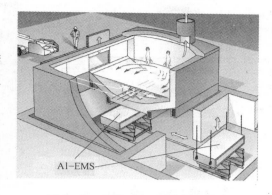

图 6 – 13　底装式 EMS 及相通轨道

由搅拌力产生的熔体流动降低了熔池上表面的过热，从而减少了氧化铝的产生。由于电磁搅拌时炉门关闭，搅拌在炉内充分进行，如图 6 – 14 所示。显然，和人工搅拌相比，避免了烧嘴产生的热量向炉外散失，这样不仅降低了能耗，还大幅度地提高了生产效率。

由于 EMS 与熔体不接触，本身也没有移动部件，所以维护费用低。

EMS 的线圈由绝缘的矩形断面中空铜管组成，如图 6 – 15 所示。固定在铁芯周围以防止因线圈振动导致的裂纹和绝缘失效。线圈采用内部水冷却，并可以实现最小水量的有效冷却。

图 6 – 14　搅拌力产生的熔体流动

图 6 – 15　矩形断面中空铜管

6.2.2.2　EMS 现代技术的优势

A　安装灵活和使用方便

EMS 可以安装在炉体的底部，也可安装在炉体的侧边，底装式或侧装式 EMS，如图 6 – 16 所示。侧装式 EMS 详图，如图 6 – 17 所示。

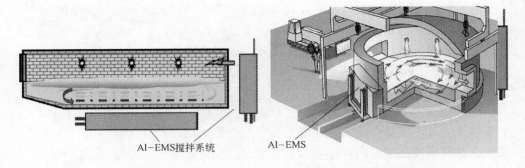

图 6 - 16 底装或侧装式线圈   图 6 - 17 侧装式 EMS 详图

B 熔体温度均匀

在 2～3min 内就可以实现炉内熔池熔体温度基本完全均匀。从图 6 - 18a 可见：熔池上表面铝熔体的温度是 800℃，熔池炉底铝熔体的温度是 650℃，当对熔池中的铝熔体使用电磁搅拌 2～3min 后，熔池内全部铝熔体的温度都均匀到 725℃左右。

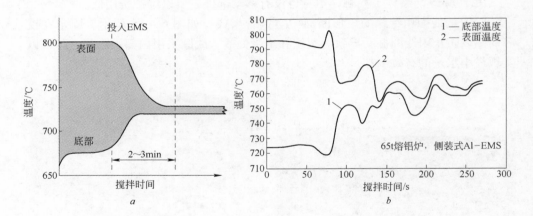

图 6 - 18 熔体上、下表面温度与搅拌时间关系曲线
a—搅拌时间与温度关系；b—搅拌后熔体表面和底层温度变化的曲线

图 6 - 18b 是某工厂 65t 炉配置有侧装式 EMS，在熔炼过程中使用 EMS 前后实测的熔体表面和底层温度变化的曲线图。从图中可见，使用 EMS 前，表面温度是 810℃，底层温度是 720℃；使用 EMS 45s 后，表面温度是 780℃，底层温度是 740℃；使用 EMS 135s 后，表面温度是 772℃，底层温度是 765℃；使用 EMS 180s 后，表面温度是 768℃，底层温度是 767℃。此时，熔体表面和底层温度几乎相同，熔体温度非常均匀。

C 减少氧化渣

熔体在熔炼中都会与炉气接触，在炉门打开进行熔体搅拌和扒渣时，熔体将直接与空气中的氧、氮接触。生产过程如图 6-19 所示。

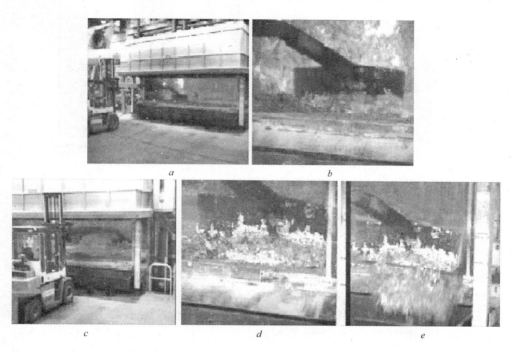

图 6-19 熔体搅拌和扒渣的生产过程

铝是一种比较活性的金属，它与氧结合后，必然产生强烈的氧化作用而生成氧化铝。随着熔炼温度的升高，在超过 775℃后，氧化作用更强烈，如图 6-20 所示。铝一经氧化，就变成了氧化渣，而且是不可挽回的损失。另外，氧化铝是十分稳定的固态物质，如混入熔体内，便成为氧化夹杂。所以选择熔体搅拌的方法至关重要。

从图 6-20 可见，铝熔体采用人工搅拌，必然将炉门打开，也就必然增加铝熔体的氧化渣。从图 6-21 可见，在熔池内如果没有对铝熔体使用电磁搅拌，则氧化渣的质量分数是 2.6%；如果对铝熔体使用电磁搅拌，则氧化渣的质量分数是 1.9%，两者相比，减少氧化渣约 28%。

在工厂的实际生产过程中，采用电磁搅拌减少氧化渣的效果有很多实测的数据：美国 Neuss Wise Alloy 工厂 100t 熔铝炉采用电磁搅拌技术后，减少氧化渣超过 35%；瑞典 Vetand SAPA 工厂 35t 熔铝炉采用电磁搅拌技术后，减少氧化渣 15%。

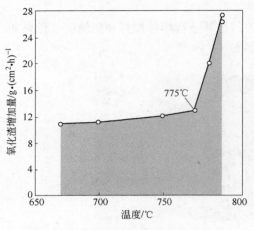

图 6 - 20　熔体温度对氧化作用的影响 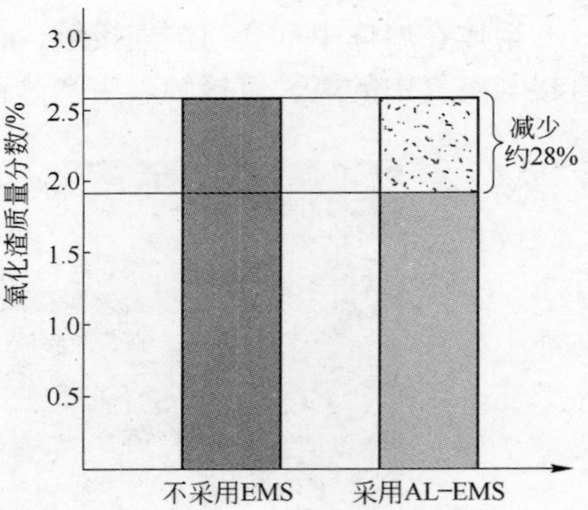　　　　图 6 - 21　减少氧化渣

D　提高生产效率

图 6 - 22a 对在两种不同熔炼工艺条件下所需的熔炼时间作了对比。一种工艺是熔体采用了 EMS，而且熔炉加入的金属是在固体废料比高达 80% 的情况下熔炼。其效果是熔化 20% 的铝锭新料和 80% 固体废料的时间是 3.3h；在加入中间合金后，合金元素的熔化时间是 4.5h，这样熔体熔炼的总时间是 7.8h；另一种工艺是熔体没有采用 EMS，熔炉加入的金属中固体废料只占 71%，其效果是熔化 29% 的铝锭新料和 71% 固体废料的时间是 5.8h；在加入中间合金后，合金元素的熔化时间是 6.0h，这样熔体熔炼的总时间是 11.8h。两种工艺相比，采用 EMS 可减少熔炼时间 4h，生产效率可提高 51%。

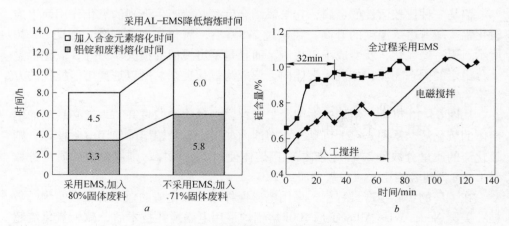

图 6 - 22　合金元素成分均匀试验

a—减少熔炼时间；b—合金硅的成分均匀

E 合金元素成分均匀

图 6-22b 选择了最难熔化的 Al-Si 中间合金进行试验。因为硅的密度是 2.4g/cm³，与铝液的密度接近，硅极易氧化而生成难熔的 SiO_2，当把硅加入铝液中时，硅易浮在熔体表面，极不易溶解。另外硅的氧化烧损大，实收率低，因此要精确控制合金中硅含量的范围就必须更加注重硅加入时的精细操作。

图 6-22b 所示的两种试验工艺条件，一种工艺是采用了 EMS，熔体硅含量均匀到约 1.0% 所用的时间是 32min；另一种工艺是在开始阶段采用人工搅拌 68min（此时熔体中硅的含量仅为约 0.75%），然后更换为 EMS 操作。从图中可见，要熔体均匀到约 1.0% 的硅含量所用的总时间要超过 120min。从另一个角度来说，采用 EMS 工艺可使硅含量迅速均匀，也就是大大提高了生产效率。

6.2.3 熔体 EMP 电磁泵技术

1992 年，Alan M Peel 公司开发的熔体 EMP 电磁泵新技术开始得到应用。新设计的熔化系统是一个强力并瞬间可逆的循环熔炼系统，它和 EMP 成为一体，并以一种独特的方式，即通过一个装料井把各种形状的铝金属和合金元素加入到熔炉中，如图 6-23 所示。

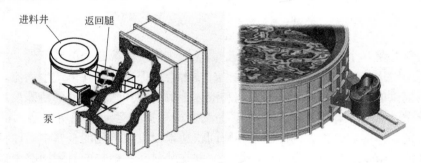

图 6-23 配置 EMP 的熔化系统

6.2.3.1 EMP 工作原理

从图 6-23 可见，连接熔炉和装料井的两个旁路组成了熔化系统铝金属熔体流的回路，在其中一个旁路中安装了 EMP。EMP 本身没有移动部件，当 EMP 工作时，装料井中的铝金属熔体立即在强大的电磁力作用下形成高速涡旋式的铝金属涌流，如图 6-24 所示。使之通过两个旁路回流的铝金属熔体迅速地达到成分均匀、温度均匀。此时，无论是极细小的板锭铣面碎屑、板带切边时的切边碎片和铝箔打包废料，还是铝锭和合金锭（块），在加入装料井的瞬间都完全浸没在旋涡式的熔化金属中。这样一种加料方式会使铝金属熔体氧化损失的可能性达到最小值。

　　EMP 是循环熔炼系统的心脏，由围绕一个碳化硅管的多层线圈装置组成，如图 6-25 所示。线圈保持在不锈钢水冷的带端环支持的端板、板条和绝缘尖端连接杆内，包括一个泵管重新衬里包的碳化硅管。这个管是由不锈钢架支撑的。线性马达原理已发展成熟，广泛用于整个工业。它使用磁排斥现象驱动导体通过磁场。缠绕在碳化硅管上的多层线圈产生的强大的磁场和相应在铝金属熔体中感应的涡流驱动使新加入的铝金属和合金元素熔化。熔化的金属被驱动朝一个方向或另一个方向，取决于磁场的极性。增加和减少电压控制流速。

图 6-24　高速涡旋式的铝金属涌流　　　　图 6-25　EMP 装置

　　装料井是一个耐火衬里的容器，是循环熔炼系统的第二个关键部件。电磁泵腿和返回腿连接装料井和炉子，专利设计技术会确保在装料井里产生涡流。并且电磁泵提供的是熔体表面下搅拌控制和液体金属向下和水平运动的特殊设计。这种特殊设计就意味着在装料井里的垂直流模式和折叠运动将把所有装入的原材料，特别是薄的表面积大的碎片废料瞬间快速地浸没在熔化的金属中。原材料和废料被液体金属的超级加热所快速熔化，并在装料井和熔炉的封闭回路中连续地循环。这种工艺原材料和废料远离直接火焰，氧化损失最小。

6.2.3.2　EMP 优势

　　由上述可知，配置有 EMP 电磁泵的新熔炼系统专利技术的特点是原材料和废料加入瞬间的旋涡浸没技术、超级加热的快速熔化技术、金属熔体炉膛内强制循环技术，其专利技术优势明显。

　　A　减少熔炼时间，生产效率可提高 25%

　　铝金属熔体的快速循环，能够使各种形状的原材料和废料被更快熔入，合金添加剂熔化速度和达到铝合金化要求的熔炼循环时间明显减少，加上彻底地搅拌确保熔体更快地达到同质性条件。

　　B　合金适应性好

　　配置有 EMP 电磁泵装料井的另一个好处是所有的合金添加剂（例如硅、铜、镁、锰、铁和钛）不需要先制备中间合金，就能直接加入装料井。这个装料井有很强大的熔化铝涡旋，将会把合金添加剂更快地熔化和混合到铝金属熔体中。这种混合技术改进的效果，大大提高了在整个熔炼过程中，整炉熔体化学成分一致的均匀性。图6-26a所示为合金添加剂的尺寸。在这个例子中，镁锭能直接加入涡旋中。合金添加剂通过这种方式装料，回收率几乎可以接近100%，因为此时镁锭不会漂浮而在炉子的熔体中被"烧掉"，从而损失昂贵的镁。显然，生产5000系列所需要的大量的镁合金添加剂能够通过小尺寸镁块，最有效地装入涡旋中。

图6-26b证明96.4%的期望收益值是这样达到的，即把7kg镁锭通过EMP涡旋加入1000kg熔体中8min后得到的。锰锭也可以用同样的方法装入。

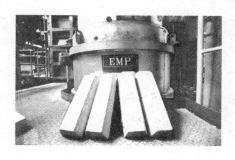
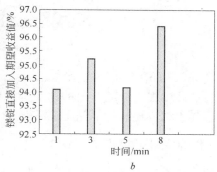

a　　　　　　　　*b*

图6-26　镁锭直接加入收益值

C　废料金属回收率高

很清楚，上述合金添加剂能直接送进涡旋，促进了合金元素的更快的合金化和有效的回收（回收率可达98%）。不仅如此，在配置有EMP电磁泵的新熔炼系统中，不通过炉门，也是直接通过装料井高速涡旋方式把轻质废料送入熔炼炉，而且熔化铝的循环又是在液面下，热传递的效率会更高。这样不仅大量减少氧化损失，而且对于大的固体废料结合在液面下的"洗涤"行为能够减少非金属渣的含量。这些新技术，自然对原材料的回收产生最佳的效果。

D　增加温度的均匀性

通过EMP系统的强力循环，流速达到10t/min，熔化的金属在金属熔体中很快有一个均匀的温度。高循环速度可以使铝熔体的温度梯度最小化为4℃（取决于熔体的尺寸和深度）。在EMP装料井里提供在线热电偶的目的是精确测量铝熔体的温度。

E　新的功能

a　引入在线除气机理

图6-27所示为在装料井边的气体扩散器。开始探讨把熔体气体排出机理引入到 EMP 系统中，把氩气或氮气注入快速流动的铝熔体流中。除了氢减少外，钙和钠也可能相应减少。

图6-27 装料井边的气体扩散器

b 减少助熔剂注入机理

装料井中涡旋伴随产生的超级加热快速熔化技术，可减少熔体所需的助熔剂，这样也相应地减少了氯化镁污染。

6.3 熔体净化处理技术

铝合金在熔炼铸造过程中易于吸气和氧化，因此在熔体中不同程度的存在气体和各种非金属夹杂物，使铸锭产生疏松、气孔、夹杂等缺陷。上述冶金质量缺陷将会显著降低各种铝材的力学性能、加工性能、耐疲劳性能、抗腐蚀性能等，有时甚至会在产品的加工过程中就直接造成废品。另外原、辅材料带入到熔体中的有害物质，如 Na、Ca 等碱及碱土金属都会对铝合金性能产生不良影响，如钠在高镁铝合金中除因"钠脆性"影响加工性能外，还会因降低熔体流动性导致铸造性能差。因此，在熔铸过程中必须利用一定的物理化学原理和采取相应的工艺措施以净化熔体，去除熔体中的气体、非金属夹杂物和其他有害物质。

铝合金对于熔体净化的要求，因加工材料的用途不同而异。一般来说，对于普通材料，其氢含量宜控制在 $0.15 \sim 0.2 \mathrm{mL}/(100\mathrm{gAl})$ 以下，非金属夹杂物的单个颗粒应小于 $10 \mu\mathrm{m}$；而对于特殊要求的航空材料、罐体料、双零箔等，其氢含量应控制在 $0.10 \mathrm{mL}/(100\mathrm{gAl})$ 以下，非金属夹杂物的单个颗粒应小于 $5 \mu\mathrm{m}$。上述各值可按照规定的熔体位置取样点及规定的方法、标准，采用专门的测氢仪和测渣仪定量检测。

6.3.1 熔体净化原理

熔体净化原理主要是分压差脱气原理和吸附除渣原理。熔体净化采用的气体有惰性气体（氮气和氩气），有实用的活性气体（氯气）；采用的熔剂是氯盐。

氮气和氩气是惰性气体，它们既不溶解于铝液中，又不与溶解铝液中的氢起化学反应。当氮气和氩气吹入铝液时，会形成许多细小的气泡。氯气吹入铝液后，不溶解于铝液中，也形成许多细小的气泡；因氯气是活性气体，它还会与铝及铝液中的氢迅速发生化学反应；其反应的生成物也都是不溶解于铝液的气态。

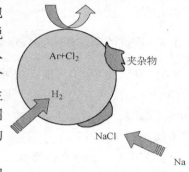

由于上述气泡中最初氢的分压 $p_{H_2} \approx 0$，气泡和铝液中氢的平衡分压存在差值。根据分压差脱气原理，必然导致溶于铝液中的氢不断扩散进入气泡中，这一过程直至气泡和铝液中氢的平衡分压相等时才会停止。同时，碱性物质与氯气发生化学反应的化合物也吸附在气泡的表面，如图 6-28 所示。当气泡浮出液面时，显然气泡中的氢气随之带走，同时也伴随带出氧化夹杂。

根据吸附除渣原理，气泡在通过熔体的过程中与熔体中的氧化夹杂相遇，夹杂物被吸附在气泡的表面并随气泡上浮到熔体表面后聚集去除，如图 6-28 所示。同时，气泡在上浮过程中也可伴随带走氢气。

图 6-28　气体、夹杂物
浮选分离原理

6.3.2　传统的熔体炉内净化处理技术

目前，在铝加工厂普遍采用传统的炉内熔体净化方法，即采用向炉内熔体吹入氯和氮的混合气体进行精炼，或加入氯盐和氟盐的混合物进行精炼。

6.3.2.1　混合气体精炼

实际生产过程证明：单纯用氮气等惰性气体精炼效果有限，而用氯气精炼虽效果好，但又对环境及设备有害，因此将二者结合，采用混合气体精炼。氮气和氯气的比例一般采用 9:1 或 8:2 适宜。

6.3.2.2　熔剂精炼

氯化钠和氯化钾等氯盐的混合物是传统的熔剂精炼熔剂，它们对氧化铝有极强的润湿性及吸附能力。因为氧化铝特别是悬混于铝液中的氧化膜屑，在被富凝聚及润湿性的熔剂吸附包围后，便改变了氧化物的性质、密度和形态，从而通过上浮更快地被排除。这里要注意一点，为了防止加入氯盐后产生的熔剂夹杂，有时加入少量的氟盐，可以提高熔剂的分离性。

6.3.3　炉内净化处理技术的发展趋势

目前新设计的大型静置炉的炉底都设计有透气砖（塞），通过透气砖（塞），氯和氮混合气体进入熔体。另外，在炉内也有采用把氯和氮混合气体旋转注入的机械方法。上述两种方法在熔体搅拌章节中已有图示说明。它们既可以对熔体起到搅拌作用，也能得到一定的熔体净化处理效果。从发展趋势上说，它们都是比较有效的炉内熔体净化处理技术。

　　无论是传统的炉内熔体净化方法，还是炉内熔体净化处理技术，从总体上看，熔体净化效果都有限，要进一步提高铝合金熔体的纯洁度，最主要的措施还是采用炉外在线净化处理。

6.3.4　现代的熔体炉外在线净化处理技术

　　在 20 世纪 80 年代前，炉外熔体净化处理采用的透气塞过流除气可以说是最初级的、传统的方式。其除气原理类似炉内熔体净化处理吹入氯和氮的混合气体的吸附除渣，只不过混合气体是通过炉外装置底部的透气砖（塞）进入熔体的，其方法类似炉内气体上浮搅拌，显然熔体净化效果同样有限。

6.3.4.1　炉外在线净化处理技术

　　在线净化处理技术发展路线为：美国联合铝业公司研制的 MINT 法—美国联合碳化物公司研制的 SNIF 法—法国普基公司研制的 Alpur 法—澳大利亚 ALMEX 公司研制的 LARS 法。上述四种方法的在线净化处理技术是逐步升级的，其熔体净化效果也是逐步升级的。2000 年，作者曾访问过法国普基公司研制 Alpur 的工厂。东北轻为了在配有低液位自动铸造的 25t 熔铸生产线上，保证生产出高质量的硬铝合金铸锭，因此铝熔体在线处理选配了 Alpur 除气装置。

　　A　MINT 法的特点

　　反应室的形状呈圆形锥底，铝熔体从反应室上方入口切线进入，反应室锥底装有 6 个或 12 个气体喷嘴，分散喷出细小气泡，靠旋转熔体使气泡均匀分散到整个熔体中，产生除气、除渣的熔体净化效果。其特点是：

　　（1）均匀分散气泡的动量靠旋转熔体，动量小，净化效果波动大。

　　（2）反应室小，静态容量仅 350kg，铝熔体处理量为 320 ~ 600kg/min。

　　（3）熔体旋转翻滚，有可能会产生较多氧化夹渣。

　　B　SNIF 法的特点

　　两个反应室的形状呈方形，铝熔体从反应室上方入口切线进入，每个反应室配置一个石墨的气体喷嘴转子，气体通过喷嘴转子形成分散细小的气泡，同时转子旋转搅动熔体使气泡均匀分散到整个熔体中，产生除气、除渣的熔体净化效果。其技术升级的特点是：

　　（1）改变了 MINT 法单一方向吹入气体，避免了单一方向吹入气体造成气泡的聚集。

　　（2）均匀分散气泡的动量靠旋转转子搅动熔体，动量大，净化效果好。

（3）反应室大，静态容量 1450kg（SNIF T-4 型），铝熔体处理量大。

C Alpur 法的特点

Alpur 法除气、除渣的原理和方法与 SNIF 法基本相同，其技术进一步升级的特点是：

（1）旋转转子的喷嘴设计与 SNIF 法不同，它的设计在 SNIF 法所具有的功能上，又增加了新的功能，即它不仅可使喷嘴形成的细小气泡均匀分散到整个熔体中，而且可同时搅动熔体进入喷嘴内与气泡接触，进一步提高熔体净化效果。

（2）Alpur 法本身的技术进一步升级又体现在新一代 TS 型及完全封闭性。它的功能在本节专门介绍。

（3）Alpur 法的反应室根据用户的要求有多种型号，Alpur500 型的静态容量是 500kg，处理能力是 1~5t/h。

D LARS 法的特点

LARS 法是澳大利亚 ALMEX 公司最新研发的炉外熔体在线净化处理方法。它吸收了上述各种方法的设计优点，并在此基础上又推出了新的技术设计。其技术再一次进一步升级的特点是：

（1）独特的气体引入机构，它使引入的气体在线预热到接近铝液温度，这样进入铝液的气体不会发生不合理的热膨胀，气泡的细微度提供了最大的表面积，保证了最高的精炼效率。

（2）特殊设计的反应室形状是上大下小的多边体，反应室从下到上的容积变化率与气泡从下到上行程中的体积变化率相同，这样就极大地减少了气泡聚集，有助于提高相同停留时间的年精炼能力。

（3）LARS 有 3 个反应室，铝熔体处理量可高达 55~70t/h。

6.3.4.2 Alpur 法和 LARS 法在线处理技术

本节对在线净化处理新技术做进一步介绍：选择 Alpur 法旋转转子喷嘴的特殊设计，LARS 法设计的特殊形状反应室和独特的气体引入机构。

A Alpur 旋转转子喷嘴的特殊设计

Alpur 的转子如图 6-29 所示。它是抗涡流转子，由于其形状、刃口、气管布置和涡流盘设计具有很好的净化效果，拥有专利权。

Alpur 的转子浸入到铝液中，产生均匀分布的微小气泡，且搅动的熔体可进入喷嘴内与气泡接触，如图 6-30 所示。这样接触区域更大，铝液-气泡反应的时间更长，更能提高熔体净化效果。

熔体净化除气效果如图 6-31 所示。横坐标是经过 Alpur 后铝液中的 H_2 含量，纵坐标是经过 Alpur 前铝液中的 H_2 含量。

熔体净化除碱性物效果如图 6-32 所示。横坐标是 Alpur 之前铝液中的碱性物含量，纵坐标是 Alpur 之后铝液中的碱性物含量。

图6-29 Alpur 旋转转子

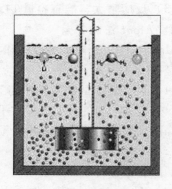

图6-30 更大的接触区

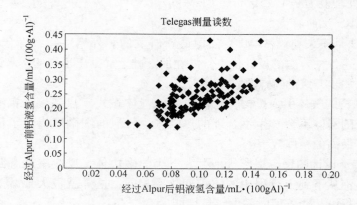

图6-31 Alpur 前、后铝液中的 H_2 含量

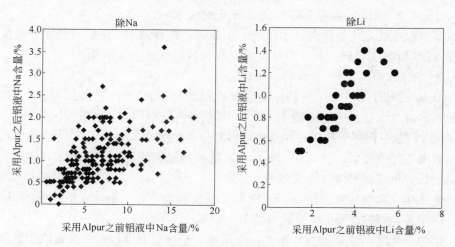

图6-32 采用 Alpur 前、后的铝液中的碱性物含量

B Alpur 新一代 TS 型设计

为了防止周围空气产生的有害影响，反应室四周完全封闭，包括盖子和反应室的所有入口点以及管口涌入口。这样，反应室完全隔热，保证熔体温度。一旦盖子关闭，它能防止外界湿气进入反应室内。也就是说，没有氢再吸收或金属氧化，可保证金属的纯洁度。同时，也抑制了烟气散发。实践证明，这种设计是非常重要的，如果反应室不是完全封闭的，再好的设计也会出现问题，不仅会影响除气效果，反应室还会产生大量的氧化渣，使之因多次开盖除渣而大大影响生产效率。

图 6-33 所示的是铝液分别使用 Alpur 和 AlpurTS 系统的氢含量测定效果的比较。图 6-33a 的条件是周围湿气作用一段时间，图 6-33b 的条件是周围湿气。

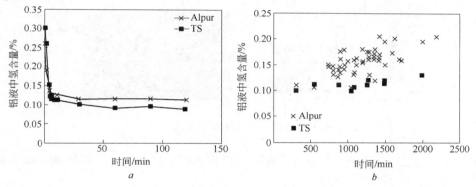

图 6-33 Alpur 和 AlpurTS 比较

从图 6-33a 中可以看出，几分钟后铝液的纯洁度就能稳定在一个值，这个值主要取决于来料的氢含量。

从图 6-33b 中可以看出，用 TS 后的氢含量较低，几乎不受周围湿气的影响，并且冬天和夏天的结果相似。

总之，AlpurTS 无论搅拌如何动作，由于优化的涡流和完全密封的结构，确保了熔体顶部的惰性覆盖层，绝无表面氧化产生。

C LARS 法设计的特殊形状反应室

特殊形状反应室的设计如图 6-34 所示。特殊形状一是剖面为多边形的，多边形的几何形状不仅能使熔体精炼时产生摩擦混合，而且熔体在反应室的运动过程中，其速度可连续不断地随着几何形状的变化而减少或增加。这样，就增加了气泡和夹杂物相遇的概率，大大增强了熔炼效果。特殊形状前已提到，特殊设计的形状是上大下小的多边体，如图 6-35 所示。反应室从下到上的容积变化率与

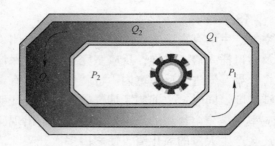

图 6 - 34　LARS 法多边形反应室

图 6 - 35　LARS 法上大下小的多边体反应室

气泡从下到上行程中的体积变化率相同，这样就极大地减少了气泡聚集，有助于提高相同停留时间的年精炼能力。

根据用户的要求，整体设备可由多个反应室组成。从图 6 - 35 中可以看到，每个反应室都完全隔离，避免了在铝液流动中发生短路的任何可能性。

D　LARS 法独特的气体引入机构

独特的气体引入机构如图 6 - 36 所示。处理气体被引入到气体吸收罩最里面的汽缸，流经石墨轴和石墨柱之间的环形通道。气体可从转子和定子自己的 2.5mm 受控圆形缝隙逃逸。气体流经的较长路径可保证其在线预热，使气体温度非常接近铝液温度。

经过在线预热的气体所产生的气泡不会在反应室再发生合理的热膨胀，气泡细微。图 6 - 37 所示的是有在线预热的气体所产生的气泡细微度和没有在线预热的气体所产生的气泡细微度的比较。从图 6 - 37 可以看到，由于没有在线预热的气体在反应室所发生的热膨胀，使其气泡细微度大了 3 倍。在铝液中，气泡细微度愈小，与夹杂物接触的表面积愈大，精炼效果愈好。

E　LARS 法技术水平

Almax 公司的 LARSTMRL - 42 设备性能保证值见表 6 - 1。

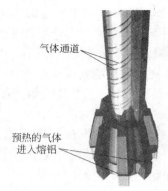

气体通道

预热的气体
进入熔铝

图 6 - 36 独特的气体引入机构

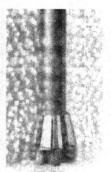

无预热气体的气泡　　预热气体的气泡

图 6 - 37 预热和无预热气体的气泡

表 6 - 1 性能保证值

合　　金	在入口处的标准氢含量（最大）/cm³·(100g·Al)⁻¹	在入口处氢含量的保证值（最大）/cm³·(100g·Al)⁻¹
1 × × ×	0.3	0.10
2 × × × 7 × × ×	0.35	0.12
5 × × ×	0.35	0.14
6 × × ×	0.32	0.11
3 × × ×（MG < 1.35%）	0.32	0.115

保证值应符合下列条件：铝液最大流速 55t/h；出口金属温度最高 720℃，采用经校准的 AlscanTM 测量的方法。

6.3.5 现代的熔体炉外在线过滤技术的发展

目前，炉外熔体净化处理多采用除气 + 过滤的方式。因为这两种方法是相辅相成的，渣和气不能截然分开，一般情况往往渣伴生气，夹杂物愈多，熔体中含气量必然高，反之亦然。在除气过程中必然同时去除熔体中的夹杂物，在去除夹杂物的同时，熔体中含气量必然降低。

因此，熔体在线过滤同样是现代熔体炉外在线净化处理技术研究的对象。当然，现代熔体炉外在线过滤技术发展的重点是过滤效果应该能够有效地去除熔体中的夹杂物。

目前 Noverlis PAE 公司开发的两种过滤器，即深床过滤（PDBF）和陶瓷泡沫过滤（CFF）技术，从某种意义上说，是现代熔体炉外在线过滤技术发展的一个代表。

PDBF 和 CFF 都是基于同样的深层过滤技术。两种技术在对应的产品上使用，都能够达到较好的质量要求。CFF 已大量用于实际生产，它是很常见的在线过滤系统，用于标准产品的生产（轧制板坯或挤压坯料铸造）。而只有 PDBF 深层过滤技术是在较厚的状态下使用，它具有更加突出的过滤效率，更适合于薄产品的大量生产，像罐料或铝箔毛料（用途最终是薄铝箔），以及表面产品（PS版基板或光亮阳极氧化）和电容箔。

另外，日本国内几乎所有铝加工厂采用的三井金属开发的深床过滤（PDBF）＋管式过滤、陶瓷泡沫过滤（CFF）＋管式过滤的在线配置新技术，是熔体炉外在线过滤技术的新发展，熔体夹杂物的去除达到了更好的效果。

6.3.5.1 深层过滤

深层过滤原理见图 6 - 38。过滤器是多空介质，铝液按照设置的路线在这种介质里流动。为避免撕开氧化物层引起第二次污染，在空隙内的运动是层状轨迹。粒子通过四种方式（即直接拦截、惯性力、布朗运动、重力沉淀）被阻拦。杂质逐渐被墙体吸收，渐渐地阻塞过滤层。过滤效率随夹杂物颗粒尺寸和过滤器厚度的增加而增大，随孔径和金属流速的增大而减小。

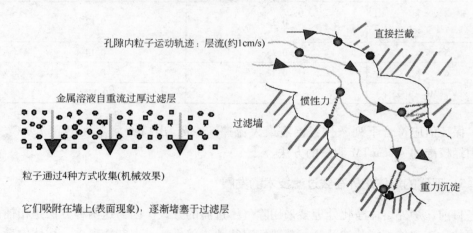

图 6 - 38 深层过滤原理图

6.3.5.2 深床过滤床

深床过滤床原理见图 6 - 39。

过滤床由几层氧化铝球（球直径大约 15mm）和砂砾层 6.68 ~ 3.327mm（3 ~ 6 目）组成。过滤材料的颗粒尺寸选择和不同层的分布在优化过滤效率和扩展过滤器的服务寿命中扮演主要的角色。入口有栅格支撑的过滤床，密闭容器的容量可根据需要控制在 5 ~ 100t/h 范围内，设计流速为 5 ~ 100t/h。在液体金属填充之前，过滤床必须彻底达到一个温度，确保在过滤床里不会有凝固。干燥空

气或另一种惰性气体循环导向过滤器预
热床。气体被送入盖子并通过辐射在盖
子里的电阻丝把空气加热到高温，然后
向下传送到过滤床和经过管道到出口。
预热操作的温度由插在床的特殊位置的
热电偶监控。

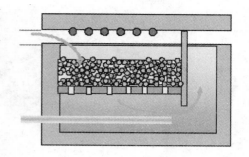

当过滤床达到适合装料的温度时，
初始填充操作是使铝液通过入口管道送
入过滤床的氧化铝球层和氧化铝砂砾平

图6-39 深床过滤床原理图

面层，并在适当的铝液流速条件下得到要求的层流。均匀地分布在过滤床的底
部，再缓慢地通过过滤床到达表面。

在铸造开始后，保持铸造状态全过程中对 PDBF 过滤床温度的控制是极为重
要的。因为任何冷区引起金属凝固都将会负面影响过滤效率。PDBF 加热使用两
个不同的系统：除了通过辐射在盖子里的电阻丝加热金属以外（图6-39 所示
盖上的圆点），还有一个小型电加热器水平地浸在栅格下金属里（图6-39 所示
容器中的直线）。

PDBF 过滤床的孔径几乎是被过滤颗粒直径的 100 倍，过滤流速为 0.1～
0.4cm/s。这样，前面提到的孔墙拦截和吸附的过滤效果可达到最大化。这是由
于压头损失非常小。PDBF 过滤床的寿命长，在需要更换之前，可以连续铸造
7000t 金属。当然，也要取决于金属进料清洁度和相似合金的持续时间。即使在
大量使用后，PDBF 仍然保持了高效率过滤。过滤器床的堵塞很缓慢，过滤效率
与过滤铝合金量的关系如图6-40 所示（铸造 3004 合金）。

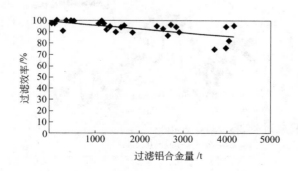

图6-40 PDBF 的过滤效率描述

6.3.5.3 陶瓷泡沫板

陶瓷泡沫板过滤原理见图6-41。

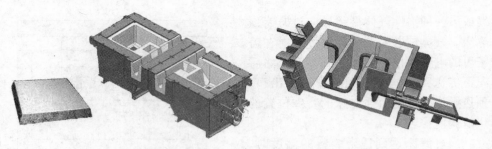

图 6-41 陶瓷泡沫板过滤原理

CFF 陶瓷泡沫过滤板尺寸较小，结构紧凑，使用方便，获得了普及应用。为了提高过滤精度，过滤板的孔径由 20~50ppi 发展到 60ppi、70ppi，并出现复合过滤板，即过滤板分为上、下两层，上面孔径大，下面孔径小，品种规格有 30/50ppi、30/60ppi、30/70ppi，复合过滤板过滤效果好，通过的金属量大。另外，近期开发的新型高波浪表面过滤板也很有特点，过滤的表面积比传统过滤板大30%。

在半连续铸造中，原铸造工艺规定每铸造一次就要更换过滤板，即过滤板仅使用一次。换句话说，在它还不严重影响过滤效率的情况下就被扔掉了。最近研究者通过过滤器金属流动速度对过滤效率影响的研究试验证明：流动速度设定正确，持续使用后的过滤器还是非常有效率的；若流动速度太快，效率会随时间持续下降，图 6-42 所示是按照过滤金属的吨数，流动速度对过滤效率的影响。对于 0.7cm/s 的速度，使用 200min 后需要更换过滤器，当速度为 0.2cm/s 时，它的使用寿命可达 3 倍。

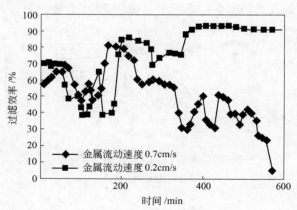

图 6-42 金属流动速度对过滤效率的影响

6.3.5.4 深床过滤/陶瓷泡沫过滤 + 管式过滤配置新技术

日本三井金属开发的深床过滤/陶瓷泡沫过滤 + 管式过滤配置新技术，用于生产高附加值的铝加工产品，如计算机硬盘材料、彩色复印感光鼓材料、飞机起落架（晶间高强度铝材）、喷气式涡轮发动机风扇叶等。显然，用于生产罐料、PS版基和双零箔坯料也是更好的配置新技术。

管式过滤设备由过滤箱体、加热盖、过滤管、热风循环、透气砖组成，其外观见图6-43。

图6-43 管式过滤设备外观图

箱体中的过滤管外观见图6-44；过滤管剖面见图6-45。过滤管的规格依据不同等级的气孔率分为RA、RB、RC、RD、RE、RF型号，与之不同过滤精度的产品相对应：RA—高档铝型材；RB—双零箔、罐料；RC—罐料、PS版基、双零箔坯料；RD—彩色复印感光鼓、高档特殊用铝管及型材；RE—高档特殊用铝管及型材；RF—计算机硬盘。每组过滤管组成的根数由所需要的铝熔体流量和流速而定。

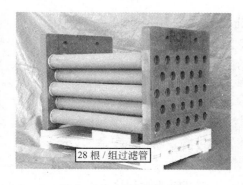

图6-44 过滤管外观图

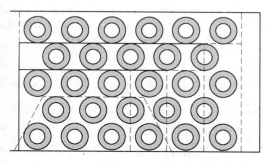

图6-45 过滤管剖面图

管式过滤设备的基本工作原理是经过箱体的铝熔体，从过滤管的外部渗透到内部流出的过程中，过滤管实现了表面过滤和内部吸附捕获杂质的双重功能。其示意图见图 6 – 46。

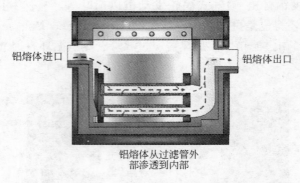

图 6 – 46 工作原理示意图

管式过滤设备具有更好的过滤效果，其主要因素是：

（1）过滤管自身细微的气孔率。不同等级的气孔率见图 6 – 47。从图中可以明显地看到 CFF 陶瓷泡沫过滤板的气孔率在 50ppi 时是 1000μm；RA 型号过滤管的气孔率是 750μm；RF 型号过滤管的气孔率是 250μm。

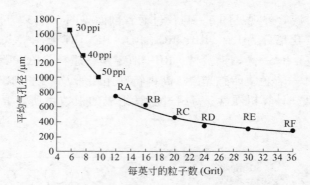

图 6 – 47 各等级过滤管的过滤精度与粒子数

（2）铝熔体通过过滤管的速度非常慢。1 根过滤管的过滤表面积大（2500cm^2），相当于一般 20in 的陶瓷泡沫过滤板，见图 6 – 48。经计算，14 根过滤管的过滤表面总面积是 3.6m^2；28 根过滤管的过滤表面总面积是 7.2m^2。这种组合在有限的过滤装置空间里，实现了超大面积的过滤。显然，CFF 采用上、下两块陶瓷泡沫过滤板的过滤表面积总面积远远不能和过滤管相比。

（3）过滤骨材粒子经过高温烧结，紧密地结合在一起，不会发生松动。这种高温烧结的结构（见图 6 – 49）远比 PDBF 深床过滤由几层氧化铝球（球直径大约 15mm）和砂砾层（3 ~ 6 目）组成的过滤床结构紧密。

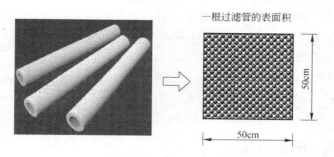

图6-48　过滤管的过滤表面积

（4）骨材粒子不仅形成了非常细小的气孔径，而且形成了三维的复杂流路，这样就实现了过滤管对杂质表面过滤和内部吸附的双重捕获，杂质几乎都在过滤管的外部表面被过滤掉，更细小的杂质在过滤管内被吸附，从而获得了高精度的过滤效果。

上述管过滤的独特优势是：

1）微细的粒径；

2）超大面积的过滤；

3）骨材紧密的结合。

图6-49　高温烧结结构

上述管过滤的相对局限是：由于微细的粒径和骨材紧密的结构，在没有配置熔体初过滤设备的条件下，若单独使用管过滤，可能会因粗杂质的累积导致堵塞而失去优势，所以采用管过滤。最好的配置是在管过滤前增加 PDBF 或 CEF 过滤设备，达到最完美的组合和最理想的过滤效果。

6.4　铝合金铸造的现代工艺技术

目前，大型铝加工厂的扁锭铸造一般采用立式半连续铸造。能否铸造出表面光滑，粗晶晶区小，枝晶细小而均匀，大断面裂纹倾向小，气孔、疏松、氧化膜废品少的扁锭，一直是铸造工艺技术的主要目标。传统的普通模、隔热模铸造扁锭，由于结晶器本身喷水冷却的结构设计和结晶器内铝液凝固成形的机理，铸造出的扁锭质量始终受到一定的局限。近几十年来，人们公认的电磁铸造技术能使熔化物悬浮在高频率（1000kHz）的电磁场内，由喷射水直接冷却。这个过程没有金属接触，冷却是由尽量快的直接喷射水冷却完成。其电磁铸造的基本原理示意图见图6-50。电磁铸造技术在20世纪60年代末由苏联人发明，之后在美国和欧洲开始使用，但应用于生产过程的不多，仅局限于个别工厂（如美国的

Wise 铝业公司、美铝的 Wrick 轧制工厂等），很难得到大量推广。80 年代，美国 Wagstaff 公司开发的 LHC 低液位合成结晶器工艺及液面控制技术逐渐被业内人士认可，并迅速得到推广和应用。从某种意义上说，它代表了当今铝合金铸造工艺技术发展的新方向。

6.4.1　结晶器设计技术的发展

为了适应轧制用铸锭的需要，扁锭结晶器的形状有两种类型：一种是小面呈椭圆形或楔形的结晶器，适用于横向轧制扁锭。其目的是防止在轧制时金属不均匀流动产生的

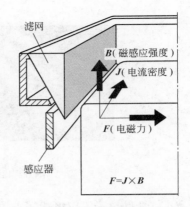

图 6 - 50　电磁铸造的基本原理示意图

张嘴现象，减少几何废料。同时，有利于铸造时内应力的合理分布。另一种是横断面外形近似长方形的结晶器，适用于纵向轧制扁锭。无论哪种类型的扁锭结晶器，在宽面都呈向外凸出的弧形。这是考虑到铸锭宽面中部的收缩较大，铸锭截面沿宽度方向上收缩率是 $1.5\% \sim 2.0\%$，在横截面两端沿厚度方向上收缩率是 $2.8\% \sim 4.35\%$；在宽面中心沿厚度方向上收缩率是 $6.4\% \sim 8.1\%$。

结晶器的高度一般为 $150 \sim 200mm$。而最关键的是在铸造时结晶器内的液位高度，它是连续铸造中最重要的工艺参数，对其铸锭的质量有着重要的影响。因此，选择低液位结晶器是现代铸造技术的发展趋势。

结晶器的水冷装置根据扁锭结晶器的形状有水管式水箱冷却装置（适用于纵向轧制扁锭）和可移动式水箱冷却装置（适用于横向轧制扁锭）。水箱内隔板将大小面水分开，以便大小面分开供水和控制。水箱内一般有 $2 \sim 3$ 排水孔，上排水孔用于一次冷却，下排水孔用于二次冷却。结晶器的水冷装置设计能否保证自始至终的铸造过程完全处于最佳的冷却条件下是至关重要的，它对于铸锭的质量同样有较大影响。总的趋势是双水腔水箱优于单水腔水箱设计。

6.4.1.1　双水腔双射角结晶器

A　传统结晶器

传统结晶器是一个单水腔水箱，见图 6 - 51。尽管也分为一次冷却和二次冷却铸锭，但它们设计的水孔入射角度都大于 45°。总的来说，这是基本针对平稳铸造状态条件下的设计。因此，单水腔水箱很难也不可能同时既满足开始铸造时锭尾成形的条件，又满足连续平稳状态下的铸造条件。

B　双水腔双射角结晶器

现代结晶器采用了最新设计理念，结晶器具有双水腔双射角的结构，见图 6 - 52。该结晶器的特点如下。

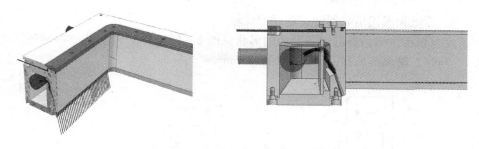

图 6-51 传统结晶器单水腔水箱

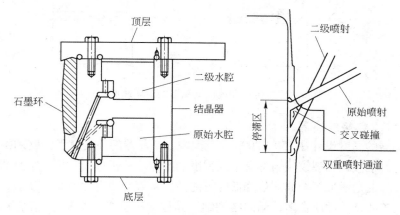

图 6-52 现代结晶器——双水腔水箱

a 开始铸造时锭尾的成形条件

减少热传递（气膜沸腾方式），控制锭尾翘曲。这种控制就是要形成足够的、稳定静止的金属头（金属液穴），保证在正常铸造的开始，减少最小氧化物的形成；就是要完全清除冲击水孔和引锭头底座之间的阻滞，保证金属的良好填充。同时水流的合理分布更能保证控制锭尾翘曲和排除锭底端裂纹倾向的产生。

设计理念：增加一个单独供水的二级水腔，而且二级水孔的位置设计在原始水孔之间，水孔的入射角度一般为 7°~15°；增加水道长度，采用低的流速。

b 保证连续平稳状态的铸造条件

采用双水腔，同时增加热传递，即用最大的冷却速率，使之冲击水与锭形成足够的接触面，并且在锭表面形成一个较大的停滞区域。同时考虑到了控制原始水孔之间、二级水孔之间、原始水孔与二级水孔之间水流交叉碰撞的影响，排除了对锭表面再热的倾向。

设计理念：同时采用双水腔。原始水腔喷射角度大（大于 45°）；水道加长。采用两种角度的双水腔结晶器，无论是开始铸造，还是连续铸造，都能顺利地生产出高质量的铸锭。

c 传统和现代结晶器的锭尾翘曲比较

传统和现代结晶器的锭尾翘曲的形状见图 6 – 53。图中传统结晶器锭尾翘曲 50 ~ 75mm，现代结晶器锭尾翘曲 19 ~ 25mm。

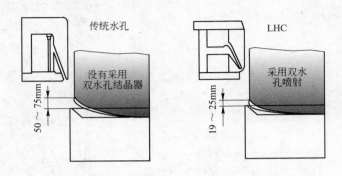

图 6 – 53 传统和现代结晶器的锭尾翘曲比较

6.4.1.2 矮结晶器

结晶器的高度设计在 150 ~ 200mm 范围内。结晶器的高度对于铸锭的组织、表面质量、力学性能和裂纹倾向都有不同程度的影响。从机理上分析，结晶器的高度的降低实际上是增加了金属液位降低的可能性，从而会使有效结晶区变短，熔质元素来不及扩散，活性质点多，晶内结构细。晶粒细小也必然有利于提高力学性能。结晶器的高度的降低从某种意义上说相当于提高了铸造速度，铸造速度的提高会使已凝固的部分温度升高，塑性好，因此冷裂纹倾向小。同时，由于铸锭周边反偏析程度和深度小，凝壳无二次重熔现象，抑制了偏析瘤的生成，铸锭表面光滑。

6.4.1.3 低液位铸造

图 6 – 54 所示是传统结晶器中采用高、低液位铸造模式的铸锭表面粗晶壳的厚度比较。显然，低液位铸造模式不仅可以减少粗晶壳的厚度，而且粗晶壳的晶粒相对细小些，铸锭表面质量得到改善。

传统结晶器设计的低液位铸造模式有两种，其设计原理都是优化有效的结晶区长度。一种是在传统结晶器中直接采用控制液位的低液位铸造模式；另一种是在传统结晶器上方内衬具有润滑功能的石墨环。从图 6 – 55 可以看出，内衬石墨环的低液位铸造模式对于改善铸锭的表面质量更好。然而受到传统结晶器设计的限制，改善的程度是有限的。

传统结晶器设计的低液位铸造模式可以改善铸锭质量，但毕竟受传统结晶器设计的限制，无法同时满足开始铸造锭尾成形条件和平稳状态的铸造条件，从图 6 – 56 中对几种合金用不同结晶器铸造的铸锭晶粒度的比较，可以看到改善的程度是有限的。

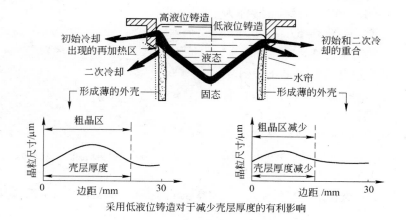

图 6-54　传统结晶器的高、低液位铸造模式

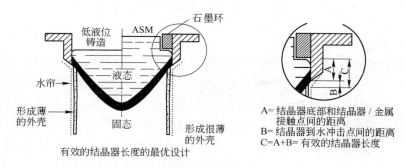

图 6-55　传统结晶器设计的两种低液位铸造模式

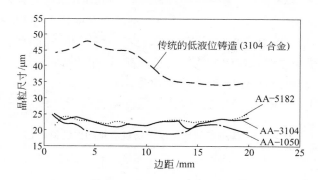

图 6-56　几种合金用不同结晶器铸造的铸锭晶粒度

6.4.1.4　几种现代结晶器

A　现代低液位结晶器

现代低液位结晶器的设计理念是采用双水腔双射角，但结晶器内没有石墨内

衬，Wagstaff 公司将此种结晶器称为 Epsilo 结晶器，见图 6-57。

B 现代低液位合成结晶器

现代低液位合成结晶器的设计不仅是双水腔双射角，而且结晶器内有耐磨多孔状能渗透润滑剂的石墨内衬。Wagstaff 公司将此种结晶器称为 LHC（low head composite molds）结晶器。

图 6-57 Epsilo 结晶器

应用举例：选择生产厚 610mm、宽 1900mm 的铸锭，其低液位合成结晶器的设计尺寸是：

结晶器高 160mm，石墨内衬高 96mm；

结晶器宽 885mm，腔内壁中部宽 670mm，腔内壁端部宽 620mm；

结晶器长 2520mm，腔内壁长 1990mm；

冷却水孔间距 13mm。

图 6-58 低液位合成可调结晶器

C 现代低液位合成可调结晶器

现代低液位合成可调结晶器见图 6-58。它可用一个结晶器铸造多种宽度规格的铸锭。Wagstaff 公司将此种结晶器称为 VariMold。它的调整范围在 200mm 以内为好。

可调结晶器的开发，在满足铸造不同合金同样产品规格的前提下，减少一定数量的结晶器。对于结晶器的可调功能，传统结晶器和现代低液位结晶器都不可能做到。

6.4.1.5 传统和现代结晶器铸锭质量比较

传统和现代结晶器铸锭质量的保证值比较见表 6-2。

表 6-2 传统和现代结晶器铸锭质量的保证值比较

项　　目	传统结晶器	低液位合成结晶器	低液位结晶器
锭尾翘曲高度/mm	50~75	19~25	20~30
宽厚比	<2.5	<5	<5
铸造速度/mm·min^{-1}		铸造厚度 650mm 的 3104 合金铸锭，铸造速度可超过 75	
每边的壳层厚度/mm	8	2	6

项　目	传统结晶器	低液位合成结晶器	低液位结晶器
每边的铣面厚度/mm	12 ~ 18	2 ~ 4	5
平均晶粒尺寸/μm	<425	<325	<325
润滑方式	接触润滑	少量润滑	接触润滑
预期润滑用油量/mL·t^{-1}	14 ~ 42	0.3	14 ~ 42
水污染	有	无	有

6.4.2　结晶器液面自动控制铸造技术

设计理念：采用非接触式控制金属液位，它是由带有微分激光传感器的流量控制棒执行器去执行这一功能。位置大约在金属液位上方 30mm。在铸造开始时，测定开始的液位。当金属达到规定的液位时，铸造自动开始。在整个铸造过程中，金属液位能精确控制，并且在铸造时允许调整，见图 6 – 59。

图 6 – 59　非接触式金属液位控制

流量控制棒执行器带有微分激光，提供一个小的紧密的包，用来测量与结晶器高度有关的结晶器孔腔内的铝液，见图 6 – 60。流量控制棒执行器还包括一个单独的行程大约 40mm 流量控制棒定位器和一个比例 – 整体（PI）控制电路，自动管理结晶器金属液位控制。

传感器结合了目前先进的数据技术、先进的图像处理/识别法则及激光谱线发射，与传统信号点激光传感器收集数据相比，能够提供更多的数据（从激光谱线的多个点上的级别信息）。激光谱线获得的数据，提高了响应率和分辨率，即使发光金属或合金、烟尘与蒸汽的影响，也不会干扰传感器的数据。因此，当多块铸锭同时铸造时，保证所有铸锭的金属液位在同一时间都处在同一水平位置上。金属液位的精度可控制在 ±1mm。

Wagstaff 公司提供的铸造系统的其他自动控制水平：铸锭铸造长度为 7000 ~

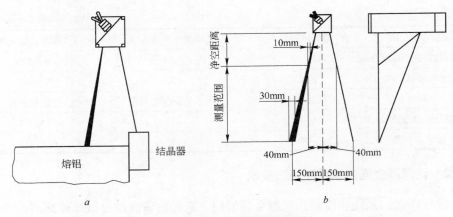

图 6 - 60　微分激光与结晶器

a—微分激光与结晶器排列；b—微分激光光束

9000mm，可控制精度在 ±20mm 范围内；在整个铸造过程中，冷却水流量的控制精度在 ±1.5% 范围内；铸造速度的控制精度在 ±1.0% 范围内。

6.4.3　现代复合锭铸造技术

现代复合锭铸造技术是先铸造一种合金，而后同时铸造两种合金，使后铸造的合金与先凝固的合金在半固态下凝固在一起，先凝固的合金实际上起了后铸造合金熔体凝固的基础作用。复合锭铸造示意图见图 6 - 61。

图 6 - 61　复合锭铸造示意图

半固态界面是芯层合金与包覆的表层合金能形成牢固冶金结合的必要条件，这种半固态界面层既可在芯层合金上形成，也可在表层合金上形成，关键取决于哪一种合金的液相线 - 固相线温度高一些。

1200/2124 合金复合锭的芯层是 2124 合金，两大面表层是 1200 合金，用于生产航空薄板。因此表面层与芯层必须结合牢固，确保产品质量。而 1200 合金的液相线 - 固相线温度为 657 ~ 502℃，2124 合金的液相线 - 固相线温度为 638 ~ 502℃，所以在此种复合锭铸造时先铸表面包覆层 1200 合金。

4004 或 4343/3003 合金复合锭的芯层是 3003 合金，而两大面表层是 4004 或 4343 合金，用于生产钎焊用铝合金复合板。由于 Al - Mn 系合金的液相线 - 固相线温度比 Al - Si 系合金高得多，所以在此种复合锭铸造时先铸芯层 3003 合金。

复合锭铸造结晶器一高一低，以4004或4343/3003合金复合锭为例，先铸熔点高的3003合金，后铸熔点低的4343合金。铸造结晶器与一块铺底铝块，一个二次交换器（相对结晶器的第一次交换而言）形成一个热交换腔，见图6-62。

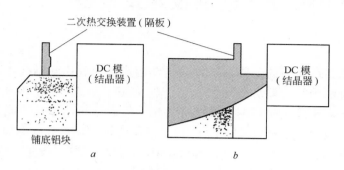

图6-62　复合锭铸造结晶器示意图
a—铸造开始；b—DC铸造

这个热交换腔实际上起隔板作用，它能把流入结晶器内的3003和4343合金熔体分开。当芯层3003合金熔体流入结晶器凝固一定量时，立即使铺底铝块（引锭头）下降，待下降到设定高度时，再导入表层4343合金熔体，使其充满隔板下的液穴（距隔板下面有一小段距离），于是已凝固的3003芯层合金外壳与表层4343合金熔体产生第二次热交换，并使3003芯层合金外壳被加热到固相线以上，温度上升到熔点以上后形成了一层半固态层，此时芯层3003合金的中间金属化合物粒子就会弥散于邻近的表层4343合金熔体层中，并凝固后变形为可靠的冶金结合。

7 轧制技术及设备

生产铝板带所采用的主要加工方法是轧制成形。现代轧制技术，无论是热轧，还是冷轧和箔轧，都朝着大卷重、宽幅、高速化、连续化、专业化、生产过程检测系统全程跟踪、闭环控制系统自动化、集成化和计算机智能化的方向发展。现代轧制设备装备有液压压下（上）、液压弯辊、轧辊分段冷却、轧辊断面凸度控制（CVC、DSR 和 TP 辊），自动对中、X 射线测厚、凸度（热轧）、厚度和板形（AGC 和 AFC）自动控制系统、DS 铝带干燥控制系统（冷轧）、自动灭火系统（冷轧和箔轧）。

在第一篇投资与设计篇中，已简要介绍了热轧制工艺设计中可供选择的加工方式。综观目前国内外铝加工企业采用的热轧制加工工艺，大致如图 7 - 1 所示。如果对铝板带加工厂热 - 冷轧制两个工序的加工工艺组合配置作一个总体分析，选择热粗轧 + 多机架热连轧 + 多机架冷连轧加工工艺是目前最先进、最具竞争力的轧制工艺。

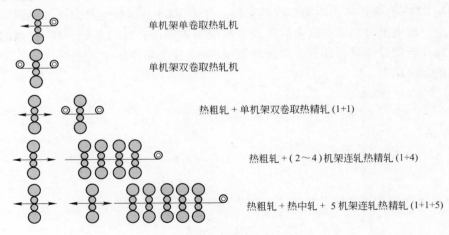

图 7 - 1 目前采用的热轧制加工工艺

7.1 连轧技术

7.1.1 国内外热连轧概况

20 世纪 40 年代，美国和日本的铝加工企业开始建设了 5 条热连轧生产线，最早的一条是在 1941 年，美国 Reynolds 铝 Listerhill 工厂建设的 1 + 1 + 4（热粗轧辊面宽 4320/3300mm，4 机架连轧机辊面宽 3048mm）热连轧生产线；第二条是在 1942 年，Alcoa Tenessee 工厂建设的 1 + 1 + 5（热粗轧辊面宽 3048/2438mm，5 机架连轧机辊面宽 2032mm）热连轧生产线，之后，该生产线被改造，在 1987 年，建设成 1 + 5（热粗轧辊面宽 3048mm，5 机架连轧机辊面宽 2248mm）热连轧生产线；第三条是在 1943 年，日本 Furukawa Nikke Words 工厂建设的 1 + 3（仅为 2 辊的热粗轧辊面宽 1829mm，3 机架连轧机辊面宽 1829mm）热连轧生产线；第四条是在 1946 年，美国 Kaiser 铝 Trentwood 工厂建设的 1 + 1 + 5（热粗轧辊面宽 3353/2845mm，5 机架连轧机辊面宽 2032mm）热连轧生产线；第五条是在 1948 年，Alcoa Davenport 工厂建设的 1 + 1 + 1 + 5（热粗轧辊面宽 5538/4032/3856mm，5 机架连轧机辊面宽 2692mm）热连轧生产线。随后在 50 ~ 80 年代，日本古河、住友、神户钢铁公司，美铝、加铝、法铝、凯撒铝、雷诺铝、海德鲁等又相继建设了多条热连轧生产线。经多年不断重组后，目前具有代表性的热连轧企业如表 7 - 1 所示。

表 7 - 1　国外代表性的热连轧企业

国家	工　厂　名　称	机架数	粗轧机宽/mm	连轧机宽/mm
美国	美铝达文波特厂	1 + 1 + 1 + 5	5588/4032/3856	2692
日本	古河电工福井厂	1 + 4	4320	2850
日本	神户钢铁公司真冈厂	1 + 4	3900	2896
法国	加拿大铝业伊苏瓦尔厂	1 + 3	3400	2845
美国	凯撒铝特伦伍德厂	1 + 1 + 5	3353/2845	2032
德国	海德鲁阿卢诺夫厂	1 + 4/1 + 3	2490/3300	2794/3050
日本	住友公司名古屋厂	1 + 4	3300	2286
美国	美铝田纳西厂	1 + 5	3048	2248
法国	加拿大铝业努布利扎克厂	1 + 4	2794	2311
美国	美铝沃里克厂	1 + 6	2235	1626

我国建成和正在建设的热连轧企业如表 7 - 2 所示。

表 7 - 2　我国建成和正在建设的热连轧企业

工　厂　名　称	机架数	粗轧机宽/mm	连轧机宽/mm
河南明泰铝业有限公司	1 + 4	2000	2000
西南铝业（集团）有限公司	1 + 4	2000	2000
山东南山铝业有限公司	1 + 4	2350	2350
渤海铝业有限公司	1 + 3	3920	1980

工 厂 名 称	机架数	粗轧机宽/mm	连轧机宽/mm
亚洲铝业集团公司	1+1+5	5000/2540	2540
瑞闽铝板带	1+3	2400	2400
河南中孚铝业有限公司	1+4	2560	2560
广西柳州铝业	1+4	3300	2800
青海平安高精铝带有限公司	1+3	2400	2400
山东魏桥铝电（邹平）	1+4	2400	2400
山东魏桥铝电（滨海）	1+4	2400	2400
青海鲁丰铝业	1+4	2400	2400（预留）
永杰新材料股份有限公司	1+3	1850	1850

　　热连轧基于其高温、高速、大压下率的轧制工艺特点，确保了生产工艺稳定、生产效率高、产品品质优（厚度偏差小、板凸度适中、板形优良）、产品组织性能均匀的优势，已应用于工业大生产近70年，且还在不断的发展中创新。尽管它可用于生产所有的铝合金板带材，是冷轧用带卷坯的最佳生产工艺，但作者认为，采用热连轧工艺生产的铝合金板带材可归纳为两大主导方向：一是生产2000系、7000系航天、航空材料的冷轧用带卷坯；二是生产3000系罐体料的冷轧用带卷坯，且具有极强的独占性。也就是说，作为投资者，如果投资的产品定位没有上述两大主导方向，就可以不需要做这样的选择；即使有投资2000系、7000系航天、航空材料的思考，考虑投资大，也可以不做这样的选择；但是由于3000系罐体料对热连轧工艺的独占性需求，就必须做这样的选择。

　　从上面介绍的国内外的工厂中，也不难看出热连轧品种定位的两大主导方向。其中，1946年美国凯撒铝特伦伍德厂建造的1+5热连轧生产线、1948年美铝达文波特厂建造的1+1+1+5热连轧生产线，都是生产2000系、7000系航天、航空材料的典型代表。目前国内的热连轧，唯独亚洲铝业的1+1+5热连轧生产线具有这个能力。从1963年美铝沃里克厂建造的1+6热连轧生产线、1987年美铝田纳西厂改造建设的1+5热连轧生产线，到加铝在法国重组或建造的2条热连轧生产线、日本建造的3条热连轧生产线、海德鲁在德国阿卢诺夫厂建造的2条热连轧生产线，乃至中国所有的热连轧生产线，几乎都是因为品种定位于3000系罐体料而投资建造的。

　　此外，还可以看出有多条热连轧生产线的热粗轧辊面宽度比多机架连轧机辊面宽度宽，这是因为这些热连轧生产线的热粗轧产品设计具有单独生产更宽幅中厚板产品的功能。美铝达文波特厂建造的1+1+1+5热连轧生产线是世界上能生产最宽幅中厚板产品的典型代表。

7.1.2 国内外冷连轧概况

冷连轧生产线和热连轧生产线一样。具有工艺稳定、工序少、产量大、生产效率高、产品质量稳定等特点，轧制后冷轧带板具有厚度、板形精度高、组织稳定等优点，且能有效地降低生产成本。特别适用于大规模生产，年生产能力为20万~30万吨。它同样既能生产优质制罐料、PS版基板、铝箔等高精度产品，也能生产2×××系、7×××系等硬合金材料。亚洲铝业的5机架冷连轧线是具有上述功能的冷轧生产线。

全世界有4辊或6辊冷连轧生产线38条，其中6机架冷连轧生产线1条，5机架冷连轧生产线5条，3机架冷连轧生产线11条，双机架冷连轧生产线21条。表7-3~表7-5分别列出了5机架和6机架、3机架、双机架冷连轧生产线。

表7-3 5机架、6机架冷连轧生产线

国家	工 厂 名 称	机架数	工作辊面宽 /mm	最大轧速 /m·min⁻¹	最大卷重 /t
美国	美铝沃里克厂	6	1524	2516	17
美国	美铝沃里克厂	5	1524	1602	16
美国	凯撒铝特伦特伍德厂	5	1524	1602	16
美国	雷诺兹利斯特希尔厂	5	1670	1200	16
俄罗斯	萨马拉冶金公司	5	1860	1260	10
中国	亚洲铝业	5	1727	1500	18

注：亚洲铝业购买的凯撒铝 Spokane（斯波坎）5机架冷连轧生产线。

表7-4 3机架冷连轧生产线

国家	工 厂 名 称	机架数	工作辊面宽 /mm	最大轧速 /m·min⁻¹	最大卷重 /t
美国	美铝田纳西厂	3	2337	1525	25
美国	雷诺兹利斯特希尔厂	3	1675	950	12
美国	加铝洛甘铝业公司	3	2337	1500	25
英国	福尔科克轧制厂	3	2134	360	8
英国	加铝罗捷斯顿厂	3	1675	1000	10
法国	普基新布里萨克厂	3	2040	1080	12
俄罗斯	萨马拉冶金公司	3	2800	600	8
德国	辛根铝业公司	3	1750	200	10
中国	南山铝业	3	2350	1700	27
中国	山东魏桥铝电（邹平）	3	2300	1500	30
中国	山东魏桥铝电（滨海）	3	2300	1500	30

表 7 - 5　双机架冷连轧生产线

国家	工　厂　名　称	机架数	工作辊面宽 /mm	最大轧速 /m·min⁻¹	最大卷重 /t
美国	美铝达文波特轧制厂	2	1825	610	9
美国	美铝达文波特轧制厂	2	1520	775	18
美国	凯撒铝特伦特伍德厂	2	1680	650	20
美国	尤里克斯维尔铝业	2	1400	610	11
美国	利斯特希尔铝业公司	2	1470	360	7
美国	汉尼拉铝业公司	2	1852	400	9
美国	哈蒙荷轧制厂	2	1164	300	6
美国	福特卢普顿轧制厂	2	1120	500	6
美国	兰开斯特铝业公司	2	1372	450	8
日本	富士轧制厂	2	1625	1500	8
日本	深谷轧制厂	2	1580	900	8
日本	神户制钢真冈轧制厂	2	2400	1650	23
日本	轻金属名古屋轧制厂	2	1620	1530	8
德国	海德鲁阿卢诺夫厂	2	2450	1500	29
法国	伊苏瓦尔轧制厂	2	2800	200	12
瑞典	芬斯基铝业公司	2	1530	300	5
加拿大	刘易斯特希尔铝业	2	1676	500	18
韩国	ATA 公司荣州轧制厂	2	1400	610	11
中国	西南铝	2	2000	1500	21
中国	萨帕铝	2	1700	1300	10
中国	巨科铝业	2	1850		

注：2000 年美铝兼并雷诺兹公司，另还有 2 条、2 辊抛光冷连轧。

7.1.3　热、冷连轧装备及工艺技术的再开发

在金属加工领域里，热、冷连轧技术代表了最前沿的轧制技术，无论是钢的，还是铝的热、冷连轧生产线，在全世界已有上百条。而对于热、冷连轧技术的再开发，目前唯有亚洲铝业在 5 机架热连轧 5 机架冷连轧上成功地实现了 5 变 3 或 5 变 4 的设计模式。

在铝加工中，热、冷连轧生产线最具有特点的有 4 条：Alcoa 在 1948 年建设的 Davenport 工厂 1 + 1 + 1 + 5（辊面宽 5558/4064/3058/2540mm）生产线，其特点仍然是当今拥有辊面最宽的粗轧机，拥有 1 + 1 + 1 + 5 唯一设计的。Alcoa 在 1963 年建设的 Warrick 工厂 1 + 6（辊面宽 1676/1626mm）热连轧生产线和 1 + 5、1 + 6（辊面宽 1524mm）两条冷连轧生产线，其特点仍然是当今拥有的连轧生产

线条数最多、热连轧和冷连轧的机架最多的。原 Reynolds 在 1941 年建设的 List-erhill 工厂 1 + 1 + 4（辊面宽 4320/3302/3048mm）生产线，其特点是世界铝加工最早的热连轧生产线。原 Kaiser 在 1946 年建设的 Trentwood 工厂 1 + 1 + 5（辊面宽 3353/2845/2032mm）生产线，其特点是拥有精轧机的 F1、F2 机架是 4 辊，F3、F4、F5 机架是 6 辊唯一设计的。

作者曾经考察过 Alcoa 的 Davenport 工厂（1994 年）和 Warrick 工厂（2010年）。对于铝加工中热连轧生产线组合方式的选择，必须根据市场的产品方向和产品的生产工艺要求而确定。Davenport 工厂的产品方向主要是航天、航空材料。Warrick 工厂的产品方向最初就是罐体料和罐盖料，最近几年，才增加了 PS 版基品种。从 2000 年开始，我国已经从国外引进了多条热连轧生产线，其产品定位几乎是趋同地涵盖了市场所需求的各种厚度、宽度规格的 1000 系、3000 系、5000 系产品，这是中国铝加工多年的特点。从 2005 年开始，基于中国铝加工的特点，作者开始探讨如何让不同的合金采用的连轧生产工艺更加合理，在连轧中，不受制于连轧机架已有的道次固定模式，使之对于不同厚度、宽度规格的热连轧坯料和冷连轧成品选择的道次更加合理，更能保证产品质量的各种精度要求。因此，在亚洲铝业设备引进的谈判中，对 5 机架热连轧、5 机架冷连轧的供应商提出了 5 机架装备可根据工艺需要，灵活变成 4 机架或 3 机架的设计要求。

现在，供应商的 5 变 4 的设计模式在亚洲铝业 5 机架热连轧上已成功实现。5 变 3、5 变 4 的设计模式在亚洲铝业 5 机架冷连轧上已成功实现。连轧技术的再开发是压力加工轧制领域的一个新突破。考虑专有技术的原因，本书不再做更详细的论述。但可以总结出这种专有技术所具有的优越性：

（1）从工艺技术的角度，更有利于实现不同合金、不同规格产品的最优化工艺，保证产品质量的各种精度要求。

（2）从生产组织的角度，更有利于在充分发挥生产效率的前提下，分别对各机架设备进行计划检修。

（3）从设备管理的角度，可以在某机架突发故障后，根据故障部位，完全有可能在抢修的同时不影响生产。

（4）从经济的角度，减少一个或两个机架可以降低一定的能耗和其他消耗。

7.1.4 亚铝热连轧生产线

亚洲铝业集团引进了国外先进的铝板带生产技术及装备，是我国生产铝及铝合金板带具有代表性的企业之一。亚洲铝业集团设计的 1 + 1 + 5 热连轧双卷取生产线是国内目前唯一的一条整体工艺平面设计的热连轧生产线，见图 7 - 2。

项目分两期建设：一期建设 1 + 5 的 2540mm 热连轧生产线，二期在一期热轧线的延长线上再增加 1 台 5000mm 的热粗轧机和 1 台热精轧卷取机，实现生产

图 7 - 2　亚铝 1 期 1 + 5 热连轧生产线

1×××~8××× 全系列的铝合金板带。为了保证工艺设计的整体衔接，一期热粗轧就已安装了约 80m 长的 5000mm 宽的入口端辊道。二期建设全部完成后，亚铝的热轧线将是全世界能够采用双热粗轧、多机架热精轧、双卷取生产工艺配置的生产线。该生产工艺配置是一种创新，在完全受控，最理想的条件下，可以使热轧能力接近 100 万吨。

7.1.4.1　生产线的特点

通常，采用 1 个热粗轧 +（4 或 5）机架的热轧线生产热轧卷产品，在采用自动化程序的情况下，610mm 厚的铸锭根据不同的合金，在热粗轧上用 17 ~ 25 个道次轧成厚度为 30 ~ 35mm 的板坯不超过 10min，在（4 或 5）机架的热精轧机上仅仅需要 5 ~ 6min，加上轧制完毕后的热精轧辊乳液冷却，不会超过 7.5min。这就启发我们：在这样的条件下生产 1 卷卷材，热粗轧和多机架热精轧所用的时间是不匹配的。因此，考虑是否可以进行创新。

7.1.4.2　生产线的创新点

第一，将 1 个热粗轧机所负担的轧制量分解成 2 个热粗轧机完成。具体来说，610mm 厚的铸锭首先在第一个热粗轧机上轧成厚度为 180mm 的板坯，并切去头、尾后，再输送到第二个热粗轧机轧成厚度为 30 ~ 35mm 的板坯。

第二，综合考虑热精轧时的各种情况，确保 7.5min 之内无故障地完成热精轧卷的卷取及所有的辅助工序，增加 1 台热精轧卷取机，交替运行。

7.1.4.3　创新的结果

如果说 1 个热粗轧 +（4 或 5）机架的热轧线的热轧能力是 1h 通过 6 个铸锭，则双热粗轧、多机架热精轧双卷取生产工艺配置热轧线的热轧能力就会是 1h 通过 8 个铸锭。热轧能力提高了 33.3%。

7.1.4.4　保证近 100 万吨热轧能力的条件

（1）根据亚铝板带项目的整体设计参数，铸锭最宽的规格可以增至 2360mm。热精轧卷重可以达到最大卷重 21.3t。对应的铸锭最重（590mm ×

2360mm×6090mm）可以达到 22.9t。考虑实际生产不可能全部是最宽的规格，若采用两种热轧生产方式，且都按照 85% 左右的宽度比例，可以采用平均 19.6t 或 17.2t 重的铸锭进行热轧能力计算。

（2）根据中国的实际情况，选择全年生产 320d，每天 20h，计 6400h。其中，280d 用 1+1+5 热轧线整体组织生产：每小时 8 卷，每卷重 19.6t，热轧能力共计 87.808 万吨。40d 用 1+5 热轧线（2540mm 热粗轧机）组织生产：每小时 6 卷，每卷重 17.2t，热轧能力共计 8.256 万吨；在 40d 中，同时用另外的一台 5000mm 热粗轧机生产中厚板坯料 2 万吨（按照 75% 的成品率计算，生产 1.5 万吨中厚板产品）。

（3）生产现场具有严密的生产要素控制条件，各级管理人员具有良好的调控能力。

三种方式产能相加：87.808+8.256+2=98.064 万吨

7.1.4.5 设计验证

以某公司对 1+4 和 1+1+4 两条同宽幅的热轧生产线，即用一台热粗轧机或两台热粗轧机生产同种合金、同样板坯厚度的产品为例进行验证。

以 3004 和 5182 两种合金为例：3004 合金的铸锭规格是 610mm×1680mm×6500mm，计重是 17.985t 和 610mm×1900mm×6500mm，计重是 20.340t；5182 合金的铸锭规格是 500mm×1680mm×6500mm，计重是 14.742t 和 500mm×1900mm×6500mm，计重是 16.673t。

在一台粗轧机生产工艺的情况下，两种铸锭规格的 3004 合金在热粗轧机通过 17 道次从厚 610mm 铸锭压到 30mm 厚板；然后在 4 机架热连轧机从 30mm 压到 3mm；两种铸锭规格的 5182 合金在热粗轧机分别通过 25 道次和 27 道次，从厚 500mm 铸锭压到 25mm 厚板；然后在 4 机架热连轧机从 25mm 分别压到 3.0mm 和 3.3mm。

在两台粗轧机生产工艺的情况下，两种铸锭规格的 3004 合金首先在第一台热粗轧机通过 13 道次，然后在第二台热粗轧机通过 5 道次，即 13+5 的生产方式从厚 610mm 铸锭压到 30mm 厚板；接着在 4 机架热连轧机从 30mm 压到 3mm。两种铸锭规格的 5182 合金分别采用 17+7 或 23+7 同样的生产方式，从厚 500mm 铸锭压到 25mm 厚板，然后在 4 机架热连轧机从 25mm 分别压到 3.0mm 和 3.3mm。

按照工厂以产品品种的产能设计结构，3004 和 5182 两种合金产品的年总产能是 22.4 万吨。经计算，完成同样的年总产能则在一台粗轧机生产工艺的情况下所耗费的生产工时是 2434h，在两台粗轧机生产工艺的情况下所耗费的生产工时是 1315h，节约 1119h，提高生产效率达 45.97%。

7.2 轧制现代装备技术

无论是热轧，还是冷轧、箔轧，轧制技术的发展和装备水平的提高，都紧紧围绕着提高产品性能，改善产品质量，实现同卷头尾、两边之间的整体稳定性，实现各卷之间的稳定性，提高生产效率和降低成本。采用轧制现代技术生产的热轧卷坯料的质量和性能，其厚度公差可达到 ±0.7%；横向凸度可达到 0.3% ~ 0.5%；平直度不大于 25 I，且无明显板形缺陷；终轧温度与目标温度的偏差小于 ±8℃；具有均匀而稳定的表面质量；均匀而稳定的显微组织。生产的冷轧带卷料的质量和性能，其厚度公差可小于 ±2μm；板带不平度可小于 10 I；具有清洁光亮而均匀的表面质量；均匀而稳定的显微组织。生产的箔轧带卷料的质量和性能，其可轧制的最小厚度可达到 5μm，针孔能控制在 10 ~ 70 个/m²，成品率可达到 85%；具有清洁光亮而均匀的表面质量；均匀而稳定的显微组织。

7.2.1　热轧现代装备

　　前面已提到，多机架热连轧是热轧现代装备最典型的、完美的热轧生产方式。它由 1 ~ 2 台可逆热粗轧机和 3 ~ 6 台热精轧机串联起来，构成多机架连续热轧生产线。先进的可逆热粗轧机和 4 机架热连轧机组分别见图 7 - 3 和图 7 - 4。它具有工艺稳定、工序少、产量大、生产效率高、产品质量稳定等特点，轧制后热轧带坯具有厚度、凸度及板形精度高、组织稳定

图 7 - 3　先进的可逆热粗轧机

等优点，且能有效地降低生产成本，是单机架双卷取、1 + 1 双机架热精轧双卷取热轧方式所无法比拟的。特别适用于大规模生产，年生产能力达 40 ~ 60 万吨。它既能生产优质制罐料、PS 版基板、铝箔等高精度产品，也能生产 2 × × × 系、7 × × × 系等硬质合金材料。

　　多机架热连轧的粗轧机配有清刷辊，可改善坯料表面质量。配有液压弯辊和乳液分段喷淋装置，在线控制板形和板坯温度。完美的热粗轧还配有液压 AGC，实施单点移动式断面开环控制，用以提高板坯板纵向厚度精度。

　　多机架热连轧上配有液压弯辊和液压 AGC；1 机架前后配有单点测厚仪；末尾机架出口配有多点扫描式板凸度仪。除采用弯辊和分段冷却控制凸度和平直度外，有的还采用了 CVC、DSR、TP 等断面凸度辊形控制方式。非接触式温度检测实现了温度闭环控制，同时在收集、检测、显示各种参数上都采用了自动管理系统。

　　为了实现板锭在轧制线上各机架间顺利轧制，提高轧制节奏，同时满足对热轧卷坯厚度、凸度、温度和平直度的要求，现代的整条热连轧生产线都配备了能

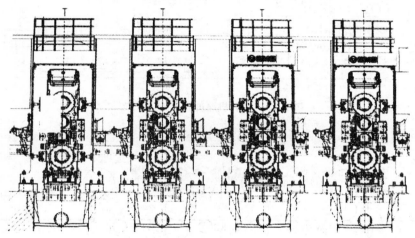

图 7-4 4机架热连轧机组

够全面解决铝带热轧过程中各种工艺参数的设定和在线调整的自动控制系统，其控制范围涵盖了加热炉、粗轧机、精连轧机列和卷取机等整个热轧生产区域，通过各种控制装置可有效地控制热轧卷坯的厚度、温度、凸度和平直度精度。先进的热连轧自动化控制系统一般采用开放式多级区域控制系统，可分为传动级（LEVEL0 级）、基础自动化级（LEVEL1 级）和工艺过程控制级（LEVEL2 级），即现代集成化控制技术，并通过现场总线和大网进行相应的通讯。

7.2.1.1 LEVEL1 级的主要功能

与 LEVEL2 级工艺过程控制有关的系统包括传动控制、工艺控制、顺序控制以及所有的闭环系统和在线检测系统。厚度自动控制系统（AGC）、凸度自动控制系统（APC）、温度自动控制系统（ATC）都由 LEVEL1 级具体实施，分别见图 7-5~图 7-7。LEVEL1 级根据 LEVEL2 级提供的参数值，设定相应机架的辊

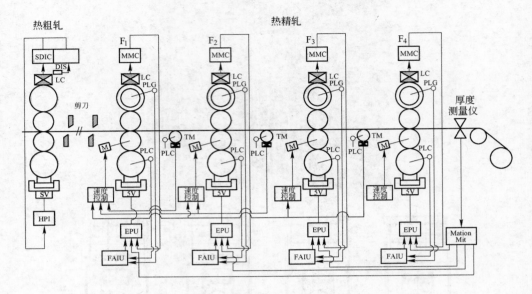

图 7-5 热轧机厚度自动控制系统

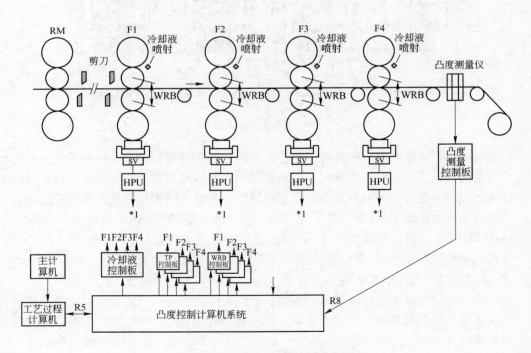

图 7-6 热轧机凸度自动控制系统

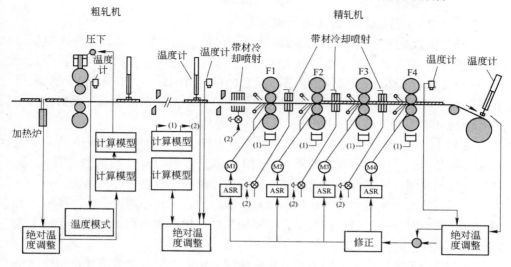

图 7-7　温度自动控制系统

缝、轧制力、速度、张力、厚度、凸度和温度控制机构，如弯辊机构、串辊机构、轧辊冷却装置等的初始值，并在轧制过程中利用各种在线连续检测装置和各种机械控制机构，来实时闭环控制带材坯的厚度、凸度、温度和平直度，以获得性能均一、尺寸精度高的带坯。

LEVEL1 级主要由多个具有强大控制计算功能的 PLC 作为硬件系统的核心，此外还包括 HMI（人机接口服务器）、主操作台、机旁操作台和各种检测用的传感器等。图 7-8 为一个比较典型的热轧生产线的自动化控制系统的组成图。

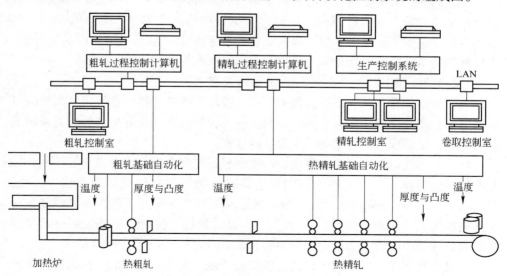

图 7-8　铝带热轧机自动化控制系统

7.2.1.2 LEVEL2 级的主要功能

LEVEL2 级是工艺过程自动化控制系统。它是整条热轧生产线自动化控制的大脑和中枢，担负着生产原始数据的输入，轧制策略的确定和自动轧制程序表计算，向 LEVEL1 级提供控制轧机和各种装置的设定值的任务，在轧制过程中进行轧件跟踪和收集轧制中的各种实测值，此外还有长期及短期自学习、数据汇总和线外分析（离线开发）、质量记录和人机对话等功能。

LEVEL2 级的硬件系统以过程控制服务器为核心，加上辅助设备如 HMI（人机接口服务器）、DB（数据服务器）、ADH（测量数据记录计算机服务器）、板凸度和板形控制计算机及网络控制器等，形成完整的二级过程计算系统。

二级计算系统是建立在现代控制理论基础上的，其核心理论是前向窥测，前馈和自适应。对于控制目标的偏差，主要采用渐近控制法，使实际值处于一个合理的范围内。

在 LEVEL2 级中用于描述铝带热轧中物理变化的数学模型是这套自动控制系统的核心，一般均经过生产实践的数据优化，具有精度高、适用面广的特点。有些系统还采用了先进的神经元网络功能。可通过自适应功能按不同成分的合金来适应所轧制的不同材料。系统内的数学模型将计算值与轧制过程中各种检测仪表实测的参数值进行比较，并通过自学习系统对相应的数学模型进行修正，以进一步提高精度。

过程控制系统中的数学模型主要包括轧制力、轧制力矩、温度、凸度、平直度模型和电机功率模型、工作辊热膨胀和磨损分布模型、机架弹跳和载荷分布模型。在轧制前，可根据所选定的轧制策略和产品目标值，计算出初始轧制程序表以及在每道次前逐道次计算出当前道次各执行机构的预测值、工作值和控制参数，并将其进到下一级 LEVEL1 级基础自动化系统中。根据不同的产品目标值、热粗轧和热精轧机在轧制过程中将采用不同级别的控制。

7.2.1.3 LEVEL2 级在热轧过程中的应用

轧制策略和自动轧程表生成是 LEVEL2 级最重要的功能。它包含了大量的以轧制理论、实验模拟、实验分析、检测技术、控制技术及实际生产经验为基础的数学模型，是实现顺利轧制高精度带坯的前提。

由于在热轧过程中带坯的厚度、凸度和板形之间存在着十分密切的关系，在某些特定的情况下，对某一变量的调整将有可能引起其他指标的恶化。因此，LEVEL2 在自动生成轧程表时，必须根据热轧机的设备能力（包括各种调整执行机构的能力），以及材料的规格、品种、产品的目标、控制目标精度等原始参数和限制条件的不同，考虑采用相应的轧制策略。

在自动轧程表计算过程中，确定精确的轧制力是非常重要的。它是进行各种轧机设定值计算的基础。轧制力是由热粗轧和热精轧各机架所轧制的材料强度所决定的，要想精确计算材料在轧制状态下的强度，必须考虑相应的轧制温度、润滑和摩擦情况、轧制速度等因素。

综上所述，过程控制的策略如下：

（1）热粗轧和热精轧之间的轧制力分配：

1）根据平均分配加工率的原则来计算热精轧各机架轧制材料的变形抗力。

2）根据成品所需的凸度和工作辊热膨胀状况来计算热精轧最后一个机架的轧制力。

3）根据理想板形曲线和凸度变化限制条件所允许的范围，并考虑各种调整机构及其可调整的量来计算热精轧各机架轧制力的分配。

4）根据优化热粗轧和热精轧之间轧制力分配的目标来确定中间带坯的厚度和凸度。

（2）热粗轧机轧程表计算：

1）根据原始参数和先前的中间带坯尺寸来计算轧程表。

2）根据热粗轧机工作辊热凸度和所要求的带坯凸度，来计算粗轧最后一个道次的轧制力。

3）根据轧机的设备、工艺参数和极限值，来确定热粗轧的道次和每一个道次的加工率。

4）在轧制过程中模型的自学习。

5）根据上一个道次的实际轧制数据对剩余粗轧道次进行修正。

6）在热粗轧最后道次结束后，通过比较带坯实际凸度与设定凸度对热精轧的凸度模拟进行修正。

（3）热精轧机轧程表计算：

1）根据检测到的中间带坯尺寸来计算轧程表。

2）根据成品带材所需的尺寸、温度和轧机工作辊热凸度，在保持相对凸度恒定的前提下，分配热精轧机各机架的轧制力。

3）运用穿带自适应系统来提高设定值精度。

4）通过检测带材尺寸（厚度和凸度）、温度和轧制过程的相关参数，进行轧制过程模型和凸度控制模型自适应。

5）通过调整热精轧机来保持设定的轧制力和凸度恒定。此功能是通过不断检测轧制力来实现的，如果必要的话，在热精轧的各个机架间要重新分配轧制力。

7.2.2　冷轧现代装备

现代单机架 6 辊冷轧机如图 7-9 所示。配有液压弯辊和液压 AGC，机架前后配有单点测厚仪。除采用弯辊和分段冷却控制凸度和平直度外，还采用了

图 7 - 9 现代单机架 6 辊冷轧机

AFC 板形辊、CVC、DSR、TP 辊和特殊的 SCR、HES（热边喷射）系统辊形控制方式。另外还配有 HS（水平稳定系统）、DS 干燥控制系统、含油空气洗涤系统。同时在收集、检测、显示各种参数上都采用了自动管理系统。

多机架（2~5 机架）冷连轧机如图 7 - 10 和图 7 - 11 所示。配有液压弯辊和液压 AGC；1 机架前后配有单点测厚仪；末尾机架出口配有单个或多个单点测

图 7 - 10 带活套的双开卷、双卷取 3 机架冷连轧机

图 7 - 11 带活套的双开卷、双卷取 5 机架冷连轧机主体

厚仪。除采用弯辊和分段冷却控制凸度和平直度外，还采用了 AFC 板形辊、CVC、DSR、TP 等辊形控制方式。非接触式温度检测实现了温度闭环控制，同时在收集、检测、显示各种参数上都采用了类似热连轧同样的自动管理系统。另外，为保证连续生产，多机架冷连轧生产线在总体设计上，还配有双开卷、双卷取、卷头尾焊接及活套装置。

先进的冷连轧自动化控制系统和热连轧一样，也采用了开放式多级区域控制系统。它可分为传动级（LEVEL0 级）、基础自动化级（LEVEL1 级）和工艺过程控制级（LEVEL2 级），即现代集成化控制技术，并通过现场总线和大网进行相应的通讯。

7.2.3　AGC 自动控制系统

7.2.3.1　基本要点

在轧制过程中，轧机受力产生弹性变形，轧件受力产生塑性变形，会影响轧件厚度。弹性曲线实质是研究辊缝的变化，其主要影响因素是轧机刚度（随轧制力、轧件宽度变化而变化），轧辊的热膨胀、磨损、偏心。塑性曲线实质是研究轧件抗变形的能力，内部影响因素主要是轧件的成分和内部组织，外部影响因素主要是轧件温度及摩擦系数。轧制过程的轧件塑性变形特性曲线与轧机弹性特性曲线集成同一坐标上的曲线，称为轧制过程的弹塑性曲线。

轧制厚度控制就是要求所轧板材的厚度始终保持在轧件塑性变形特性曲线与轧机弹性特性曲线交点的垂直线上。但是由于轧制时各种因素是经常变化的，两曲线不可能总是交在等厚轧制线上，因而板厚出现偏差。若要消除这一厚度偏差，就必须使两曲线发生相应的变动，重新回到等厚轧制线上。基于这一思路，板厚控制的方法有调整辊缝、张力和轧制速度三种。在现代轧机上，实现了自动控制，即人们俗称的液压位置 AGC、张力 AGC、速度 AGC。其中，液压 AGC 是热粗轧、热连轧、冷轧、冷连轧最主要、最常用的控制方式。

7.2.3.2　液压 AGC 闭环控制

液压压下（液压压上）是 AGC 自动控制系统最核心的执行机构。它采用了灵敏度高而摩擦阻力小的油缸和伺服系统，系统惯性减小，快速给控制信号，因此系统响应速度快，调整精度高；它能实现快速卸压，因此过载保护性能好；另外，它还具有传动效率高、功率消耗小、方便快速换辊、提高作业效率等特点。

在现代轧机设计中，采用轧制全过程的板厚测量闭环控制，它的控制方式是以测压仪或压力传感器检测到的轧制力信号和液压缸所检测的液压缸位置作为主反馈量，以轧机出口测厚仪所检测到的铝板厚度偏差作为监控反馈量，对轧机辊缝进行调整。目前，无论是多机架热、冷连轧机，还是单机架冷轧机的入口侧都安装了测厚仪，它在入口所测到的铝板厚度偏差作为预控反馈量，可对轧机辊缝进行预先修正。基于工序中各种轧机担负的不同功能，则测厚仪设计的重点有所区别。

A 热粗轧

热粗轧机采用辊缝控制，单点移动式断面开环控制。要保证板带纵向厚度均匀性，采用间接 AGC 方式：测量轧制力—弹性方程计算轧件厚度—比较给定厚度—得到 Δh—计算机数学模型根据当前轧制状态，调整下一块铸锭的轧制参数进行自适应优化控制。测厚仪精度为 0.1% 板带厚度。

B 热精轧、热连轧

热精轧机或热连轧机由出口测厚仪和凸度测量反馈控制。在第 1 机架入口、出口各有一台测厚仪，最后一个机架出口有一台多点测厚仪，测厚仪精度为 1μm。

入口测厚仪采用单点质量流、前馈 AGC 方式：入口测厚仪测量轧机入口处的轧件原始厚度—比较给定厚度—得到 Δh—计算机数学模型计算辊缝调整量—根据激光测速仪测量的带材速度计算出检测点进入轧辊的时机，实时调整辊缝。前馈 AGC 方式的优点可以克服时间的滞后现象，提高了系统的反应速度和控制精度。

出口测厚仪采用单点质量流、直接 AGC 方式：出口测厚仪按照（测量轧件厚度—比较给定厚度—得到 Δh—Δh 转化为辊缝调节量控制信号—计算机数学模型计算辊缝调整量—输送给执行机构调整）程序进行 AGC 闭环反馈控制。

最后一个机架出口安装有一台多点测厚仪，实现板厚度和板凸度的集成化瞬时带材断面多点闭环控制，为保证板带稳定的横向断面凸度值，采用直接 AGC 方式：测量轧件厚度—比较给定厚度—得到 Δh—Δh 转化为辊缝调节量控制信号—计算机数学模型计算辊缝调整量—输送给执行机构调整。

C 冷连轧

冷连轧在第 1 机架入口、出口各有一台测厚仪，最后一个机架出口安装有一台或两台点测厚仪，测厚仪精度为 1μm。

同样，第 1 机架入口测厚仪采用单点质量流，前馈 AGC 方式；第 1 机架和最后一个机架出口测厚仪都采用单点质量流，直接 AGC 方式。

D 单机架冷轧

单机架（4 辊或 6 辊 CVC）冷轧在轧机进口和出口处各有一台测厚仪，测厚仪精度为 1μm。进口处同样采用单点质量流，前馈 AGC 方式。出口处同样采用单点质量流，直接 AGC 方式。

7.2.3.3 液压 AGC 动态补偿

在轧制过程中，液压 AGC 还具有对轧辊偏心、轧辊油膜轴承油膜厚度变化、轧辊热膨胀的动态补偿功能。各种动态补偿都是在液压 AGC 位置控制内环输入一个补偿值，以得到新的液压缸位置给定值，使液压缸动作进行补偿、调节。

A 轧辊偏心补偿

为了消除轧辊偏心造成的板厚偏差，往往在换辊后需要首先通过轧辊压靠转动，测出辊子的偏心量和偏心的圆周位置，即得到一条轧辊偏心曲线。在轧制过程中通过对轧辊圆周位置的检测，由轧辊偏心曲线（数学模型）中的某一偏心位置向位置控制内环输入一个偏心补偿值（带有正负性），对该偏心量将引起的铝板出口厚差进行补偿。

B 轧辊油膜轴承的油膜厚度补偿

当轧辊的转速和轧机的轧制力发生变化时，油膜轴承油膜厚度会随之发生变化，也随之将引起铝板出口厚度产生偏差。为了消除这个偏差，由油膜厚度数学模型向位置控制内环输入一个偏心补偿值（带有正负性），从而会给出一个新的液压缸位置给定值，让液压缸随之动作，对因油膜厚度变化将要引起的铝板出口厚差进行补偿。

C 轧辊热膨胀补偿

在轧制过程中，轧辊的辊径将随着轧辊温度的变化而变化，同样造成铝板出口厚度产生偏差。为了消除这个偏差，由轧辊热膨胀数学模型向位置控制内环输入一个偏心补偿值（带有正负性），从而会给出一个新的液压缸位置给定值，让液压缸随之动作，对因轧辊温度变化将要引起的铝板出口厚差进行补偿。

7.2.3.4 液压 AGC 典型效果实例

图 7 - 12 所示是某工厂的一台单机架冷轧机生产 3003 合金产品时，每道次的相关工艺参数和带材入口、出口厚度曲线。厚度 1.6mm、宽度 1550mm 的带材分 3 个道次轧制到 0.314mm 成品，第 1 道次 1.6 ~ 0.9mm，轧制后带长 1211m；第 2 道次 0.9 ~ 0.5mm，轧制后带长 1534m；第 3 道次 0.5 ~ 0.314mm，轧制后带长 1894m；第 3 道次稳定轧制时的轧制速度是 900m/min，轧制力为 12.4MN。

从图 7 - 12 中还可以看出，第 1 道次带材入口的纵向厚差很大，特别是头尾厚差几乎超过了 100μm；第 3 道次的头尾厚差已经有明显的改善，充分显示出液压 AGC 的优良功能。

7.2.4 分段冷却系统

无论是热轧，还是冷轧，都采用了分段冷却系统，见图 7 - 13。由于在轧制过程中，轧制力的变化和轧辊热膨胀都会引起轧辊凸度的变化，使带材的纵向、横向厚度随之变化，导致板形不好；在带材的中间、边部和四分之一处产生波浪，严重时轧制无法继续进行。根据轧制过程中各种工艺参数变化后的反馈变量，采用沿轧辊宽度方向上的分段冷却，自动开或关对应区段的冷却润滑剂喷嘴，即可保证所需要的轧制工艺条件。

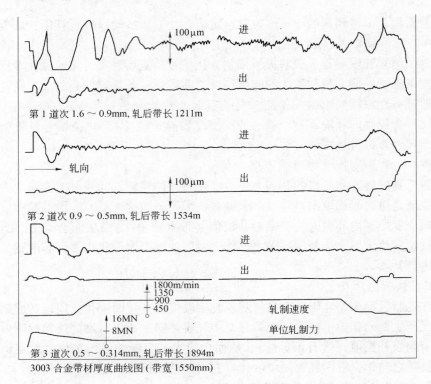

第 1 道次 1.6 ～ 0.9mm, 轧后带长 1211m

第 2 道次 0.9 ～ 0.5mm, 轧后带长 1534m

第 3 道次 0.5 ～ 0.314mm, 轧后带长 1894m

3003 合金带材厚度曲线图 (带宽 1550mm)

图 7 - 12　液压 AGC 功能显示

图 7 - 13　分段喷射技术

7.2.5　轧辊凸度可变技术

近年来轧辊凸度可变技术已经广泛用于铝轧机上，除了经常用的正负弯辊和乳液喷射控制技术外，新的断面凸度控制手段还有 SMS 公司开发的 CVC 辊技术、VAI 公司开发的 DSR 辊技术、IHI 公司开发的 TP 辊技术。

7.2.5.1 CVC 辊

CVC 技术是 SMS 公司的专利。它能用一组辊形曲线代替多套辊子的不同凸度，实现连续变化凸度，并结合弯辊系统可实现较宽范围的调节，优化板带平直度控制的机械系统。

目前，全球拥有 CVC 技术的生产设备主要分布在中国、美国、法国和日本四个国家。中国有 13 台，其中 6 辊 CVC 冷轧机有 12 台，辊宽为 1850~2450mm。典型的代表如亚铝 2450mm 6 辊冷轧机、南山铝 2300mm 6 辊冷轧机、瑞闽铝 2100mm 6 辊冷轧机、厦顺铝 2100mm 6 辊冷轧机等。

A　基本原理

上、下工作辊辊面磨成 S 形，上、下工作辊 S 形相差 180°，见图 7-14。它们的相对轴向移动实现轧辊的连续可变凸度，辊的凸度能够由中性平辊缝变为正凸度或负凸度。根据需要组合成不同的辊形，和液压弯辊系统配合，板带可以得到很好的板形。显然能够实现同一 S 形辊子上生产不同规格、不同合金的产品。

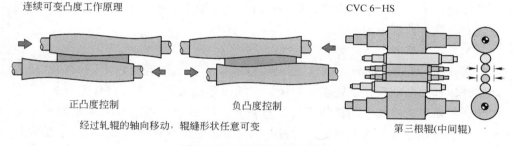

连续可变凸度工作原理　　　　　　　　　　　　　　　CVC 6-HS

正凸度控制　　　　　　　　负凸度控制

经过轧辊的轴向移动，辊缝形状任意可变　　　　　　第三根辊(中间辊)

图 7-14　CVC 凸度控制技术

从图 7-14 可以看出，当上工作辊向轴正向移动、下工作辊向轴负向移动时辊的凸度为正凸度，反之辊的凸度为负凸度；图中 CVC 辊可以是工作辊，也可以是 6 辊轧机的中间辊。

B　实践认识

（1）CVC 技术在轧制生产中是一个预设定功能，与板形系统开环，其自身与液压弯辊系统闭环，即弯辊在一定设置范围内 CVC 辊不轴向移动；超出弯辊的设置范围，CVC 辊才轴向移动，轴向移动范围约为 ±150mm。

（2）生产实践表明，工作辊采用 CVC 辊设计在实际生产中会遇到一些问题。由于在轧制过程中工作辊直接与铝金属接触，无论是工艺条件的失控，还是润滑不良或设备发生故障，都极易造成工作辊辊面的粘铝或损伤，必须换下重新磨辊。然而 CVC 辊是 S 形辊，显然磨 CVC 辊比磨平辊难度大，精度要求高，耗费时间长。因此就有可能出现两种情况：一是因难度大、精度要求高，达不到 S 形的标准要求；二是因耗费的时间长，不能满足生产的需要。西南铝的第一台

1850 轧机就遇到了类似的情况，之后就将 CVC 辊磨成了平辊，完全失去了 CVC 技术的特殊功能。

目前，河南中孚板带项目引进的 1 + 4 热连轧生产线，其热精轧的后 2 个机架的工作辊采用 CVC 辊设计，厦顺铝新的板带项目设计的 1 + 1 热轧生产线，其热精轧机的工作辊也采用了 CVC 辊设计，都需要在实践中积累生产管理经验。

（3）在生产过程中必须注意 CVC 辊移动在边部造成的纵向印痕。

（4）综观 CVC 技术在国内的实际使用情况，作者认为，对新技术的消化，企业的管理者必须认真对待，要大力培养一批能够熟练掌握新技术的技术人员和操作技工。否则，把控制轧辊断面凸度的 CVC 新技术买回来后又把它锁住，而且还担心锁不住会窜动而损坏轧辊辊面，这岂不成了形同虚设。

7.2.5.2　DSR 辊

DSR 技术是 VAI 公司的专利。DSR 辊是一个动态执行机构，它可实行随机动态板形与微调厚度控制的技术，能够较大程度地改变辊形，对辊形起到明显的调节作用；由于响应速度极快，特别是可以大量减少头尾不平度缺陷损失。同时它还具有调整轧制线的功能。

A　基本原理

DSR（dynamic shape roll ）辊是支撑辊。它是通过轧辊内不同的油缸压力调整外辊环的凸度，改变轧辊的形状。它的内芯轴为固定轴，在其上有 5 ~ 7 个滑块，滑块可通过其上的液压系统调整位置，在滑块及轴的外部为钢质活动辊套。辊套可在轴及滑块上转动，旋转的钢套可在动压或静压状态工作。一般设计有 6 ~ 7 个油缸，3 个液压系统供油。1 个静压系统，1 个动压系统，保证内芯轴和外辊环之间的油膜稳定；另 1 个液压系统保证供油给 6 ~ 7 个油缸。这一结构，在轧制过程中通过液压系统可调整单个滑块的位置，实现辊套的凸度变化，从而控制板形，见图 7 - 15。它还可以通过滑块的整体位移实现厚度微调。此外，如果热轧机以 DSR 辊作为下支撑辊，还可以通过滑块的整体位移来调整轧制中心线，调整范围可达 65mm。由于 DSR 辊调整板形的效率高，可实现更大的道次加工率。

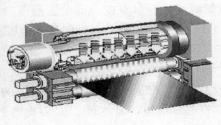

图 7 - 15　DSR 辊结构

B 实践认识

（1）DSR 辊在热连轧机上也有应用，如原法国 Pechiney 公司 ISSORE 三连轧的最后机架的上支撑辊、NEUYBRISACH 三连轧的第一机架的上支撑辊；Huta Konin 铝单机架双卷取热轧机的上支撑辊。

DSR 辊在热轧机上应用，控制凸度功能，可全程起作用；而控制厚度公差，只能在最后 30mm 起作用。

（2）DSR 辊在冷轧机上的应用较普遍，也成熟。法国 Pechiney 公司和 Egyptalu（埃及铝业）四重冷轧机的上支撑辊采用 DSR 辊，而且都是最早采用的。我国中铝西南铝业、河南铝业引进的单机架冷轧机的上支撑辊也采用了 DSR 辊。

（3）DSR 辊和液压弯辊、液压垫的作用及特点分析：

1）DSR 辊具有控制板形、局部控制厚度的作用；液压弯辊具有控制板形的作用；液压垫具有厚度微调的作用。

2）DSR 辊实现板形控制的特点是调整可随机、可非对称、可快速（30ms）进行；而液压弯辊板形控制的特点是只能实现在块与块、卷与卷之间对称进行。

3）DSR 辊与液压弯辊共同采用可实现叠加后更平滑的辊缝，获得更理想的板形。

（4）DSR 辊特别适合在已有轧机上加装，便于把原实心辊拆掉，换上 DSR 辊，具有更大的灵活性。

7.2.5.3 TP 辊

TP 辊是日本 IHI 公司开发的专利，TP 辊也是支撑辊，其表面也有一个套筒。套筒内有多个锥形活塞环，改变液压压力来移动锥形活塞环，以改变支撑辊的形状。辊身特别长，有多个锥形活塞环，制造难度大。TP 辊外形图见图 7 - 16，TP 辊剖面图见图 7 - 17。

A 基本原理

TP 辊套筒内的 8 个锥形活塞

图 7 - 16 TP 辊外形图

（4 红、4 黄）的位置变化引起辊凸度的变化曲线见图 7 - 18。

8 个锥形活塞向辊外端移动，则支撑辊变成正凸度辊，工作辊也是正凸度辊，但外端与支撑辊外端不接触，此时辊形处于 A 情况，板带呈中间波浪，见图 7 - 19a。8 个锥形活塞向辊中心移动，则支撑辊变成负凸度辊，工作辊也是负凸度辊，但外端与支撑辊面全部接触，此时辊形处于 C 情况，板带呈边部波浪，见图 7 - 19c。8 个锥形活塞，4 个向外，4 个向内，则支撑辊和工作辊的凸度可以调整到最佳水平。此时辊形处于 B 情况，板带平直无波浪，见图 7 - 19b。

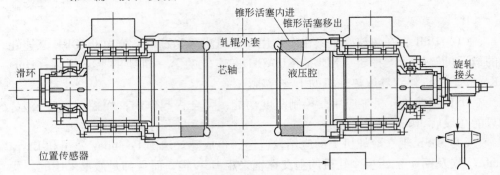

图 7 – 17 TP 辊剖面图

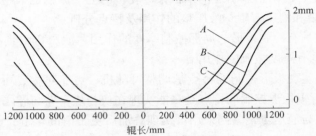

图 7 – 18 TP 辊凸度的变化曲线图

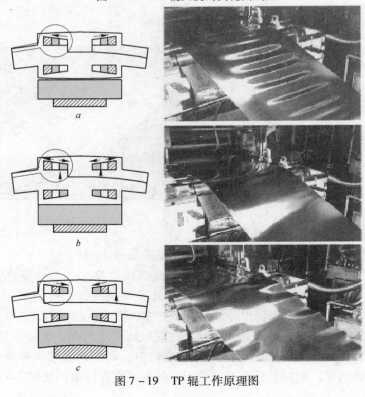

图 7 – 19 TP 辊工作原理图

B 实践认识

（1）TP 辊主要在热连轧机上应用，如日本 Furukawa Electric 公司 Fukui 的四热连轧 F1 的上、下支撑辊，F2、F3 及 F4 的上支撑辊的设计都是 TP 辊，见图 7-20。

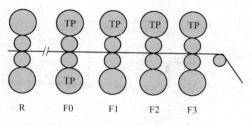

图 7-20 TP 辊应用实例

国内南山铝四热连轧的 F1、F2、F3 及 F4 的上支撑辊的设计都是 TP 辊。

（2）通常，热连轧机仍需要配置有正负弯辊，与 TP 辊配合使用。

7.2.6 冷轧现代板形控制技术的特殊设计

冷轧现代板形控制技术的特殊设计有 SMS 公司开发的 SCR 辊和 HES 热边喷射系统。

7.2.6.1 SMS 公司开发的 SCR 辊

A SCR 构造和调整机理

SCR 支撑辊包括在辊轴上可收缩的一个套筒，正如传统的卷轴一样，但套筒的端部伸展之后形成一个锥形。进入这些张开的接头，锥形的轴衬被无任何间隙和轴向定位地插入。液压油是被挤入轴中，经过导管到达锥形轴衬和套筒间的间隙。当液压油不用于接触辊的金属部分时，轧辊可以像传统的（常规的）支撑辊一样操作。通过改变液压压力，SCR 的外形能在铝带边部区域被调整，见图 7-21。SCR 的控制动作在 SMS Demag 自动系统的平直控制中被完全集成化。

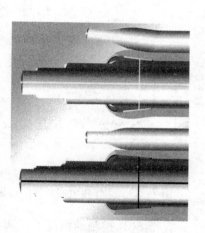

图 7-21 SCR 构造和调整机理

B SCR 调整作用

热拱形的幅度，引起在带材宽度上不均匀的压力分布，这经常产生"紧边"引起"肋浪"，边部缺口断带。图 7-22 所示为工作辊的热凸度引起的带材的压力变化。无论带材入口还是出口轮廓的偏差，都会有因带材边部高张力引起的断带风险。通过调整带材边部 SCR 支撑辊轮廓，材料边部状况会改善。

C SCR 的优势

a 工作辊轴承有更长的寿命

图 7-23 所示为工作辊弯曲系统的行为，图 7-24 为 SCR 支撑辊压力，是带 SCR 控制的。

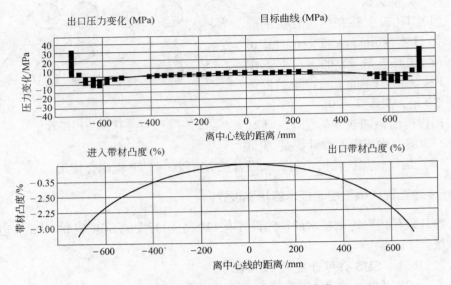

图 7 - 22　热凸度引起的带材的压力变化

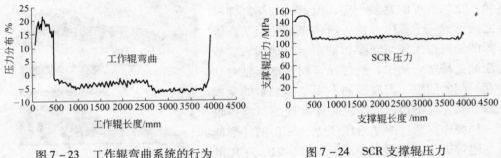

图 7 - 23　工作辊弯曲系统的行为　　　　图 7 - 24　SCR 支撑辊压力

在带 SCR 控制的情况下，弯曲力水平设定为 - 5%，就如 VAW 要求的现有的弯曲系统设计，避免重复的零交叉。另外能避免高弯曲力和工作辊轴承负载减少。而且在工作辊和支撑辊之间高接触力，是典型的正弯曲，被阻止。这能增加辊使用时间和减少工作辊的更换。图 7 - 25 是不带 SCR 控制的压力分布曲线。

在不带 SCR 控制的情况下，由于工作辊弯曲对带材边部的影响有

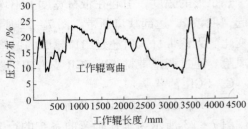

图 7 - 25　不带 SCR 控制的压力分布曲线

限，弯辊力不得不设定在更高的平均水平。

b 保证带材的平直度控制

作为带材平直度质量的执行器，SCR 控制是完全被整合在过程控制和自动系统里。SMS 公司与 VAW 工厂合作共同做过一个试验，测试合金为 AA1050，宽 1400mm，入口厚度 0.700mm。根据道次计划，材料 3 个道次轧到 0.096mm。采用两种操作模式连续轧制运行，第一种操作模式测试 1 卷使用 SCR 控制系统，第二种操作模式测试 1 卷关闭 SCR 控制系统，即类似传统的实心支撑辊。其试验结果分别见表 7-6 和表 7-7。

表 7-6 使用 SCR 控制系统

道 次	1	厚 度	0.7~0.3	宽 度	1439.4	
板形/I	<5.0	<7.5	<10	<15	<20	<25
长度/%	0	4.2	52.4	100	100.0	100.0
道 次	2	厚 度	0.3~0.17	宽 度	1434.1	
板形/I	<5.0	<7.5	<10	<15	<20	<25
长度/%	95.3	98.9	99.9	100	100.0	100.0
道 次	3	厚 度	0.17~0.095	宽 度	1432.2	
板形/I	<5.0	<7.5	<10	<15	<20	<25
长度/%	96.0	99.0	99.4	100	100.0	100.0

表 7-7 关闭 SCR 控制系统

道 次	1	厚 度	0.7~0.3	宽 度	1439.4	
板形/I	<5.0	<7.5	<10	<15	<20	<25
长度/%	0	0.3	7.5	29.6	66.9	68.5
道 次	2	厚 度	0.3~0.17	宽 度	1434.0	
板形/I	<5.0	<7.5	<10	<15	<20	<25
长度/%	83.4	92.1	94.4	96.3	99.4	100.0
道 次	3	厚 度	0.17~0.095	宽 度	1432.6	
板形/I	<5.0	<7.5	<10	<15	<20	<25
长度/%	82	97.7	99.3	100.0	100.0	100.0

从表 7-6 可看出，SCR 支撑辊在轧制生产的开始，即带材轧制的第一道次和第二道次就能获得接近平直度控制的要求，这也就说明稳定轧制前带材头尾断带的风险减小了。而且有 SCR 支撑辊，平直度控制范围增加，更适合解决薄带材轧制时的边部问题。

另外 SCR 辊（对支撑辊），适用于停车后开机，换工作辊后（不需要对工作辊进行预热）即冷辊就可以开机生产。

7.2.6.2　SMS 公司开发的 HES 热边喷射系统

SMS 公司开发的 HES（热边喷射）系统，有点类似 SCR 支撑辊的作用。

A　HES 工作原理

工作辊内建的热凸度断面不完全覆盖带材宽度（图 7 – 26）所造成的不均匀的负载分布偏差产生紧边状态。同时靠近铝带边部的工作辊身内的温降形成了更加恶劣的铝带边部条件，并与工作辊弯辊相结合产生四分之一中间波浪，增加了断带危险。

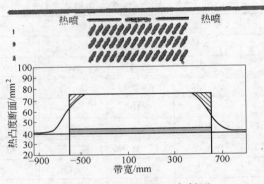

图 7 – 26　原始热凸度断面

热的轧制油通过上、下工作辊旁的附加喷射集管进行喷射，当喷射的热油到带材边部范围外的工作辊身上后，即可迅速增加工作辊边部的热凸度，来缓解带材绷紧的边缘。此时从理论上分析热凸度断面外形减小。经过计算证明，带材每边部使用一个独立的喷嘴，则带材边部达到 75% 的断面缩减（图 7 – 27）。在实践中每边启动两个喷嘴可以达到 100% 的断面缩减（图 7 – 28）。

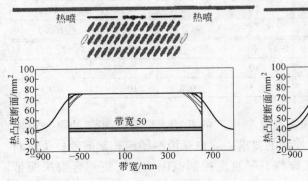

图 7 – 27　75% 的断面缩减

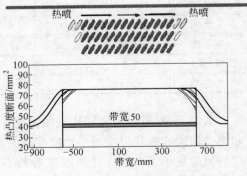

图 7 – 28　100% 的断面缩减

B　HES 系统构造

在每个工作辊的两排喷头上增加第 3 排独立喷嘴。这些喷嘴独立控制和根据平直度控制系统当紧边发生时启动。一个喷嘴为 25L/min，近似 200L/min 热油循环使用，热油温度为 40~50℃。热油在喷嘴中持续保持同样的温度，这意味着通过隔热管道循环是需要的。在工厂一般有一个具备隔热功能的 5m³ 罐，填充净油，并装有液位监测装置，油是通过电加热器加热到固定的温度。最终需要喷射的热油温度（约 90℃）同样是在供应管路上用电加热器控制。

7.2.7　HS 水平稳定系统

对于设计的 6 辊 CVC 冷轧机，还配套设计了 HS 水平稳定系统，即俗称的 CVC6-HS 冷轧机。HS 水平稳定系统是为了预防工作辊的水平弯曲，充分利用修长的工作辊的技术优势，依靠调整工作辊沿轧制方向偏离机架中心移动一段预设定的距离稳定工作辊，通过水平部件独立施加的轧制力来尽量平衡中间辊传动装置，这一外部施加的力使得距离中间辊整套装置中心线的距离为最佳移动距离。预防工作辊的水平弯曲，这也必然在中间辊上引起水平力。HS 水平稳定系统的工作原理见图 7-29。

HS 移动系统的 4 台液压缸用来调节移动部件，移动范围约为 0~25mm，最小的 HS 工作范围约为 3mm。

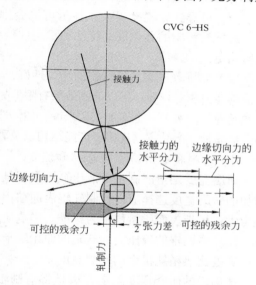

图 7-29　HS 水平稳定系统的工作原理

7.2.8　轧制表面控制现代技术

在现代轧机中，为了保证板带在轧制过程中具有良好的表面质量，新的装备技术配备有热轧清刷辊装置、冷轧 DS 干燥控制系统等；为了保证板带在运输、存放过程中具有良好的表面质量，新的装备技术配备有热、冷轧卷综合高架库、轧制卷平面智能库、轧制板材高架库等。

7.2.8.1　热轧清刷辊

现代热粗轧机和热精轧机的出口侧都设计有旋转、摆动的清刷辊，见图 7-30。使用清刷辊的目的主要是清除工作辊辊面粘铝，有效控制轧辊表面粘铝层厚度及其均匀性，使辊面处于一个理想的状态，从而保证轧制过程中铝板的表面质量。

图7-30 热轧清刷辊

A 清刷辊的材质选择

目前采用的清刷辊有钢丝刷辊和尼龙丝刷辊两类：

（1）钢丝刷辊的清刷能力较强，但钢丝刷辊在长期使用中容易出现断钢丝现象，且掉下的钢丝又极易压入板带表面产生金属压入缺陷；甚至有时掉下的钢丝会损伤轧辊，继而在板带表面形成轧辊印痕。另外，钢丝刷辊频繁的摩擦轧辊表面，可导致轧辊磨损大；甚至可能会因摩擦产生铁粉，继而铁粉混入乳化液。这样被污染的乳化液的特性和稳定性就会受到影响，特别是对于无皂乳化液的影响更大。

（2）尼龙丝刷辊虽然清刷的均匀性好，板带容易获得均匀的表面质量，但由于清刷能力相对较弱，所以清刷效果有限。另外尼龙丝刷辊在轧制过程中，也有掉尼龙丝现象。对于一个铝加工厂来说，如何选择清刷辊的材质，必须根据自己生产的合金品种、产品宽幅规格、产能结构以及乳化液的种类等各种生产条件确定。

B 清刷辊的研磨宽度选择和测定

研磨宽度是指清刷辊由液压缸压靠于轧辊表面与辊面接触弧长的投影长度。理想的研磨宽度选择应以控制轧辊表面粘铝的合金品种适应性强、产品规格范围能力大、板带表面质量稳定为标准。影响研磨宽度的主要因素有清刷辊的零位调整、压靠清刷辊的液压力、轧辊的原始辊形及轧辊的热膨胀。通常热粗轧机上的研磨宽度比热精轧机上的研磨宽度小。

清刷辊的研磨宽度测定方法是将清刷辊压靠在轧辊上，在轧辊不转的情况下，给定清刷辊一个恒定的推力并旋转10s，这时其接触弧长的投影长度即为研磨宽度的测定值。

C 清刷辊的零位调整和压靠力选择

清刷辊的零位调整是在轧辊的装配过程中进行的，零位调整除充分考虑轧辊的原始辊形及轧辊的热膨胀等因素之外，运用长期积累的使用经验也是至关重要的，通常采用零位调整器来调节轧辊与清刷辊间的间距，一般控制在3~5mm范围。

清刷辊的压靠力主要是根据不同的合金品种、产品规格及质量要求进行选择，一般是热粗轧机使用的压靠力比热精轧机的小。

在生产热轧板时，热粗轧机通常可不使用清刷辊，也可在某道次后，根据实际需要使用，如已经在板带表面出现咬入痕等。

在生产热轧卷材时，热粗轧机和热精轧机各道次都应使用清刷辊。在具体操作中，考虑轧辊热膨胀的影响，刚换上的辊可适当增大清刷辊压靠力；在正常轧制10块左右，轧辊热辊形趋于稳定后，应适时将压靠力调低至规定值。

表7-8列出了在热粗轧机和热精轧机上轧制不同合金时使用钢丝刷辊的压靠力参考值。一般来说，刷辊的压靠力随合金强度的增大、产品宽幅的增加、板带表面质量要求的提高而递增。

表7-8　热轧机轧制不同合金钢丝刷辊的压靠力

合　金	1×××系	3×××系	5×××系
压靠力/MPa	3~4	4~5	>6

在清刷辊工作时，还应对清刷辊喷射一定量的乳化液，主要目的是冷却和清洗清刷辊上的钢丝。乳化液流量为乳化液总流量的3%~5%，喷射压力为0.15~0.30MPa。

7.2.8.2　冷轧 DS 铝带干燥控制系统

现代冷轧机在出口侧轧制线上方装有 DS 铝带干燥控制系统（SMS 公司），见图7-31。该系统可以防止旋转工作辊上的轧制油滴落在铝带上，同时也可以防止铝带缠卷上工作辊。

图7-31　DS 铝带干燥控制系统

可移动的带吹扫系统、带材导向装置结构设计有防止铝带缠卷的导板和冷却剂排放槽。位于带材导向装置上面的断带保护板上的吹扫系统带有组合式的喷嘴，其中有1个压缩孔喷嘴用来吹扫工作辊-中间辊界面上的轧制油；有4个压缩空气喷嘴（2个可以根据带材的宽度，成对地开和关）用来吹扫带材表面上残留的轧制油。另外，DS 整个系统还具有抽吸带材边部轧制油的功能，将铝带干燥区内的油雾吸走。

系统中的导板是液压调整的，可以从原来位置退缩，给轧机窗口换辊留出位置。

7.2.9　轧制润滑现代技术

轧制润滑现代技术是集压力加工理论、机械和化学相关理论等科学知识于一体的综合技术。无论热轧还是冷轧和箔轧，依据轧制特点，正确选择轧制润滑剂，正确使用、管理轧制润滑剂都是轧制过程中，保证稳定轧制、板带良好板形和表面质量的极其重要的手段。目前，国内外铝加工厂选用的轧制润滑剂大致有三种：热轧选用的是将水和油乳化成油分布在水中所形成的宏观均匀、两相体系的乳基润滑冷却液；冷连轧选用的是将水相和油相混合成水基两相的润滑冷却液；冷轧和箔轧选用的是油基润滑冷却液。

7.2.9.1　轧制的摩擦特点

从摩擦学观点对金属轧制进行分析，一般认为有如下特点：

（1）轧件和辊面之间有前滑区，后滑区和黏着区，各区内摩擦力方向相同，存在复杂的相对滑动。

（2）摩擦条件复杂，没有统一的理论模型可以借鉴，有的认为可用 $L_d'/h_{平均}$（式中，L_d' 为考虑轧辊压扁的变形区长度，$h_{平均}$ 为轧件的平均厚度）来衡量摩擦的剧烈状态。其值分别为小于 0.3，0.3～1.0，1.0～3.0，3.0～8.0，大于 8.0，其摩擦状态不断加剧。

（3）摩擦按其状态可分为干摩擦、液（流）体摩擦和边界摩擦。因具体轧制过程不同，状态相差很大，大多数轧制处于混合摩擦状态，即处于干摩擦、液体摩擦和边界摩擦的混合过程。

（4）温度影响大。冷轧过程中，强烈的热效应可以使变形区内温度高达 100～200℃，这将明显影响润滑剂的吸附、解吸附性能以及化学反应速度等，从而直接影响润滑剂的润滑效果和老化过程。

（5）存在剩余摩擦。正常咬入条件为 α（咬入角）$>\beta$（摩擦角），而在稳定轧制状态下，$\beta \geq 0.5\alpha$。有差不多一半以上的摩擦是多余的，即剩余摩擦。剩余摩擦不仅增加前滑，而且增加轧制力能消耗，影响最小可轧厚度，产生残余应力和加剧热效应。

图 7-32 所示为斯特贝克（Stribeck）在 1900～1902 年提出的润滑状态曲线。

图 7-32 中的三个区域对应着三种主要润滑状态。在 Ⅰ 区，摩擦表面被连续的润滑油所隔开，油膜的厚度远大于两表面的粗糙度之和，摩擦阻力由润滑油的内摩擦来决定，即为流体动压润滑或者弹性流体动压润滑状态。当两个金属表面的接触压力增大时，或者润滑剂的黏度和滑动速度降低时，润滑剂的油膜变得越来越薄，将出现表面微凸体间的接触，从而进入混合润滑状态 Ⅱ。在这种状态下，载荷的一部分由流体润滑油膜承受，另一部分由接触的表面微凸体承受，摩擦阻力由油膜的剪切和表面微凸体的相互作用来决定。进入到区域 Ⅲ 后，摩擦表面靠得极近，摩擦表面的微凸体之间产生更多的接触，流体动压作用和润滑油的整体流变性能的影响很小，这时主要是受边界润滑剂的薄层特性与固体表面之间相互作用的影响。根据相关资料估计计算，铝的热轧油基本上是处于 Ⅱ 区，一方面温度还没有完全达到形成极压润滑膜的程度，另一方面也无法形成弹性流体润

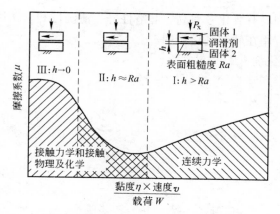

图 7 - 32 Stribeck 曲线及其润滑状态

滑。其摩擦系数为 0.03 ~ 0.10，薄膜厚度为 0.1 ~ 1.0μm。

7.2.9.2 热轧乳液润滑与管理

A 乳液形成原理

铝热轧一般用乳化液进行润滑。乳化液是将水和油乳化成油分布在水中所形成的宏观均匀的两相体系，一般情况下水相是连续相，起冷却作用，油相是分散相，体现和承载了润滑性能。正常情况下，油不溶于水，但在乳化剂的作用下，使油能分散在水中（溶于水），有时乳化液也称可溶性油。乳化剂具有独特的分子结构，其分子一端为亲油基，另一端为亲水基，分别与油水结合形成稳定的油水平衡体系。按照乳化液中分散相所带的电荷性质，乳化剂可以分为阴离子、阳离子和非离子类型。

a 阴离子乳化剂

如羧酸盐类 R - COONa、硫酸盐类 R - OSO$_3$Na、磺酸盐类 R - SO$_3$Na、磷酸盐类 （RO）$_2$PONa 等，如图 7 - 33 所示。

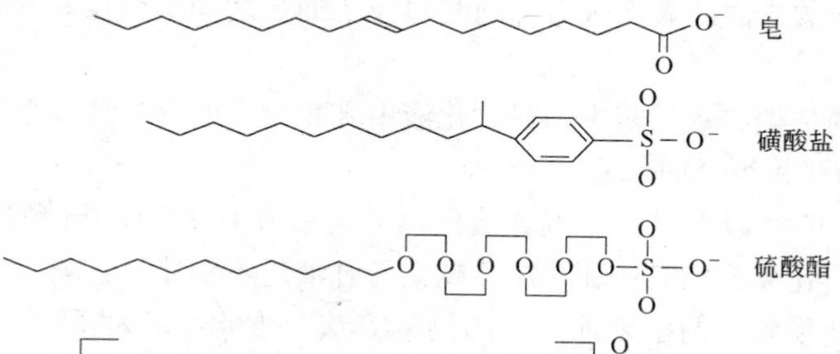

图 7 - 33 几种典型的阴离子乳化剂

阴离子乳化剂具有乳化效率高、润滑性好、清洗性和防锈性强以及破乳容易等特点，广泛地应用在轧制乳化液中。

b 阳离子乳化剂

例如季铵盐类和咪唑等，见图 7 – 34。

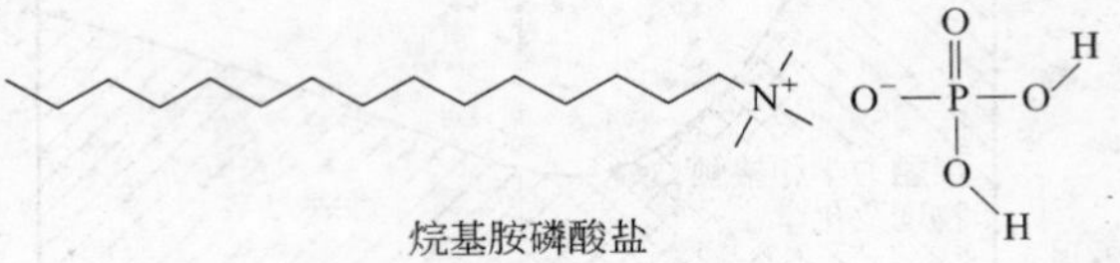

烷基胺磷酸盐

图 7 – 34 阳离子乳化剂举例

阳离子乳化剂具有独特的性能，可以用作分散液（Dispersion）。分散液在一定的 pH 值范围内，乳粒尺寸可以在很大的范围内变化，提供很高的润滑能力。

c 非离子乳化剂

主要是酯类和醚类，例如司本（Span）系列；脂肪酸乙二醇酯 RCOO $(CH_2CH_2O)_nH$；脂肪醇聚氧乙烯醚 RO $(CH_2CH_2O)_nH$；吐温（Tween）系列等，见图 7 – 35。

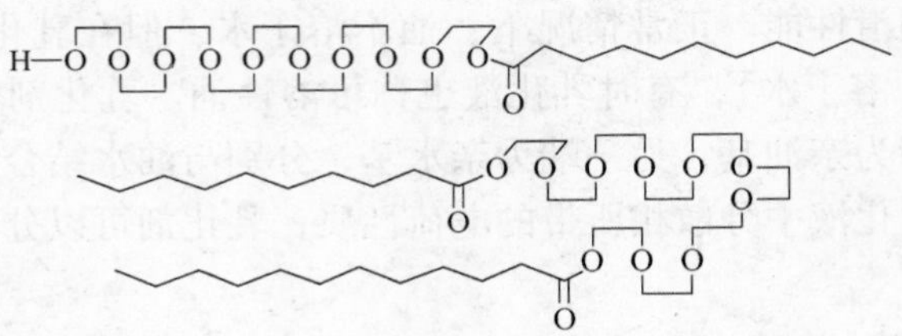

单酯

双酯

图 7 – 35 非离子乳化剂举例

不管是什么种类的乳化剂，它们都分布在油水界面上，可降低油分布在水中形成的大量新的界面的表面张力，同时阻滞了油粒之间的聚集长大，如图 7 – 36 所示。

乳化剂的种类和数量多少，对乳化液中乳粒尺寸的分布具有很大的影响，图 7 – 37 所示为两相组合的尺寸。

从图 7 – 37 可以看出，宏观乳液的尺寸可以在 $0.1 \sim 10\mu m$ 范围内变化，乳粒尺寸越小，乳液越稳定；乳粒尺寸越大，乳液越不稳定。通常用 ESI（乳液稳定指数）来衡量乳液的稳定性。它的测量方法是取 400mL 的乳液，静置一段时间，然后分别取底部和上部的 100mL 检测浓度，用底部 100mL 所测得的浓度除以上部 100mL 浓度所得到的数值即 ESI。显然，如果乳液十分不稳定，在静置过程中，油全部跑到上部，底部所测的浓度为 0，则 ESI 为零；相反，如果乳液十

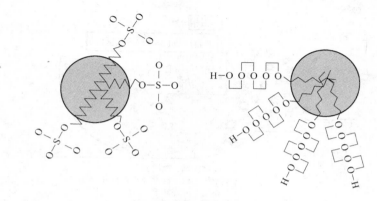

图 7-36 乳化剂在油水界面的分布

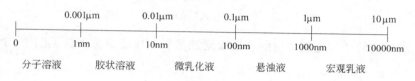

图 7-37 分散相的尺寸

分稳定,在静置过程中,不发生任何变化,底部和上部的浓度相同,两者相除为 1。实际使用的乳液既不会十分稳定,也不会十分不稳定,其 ESI 值为 0~1,应根据具体需要来确定。

B 乳液润滑机制

在轧制过程中,乳液在工作辊和轧制板面间带入咬入区,在咬入区温度作用下,水分蒸发,浓度升高,形成反乳以及最后油析出,在轧辊表面与氧化铝等一起形成润滑膜层(COATING),保护工作辊和防止板面直接接触,实现润滑。能否有效润滑取决于两个因素:第一,油相从乳液中析出的难易程度,油相越容易从乳液中析出,润滑能力越好。油从乳液中析出的难易程度通常称为热分离性。第二,析出形成的润滑膜能否提供足够的保护,这与润滑膜的强度有关。乳液中的油相在咬入后的析出过程如图 7-38 所示。

乳液的热分离性能与乳液中油粒尺寸大小相关,油粒在乳液中的分离速度可以用 Stokes 公式来表示:

$$u = \frac{2Gr^2(d_1 - d_2)}{9\mu}$$

从上式可以看出,乳液中油粒的析出速度与乳粒尺寸大小密切相关,乳粒尺寸越大,油粒分离速度越大。换言之,乳液的 ESI 数值越低,乳液越不稳定,乳液的热分离性能越好,润滑能力越好;反之,乳液的 ESI 数值越高,乳液越稳定,乳液的热分离性能越差,润滑能力越差。

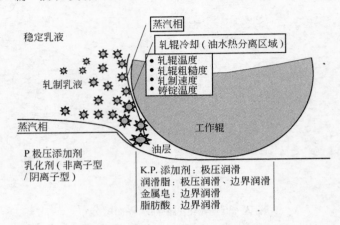

图 7 - 38　乳液在咬入后的油相析出过程

乳液平均粒径与轧制带材的表面吸附油量和相应的摩擦系数见图 7 - 39。

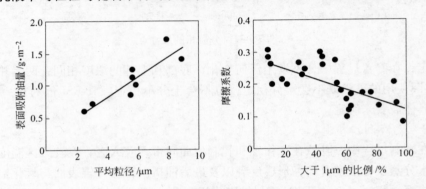

图 7 - 39　乳粒尺寸与润滑性能的关系

　　外部因素对乳液的热分离性能也有突出的影响。轧辊的温度越高，热分离性能越好。所以，在轧制时注意和经常量测工作辊的温度，对了解和稳定轧制有重要的促进作用。例如，良好表面的轧制其工作辊的温度应该至少在 70℃ 以上，对轧制软合金，最好为 80～100℃，而对硬合金，则为 90～100℃。开始轧制时，工作辊温度较低，有的工厂采用事先通蒸汽预热的办法有一定的帮助，也有的工厂开始时采用干轧的办法，但这种办法会使轧辊磨损加剧，影响随后的轧制。较好的做法是先轧制几卷不重要的软合金，待轧辊温度提高，进入稳定轧制后再轧制重要的合金。

　　乳液中的润滑成分主要是溶于油相中，所以，轧制过程中油的分离析出对润滑有重要的影响。铝轧制对润滑的要求如表 7 - 9 所示。从表 7 - 9 可以看出，不同的铝热轧过程对三个润滑过程的要求或实现方法是不同的。对于热粗轧而言，由于板材温度较高，所以主要以极压润滑为主，同时边界润滑也有相当作用；而对于热精轧而言，由于此时板材温度已低，板材变薄，轧制速度增大，所以主要是边界润滑，同时动力润滑也起到一定的作用。对于热粗/精轧而言，则介于两者之间，在开始的道次，极压润滑会起到作用，但在后面的道次，则主要靠边界润滑来提供润滑。

表7-9 铝轧制对润滑的要求

项 目	极压润滑 EP	边界润滑 BL	动力润滑 HL
C. O. F	大	中	小
润滑膜强度	大	中	小
作用原理	化学反应	化学/物理吸附	物理吸附
润滑材料（实现方法）	Cl、S、P	合成润滑脂/脂肪酸金属皂	矿物油
热粗轧	主要	有可能	
热连轧		主要	有可能
热粗/精轧	主要	主要	

表7-9还从作用原理、润滑膜强度、实现方法等几个方面比较了动力润滑、边界润滑和极压润滑的异同。例如极压润滑主要靠含有 Cl、S、P 的物料，但对铝轧制而言，主要是使用含 P 的组分。

极压润滑和边界润滑的实现需要含有极性剂或含有极性集团的分子吸附在铝板表面，通过与表面作用，来隔离轧辊表面与板面直接接触，如图7-40所示。

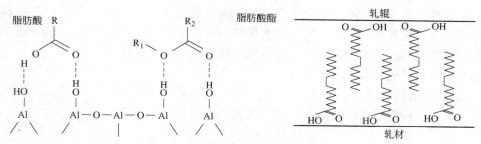

图7-40 铝板表面的极性分子的吸附

在铝轧制油中，含有多种极性分子，能够提供边界润滑。需要指出，以金属铝为主的金属与润滑剂的分子反应，形成的金属皂也具有边界润滑能力，如图7-41所示。

对于动力润滑，它反映的是液体中的分子间的内摩擦力，主要取决于油相的黏度。黏度越高，动力润滑作用越明显，黏度越低，润滑能力越低。

在实际的轧制过程中，乳液中的油析出，在轧辊表面和氧化铝等一起形成的一层细密的润滑膜层（Coating）虽然不太厚，但足以避免轧辊与轧件之间的直接接触。在轧制过程中，如果润滑处于正常的受控状态下，润滑膜层应该是薄而稳定的。但如果润滑控制不好，整个辊面的润滑膜层因为新铝黏附上去会变厚，同时会出现铝微粒变得不稳定而逐渐脱落。这样经无数次的碾压，黏附在辊面上的黏铝层会呈严重条痕，从辊面上

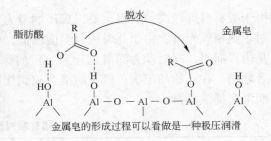

金属皂的形成过程可以看做是一种极压润滑

图 7 – 41　金属皂的形成和润滑作用

脱落的铝微粒在继续轧制的过程中被压入轧件，在轧件表面呈金属压入缺陷。

生产实践表明：选择好轧制润滑剂，正确使用和管理好乳液应是第一位的，清刷辊的功能仅仅是一种辅助措施。

轧制过程中的摩擦热和变形热，有相当一部分被乳液带走，从而对轧辊温度和辊形起到了控制作用。

C　乳化液体系

乳化液是油相分布的宏观均匀的体系，其本质在热力学上是不稳定的，因为油粒聚集长大，减少了表面积，从而降低了体系的自由能，根据公式 $\Delta G = \Delta H - T\Delta S$ 计算，乳液中的油相析出是自发过程，乳液越稳定，油相析出越慢；反之，油相析出越快。但如上所述，乳液越稳定，则热分离性能越差，所以，在乳液稳定性和润滑能力之间，必须建立一个相对平衡。在轧制乳液中一般都使用相对不稳定的乳液。在乳液设计和应用过程中，在某种意义上就是在维持这种相对平衡。这种相对平衡，除与乳化剂相关外，还有其他方面来维持这个平衡，如 pH 值，防止氧化和细菌滋生。另外，水相的引入也会带来另外的冲击，例如防锈问题，也需要引起关注。乳液的乳化体系和润滑问题，在上节中已经做了介绍，这里主要介绍其他方面。

a　乳液的缓冲体系

水是一种极弱的电解质，它能电离出少量的 H^+ 和 OH^-。

$$2H_2O \Longrightarrow 2H^+ + 2OH^-$$

水中，$[H^+]$ 和 $[OH^-]$ 相等且都是 10^{-7} mol/L，两者的乘积是一个常数，用 K_W 来表示

$$K_W = [H^+][OH^-] = 10^{-7} \times 10^{-7} = 10^{-14}$$

在 H^+ 离子浓度较低时，通常用其对数值 pH 来表示。

$$pH = -\lg[H^+] = -\lg 10^{-7} = 7$$

凡是在水中发生的反应，都会体现在 $[H^+]$ 和 $[OH^-]$ 两者的相对浓度会发生变化，但其乘积不变。所以，凡是水基系统要高度重视 pH 值的变化情况，它会体现很多意义。例如，如果一个系统的 pH 值较高，通常会表现出：乳

液相对较为稳定；防锈性能较好；清洗性能较好；抑制细菌的能力较强；热分离性能、润滑性能较差。

体系的 pH 值很容易受外界因素的影响而发生变化，例如在 1L 的纯水中加入 2 滴（约 0.1mL）摩尔浓度为 1 的 HCl 溶液，此时［H^+］是 $0.1 \times 10^{-3} = 10^{-4}$，所以 pH 值就由 7 降到 4，这是不能接受的。为减少受外界因素的影响，乳液中必须设有缓冲体系，将外来冲击的影响降到最低。例如用弱酸及其弱酸的强碱盐可以构成缓冲体系，如醋酸和醋酸钠。

$$NaAc \Longrightarrow Na^+ + Ac^-$$
$$HAc \Longrightarrow H^+ + Ac^-$$

NaAc 完全电离成［Na^+］和［Ac^-］离子。由于大量［Ac^-］离子的存在，使 HAc 的电离程度减小。所以，体系中存在着大量的［Ac^-］和 HAc，如有外来的酸冲击，也就是加入了较多的［H^+］离子，［H^+］离子会和［Ac］结合生成难电离的 HAc 分子，最后形成新的平衡。所以，对原来体系的［H^+］几乎没有影响。如果加入碱，溶液中的［OH^-］会立即与［H^+］反应，生成 H_2O，由于［H^+］的减少，HAc 继续电离，使原来的［H^+］得以恢复，其浓度基本维持不变。对于不同的 pH 值的控制范围，可根据图 7-42 选择缓冲体系。

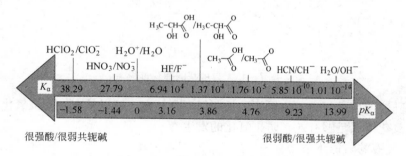

图 7-42 不同的 pH 值范围选择

b 乳液的抗氧化体系

油品的氧化过程如图 7-43 所示。

出现自由基是氧化反应的瓶颈，老化的产物是聚合物和羧酸。所以，体系发生老化的典型体征是酸值增加，pH 值下降和黏度增大。图 7-44 所示是老化发生聚合的过程。

老化反应的机理是链反应机理，即自由基的产生、扩展和终止。防

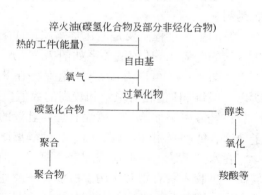

图 7-43 氧化老化过程示意图

止老化的关键是抑制和捕获自由基。通常的 BHT 作用原理如图 7-45 所示。

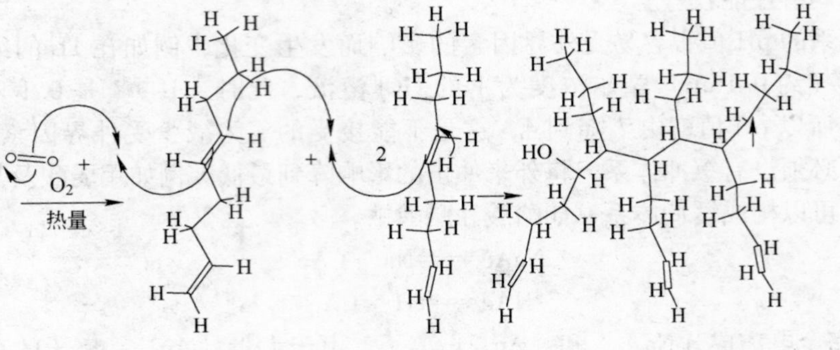

图 7-44　老化聚合过程

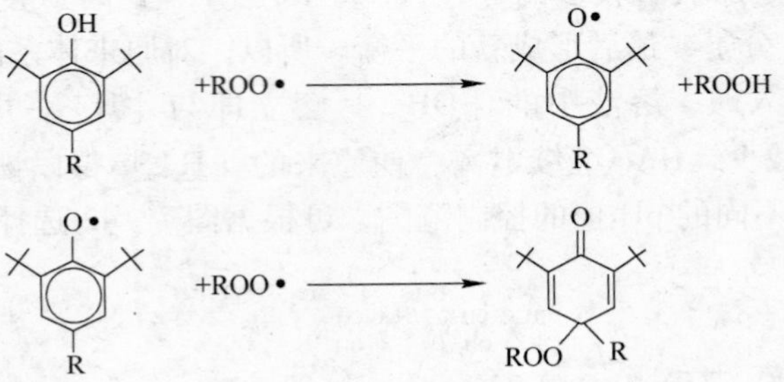

图 7-45　自由基的捕获过程

在乳液使用过程中，如果新油长期得不到补充，可以补充一些抗氧化剂，以保证抗氧化体系足够有效，防止氧化的发生。

c　乳液的防锈体系

乳液分别与黑色金属和有色金属接触，所以，需要区分有色金属和黑色金属防锈剂。

铁的生锈过程主要是电化学腐蚀，如图 7-46 所示。

铁的电势和 pH 值的关系如图 7-47 所示。

从图 7-47 可以看出，pH 值保持在 8 以上时，基本上可以防止铁的锈蚀。所以，保持 pH 值相对稳定和较高的数值，可以有效地减少锈蚀。

在乳液中添加苯并三氮唑有提高乳液的防蚀作用，因苯并三氮唑上有剩余电子轨道，能够吸附在金属表面，起到隔离防蚀的作用，见图 7-48。

在水基系统，一般还添加有杀菌剂，但温度升高也能控制细菌的滋生，而对轧制促进咬入具有重要作用。所以，一般通过提高温度改善咬入，也能够抑制细菌滋生。因此，不必向水基产品添加杀菌剂。

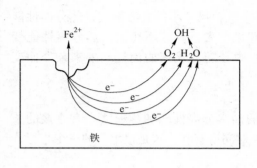

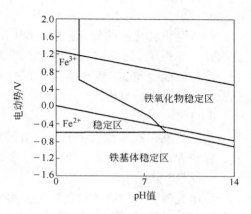

图 7 - 46 金属表面的电化学腐蚀过程 　　 图 7 - 47 铁的电势和 pH 值之间的关系

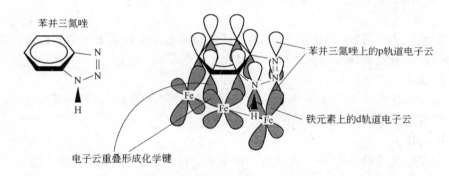

图 7 - 48 苯并三氮唑的防锈原理

通常水基系统也有泡沫问题，但这个问题主要发生在配液初期，随着系统中金属皂等的建立，泡沫问题会大幅减少。因此，泡沫问题不是铝轧制油的主要问题。

D 热轧乳液的化学控制指标

a 浓度

这是指采用破乳的方法，油水分离后的乳化液的纯油含量。轧制油的大多数润滑有效成分都含在油相中，所以要对浓度进行连续的检测，并保证浓度在合适的范围内。但无法区别乳制油和杂油。

b 疏水黏度

破乳后乳液中纯油相的动力黏度，一般在 40℃ 条件下检测。这是保证润滑能力的重要因素之一，对咬入和轧制的稳定进行很重要。通过日常检测及早发现问题（如液压油的泄漏）。

c ESI

间接衡量乳化液的分离性能。ESI 高，乳粒尺寸小，乳液稳定，热分离性能变差，冷却性能好；反之，ESI 小，乳粒尺寸大，乳液不稳定，热分离性能变好，冷却性能变差。ESI 在实际使用过程中会随乳化剂的消耗和外来杂油而变化，定期检查十分重要。

d PSD

这是指乳化液颗粒大小分布。乳液的油水分离性能和颗粒大小有直接的关系，颗粒大，热分离性好，油分离得多，对润滑有利。这是很重要的一个指标。

e FTIR 分析

显示乳液中各种有效的化学成分的含量高低，通过检测，可以对消耗较快的成分进行及时的补充，使乳液始终处于较好的状态。TE，是其中总酯的表示（边界润滑）；UA，非结合酸（边界润滑）；EL/EE，代表乳化成分（乳液松紧）；OS 代表有机皂（pH 值和润湿性能等）。

f 灰分

定量检测乳液被污染的程度，确定被金属屑末、金属离子污染的程度；通过检测过滤以及及时撇油等操作可大大减缓上升的势头。

g ICP

定性分析乳液的污染状况（各种元素的种类和含量），确定污染来自何处，有针对性地找出问题并采取措施。

h pH 值

这是指乳液的酸碱性，乳化液在一定的 pH 值条件下，发挥最佳功效；pH 值能反映很多信息，如突然下降可能是由于外部的酸污染或细菌的突然滋生，此外，pH 值的大小还受水质影响。pH 值变化对乳液的稳定性、润滑和冷却都有直接的影响。

i 电导率

它反映乳液中离子的含量，离子含量越多，电导率越高。

E 热轧乳液的物理控制指标

a 温度

温度一般控制在 55 ~ 65℃。一方面，可以保证良好的轧制特性；另一方面，也可以防止细菌滋生。一般说来，降低乳液的温度，会增加乳化的稳定性；乳液温度增高，则会降低乳液的稳定性。

b 过滤

过滤的目的是将轧制过程中产生的部分金属屑末过滤掉。要常检查过滤器的运行状态，更换新乳液或更换过滤纸要进行测试，因为，过滤纸可能会和乳液中的某些成分反应。通过灰分和电导率的检查，可以考察过滤器工作是否有效。

c　撇油

目的是使杂油降低到最少。可采用不同形式的撇油器，并经常检查是否工作良好，在黏度检测中，如发现异常，要注意检查撇油装置是否工作有效。

d　循环

乳液能否稳定运行，乳液能否保持好的颗粒分布，都与循环有直接的关系。

e　细菌控制

轧制油含有有机物，为细菌的滋生提供了充分的养料。在环境适宜时，细菌会很快滋生。所以，要有效地进行检测，可采用加热、提高 pH 值、添加杀菌剂等手段，但不提倡使用杀菌剂（一般乳液中不包含杀菌剂）。

F　新型热轧乳液的选用

热轧乳液的选用涉及多个因素，都会影响到所选乳液的参数。例如，不同系统的机械剪切强度不同，则所选乳液的稳定性也应该不同。衡量机械剪切强度用乳液槽体积除以泵的每分钟流量，一般称为循环时间。循环时间越短，机械剪切强度越大，反之亦然。例如，一个系统是 200m³，其泵的流量是 5000L，循环时间为 40min。一般情况下，循环时间为 15～30min 为正常，如果循环时间大于30min，由于此时机械剪切力很小，所提供的乳液应该相对较为稳定，反之，如果循环时间小于30min，机械剪切力较大，此时所提供的乳液的稳定性应该相对较小。

选用热轧乳液最重要的是区分粗轧和精轧。因为粗轧和精轧对润滑的要求有很大的不同，表 7-10 所示为热粗轧和热精轧对润滑的不同要求。

表 7-10　热粗轧和热精轧对润滑的不同要求

项　目	热粗轧	热精轧
轧制过程比较		
工作辊粗糙度	高	低
轧制接触角	大	小
出口温度	高	低
轧制速度	低	高
工作辊温度	容易保持	需要控制
所用乳液的特点		
乳液稳定性	高	低
所用浓度	低	高
所产生的摩擦系数	高	低
承载能力	不重要	重要
边界润滑添加剂	低	高
对热分离性的要求	高	低
极压添加剂	高	低

由于粗轧和精轧对润滑的要求截然不同，所以，用于粗轧和精轧的产品也会存在较大差别。表7-11列出好富顿用于热粗轧的新型产品的基本参数。

表7-11 好富顿热粗轧用新型乳液的基本参数

指 标	参 数
浓度/%	2~4
pH 值	7.5~8.5
使用温度/℃	45~55
ESI（乳液稳定指数）	0.8~0.95
密度/g·cm^{-3}	0.87~0.98
疏水黏度/mm^2·s^{-1}	35~45
细菌滋生	<1000000
平均油粒尺寸/μm	1~2
过滤要求/μm	5~20
配液水质要求/μs·cm^{-1}	<50
循环时间/min	15~30
压力/MPa	0.2~0.6
FTIR（润滑组分/TE, EE, OS, UA）	根据具体轧机优化确定

该新型乳液的特点是：

（1）使用有效的极压润滑剂，适应粗轧轧辊温度高的特点。

（2）含有较高润湿剂，轧制板面均匀，富有金属光泽。

（3）乳液设计较为稳定，适应粗轧对冷却的要求。

（4）黏度设定适中偏低，适应粗轧需要，改善咬入。

（5）使用多功能添加剂。一方面，促进乳化，减小油粒尺寸，咬入性能好；另一方面，补偿边界润滑，较好地解决了润滑和咬入的问题。

（6）对润滑成分直接进行 FTIR 测量，从而可根据具体轧机和合金对润滑优化微调。

（7）乳液使用寿命长，维护简单。

表7-12列出用于精轧的好富顿新型乳液的性能指标。

表7-12 好富顿热精轧用新型乳液的基本参数

指 标	参 数
浓度/%	5.0~7.0
pH 值	7.4~8.4
密度/g·cm^{-3}	0.80~0.90
使用温度/℃	45~55
ESI（乳液稳定指数）	0.7~0.9

指　标	参　数
疏水黏度/mm^2 · s^{-1}	55 ~ 65
细菌滋生	< 1000000
平均油粒尺寸/μm	2.5 ~ 3.5
介质使用温度/℃	45 ~ 55
过滤要求/μm	5 ~ 20
配液水质/μs · cm^{-1}	< 30
循环时间/min	15 ~ 30
压力/MPa	0.2 ~ 0.6
FTIR（润滑组分/TE，EE，OS，UA）	选择

好富顿公司新型乳液的特点是：

（1）使用大量多种类、高活性的边界润滑剂，适应热精轧阶段以边界润滑为主的润滑特点。

（2）乳液设计得较松（ESI 数值低），油粒尺寸较大，以满足精轧所需的润滑要求。

（3）疏水黏度较高，适应精轧时轧制速度较快的特点，充分发挥动力润滑作用，促进润滑和降低摩擦系数。

（4）所使用的润滑脂活性高，热稳定性好，在高温下仍具有优异的吸附能力，以保证边界润滑的实现。

（5）含有较高润湿剂，轧制板面均匀，富有金属光泽。

（6）含有乳液自净化成分，有效去除轧制过程中所产生的铝粉等杂质，保证轧制质量稳定可靠。

（7）对润滑成分直接进行 FTIR 测量，从而可根据具体轧机和合金对润滑优化微调。

（8）乳液使用寿命长，维护简单。

需要指出的是，单机架轧机兼具粗轧和精轧的特点，在开始几个道次主要类似于粗轧，要解决咬入问题；而在后续几个道次，特别是卷曲道次，则具有精轧的特点，需要关注表面质量。所以，在乳液选择上需要兼顾粗轧和精轧的特点，性能指标介于二者之间。

G　热轧乳液的维护管理

热轧乳液的维护涉及物理和化学控制两个方面。

a　物理控制方面

物理控制方面主要指温度控制、循环、过滤和撇油。

（1）温度控制。如前所述，温度升高，黏度降低，能够改善咬入；同时，在开始轧制时工作辊温度较低，如果乳液温度较高，能够增加热分离性能，增加润滑，使开始阶段的轧制质量不至于太差，从乳液本身而言，温度升高，热分离性能增强，图7-49所示是乳液温度变化对乳液热分离性能的影响。

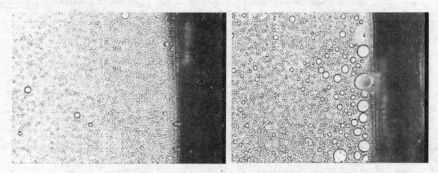

图7-49 乳液温度变化对乳液热分离性能的影响

如上所述，轧制油温度一般应保持在55~65℃，在这个温度范围内，也能够抑制细菌的滋生。

（2）循环。为保证润滑能力，轧制油通常设计成不稳定的乳液，这就要求在实际维护过程中，不断保持循环，通过接触机械方面的力量，防止油相的析出。所以，乳液除能够通过喷嘴正常轧制时的循环外，在轧制油系统中应该有单独的循环系统，以保证在不轧制时或其他必要时，能够进行循环。

（3）过滤和撇油。在轧制过程中，几乎所有的脏污都最后集中到轧制油中。如图7-50所示，随着轧制的进行，乳液的灰分不断增加，所以要维持乳液的长期稳定的工作，就需要将进入乳液的脏污及时去除，达到进入和去除的平衡，从而延长乳液的使用。去除的方法主要是过滤、撇油和部分排放。

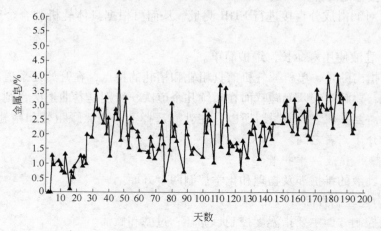

图7-50 随着使用的进行金属皂不断增长

过滤纸一般选用100%聚酯，不含外来物质，以防对乳液造成不良影响。其规格一般是 60~140g/m²。过滤机要有足够的流量，过滤泵的流量应该比去乳液的泵的流量大，以保证乳液净液箱的液位总是高于脏液箱，将浮油溢流回脏液箱中。实验表明，乳液中的浮油含有大量的铝粉等金属粉粒或金属皂，所以，应及时除去。撇油机有悬浮式和皮带式两种，前者的优点在于一次可以较大幅度地撇油，特别是在配有吹聚装置时；而后者可以连续不断地工作。在乳液的灰分居高不下时，也可考虑部分排放。它的优点不仅是非常有效，而且能够始终保持乳液的平衡。

b 化学控制方面

乳液在化学方面的维护涉及 pH 值、浓度、疏水黏度、乳液组分和灰分的定量定性分析。相关的测试频率、指标含义以及建议的措施，如表 7-13 所示。

表 7-13 铝热轧乳液的管理项目

检测项目	检测频率	指标含义	超标对策
pH 值	每班	反映体系的综合平衡，引起 pH 值降低的原因可能有：（1）细菌滋生；（2）氧化；（3）配液水质等；体系的 pH 值极少升高，除非有外来影响（如清洗剂等碱性物质泄漏或过滤纸中含有碱性物质）	低于控制下限，查明原因，加入 pH 值调整剂； 高于控制上限，如果不影响轧制，可以继续轧制
浓度	每班	乳液浓度是润滑和添加剂的前提，但如有泄漏，虽然名义浓度没有变化，但有效浓度降低	低于下限：补充原油，提高浓度； 高于上限：不影响轧制时，继续轧制
黏度	2 次/周	氧化会使黏度增加，但更常见的是液压油、齿轮油和轴承油的泄漏，促使黏度增加	防止泄漏；使用兼容液压油；部分排放；使用低黏度产品
乳液组分	每天	乳液中有多种不同的润滑组分，其消耗速率不同，不同铝合金对轧制润滑的要求也有差异，可用 FTIR 直接测量相关组分	根据检测和轧制结果，可用相关添加剂进行调整
灰分	每周	衡量乳液脏污的程度，它实际上是其中金属离子的总和。通常不是乳液本身的问题，而是轧制质量要求问题，对于使用去离子水的，通常不高于 800×10^{-6}	高于上限：加强过滤、撇油或进行部分排放
ICP	每 3 个月	ICP 是灰分的进一步定性分析，确定让乳液变脏的元素，其数值通常会提示去检查系统是否工作正常。例如，如果有过高的 Fe，考虑是否冲刷太强或有锈；如果同时 C、Cr 也较高，提示是否润滑不够，造成轧辊过度磨损	根据检测结果，有针对性地进行复核

H　热轧无皂乳液技术探讨

1995 年，奎克公司和美国 REYNOLDS/WISE 公司联合研发热轧无皂乳液，在多年的生产试验和推广过程中，证明无皂乳液有其自己的技术特点，但也暴露了一个关键的、尚需解决的技术问题。

a　无皂乳液技术特点

（1）优异的热氧化稳定性。无皂乳液可克服传统皂基乳液在辊缝区中发生热氧化高聚导致油膜破裂而对辊缝区最大长度（即每个机架或每个道次最大压下量）所造成的限制。可容许大幅度增大最大压下量。传统皂基乳液热氧化特性在 160℃大量氧化发生，并高聚。无皂乳液热氧化特性在 220℃才发生氧化，也不发生高聚。

（2）辊缝区内油膜快速增厚特性。辊缝区内油膜快速增厚可使轧辊与铝板表面达到最佳分离。随着压下量增大，辊缝区长度增加，油膜成长的时间会加长，这样就会提供更好的润滑，保证高压下量、高轧制速度下的产品表面质量。

（3）对软、硬不同合金的兼适性。无皂乳液的工作原理是靠乳液本身独特的成膜和油膜增厚特性达到润滑要求。它不依赖于轧制过程中所形成的各种皂（包括金属皂、三乙醇胺皂、脂肪酸皂等）提供轧制润滑，因而对于轧制的合金无选择性，具有长期稳定性的优势。

（4）保持不变的乳液颗粒度。皂基乳液的润滑机理是通过控制各类金属皂含量及乳液颗粒度的大小来完成的。这种控制的稳定性会受到相关要素和人为因素的影响。无皂乳液保持不变的乳液颗粒度，可保证乳液润滑和冷却性能的长期稳定。

（5）独特的"温度开关"效应。无皂乳液的使用温度范围为室温至 75℃，在这一使用温度范围内，不受任何乳液本身因素的限制，其乳液性能一致。皂基乳液的使用温度通常在 60℃以上。

（6）无菌及生物活性的影响。皂基乳液的使用温度在 60℃以上的原因之一是控制菌类及生物活性滋生，而无皂乳液在长期使用过程中无菌及生物活性的影响。

（7）使用维护简单。上述特性使其无皂乳液不存在各类皂的生成与积累，也不存在由于热氧化高聚而导致的乳液黏度增大及冷却、润滑性能的变化，更不存在菌类及生物活性滋生、繁殖的影响，因此使用维护简单。

b　一个关键技术问题

尽管无皂乳液和传统的皂基乳液相比，有其本身的技术特点，但由于一个关键性的技术问题尚未解决，影响了它在实际生产中的效果，产品表面质量相对差一些，因而限制了进一步的推广和应用。

这里所说的关键技术问题所指的是在铝板带轧制过程中产生的铝粉和刷辊清刷轧辊辊面而掉下的铝粉都会流入循环的乳液中。对于皂基乳液中的铝粉可以利用与 UA（非结合酸）反应有效去除。因为 UA 是主要润滑成分之一，UA 本身有润滑功能，它还可与金属铝粉反应形成金属皂，也有润滑作用，所以能够在轧铝过程中得到广泛应用。然而无皂乳液没有上述功能，金属铝粉仅仅通过乳液过滤设备很难达到皂基乳液去除金属铝粉的效果，使轧制的铝板带表面比皂基乳液轧制的铝板带表面要差一些。虽然无皂乳液目前还难以保证铝板带轧制的要求，但无酸无皂乳液作为钢轧制油至少有五六十年的历史了，因为钢轧制时，铁粉有磁性可通过磁过滤的方式去除。因此，作者认为，无皂乳液如何解决去除金属铝粉的问题仍然是一个值得研究的带有方向性的课题。

I　高脂低酸热轧乳液

在皂基乳液中，如果 UA 高，金属皂也就高，则会带来一些不利影响，因为金属皂太多，容易造成板面脏，故需利用其有利一面而限制其不利一面。目前，已经开始研究和开发高脂低酸（称 HELA）热轧乳液。其方向是将 UA 含量由通常的15% ~ 20%，降低到3% ~ 5%，换言之，主要利用合成润滑脂进行润滑，UA 已经基本上不再发挥润滑能力，只是保留去除铝粉的功能。这样，采用高脂低酸热轧乳液，无疑在保留皂基乳液本身的技术特点基础上，又综合了无皂乳液的一些技术特点。

7.2.9.3　冷连轧水基润滑与管理

水基润滑是专利技术，因此只能给读者提供一个最基本的认识。

A　基本概念

冷连轧选用的水基两相润滑冷却液中的两相是水相（水 + 残存油 + 聚合物）和油相（基础油 + 添加剂）。它的基本功能是冷却工作辊和支撑辊、界面润滑和稳定轧制，保证轧制中心线保持不变。在正常轧制过程中产生的效果是：

（1）能够迅速地带走轧辊中的热量。

（2）提供足够的润滑，防止粘铝等表面质量问题和轧辊过快磨损。

（3）控制摩擦力，预防轧辊打滑。

（4）带材表面清洁。

（5）保持轧辊清洁。

（6）保证允许的防火标准。

（7）保证允许的腐蚀标准。

水基两相润滑冷却液与热轧乳液比较，主要的特征区别是：

（1）热轧乳液将水和油乳化成油分布在水中形成的宏观均匀的两相体系，水剂两相冷却液中的油以分散的极微小的油滴作为第二相存在。

（2）相对乳液而言，水相更能带走大量的热（但热轧用乳液应该是边界润滑机理形成的油膜更具有抗压作用）。

（3）分散对乳化而言，油更容易分离。特有的在线分离、过滤、酸破工艺必须具备；也能达到更好的净化两相。

（4）在轧制过程中，由于具有独特的两相在线连续混合、分离、过滤、酸破工艺，水剂两相冷却液的最佳功能不需要过渡期，也不存在失效期。新乳液达到最佳功能水平需要有一段生产运行时间；乳液会因管理不善或轧机本体漏油而腐败。

（5）废油可以处理利用，减少浪费。

冷轧水基两相润滑冷却液与冷轧油基润滑冷却液比较，主要的特征区别是：

（1）冷轧水基是两相混合润滑冷却液，冷轧油基是单相润滑冷却液。

（2）相对油基而言，水基更能带走大量的热，控制板带板形的功能更强。

（3）相对油基而言，生产的品种多，可以生产 2×××系和 7×××系合金。

（4）相对油基而言，板带表面和设备的清洁度更好（但油基润滑的板带表面光亮度要好）。

（5）相对油基而言，设备的防火功能更好。

B　两相分离

水基两相润滑冷却液分离的机理首先是自然分离，然后是添加聚合物分离。从整个分离过程中的效果看，水相和油相不可能做到 100% 的分离，总是会有一相的极少量存在于另一相中。在工厂对于水剂两相润滑冷却液的管理重点是研究并测定本体相（水相）中存在的极少量油。含油量的测定方法是测定本体相的浊度（单位用 NTUs 表示）。浊度是在本体中分离出的油离子量。本体中大约 1% 的油与 1000NTUs 相当。

C　本体相过滤

本体相过滤装置有多个过滤器，每个过滤器有规定数量的孔件，并具有设计的处理能力。它主要过滤从轧机冷却液带来的污垢；也有一些是进入分离箱中的小的外来物质。

D　本体相的化学性能

本体相的化学性能就是本体相的 pH 值和电导率。在分离工序中，pH 值下降（酸度增大），电导率增大。对于经过过滤后的本体相，都必须对其 pH 值和电导率进行监控和调整，以确保两相在线混合的冷却液在重新进入分离箱后能够正常分离，这一点极其重要。

E　本体相的温度

本体相的温度决定了冷却液的温度，冷却液的最佳温度控制在特定的范围内。如果冷却液太热，不仅热量无法充分带走，而且会使带材表面出现热纹或其他质量问题。如果冷却液太冷，导致两相密度差缩小，不利于分离。

F 油相的过滤

油相过滤装置的工作特点与本体相的过滤基本类似，有多个过滤器，每个过滤器有规定数量的孔件，并具有设计的处理能力。它主要过滤从轧机冷却液带来的污垢；也有一些是进入分离箱中的小的外来物质；还有一定比例的在油相中产生的金属皂。

G 油相的总量和添加剂

油相的总量必须进行监测，并且保证匹配的各种物料箱都维持在正常的液位水平，这样也可以减少不必要的浪费。油相的总量添加是经过补充系统完成的。补充系统也要测定添加剂含量。

H 两相混合

经过过滤和处理的本体相和油相混合后被送到轧机，为了保证轧辊的正常散热和润滑，两相必须按照正确的比例混合和按照正确的压力送到轧机。轧机的5个机架都设置有混合站。

关于本体相和油相混合的静态混合器结构和工作原理，混合流体如何形成完全散射、完全均匀、极微小的细滴，本书不做介绍。

I 酸破工艺

经过滤的油，部分需要进行酸破。用去离子水，硫酸和过滤的油混合，提升到规定的温度后产生化学反应，达到去除悬浮在油中污垢的效果。其具体操作的方法，本书不做介绍。

7.2.9.4 冷轧、箔轧油基润滑

铝板带冷轧、箔轧采用油基润滑是通用的方式，对其全油工艺润滑油的基本要求是：优良的润滑性能、可靠的油膜连续性、良好的冷却性、良好的挥发性、良好的清洗性、较高的闪点、长期使用的稳定性和安全性。

冷轧、箔轧轧制润滑油由基础油和添加剂组成，基础油占油品总质量的90%以上。基础油中各种组成物质含量的高低是区分基础油档次的重要指标；其能否具有优异的理化性能和使用性能，将对轧制产品的质量产生直接影响。目前市场上铝板带轧制油的溶剂油、添加剂的理化性能见表7-14和表7-15。

表 7-14 铝冷轧常用溶剂油的性能比较

性能指标	国内		ESSO		EXXO	MOBIL
	SO-1	SO-3	S34	S35	D100	Genrenx56
密度(20℃)/g·cm^{-3}	0.81	0.80	0.81	0.82	0.81	0.84
黏度(40℃)/mm^2·s^{-1}	1.79	2.03	2.40	2.70	2.29	1.74
闪点(闭口)/℃	80	90	106	95	100	85

性 能 指 标	国内		ESSO		EXXO	MOBIL
	SO – 1	SO – 3	S34	S35	D100	Genrenx56
酸值/mgKOH · g^{-1}	<0.01	<0.01			<0.1	
溴价/gBr^2 · (100g)$^{-1}$	<0.1	<0.1			0	
馏程/℃	198~260	223~261	235~265	220~280	215~255	215~255
硫含量/%	1.0×10^{-4}	1.0×10^{-4}	5.0×10^{-4}	7.0×10^{-4}	3.0×10^{-4}	3.0×10^{-4}
芳烃含量/%	1.0	1.0	1.0	1.0	1.0	1.0
用　途	带	板、带	板、带	板	板	板、带

表 7 – 15　常用的铝冷轧添加剂的比较

牌　号	类　型	黏度（40℃）/mm^2 · s^{-1}	凝固点/℃	用量、用途	生产厂家
FA	醇型		17~23	板带 1%~5%	MOBIL
E	酯型		13~17	箔 1%	MOBIL
WYROL 10	酯型	3.08	8	箔 4%	ESSO
WYROL 12	醇酯型	8.37	17	板带 17%	ESSO
AZ	醇酯型	9.20	20	板 5%	EXON
AS	酯型			箔 3%~5%	EXON

A　冷轧、箔轧轧制基础油的物质组成分析

冷轧、箔轧轧制基础油一般由链烷烃（正构烷烃和异构）、环烷烃、芳香烃以及少量稀烃和硫、氮、氧等非烃类化合物组成。其中，芳烃含量和硫含量的高低最重要。

a　芳烃含量

芳烃含量在医学上被怀疑具有致癌性，因此冷轧、箔轧轧制油中其含量受到限制。因为在油品长期使用中，芳烃不断被氧化生成胶质，尤其是在退火工艺中，因其不能完全燃烧，易炭化沉积，附着在铝板、带、箔表面形成油斑，严重影响产品表面质量。

目前，国内外轧制基础油朝低芳烃组成方向发展，从 ESSO 公司生产的三代 SOMENTOR 系列中的芳烃含量的变化可以发现这一事实。芳烃含量第一代是 10.0%，第二代是 1.0%~5.0%，今后发展的目标是 0.1%~0.5%。

b　硫含量

硫含量是油品中硫元素的含量，硫对金属有腐蚀性，故应控制其金属加工油品中的含量。和芳烃一样，目前，国内外轧制基础油朝低硫组成方向发展，从 ESSO 公司生产的三代 SOMENTOR 系列中的硫含量的变化可以发现这一事实。硫含量（×10^{-4}%）第一代是不控制，第二代是 5.0×10^{-4}%，今后发展的目标是 (3~4)×10^{-4}%。

B 冷轧、箔轧轧制基础油的理化性能分析

冷轧、箔轧轧制基础油的理化性能主要包括密度、黏度、表面张力和酸值等。

a 密度

密度是指在规定的温度下，占有单位体积的液体物质的质量，是区分烃类油品结构的一个实质性参数。以碳氢化合物为主的冷轧、箔轧轧制基础油的密度，随其相对分子质量的增加而增加；此外，密度与其物质结构也有关系。

一般基础油的密度是在20℃时测定的，即密度（20℃）。

b 黏度

黏度的高低反映了流体流动阻力的大小，实际上取决于分子间的相互作用。分子间相互吸引力越强，分子的移动阻力越大，在轧制油中起作用的分子间力是范德华力，这种力可以决定轧制油的黏度。一般，基础油的黏度随烃链增长、相对分子质量增加而增加，随温度升高而减小。碳素相同时，直链烷烃的黏度明显低于环烷烃；环烷烃愈大，黏度也愈大。链烷烃的黏温性优于环烷烃。

黏度作为轧制油的一个重要性能指标，直接影响到轧制变形区的油膜强度，即轧制油的润滑性能。此外轧制油的黏度还影响轧后产品的表面质量。黏度太高，既不利于轧制，又易加重褐斑生成，产品表面粗糙度变差；黏度太低，即油太稀，易从变形区挤出，形成的油膜太薄，润滑性能差，会造成轧制力增大，严重时还会造成轧辊辊面黏铝。

基础油黏度一般是在40℃时测定的，即黏度（40℃）。

c 表面张力

表面张力影响轧制油在轧辊和轧件表面的润湿和展开，对轧制油泡沫倾向性也有较大影响。表面张力小有利于提高轧制油的润湿性能。

在实际生产中，基础油的表面张力控制在40MN/m以下。

d 酸值

酸值是表示油品中有机酸总含量的多少，即中和每克基础油中有机酸所需氢氧化钾的毫克数。有机酸总含量越高，基础油的酸值越高。同时，酸值的高低反映了油品生产的精制程度：精制程度越高，酸值就越低。由于油品中有机酸的存在，易对金属造成腐蚀，特别是油品中含有水分时，这种腐蚀作用更加显著。

在实际生产中，基础油的酸值控制在0.03mgKOH/g以下。

C 冷轧，箔轧轧制基础油的使用性能分析

冷轧、箔轧轧制基础油的使用性能主要包括油膜强度、退火性能和安全性能。

a 油膜强度

油膜强度，即最大无卡咬负荷，是反映润滑轴承载能力的一个重要参数。如果润滑轴在金属表面所形成的吸附膜能够承受大于金属屈服极限的压力，就能防止金属之间的直接接触，可保持良好的润滑状态，有利于稳定生产并得到光洁的加工表面。

在实际生产中，冷轧、箔轧轧制基础油油膜强度控制在 127N 以上。

b 退火性能

冷轧、箔轧轧制后的产品大多数需要进行退火处理，根据用户对产品各种性能的要求，其退火温度的选择范围是 300 ~ 530℃。轧制后的铝板带在其退火温度下，残留在表面的工艺润滑油会发生分解、裂化、聚合及氧化反应，生成树脂状物质，并且沉积在铝板带表面，称为油斑。如果基础油的碳链长、终馏点高、黏度大、芳烃和硫含量高，则形成的污斑会更严重。不同类型的基础油退火清洁度见表 7 - 16。

表 7 - 16 不同类型的基础油退火清洁度

油 品	黏度 /mm² · s⁻¹	闪点(闭口)/℃	酸值 /mgKOH · g⁻¹	芳烃 /%	硫分 /%	馏程/℃			退火清洁度(等级)
						初点	50%	终点	
正构烷烃	2.21×10^4	100	0	1.0	5×10^{-4}	222	240	264	2.3
饱和烷烃	2.29×10^4	100	0	1.2	5×10^{-4}	225	242	267	4
煤油	2.40×10^4	100	0	15.7	153×10^{-4}	230	246	276	5.6

从表 7 - 16 可以看出：

（1）硫分愈多，则生成退火油斑的倾向性也愈大；

（2）硫分相同时，正构烷烃生成退火油斑的倾向性最小，饱和烷烃次之，煤油最大；

（3）随着芳烃含量增加，退火清洁性变坏；

（4）黏度大，易产生退火油斑。

为了防止轧板带表面、铝箔表面在退火处理时产生污斑，除了保证良好的润滑条件外，现代装备设计还有多种类似的先进技术。一方面，在冷轧机现代技术中，已经开发了含油空气洗涤系统，轧后的板带表面的含油量可得到有效的控制；另一方面，在退火炉的总体设计中，也已开发了炉内保护性气体退火和炉内真空退火技术。

在实际生产中，冷轧、箔轧轧制基础油的退火性能要求在 Ⅱ 级以内。

c 氧化安定性

在环境中存放的油品容易氧化变质，此时常伴随着酸值的提高。故酸值是否容易变化也是衡量油品使用过程中老化变质的一项重要指标。评价基础油的氧化安定性可以通过专门的试验测定。不同类型的基础油的氧化安定性试验结果见表 7 - 17。

表 7 - 17 不同类型的基础油的氧化安定性

油 品	原始状态		氧化 48 小时后	
	酸值/mgKOH · g^{-1}	退火清洁度（等级）	酸值/mgKOH · g^{-1}	退火清洁度（等级）
正构烷烃	0	2 ~ 3	0	3 ~ 4
饱和烷烃	0.05	3 ~ 4	0.24	3 ~ 4
煤油	0.17	2	1.73	4

从表 7 - 17 可以看出：氧化安定性最好的是正构烷烃，其次是饱和烷烃，煤油较差。实际生产中，可添加抗氧化剂来解决油品的氧化安定性问题。基于油品氧化的机理是生成氧化基（ROO）后沿碳链发生连锁性氧化反应，所以抑制氧化的有效方法是分解过氧化物，以终止链的反应，或者在过氧化物形成后破坏与其碳链发生氧化反应。因此，抗氧化剂一般分为两类：一类是链反应终止剂，常用的有酚类和胺类等；另一类是过氧化物分解剂，常用的有二烷基二硫代磷酸盐等。

d 安全性能

安全性能主要是指在生产过程中，因基础油某一性能不良而可能引发轧机火灾。基础油涉及这一安全性能的有馏程、闪点、热稳定性。

（1）馏程。馏程是指在原油提炼过程中选取基础油的蒸馏温度宽度，即从初馏点到终馏点的范围。初馏点反映轧制油的使用安全性，较低初馏点的油品易在轧制过程中引发火灾，工业上要求基础油的初馏点高于 200℃；终馏点反映轧制油使用过程中的清洁性，终馏点太高，退火时易在板、带、箔表面形成污斑。所以基础油的终馏点应低于 300℃。

另外，基础油除对馏程有严格的要求之外，对馏程的宽度也有要求，一般为30 ~ 40℃。总的来说，应越窄越好。

（2）闪点。当基础油达到某温度时，基础油蒸气的周围空气和混合气一旦与火焰接触，即发生闪火现象，最低的闪火温度，称为闪点。闪点是油品安全性能的主要指标，是出现火灾危险的最低温度。馏分的组成越轻，油品的闪点越低，火灾危险则越大。工业上要求基础油的闭口闪点高于 80℃。

（3）热稳定性。热稳定性是评价油品耐热性能的重要指标。它决定润滑油的使用寿命、高温性能和是否容易变质等性能。若油品起始热解温度太低，则轧制时易引起油品起火，存在严重的安全隐患；结束挥发热解温度则可反映油品的清洁性能。热稳定性好即表示在加热过程中，应主要以挥发为主或几乎完全热解，不易氧化变质。故基础油在含氧环境中的热稳定性非常重要。

D 冷轧、箔轧轧制基础油添加剂

在冷轧、箔轧轧制过程中，为了获得合适的摩擦系数以及较高的油膜强度，通常要在基础油中加入添加剂。希望在使用过程中，通过润滑油吸附作用和摩擦化学作用，在金属加工表面形成一层保护膜，从而获得较好的润滑效果和较高质量的加工表面。

复配后的油品在能够保证同样润滑能力的前提下，使用较低的浓度，则可以带来下列益处：

（1）降低在板面的残留；

（2）提高板面清洁度；

（3）增强冷却能力，提高轧制速度；

（4）降低消耗。

在使用特别添加剂后，可以将原来的使用浓度降低30%~50%。与传统轧制油相比，可以带来以上一些益处。

添加剂增强润滑原理见图7-51。

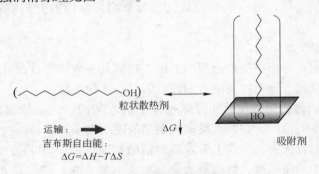

图 7-51 添加剂增强润滑原理

7.2.10 冷轧含油空气洗涤系统

以 SMS 公司为例介绍冷轧含油空气洗涤系统。含油空气洗涤系统包括吸收系统和再生系统两部分。空气洗涤系统外形图见图7-52，空气洗涤系统工艺原理见图7-53。

7.2.10.1 吸收系统

轧机机架和轧制油箱中吸满轧制油的烟气（最大负载量为 $1600mg/m^3$ ）通过风机抽出后，首先流入吸收塔（见图7-54a）的底部并向上流经安装的填料（见图7-54b）到达塔口。安装在填料部上方的流体分配器（见图7-54c），将洗涤油均匀地散布在整个

图 7-52 空气洗涤系统外形图

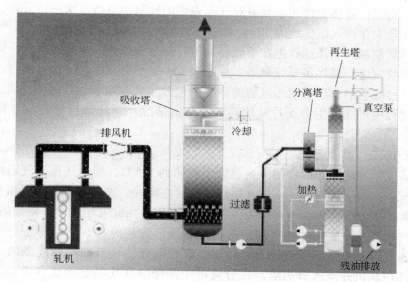

图7-53 空气洗涤系统工艺原理图

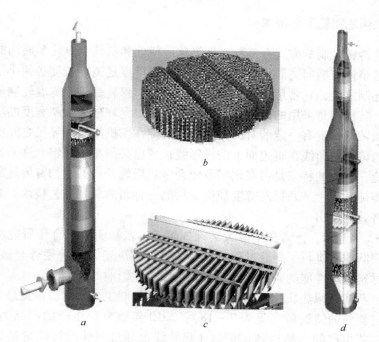

图7-54 吸收塔、分离塔、填料及洗涤油分配器
a—吸收塔；b—填料；c—洗涤油分配器；d—分离塔

塔体内。逆向滴下的洗涤油与满载轧制油的烟气充分接触并将轧制油从烟气中分

离抽出。安装在塔体上部的去雾器对气流夹带的轧制油液滴再次进行分离，净化后的空气最大含油气浓度约为 $50mg/m^3$。

吸满轧制油的洗涤油收集在塔底的油槽，并通过泵体、复式过滤器、同流换热器以及脱气塔，最终送至分离塔，见图 7-54d。

复式过滤器的作用是用于过滤洗涤油中包含的尘埃粒子、纸屑等物质。由于在调试过程中可能发生金属片从填料部脱落的情况，因此该过滤步骤显得特别重要。

7.2.10.2 再生系统

吸满轧制油的洗涤油在同流换热器中加热到145℃，然后送至脱气塔内，脱气塔内配备有两层填料部，一层在塔顶，一层在塔底。洗涤油进入两层填料部之间的塔体，由于塔体内的绝对压力大约为 0.5MPa，由此发生压缩 - 松弛的过程，随后空气和挥发性油分（轧制油，尤其是蒸气）进行分离，然后排至分离塔的顶部并通过塔顶填料部增进该分离过程。流经塔底填料部的附加洗涤油（可能存在蒸气）放出并流入分离塔。在分离塔中洗涤油和轧制油彼此分离，该分离工艺是通过两种油的不同沸程特点来实现的。

7.2.11 热粗轧斜轧工艺技术

热粗轧铸锭轧制的方式有三种，即纵轧、横轧和斜轧。纵轧是通用的轧制方式。横轧是小铸锭横向宽展采用的轧制方式，其特点是铸锭长度必须小于轧辊允许的最大轧制宽度，它常用于产量小的厚板生产。斜轧是铸锭宽展轧制的另一种特殊方式，其特点是采用的铸锭长度规格不受轧辊允许最大轧制宽度的限制，但斜轧角度和铸锭长度有一定的对应关系，其铸锭在主机架两侧导尺之间摆放的角度所测量的铸锭对角线在辊道面上的投影线长度也必须小于轧辊允许的最大轧制宽度。因此，斜轧的特点是可实现铝及铝合金热粗轧开坯有效的宽展轧制，是采用大规格铸锭宽展生产非标准宽度规格板材的一种新的轧制工艺技术，其几何废料少，经济效益突出。

从 1987 年开始，作者和中南大学钟掘院士、张新明教授合作研究斜轧制技术。合作团队主要进行了斜轧过程的变形研究、斜轧工艺改善硬合金边裂研究、斜轧对板材组织与性能的研究、斜轧对轧机安全性影响的研究。

至今，西南铝原热轧线粗轧机仍然采用这一轧制工艺技术。根据最新资料统计，年通过斜轧的铸锭量（见表 7-18）：2010 年该分厂生产的产品为 71680t，通过斜轧工艺生产的产品达到 33636t（热轧线上通过斜轧的铸锭量是 51233t），占总产量的46.93%。（硬合金不需要斜轧，软合金中厚度不小于 8.0mm 的 1 系合同一般采用横轧生产，宽度大于 1700mm 的也通过横轧进行宽展轧制，不需要斜轧）。

表 7 – 18　斜轧数量统计

合同年度	总合同量/t	需斜轧合同量/t					斜轧合同比例/%
		1 系	3 系	低镁 5 系	合计	铸锭量	
2008	71510	141	2808	15598	18547	28534	25.94
2009	62327	175	5714	8982	14871	22878	23.86
2010	71680	1873	6869	24894	33636	51233	46.93
合计	205517	2189	15391	49564	67054	102645	32.63

7.2.11.1　斜轧过程的变形研究

A　斜轧概念

热轧开坯轧制时，铸锭长度方向与轧向呈一锐角，此种轧制方法称为斜轧。在轧制中，完整的斜轧过程分为开始—换向—终了三个阶段见图 7 – 55。

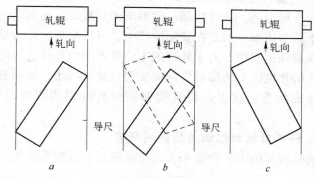

图 7 – 55　斜轧过程三个阶段
a—开始；b—换向；c—终了

开始阶段，将铸锭摆放到一定角度（此角度为一锐角，即铸锭长度方向与轧向的夹角，称为斜轧角），然后进入轧机轧数道次换向，换向后再轧数道次到规定的板坯厚度终了。在整个斜轧过程中，导尺开口度保持不变，斜轧角由轧机的导尺开口度决定。斜轧终了时，轧件的几何形状必须恢复长方体。斜轧终了后，再进行纵轧。

B　斜轧咬入

如图 7 – 55 所示，开始时，轧件从某一点咬入，咬入面积逐渐增大，且变形区不对称，点咬入是斜轧的显著特点，它与纵轧、横轧的线咬入完全不同。因此在实际生产中，斜轧时的咬入压下量可达 40mm，比纵轧咬入压下量 25mm 大。从这一特点看，斜轧更具有优势。

　　C　应力、应变及其分布

　　研究人员通过采用弹塑性有限元法对斜轧三维轧制过程的计算分析以及通过网格法的实验验证表明,斜轧过程的变形规律与纵轧法的不同主要在水平方向,其主要区别是:

　　(1) 斜轧高向垂直截面上的变形应力分布与纵轧类似,但变形较为均匀。

　　(2) 对于斜轧,变形区内轧向所指向的一侧比另一侧的流动速度更慢,造成轧出刚性区存在转动运动,但这一运动量较小。而纵轧则是对称的,变形区以外的轧件只做刚性平移。

　　(3) 变形区内的等效应变存在一组几乎平行的等高线,其方向与轧向垂直。

　　(4) 变形区内轧向应变分布的规律与等效应变的相似,是主变形方向。对于斜轧,轧件中央部分的轧向变形明显比边部大,而纵轧则不明显。

　　(5) 变形区附近轴向应力较大,斜轧与纵轧均是如此,但对于斜轧,轧向所指向一边边部有一应变值较大的区域。

　　(6) 斜轧后的板材边部状况良好,其原因一方面在斜轧过程中,由于边部的剪应变较大,变形深透,轧件边部一般不出现双鼓形,而纵轧则必出现。此优良特性,有利于减少边部分层。在实际生产中,可减少板材切边量,减少几何废料。另一方面在斜轧过程中,由于轧件的主应变方向与轧件边部的柱状晶带的结合方向呈一斜轧的角度,且边部的轧向应变明显比中间小,因而有效地改善了轧件边部的应力应变状态。这也是斜轧能够抑制轧件裂边现象发生的重要原因之一。

7.2.11.2　斜轧对板材组织与性能的研究

3004H19 成品板材的力学性能和各向异性的试验数据见表 7 - 19 和图 7 - 56。

表 7 - 19　纵轧／斜轧 3004H19 成品板材的力学性能和各向异性值

性能指标 轧制角度/(°)	σ_b/MPa	$\sigma_{0.2}$/MPa	δ/%	$\sigma_b/\sigma_{0.2}$	n	$R0$	$R45$	$R90$	R	ΔR	e/%
0	295	265	5.00	0.898	0.044	0.43	130	0.67	0.80	-0.65	367
22.5	320	285	5.10	0.891	0.065	0.84	1.03	0.93	0.95	-0.11	1.75
45	315	280	5.00	0.889	0.098	0.81	0.99	0.90	0.90	-0.14	2.11
90	318	283	5.05	0.890	0.061	0.81	1.02	0.93	0.92	-0.15	2.12

　　从图 7 - 56 和表 7 - 19 可以看出,无论是采用纵轧还是斜轧工艺,成品板材的伸长率 δ 基本相同,均为 5% 左右。但斜轧后成品板材的抗拉强度和屈服强度高于纵轧材 20 ~ 30MPa,达 285 ~ 320MPa。同时屈服比呈下降趋势,n 值呈增大趋势。此外,随着斜轧角变大,凸耳参数 ΔR 变小,成品板材的冲杯制耳率降

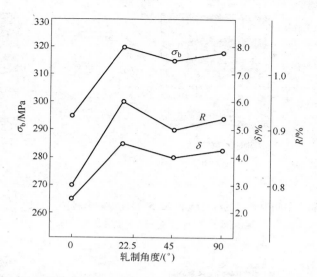

图 7 - 56　纵轧/斜轧（不同角度）3004H19/成品板材的性能指标

低；板材的平均塑性应变比 R 值增大。特别需要指出的是，在斜轧角为 22.5°左右时，其成品板材各方向上的 R 值相近，$\Delta R \approx 0.10$，接近于 0。

研究人员在试验中描绘了纵轧、22.5°斜轧板的（111）全极图和 ODF 图（见图7 – 57a，图 7 – 57b），纵轧、22.5°斜轧板的中间退火后的（111）全极图和 ODF 图（见图7 – 58a，图 7 – 58b），纵轧、22.5°斜轧成品板的（111）全极图和 ODF 图（见图7 – 59a，图 7 – 59b）。

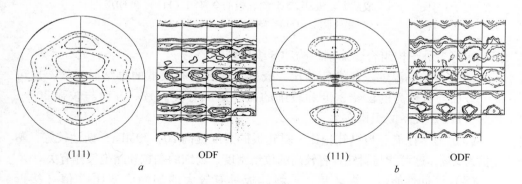

(111)　　　ODF　　　(111)　　　ODF
a　　　　　　　　　　b

图 7 – 57　纵轧板和 22.5°斜轧板的全极图（111）和 ODF 图
a—纵轧板的（111）；b—22.5°斜轧板的（111）

从上面各图分析中，可得出以下结论：

（1）织构。与纵轧相比，斜轧板具有较强的（001）［110］织构和铜织构，中间退火后此织构变弱，成品板材中具有向板面横向漫散的高斯织构和漫散的黄

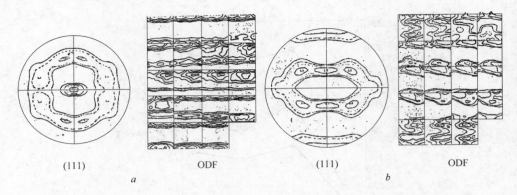

图 7 – 58 中间退火后的纵轧板和 22.5°斜轧板的全极图（111）和 ODF 图
a—纵轧板的（111）；b—22.5°斜轧板的（111）

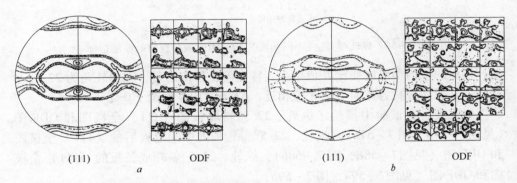

图 7 – 59 成品纵轧板和 22.5°斜轧板的全极图（111）和 ODF 图
a—纵轧板的（111）；b—22.5°斜轧板的（111）

铜织构等多种织构组合，而铜织构和 S 织构较弱。

（2）再结晶温度。与纵轧相比，板材斜轧后具有较低的再结晶温度，这可能一方面与有较高的位错密度和较细的晶粒组织有关，另一方面与较强 30°~40°—（111）关系的织构有关。

（3）力学性能。与纵轧相比，斜轧板的强度提高 20~30MPa，韧性较好，塑性仍为 5%，这可能与斜轧具有较高的位错密度、较细的晶粒和晶胞尺寸有关。

（4）深冲性能。与纵轧相比，斜轧板具有较大的塑性应变比 R 值（接近 1），深冲性能好和有较小的凸耳参数 ΔR 值（$\Delta R \approx 0.10$），各向异性小。这可能与较多且弥散的织构组态和较扁平的晶粒形状有关。

总的来看，斜轧并没有改变成品板材的织构类型，仍属"铜式结构"，但斜轧与纵轧相比，一方面每道次前板材中晶粒的原始取向不同，且其宽展系数小，另一方面轧线外侧晶体存在刚体转动，使斜轧的变形状态有所不同。板材每道次斜轧时更接近于平面变形状态，组织较细、较均匀，使变形织构容易朝稳定的(011)［211］方向发展，但下道次的压延又将上述织构改变，以上原因导致两种轧制织构存在差异。

7.2.11.3 斜轧对轧机安全性影响的研究

斜轧改变了轧机的受力状态，出现了偏载。因此研究人员对轧机安全性影响进行了系统研究（研究对象：2800mm 热粗轧机，最大轧制力 3000t）；对斜轧过程中轧机、轧辊系的受力状态、变形情况进行了为期一个月的全面测试，包括测试了轧机扭矩、轧制力分布、轧制工艺参数等，并应用有限元法建立了斜轧过程中轧机、轧辊的受力状态，变形情况计算的数学模型，且通过大量的数据，进行了反复的验证计算分析，得出了以下结论：

（1）斜轧改变了轧机的受力状态，当坯料长 × 宽 = 4000mm × 1000mm 时，偏载最严重。在保证单侧最大压力不超过设计许用值的前提下，偏载值达到842.65t，此时容许的总轧制力不能超过 2157.35t。

（2）实测结果表明，斜轧时，从咬入到抛出，轧制力变化平稳，没有正常轧制时由冲击现象引起的瞬间高冲击负荷。就这一点看，斜轧对轧机的正常运行更有利。

（3）因偏载，斜轧不能充分发挥轧机的总轧制能力。对于硬铝合金，斜轧时各道次的总轧制力一般不得超出 2157t。然而，随宽度的增大与长度的减小可略为增加，但最大不得超出 2478t。

（4）斜轧过程中，轧制速度的波动将导致轧制力的明显波动，尤其是在斜抛时。速度的增大，可能影响轧制力的明显超调。因此，应尽量避免，保证斜轧每个道次的轧制速度为恒值或波动最小。

（5）斜轧时，当轧制力小于 2100t 时，支撑辊辊径危险断面处最大应力 σ = 157MPa，小于设计应力 σ = 174MPa。

（6）支撑辊的自位能力很差，若其角位移太大，将会影响轴承的使用寿命。计算结果表明，最大载荷斜轧时，轴颈的角位移将不会超过正常轧制，因此，斜轧时不会因为角位移的变化使轴承受载恶劣。

（7）斜轧时，由于载荷的不对称和轧件位置的不规范，会导致各轧辊存在轴向力。最大轴向力会达到轧制力的 5.4%，此值仍未超出一般四辊轧机容许的轴向力范围。

（8）斜轧时轴向力较正常轧制大，但由于这种负荷状态在轴承的全部载荷中所占位置甚微，由此引起的寿命削弱可不予考虑。

7.2.11.4 典型斜轧工艺选例

典型斜轧工艺见表 7 - 20 ~ 表 7 - 24。

（1）导尺开口度：2500mm，斜轧开始厚度：465mm，如表 7 - 20 所示。

表 7 – 20　铸锭规格：**480mm × 1060mm × (4000 ~ 5000) mm**

铸锭规格 /mm × mm × mm	换向终轧厚度 /mm	目标宽度/mm						
		1080	1100	1120	1140	1160	1180	1200
480 × 1060 × 4000	$H1$	436	407	378	437			
	$H2$	405	347	264	178			
480 × 1060 × 4100	$H1$	434	403	375	345			
	$H2$	402	332	255	165			
480 × 1060 × 4200	$H1$	433	400	370				
	$H2$	390	325	241				
480 × 1060 × 4300	$H1$	431	400	365				
	$H2$	396	320	229				
480 × 1060 × 4800	$H1$	423	385					
	$H2$	383	285					
480 × 1060 × 4900	$H1$	421	381					
	$H2$	375	273					

（2）导尺开口度：2500mm，斜轧开始厚度：465mm，如表 7 – 21 所示。

表 7 – 21　铸锭规格：**480mm × 1260mm × (3000 ~ 3900) mm**

铸锭规格 /mm × mm × mm	换向终轧厚度 /mm	目标宽度/mm						
		1280	1300	1320	1340	1360	1380	1400
480 × 1260 × 3000	$H1$	450	431	412	392	373	354	338
	$H2$	430	392	352	303	253	188	118
480 × 1260 × 3100	$H1$	448	428	407	388	366	346	
	$H2$	428	385	339	288	228	159	
480 × 1260 × 3200	$H1$	447	425	402	381	358	340	
	$H2$	424	379	329	272	206	130	
480 × 1260 × 3300	$H1$	446	422	400	375	352		
	$H2$	421	372	320	255	183		
480 × 1260 × 3500	$H1$	443	416	390	364	341		
	$H2$	415	358	294	224	136		
480 × 1260 × 3600	$H1$	441	413	385	357			
	$H2$	411	353	285	203			
480 × 1260 × 3900	$H1$	437	403	371	343			
	$H2$	401	329	245	150			

（3）导尺开口度：2500mm，斜轧开始厚度：465mm，如表 7 - 22 所示。

表 7 - 22　铸锭规格：480mm×1700mm×（4000～5000）mm

铸锭规格 /mm×mm×mm	换向终轧厚度 /mm	目标宽度/mm						
		1720	1740	1760	1780	1800	1820	1840
480×1700×4000	H1	416	365					
	H2	356	217					
480×1700×4500	H1	405	350					
	H2	325	171					
480×1700×4600	H1	402						
	H2	322						
480×1700×5000	H1	494						
	H2	302						

（4）导尺开口度：2500mm；合金：2×××系，7×××系；斜轧开始厚度：包铝板厚为 5mm、12mm、24mm 时，依次对应为 365mm、375mm、400mm，如表 7 - 23 所示。

表 7 - 23　铸锭规格：400mm×1320mm×（3000～3200）mm

铸锭规格 /mm×mm×mm	包铝板规格 /mm×mm×mm	换向终轧厚度/mm	目标厚度/mm					
			1340	1360	1380	1400	1420	1440
400×1320×3300	5×1260×2745	H1	350	331	312	294	275	
		H2	330	291	248	197	139	
	12×1260×2700	H1	359	340	322	301	282	
		H2	339	300	254	201	142	
	24×1260×2550	H1	384	364	344	325	306	
		H2	364	324	277	225	166	
400×1320×3500	5×1260×2928	H1	347	326	305	234		
		H2	325	279	227	167		
	12×1260×2880	H1	357	334	313	291		
		H2	333	286	233	171		
	24×1260×2720	H1	331	358	337	314		
		H2	357	310	257	194		

（5）导尺开口度：2500mm；合金：2×××系，7×××系；斜轧开始厚度：包铝板厚为 5mm、12mm、24mm 时，依次对应为 365mm、375mm、

400mm，如表 7 - 24 所示。

表 7 - 24 铸锭规格：400mm × 1620mm × (3000 ~ 3200) mm

铸锭规格 /mm × mm × mm	包铝板规格 /mm × mm × mm	换向终轧 厚度/mm	目标厚度/mm					
			1640	1660	1680	1700	1720	1740
400 × 1620 × 3000	5 × 1560 × 2745	H1	343	315	292	270		
		H2	313	255	181	100		
	12 × 1560 × 2700	H1	352	324	299	276		
		H2	322	259	185	101		
	24 × 1560 × 2550	H1	377	348	320	299		
		H2	346	282	206	119		
400 × 1620 × 3200	5 × 1560 × 2928	H1	340	308	283			
		H2	306	236	153			
	12 × 1560 × 2880	H1	349	316	291			
		H2	314	242	156			
	24 × 1560 × 2720	H1	373	339	311			
		H2	338	264	176			

　　我国斜轧研究为金属材料的压力加工学科拓展了新的研究领域，丰富了研究内容，促进了压力加工理论的发展。作者希望今后能有更多的研究人员对斜轧理论进行更加深入的探索，有更多的铝加工企业进行斜轧工艺的开发，并取得丰硕成果。

7.2.12 连铸连轧工艺

　　哈兹列特（Hazelett）铸造机铸出的铸坯在出坯温度下进行在线热轧的生产工艺，即哈兹列特连铸连轧工艺生产线，见图 7 - 60。根据生产的需要，在铸造机之后可接一台热轧机或 2 ~ 3 台热轧机。采用此工艺，可从铝液直接生产出热轧卷。

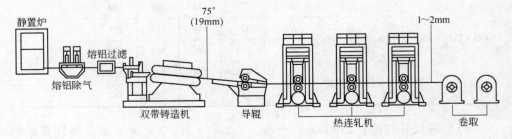

图 7 - 60 铝板带连铸连轧生产线示意图

7.2.12.1 哈兹列特双带铸造机

哈兹列特铸造机的工作原理示意图如图 7 − 61 所示。铸机采用完全运动的铸模，用一副完全张紧的低碳钢带作为上、下表面。两条矩形金属块链随着钢带运动，根据所需铸造宽度相隔开构成模腔的边壁。钢带的冷却采用一种特有的高效快速水膜进行。这是哈兹列特的专有技术。

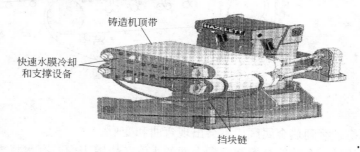

图 7 − 61　哈兹列特铸造机工作原理示意图

铸造的铸坯横截面是矩形的。目前最大的铸造宽度为 1930mm。根据最终产品的需要，铸坯的厚度范围为 14 ~ 25mm。铸铝坯的厚度大多为 18 ~ 19mm。

前箱被准确地安放在铸模的进口处，铝液通过前箱进入铸造机。在钢带的铸造表面敷上不同涂层，以获取特定的界面特性。金属馈入、铸模表面以及钢带控制是十分重要的问题。

设计特定铸模时，所取的铸模长度取决于所铸金属及生产速度。带坯铸模的标准长度为 1900mm。近来，高速铝带坯的铸模长度为 2360mm。

7.2.12.2　铸模条件与铸坯表面缺陷

研究铸模条件与铸坯表面缺陷之间的关系的实质，就是研究凝固速度的均匀性、铸坯的外形和模腔的界面条件。

A　模腔的界面条件

任何条件的改变均能改变局部热传输效果。这些改变可能是由模腔钢带不够平整、模腔内钢带运动速度不均以及钢带与金属之间热参数的变化造成的。造成这种条件改变的因素包括钢带表面形貌、涂层及气氛的改变。热传输效果的局部改变可能导致内部凝固速率的变化或铸坯下游加工性能的改变。

B　控制模腔界面条件新技术

为了控制模腔界面工作条件，哈兹列特双带铸造机采用的新技术如图 7 − 62 所示。

a　钢带的感应预加热

为了防止钢带在进入模腔时发生"冷箍"及弯曲的热变形，研发了一种非常强大的感应加热系统，能把进入模腔的钢带温度瞬时提高到 150℃。在此温度

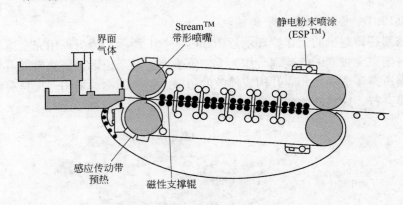

图 7 - 62 双带铸造机新技术

下，钢带平稳过渡到热金属区，不会出现弯曲和变形。

　　该系统的另一个功能是控制钢带表面的水汽。模腔表面若有水将立即造成热传输局部中断，生成微细的、难以觉察的表面液化区。早先采用的是石墨涂层（DAG），尽管也具备一些吸湿功能，但不适用于高温环境。采用感应预热系统，就可除掉夹带在钢带永久性涂层中的水汽。钢带预热到 150℃，任何水汽均可被除掉。

　　b　磁性支撑辊

　　尽管钢带预热可防止进入模腔时的热变形，但当其与铝液大面积接触时还会产生另一种重要的热变形。这时钢带呈球面状变形并瞬时扩展，直至在钢带厚度方向上达到热平衡为止。钢带变形的量与其厚度方向上瞬时热差有直接关系。最早用石墨涂层来控制这种变形，其效果比较有限。

　　解决这一问题的关键就是能否使钢带在进入模腔时就能被吸靠在支撑辊上。在研究过程中，曾在钢带的各支撑轴上套上磁力环，以磁化与钢带相接触的翅片。但磁力环的效果仍然有限。

　　目前，采用的磁性支撑辊新技术是采用以 Nd - Fe - B 为主的磁性材料作为磁体。这些磁体具有"伸出性"吸力。也就是说，这种磁体不必与被吸物体紧密结合。这一技术使透过钢带厚度的热传输大大加快，满足了铸造高镁铝合金的需要，而且钢带不会变形。

　　c　惰性气体保护

　　在铸模界面充填惰性气体是一项重大技术突破。它可以用于控制氧化，而且更重要的是控制热传输速度。在陶瓷铸嘴或铸嘴支座里钻些小孔将气体渗到铝液上。气体注入压力较低，可使其均匀分布。而且在钢带的宽度方向上有选择地对冷却速度进行区域性调节。

　　d　ESP™涂层

　　模壁处理是铸造工艺的一个关键要素。钢带涂层技术是较为复杂的技术。钢带表面涂层的厚度、形貌、化学组分、刚性、耐磨性等都重要。哈兹列特铸铝工艺采用永久性 Matrix 型涂层。该涂层基本采用陶瓷物质，用火焰或等离子喷涂在钢带表面，通过改变涂层厚度、多孔性及化学组分可获得所需的理想凝固速率。同时，该涂层可根据不同合金凝固条件的需要来控制热传输。

　　C　显示控制效果的检测新技术

　　为了测量钢带的变形程度，在钢带的接触铝液侧的不同位置上安放了多个非接触式涡流探针。为了测量铸坯各区域传热效果的实际变化，在铸造机的下方安装了一个 Agema 红外扫描系统，以绘制出表面的热图像。该图像能够显示模腔内各处的相对水冷强度和图形。利用上述检测新技术就可以分析钢带和模腔界面工作条件所产生的效果。

7.2.12.3　在线热连铸连轧

　　哈兹列特生产线是在线热连铸连轧的重要组成部分。它与大方锭热连轧比较，轧制速度较低，其铸坯进入速度仅为 10m/min，终轧卷取速度通常低于200m/min。

　　2009 年 11 月，我国鼎胜集团与伊川电力集团共同投资在伊川建一个铝平轧产品企业。总投资 60 亿元，生产能力达 60 万吨/年。除充分利用伊川电力集团将于 2010 年投产的中国第一条 1950mm 哈兹列特连铸连轧生产线生产的带坯外，还引进一条同类生产线，使供坯生产能力达到 80 万吨/年。

　　该生产线配置有 4 台 120t 矩形熔炼炉，在线除气、过滤装置，哈兹列特铸造机，3 机架热连轧机和双卷取。生产线布置见图 7 - 60。4 台矩形熔炼炉呈一直线排列，每台熔炼炉的铝熔体流槽呈并连式连接到除气装置，直线两端的 2 台熔炼炉的铝熔体出炉口到除气装置的流槽长度约 40m。显然，其铝熔体的保温和温度控制应是一个非常重要的技术关键。

　　该生产线的基本数据如下：

　　(1) 生产的合金种类：1050、1070、3003、3006、5052、5005、6061、8011合金；

　　(2) 带卷最大宽度：1950mm；

　　(3) 铸坯厚度：19mm；

　　(4) 带卷最小厚度：1mm（软合金），3mm（硬合金）；

　　(5) 铸坯进入第 1 机架的速度：9~10m/min；

　　第 3 机架的最高速度：181m/min

　　铸坯进入第 1 机架的温度：450℃；

　　年生产能力：25 万吨。

　　由法塔·亨特（Fata Hunter）公司制造的热连轧轧机的参数见表 7 - 25。

表 7 – 25　轧机参数

参　　　数	第 1 机架	第 2 机架	第 3 机架
工作辊直径/mm	660	660	660
工作辊长度/mm	2200	2200	2200
支撑辊直径/mm	1350	1350	1350
支撑辊长度/mm	2150	2150	2150
轧机正常速度/m·min⁻¹（用新工作辊）	29	69	129
轧机最高速度/m·min⁻¹（用新工作辊）	29	79	181
轧制力/t	3300	3300	3300
正、负弯辊力/t	+/ – 90	+/ – 90	+/ – 90
主传动功率/kW	3100	3100	3100

7.2.12.4　连铸连轧产品市场分析

连铸连轧生产的各种合金产品及用途见表 7 – 26。

表 7 – 26　连铸连轧合金产品及用途

合　　金	产　品　用　途
1050	空调翅片、冲制件、炊具
1100	铭牌、厚箔、冰箱铰链、热交换器、PS 版基、筹码、电脑壳
1200	电容器、炊具、食品及药物包装
1350	导电行业
3003	建筑行业、炊具、厚箔
3004	家具、光亮板、菱形板、轻型夹具
3104	电缆软管
3105	雨槽、窗框、软管、铭牌、屋顶、光亮板、菱形板、瓶盖
3204	灌溉用管
5052	多用板材、卡车围板、卡车架、焊接箱体、公路标牌、电扇叶片、控制面板
5754	多种汽车部件
6061	多种深冲用料
6063	多种深冲用料
7072	翅片料
8011	建筑用板、炊具及餐具、厚箔盘、家用箔、翅片料、瓶盖

8　精整技术及设备

8.1　现代拉矫、辊矫技术

为了保证板带的平直度，铝加工的精整设备采用了拉弯矫直和多辊矫直技术。拉弯矫直用于较薄的板带，辊式矫直用于较厚的板带。板带不平度的表现方式主要有三种类型：波浪、侧弯和拱形。波浪又分为中间波浪、边部波浪和肋浪三种形式。呈一边长一边短的楔形是侧弯发生的主要形式。在经度方向呈翘形或在横向上呈弓形是拱形的两种形式，见图 8 - 1。

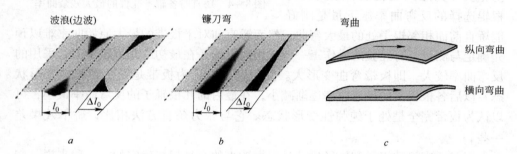

图 8 - 1　板带不平度的表现方式

a—波浪；*b*—侧弯；*c*—拱形

要把带有波浪、侧弯和拱形的板带矫直，就必须使铝材发生变形。而且，矫直过程中的变形，既有弹性变形，又有塑性变形。

为了消除带材在不同宽度位置上短的区域，就需要塑性拉长这些地方，达到与长的区域相同的长度，见图 8 - 2。

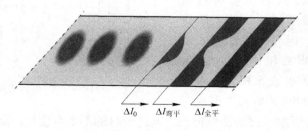

图 8 - 2　塑性拉长示意图

辊式矫直的机理：在多辊矫直中，带材在小直径的上、下排辊的压力下（上、下排辊的压力相反）受到多次反复弯曲，使残余曲率逐渐减小，直至趋近于零后变为平直（见图 8 - 3、图 8 - 4）。

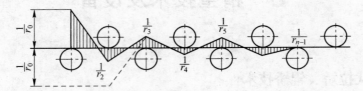

图 8 - 3 辊矫过程

辊式矫直方法要获得高平直度板带，还要靠有经验的操作工。特别是在单张块片辊式矫直时，更要防止块片头尾产生辊痕。原则上每根辊选择的反弯曲率压下量是刚好

图 8 - 4 矫直时各辊下轧件的最大残余曲率

能矫直前面相邻辊子处的最大弯曲，然而矫直前对于板带的最大原始曲率难以预先确定与测量。有经验的操作工一般采用的方法是在最初的几根辊子上，采用的反弯曲率较大，即板带弯曲变形大。此时，可以认为板带是处于纯塑性变形状态。以后各根辊子的反弯曲率逐渐减小，在最后的几根辊子的反弯曲率最小，可以认为板带完全是处于纯弹性变形状态。它与张力矫直方法相比，矫平效果差一些。

辊式矫直机的辊数和辊径设计是根据矫直的产品规格确定的。一般来说，产品越厚，辊数越少，辊径越大；反之，产品越薄，辊数越多，辊径越小。目前，设计的辊数有 9、11、13、17、23、29 根。

8.1.1 BWG 公司开发的 Levelflex® 型张力矫直技术

2005 年，作者曾访问过 BWG 公司。BWG 公司开发的拉弯矫直技术，带材也需要通过生产线上矫直机架的矫直辊，但与一般的辊式矫直方法的矫直辊数相比要少得多，典型的设计是 3 根或 5 根，并有显著的张力，如图 8 - 5 所示。多次弯

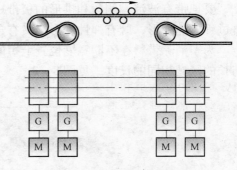

图 8 - 5 Levelflex® 型张力矫直示意图

曲和伸长的应力引起带材的塑性伸长，这样带材的不平度就被消除了。弯曲强度是通过矫直机辊到矫直机辊的变化，使应力达到平衡，最终翘形和弓形在拉弯矫

后被最小化，见图8-6。

图8-6 拉弯矫直5根矫直辊设计

带材通过矫直机时，从辊到辊会逐渐伸长，伸长又会引起带材的速度增大，这样每一个矫直辊需要以不同的速度转动。为了避免滑移和振动，这些矫直辊都是单独的矫直机盒独立放置，并由另外的背靠辊支持，背靠辊能阻止矫直辊的挠度和确保稳定的拉弯矫几何机构。背靠辊采用带有中间辊的多辊配置的交错形式，以避免矫直辊产生痕迹，见图8-7。

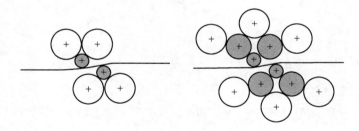

图8-7 背靠辊采用的多辊配置交错形式

带材塑性伸长是矫直机架带材张力的一个功能。但为产生拉矫机需要的更大张力，入口和出口设计有张紧辊。入口张紧辊从生产线水平提升带材张力，出口张紧辊减少带材张力到生产线水平，见图8-8。

入口张紧辊张力的提升是张紧辊通过力矩传送经摩擦力到带材上。为

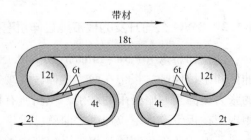

图8-8 拉矫线上带材张力

了使拉矫生产工艺稳定，摩擦力必须是稳定的（除了带材离开张紧辊时发生的微滑动）。随着张力的增大，带材从张紧辊到张紧辊之间有弹性伸长，会使运行

速度有微小的加快。在矫直机之间发生的塑性伸长会导致出口张紧辊比入口张紧辊的速度更快。随着来料平直度的变化，则矫直机之间发生的塑性伸长率会随之不断地变化，这也同样要求张紧辊之间的速度变化匹配。

对一个给定的带材，要保证相同的伸长率则取决于张力、矫直辊的数量、直径和带材的绕角等多种参数的结合，并通过这些参数的适当调整使产品达到要求的平直度、材料性能和残余应力分布。图 8 - 9、图 8 - 10 所示为厚度 0.3mm、宽度 1000mm、屈服极限 379MPa 的铝带材分别在第 1 根和第 5 根矫直辊通过时所产生的纵、横向塑性伸长率和通过后带材的纵、横向残余应力分布。

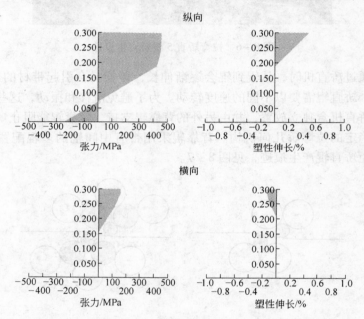

图 8 - 9　通过第 1 根后带材的纵、横向残余应力分布

8.1.2　BWG 公司开发的板带纯拉伸矫弯技术

纯拉伸矫弯（Pure - Stretch - levelflex®）工艺设计有两个拉伸区域，即预拉伸区和主拉伸区。板带在两个拉伸区实现矫弯，见图 8 - 11。在预拉伸区，板带的张力提高到屈服极限的级别，拉出所有板带上的弹性应变，则意味着板带的缩颈现象在板带进入主拉伸区之前就已发生，还产生一点点塑性延伸来消除大多数来料波浪。在主拉伸区，板带以一种极确定的方式，用影响极小的横向应力进行塑性延伸。这种经矫弯的板带具有极佳的质量和平直度，残余应力极小。材料性能上的影响微不足道。整个宽度上的差别微小，横向弯曲不会以显而易见的量值产生。

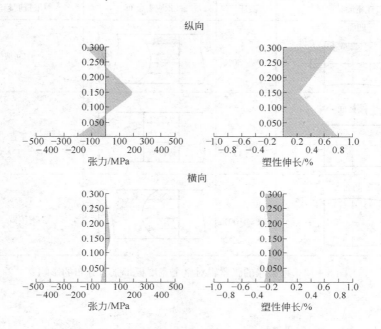

图 8 – 10 通过第 5 根后带材的纵、横向残余应力分布

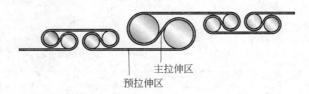

图 8 – 11 预拉伸区域和主拉伸区域

纯拉伸矫弯技术的专利设计是带有液压充气壳的张紧辊或液压式膨胀张紧辊。它是 BWG 公司开发的，本书不做介绍。作者认为，从理论上说，与在轧机上控制轧辊凸度的 DSR 辊有点类似。它可以通过优化平直度的整个宽度来影响板带张力的分布，见图 8 – 12。

由于纯拉伸矫弯中的带材仅仅通过张力被塑性拉伸，并拉伸可以达到材料的屈服强度，而带材经过张紧辊时仅有一个小的弯曲作用，因此残余应力降至最低。与拉伸矫直相比，残余应力大大减小，见图 8 – 13。

BWG 公司提供的纯拉伸矫弯机的生产线速度可达 500m/min，来料在符合要求的情况下，经过纯拉伸矫弯的板带的最大波动高度不大于 2mm（针对 95% 的产量）；最大不均匀度不大于 2I（针对 85% 的产量）或最大不均匀度不大于 4I（针对 95% 的产量）。

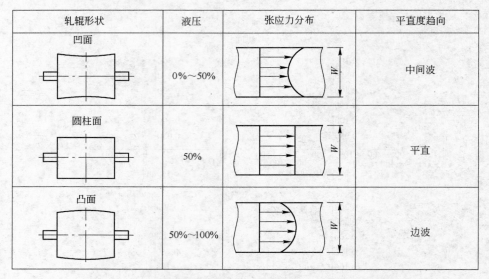

轧辊形状	液压	张应力分布	平直度趋向
凹面	0%~50%		中间波
圆柱面	50%		平直
凸面	50%~100%		边波

图 8 – 12 可膨胀的张紧辊对整个宽度板带张力分布的影响

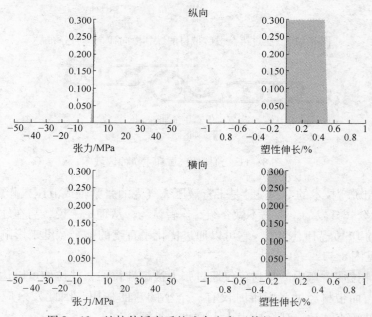

图 8 – 13 纯拉伸矫弯后的残余应力（伸长率 0.5%）

8. 1. 3 SELEMA 公司开发的 Tension – leveller 技术

8. 1. 3. 1 矫直辊直径渐近变化设计

SELEMA 公司开发的 Tension – leveller 技术，在矫直机架中的矫直辊直径的设计上提出了新的理念，即各根矫直辊的直径不是相同的，而是渐近向大变化的，见图8－14。这种矫直辊的布置，从理论上说，是由于矫直辊直径渐近向大变化，更能有效地促使板带的残余曲率逐渐减小，直至趋近于零后变为平直。

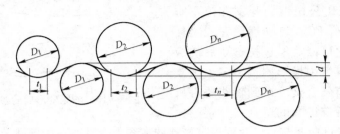

图8－14　矫直辊布置的新理念

8.1.3.2　多样膨胀变形辊纯拉伸矫直技术

SELEMA公司开发的多样膨胀变形辊设计理念更趋同轧机上控制轧辊凸度的DSR辊。它组合的纯拉伸矫直单元，见图8－15。

多样膨胀变形辊沿辊宽度方向设计有9个区，变形辊外径可膨胀的范围是1～400μm。膨胀变形后的辊表面外形见图8－16。

多样辊针对板带中间波浪、边部波浪和肋浪三种不同形式，可对膨胀变形辊实施在线闭环控制膨胀变形后的各种辊形，见图8－17。矫正板带中间波浪、边部波浪和肋浪的原理，见图8－18。

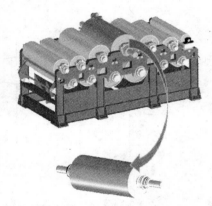

图8－15　多样膨胀变形辊组合的纯拉伸矫直单元

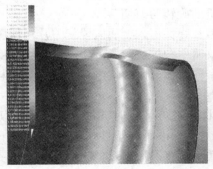

图8－16　膨胀变形后的辊表面外形

8.1.4　UNGERER 公司开发的拉弯矫（AFC）技术

　　UNGERER 公司近期开发的拉弯矫新设计具有（AFC）自动板形在线闭环控制功能，它可以对经过拉弯矫后的板带在后续 S 辊组中板形测量辊多个独立测量段上的信号直接反馈到辊式矫直机的支撑辊或矫直机架的矫直支撑辊的执

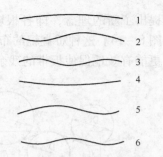

图 8 - 17　膨胀变形后的各种辊形

行单元中，且迅速调节，以达到板带最佳的在线平直度。对于该新技术本书不做介绍。

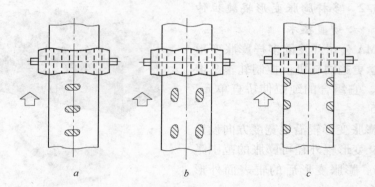

图 8 - 18　矫正板带中间波浪、边部波浪和肋浪原理图

a—矫正板带中间波浪；b—矫正板带肋浪；c—矫正板带边部波浪

8.2　铝板带精确切边技术

　　切边是切掉不均匀和损坏的板带边部，提供具有稳定宽度、良好边部外观和最少毛刺的带材。板带的两个边通过切边机的旋转切刀切落。

　　金属的剪切过程分为以下几个阶段：刀片弹性压入金属阶段、刀片塑性压入金属阶段、金属塑性滑移阶段、金属内裂纹萌生和扩展阶段、金属内裂纹失稳扩展和断裂阶段。如果粗略的划分，就是两个阶段：金属塑性滑移阶段、金属断裂阶段，即剪切区和断裂区。

　　剪切的具体过程可以这样描述：板带材经过剪切区时，板带边部碰到切刀（滚动旋转），先是弹性变形，而后是塑性变形。进而在塑性切应力的影响下被切落，板带边部剪切为光滑整齐的剪切平面。随着刀片进刀量的不断增大，带材逐渐分离，当应力达到断裂应力时，边部便会错开，在 7°~15° 的角度上折断，

折断后在板带边部将出现不光滑的无光折裂面，见图8-19。断裂点位于切刀中心线的上游。破折线从切刀边缘起始，蔓延到材料，直到断离为止。

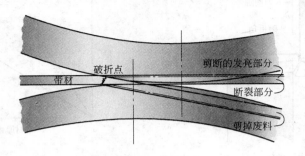

图 8-19　切刀旋转图

图 8-19 表明，在剪切过程中，被剪切材料并非 100% 被剪断，实际上是部分厚度被剪断，部分厚度是被拉折断的。不同材料剪断百分比和间隙占厚度百分比见表 8-1。

表 8-1　不同材料的剪断百分比和间隙占厚度百分比

材料品种	拉伸强度/MPa	剪断百分比/%	间隙占厚度百分比/%
软态铝、铜、黄铜	≤100	50	3~5
软态钢、软态铜合金、硬铝	≤240	25	10
中硬钢、软态不锈钢	≥420~620	15	12~14
不锈钢、高合金钢	≥700~1310	5	14~25

板带边部被剪切的部分外观发亮，断裂的部分则外观灰暗。剪切部分占断裂部分的比例，取决于材料强度、晶体结构、切刀之间的水平缝隙及刃口边部的磨损情况。对于软合金的剪切部分大约是 50%，而对于如奥氏体不锈钢的硬材料，则仅为 10%。为了获得最佳边部质量，刀缝需要选择，以便破折线在同一点位上相遇。考虑到断裂和剪切部分，可以计算出最佳刀缝大小，见图 8-20。典型的刀缝范围是带材厚度的 5%~25%，见图 8-21。

刀缝是最为重要的切边参数。刀缝调整不准，可能导致出现不均匀的边部外观、超标的毛刺、开裂或锯齿边部。

切刀之间的垂直交叠，见图 8-22a。应该是保持良好剪切必须具备的最小值，这个值取决于带材的厚度、切刀的直径、带材和切刀的其他条件。过分交叠造成板卷出现切边废品、波状边部和切刀过早磨损。随着带材厚度的增大，垂直交叠量会减小成负数。剪切部分小的硬材料垂直交叠要比软材料小，见图 8-22b。随着切刀直径的增大和切刀磨损的加大，设定的垂直交叠量增加。

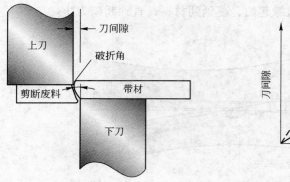

图8-20 断裂点的带材和切刀截面　　　图8-21 材料对刀缝选择的影响

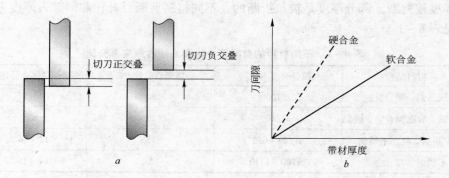

图8-22 材料对切刀的正负垂直交叠的影响
a—切刀的正、负垂直交叠；b—材料对垂直交叠的影响

　　总之，正确的选择切刀之间的水平缝隙和垂直交叠量能够保证减少带材边部的毛刺和切刀的磨损。一般情况下，取决于材料带材的厚度，毛刺是带材厚度的1%~3%。应该注意的是，水平缝隙和垂直交叠量无恒定不变的比例，为了获得切边的最佳效果，需视加工材料的情况而单独确定。表8-2和表8-3列出设定刀片水平和垂直间隙的参考值。

表8-2 水平间隙参考值

材料厚度/mm	0.00~0.15	0.15~0.5	0.5~3	3~6.5	6.5~9.5	9.5~16
间隙占材料厚度的比例/%	几乎为0	6~8	8~10	10~12	12~13	13~14

表 8 - 3   垂直间隙参考值

材料厚度/mm	0.25~1.25	1.5	2	2.5	3	3.5	4	4.5	5
间隙/mm	厚度的 0.5	0.55	0.425	0.3	0.175	0.075	-0.025	-0.125	-0.225

8.3 DANIELI - FROHLING 的铝带高精度分切技术

DANIELI - FROHLING（达涅利 - 佛罗林）公司开发的铝带高精度分切技术可在生产线以 800m/min 速度运行的条件下，铝带可分切成 40 条，铝带最小宽度可达 10mm，保证带卷的宽度公差在 ±0.02mm、层错在 0~0.10mm 以内。高精度分切后的铝带卷产品，见图 8 - 23。

图 8 - 23   高精度分切铝带产品

剪刀牌坊稳固和高刚度的设计，经预应力处理的高精度的部件和 CNC 技术（带有高精度位置传感器），可使刀轴的定位精度达到 ±2μm，这是高精度分切的核心技术，也是生产最优剪切质量的先决条件。

高精度分切的技术特点是：

（1）自动流畅的穿带程序，可以在很少人为干预的条件下，使材料平稳、稳定地得到处理，减少了带材表面缺陷。同时，快的穿带速度，可提高生产线的产能。

（2）通过优化剪刀牌坊的距离，使用经预应力处理的高精度的部件（轴丝、丝杆），保证 CNC 圆盘剪的非常稳固和高刚度。高精度分切机的圆盘剪具有重叠量控制，见图 8 - 24。

（3）在生产过程中，通过计算机数值控制的刀具重叠量可达到一个理想的剪断和拉断区的比例，见图 8 - 25。最小的刀具重叠量可使磨刀的间隔增长，生产线的利用率提高，刀具寿命延长。

（4）入口设计的 S 辊导向装置可降低带材作用在 CNC 圆盘剪上的张力。因

图 8 - 24 圆盘剪

此,在橡胶挤出环和带材之间可能出现的滑移风险降低。也就是说,降低橡胶挤出环和带材之间的压力是可能的,结果是可以进一步降低刀具的重叠量。在通过自动分离装置后的多条剪切带材,见图 8 - 26。

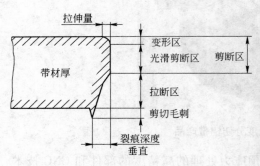

图 8 - 25 剪断和拉断区的比例

图 8 - 26 多条剪切带材

（5）CNC 圆盘剪装在可移出的框架上,这样便于进行清扫和维护保养,可保持圆盘剪的高性能。

（6）带有刀具推盘并有 4 对刀头的十字臂式换刀的半自动刀具更换装置,可减少刀具的损坏,从而可稳定地保证产品质量。同时,由于十字臂式换刀的设计减少了刀具更换过程中所需的时间,从而增加了生产线的工作时间。

（7）安装在线性导轨上的可移动出口导向装置,使之在卷取过程中出口导向随着成卷直径的增大而向 CNC 圆盘剪的方向移动,可使最后一个分离轴与卷取点的短距离保持恒定。这个特点是完全由真空张力系统完成。

8.4 铝箔精确分切技术

铝箔的分切和板材的分切不同,薄箔的厚度很薄（5 ~ 15μm）,它的分切是利用碟形上圆刀和盘形下圆刀的部分相叠而组成的剪切区，并靠主动下圆刀来分切进入剪切区的铝箔。它的剪切是100%的，而不像板材那样，其厚度只有部分被剪切，其余多是被裂断的。正是由于上、下圆刀的部分相叠，尤需关注以下有关参数。

8.4.1 上、下圆刀的重叠量

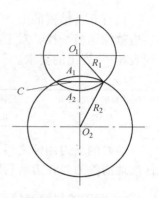

裁切铝箔的上、下圆刀的重叠量见图8－27。若重叠量过大，会引起刀具的过度磨损；若过小，则切出的边不好。在生产现场的调整中，重叠量很难测量。有实际经验的人总结了一个简便的方法，即导出一种以测量上、下圆刀公共弦长来推算重叠量的方法。

图8－27 剪切区结构

考虑在一般情况下，上、下圆刀的直径变化很小，因此，在所需重叠量的基础上，计算出公共弦长，并做成卡板，随时监测公共弦长即可。公共弦长的计算如下：

设上、下圆刀的半径分别为 R_1 与 R_2，公共弦长为 C，各自的弦高为 A_1 与 A_2，由此得 $A = A_1 + A_2 = C^2(R_1 + R_2/8R_1R_2)$。如上、下圆刀直径相等，则 $A = C^2/4R$，或 $C = (4RA)^{1/2}$。

金属薄箔的公共弦长一般是 22.225～25.4mm，则重叠量是 0.8～1.5mm。

8.4.2 侧压

为克服上、下圆刀在分切时的变形和退让，上圆刀对下圆刀要施加一定的侧压。大部分薄箔分切机上圆刀的侧压，靠一根环形弹簧来产生，而新式的复卷分切机则靠一个小汽缸来精确控制侧压。侧压一般控制在 2.7～4.5kg，从而保证刀具在良好的分切情况下，有最长的使用寿命。

8.4.3 速差

为使被剪薄箔进入上、下圆刀组成的剪切区后，能真正受到剪切作用，而不是被"剖分"，就要保证上、下圆刀的周边速度比箔材的线速度高3%～5%。

8.4.4 入剪切区时的位置

基于上述同样原因，薄箔进入剪切区时，必须保证薄箔有个依托，以承受剪切力。若薄箔先接触上圆刀，薄箔实际上是在被剖分，而不是在被剪切。因此，薄箔必须向下圆刀方向偏1°～3°。对有的分切机、复卷机，还要注意薄箔在放卷过程中，薄箔卷径由大变小时箔材前行线路发生的变化是否仍然满足这个条件。

另外，从上、下圆刀的连心线方向看，上圆刀要外偏 1°~2°，以减少磨损。

8.4.5　圆刀的精磨和刃磨

只有非常精密的上、下圆刀，才能分切出箔边十分整齐的薄箔卷，否则薄箔卷边就像锯齿一样，对于高速分切机和复卷机而言，上、下圆刀的形位公差应达到表 8-4 列出的要求。

表 8-4　分切圆刀刀磨精度

两平面平行度/mm	径跳/mm	平面度/mm	端跳/mm	刀口粗糙度 Ra/μm
0.02	0.03	0.04	0.05	0.5

最好的新刀用钝之后，也要刃磨。刃磨后仍要保持以上精度，并用油石非常仔细地清除刀口在刃磨后留下的毛刺。

8.4.6　圆刀的材料选择和组合

上、下圆刀相叠形成剪切区，下刀是主动的，上刀是被动的，虽然上刀在分切时起主要作用，但下刀是基准。刀具刃磨时，一般都磨上圆刀，因此上圆刀消耗量大。为此，上、下圆刀组合时，下刀的材料要好，见表 8-5。

表 8-5　上、下圆刀材料组合

配合	差	中	好	最好
上刀	9crsi（合金工具钢）	D2（高铬高碳）	HSS（高速钢）	ASP（粉末高速钢）
下刀	D2（高铬高碳）	HSS（高速钢）	硬质合金	硬质合金

8.5　多功能精整生产线

Alcan 公司在意大利的 Nachterstedt 工厂有一条世界上最先进的专门生产用于交通的铝合金带材精整连续生产线，见图 8-28。该生产线的功能非常齐全，它组合了冷轧工序之后的所有生产工艺，既有现代的气垫式热处理功能和精整功能（拉矫、纵剪），又有带材表面处理功能和带材表面涂层功能。它生产的各种用途的铝合金板材，性能稳定，表面质量好，生产的汽车车身铝合金板材等各种产品的厚度范围是 0.3~3.0mm，最宽宽度是 2300mm。

该生产线的工艺是：双开卷—卷头尾连接—拉矫—进口活套—气垫式热处理—拉矫—电清洗—[化涂（一涂层）]—出口活套—板带上、下表面检查—表面贴膜—卷取。由于该生产线的[化涂（一涂层）]设备位于下层，则根据产品用途的需求，其生产工艺可分离选择。

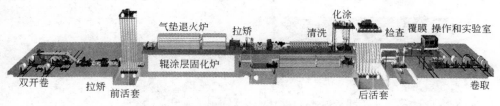

图 8 - 28　交通用铝合金带材精整连续生产线

8.6　涂层近红外固化技术

涂层近红外固化技术由德国 ELSENMANN 公司开发，2005 年作者曾访问过该公司。

8.6.1　近红外涂层固化系统

图 8 - 29*a* 是卧式近红外涂层固化系统外观图，图 8 - 29*b* 是立式近红外涂层固化系统内置图。

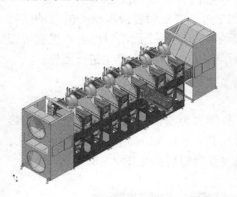

a　　　　　　　　　　　　　　　　　　　*b*

图 8 - 29　卧式系统外观图和立式系统内置图
a—卧式系统外观图；*b*—立式系统内置图

系统内置的每个加热区设计有 10 个近红外干燥桥。对于卧式，5 个在铝带的上侧，5 个在铝带的底侧；对于立式，5 个在铝带的左侧，5 个在铝带的右侧。沿着铝带加热宽度每 250mm 长度配有一 U 形发射器，见图 8 - 30。全套设施可用空气冷却，配有特制的铝反射镜和模块化机架，包括辐射防护架、石英玻璃密封、所有电线和空气冷却管。辐射隧道由一密闭的基于高近红外特殊铝反射组件构成，以提高干燥处理效率，避免二次干燥散射和热反射和干燥炉外的光效。

涂层近红外固化技术的总体设计具有自动厚度控制功能的闭环干燥控制装置，以及不依赖于生产速度的闭环干燥器电源控制装置，包括干燥器出口铝板表面恒定温度设置功能，以及近红外固化系统和 2 个非接触式散热高温计（如近

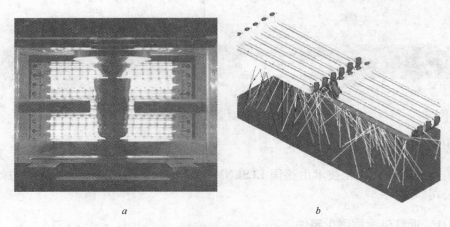

a　　　　　　　　　　　　　*b*

图 8 - 30　内置近红外干燥桥

a—发射模块；*b*—过程模块

红外传感器）的电源和控制装置所需的所有综合设备和基础设备。

涂层近红外固化技术的总体设计还包括用于近红外反射器故障检查的自动反射器故障检查功能，内置于控制系统设备内，以约 2min 为一个周期对反射器组进行扫描，查找出现故障的近红外反射器，且通过操作面板对故障反射器组进行监视。

8.6.2　NIR 近红外技术

NIR 近红外技术起源于航天科技研究。科学家为模仿航天器穿梭大气层的热能反应，利用发射辐射谱（约 90% 的能量在 0.8 ~ 1.5μm 光波区内发射出来，获得的极高密度能量可达 1500kW/m²）。光波发射辐射谱见图 8 - 31。

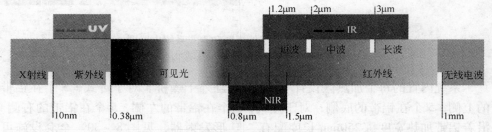

图 8 - 31　光波发射辐射谱

在光波发射辐射谱中可以看到 NIR、IR 及各种射线的发射辐射谱的范围。涂层固化工艺采用近红外技术，会在 3s 内达到固化效果，这是因为 NIR 辐射用于干燥、固化，其机理是快速及均匀的热能渗透；且又能在涂层底面反射到涂层内。而 IR 辐射用于干燥、固化，其机理仅仅是在涂料面上加热、反射。传统的热空气用于干燥、固化，其机理是在涂层表面加热。UV、NIR、IR 辐射和传统热空气加热机理及 NIR、IR 发射器发射的能量见图 8 - 32。

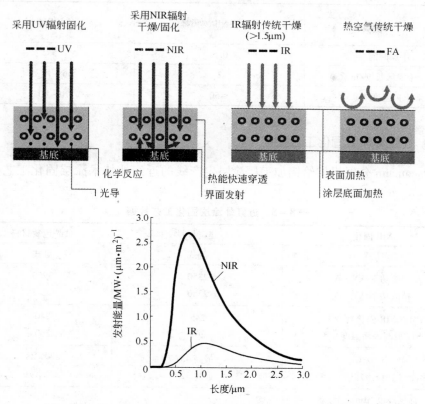

图 8 - 32 UV、NIR、IR 辐射机理及 NIR、IR 发射能量

显然，采用传统的热空气表面加热的涂层干燥、固化工艺，其效果完全不能和 NIR、IR 相比，分别见表 8 - 6 和表 8 - 7。

表 8 - 6 NIR 和传统固化效果比较

对比项 \ 加热方式	NIR	传统 固化
固化时间/s	3	20
固化区长度/m	7	35
动力特性	减少了张力辊、S 辊等传动；干燥、固化瞬间完成	完成干燥、固化和传动过程需要几分钟
能 耗	PMT 低；铝带宽度可调整；较高的过程效率	
产品质量	温度闭环控制，稳定、精准的产品质量	

表 8 - 7　NIR 和传统干燥效果比较

干燥方式 对比项	NIR	传统固化
干燥时间/s	0.5	5
干燥区长度/m	2	>6 + 冷却
出口温度/℃	≤50	70 ~ 80

8.6.3　近红外涂层固化工艺数据

Elsenmann 公司提供给铝加工厂涂层生产线的近红外技术涂层固化工艺数据见表8 - 8。

表 8 - 8　近红外涂层固化工艺数据

NIR 固化	建筑材料	食品包装材料
方式	卧式	卧式
初涂功率/kV · A 精涂功率/kV · A	2350 2350	3950
PMT(NIR 固化后)/℃ PST(最高表面温度)/℃	245 260	240 260
空冷/℃ 水冷（选择冷却塔）/℃	最高 45 最高 32	最高 45 最高 32
涂层厚度/μm （干） 初涂 （上面/背面） 精涂 （上面/背面）	 10/10 20/15	 20/20

2006 年，作者访问了德国 Elsenmann 公司，并在工厂参观了近红外涂层固化系统。该系统非常短，长 3m 左右。它与热风固化系统的生产线长度相比，仅为后者的1/10。设计的近红外涂层固化系统已经用于钢带涂层生产线。

尽管这种涂层生产线有它独特的优势，但是在生产过程中发现近红外涂层固化系统的近红外反射器的稳定性尚待改进。即是有用于近红外反射器故障检查的自动反射器故障检查功能，但若故障多了，连续生产也会受到影响。因此，目前尚有待于对技术和元器件加以完善，方能得到进一步的推广和应用。

8.7　静电涂油先进技术

绝大多数金属板带（铝板带、镀锌钢板、镀锡钢板等）的生产工艺都要求在金属板带表面均匀地涂覆一层防锈油，以有效阻止金属板带表面生锈。另外，它还可用于生产过程中金属表面的润滑；若在金属板带表面涂覆一层油脂（如食品级 DOS 油），可有效防止金属板带表面产生划痕；同时还便于板带材的叠放、吸盘吸取、剪切和脱模等加工工序的操作。

传统涂油多采用辊式涂油方式。由于辊式涂油是接触式涂油，不但涂油量高（可达 $100g/m^2$），而且涂油不均、涂油量不可控，因而既不先进、不经济，也无法满足生产工艺的要求。

静电涂油先进技术采用静电涂油机。其机理是采用不同的雾化原理，雾化后的油雾颗粒带电后，在电场力的作用下，均匀吸附在金属表面。其先进性、经济性在于涂油量低（可达 $2mg/m^2$），涂油均匀，涂油量可控。

国内欧爱泰克静电科技有限公司生产的卧式、立式静电涂油机是民族工业品牌。立式静电涂油机的整体布局如图 8-33 所示。

图 8-33　立式静电涂油机整体布局

8.7.1　立式静电涂油机

立式静电涂油机采用静电吸附原理，如图 8-34 所示。在金属板带的两侧，各自有一套涂油系统，从功能上分为四个部分：一次进气系统、二次进气系统、电离系统和涂覆段。一次进气系统利用压缩空气，将油料雾化；雾化后的油雾颗粒，在二次进气系统的作用下，向涂覆段运动；在运动过程中，二次进气系统会将大的油雾颗粒挡住，回流到油箱，而只有小的油雾颗粒被输送到电离系统；油雾颗粒在电离系统的作用下，带正电荷；带正电荷的油雾颗粒，在二次进气系统的作用下，进入涂覆段，并在高压电场力的作用下，被均匀地吸附在接地的金属板带表面上。

欧爱泰克公司生产的立式静电涂油机带有宽度调节自动控制系统，通过边部传感器，根据板带尺寸自动调整边部挡板位置，宽度调节自动控制系统可以有效控制边部过涂油。

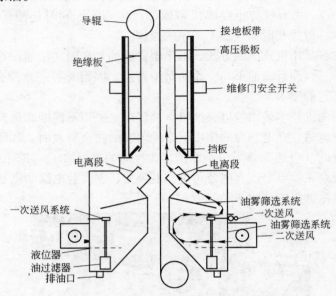

图8-34 立式静电涂油机静电吸附原理

8.7.2 卧式静电涂油机

卧式静电涂油机工作原理，如图8-35所示。

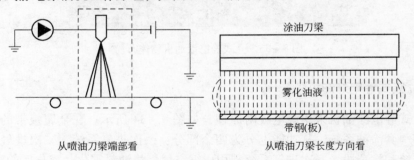

从喷油刀梁端部看　　　　　　从喷油刀梁长度方向看

图8-35 卧式静电涂油机工作原理

图8-35中油料被流量控制系统精确送入上、下涂油系统，油料在刀梁的雾化腔通过高压静电被电晕荷电，油滴的表面张力由于高压静电的作用失去平衡，于是油滴被充分雾化并在高压电场的排斥下被排除刀梁。通过接地金属板带和带负电电极之间产生稳定的非匀强高压电场，被荷上负电荷的油雾颗粒在电场力的驱动下，移向移动的金属板带。由于金属板带接地，相对于油雾颗粒处于正电位。根据静电原理，同性相斥，异性相吸，因此，带负电的油雾颗粒被均匀地吸

附在金属板带表面上。

8.8　铝卷、铝板自动包装生产工艺

　　铝卷、铝板的包装按其标准对于包装材料、包装技术、包装层次的规定和用户的特殊要求，并根据货物到达目的地可能使用的运输工具，选择不同的包装材料，采用不同的包装方式和包装技术。

　　铝板的包装方式有简易式、普通箱式、夹板式和扣板式。简易式、普通箱式采用离线包装，夹板式和扣板式（在夹板式上增加一个盖板）见图8-36a，它适合在线包装，并且能够与横切机列见图8-36b组合成半自动的包装生产线。

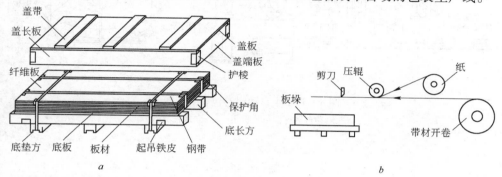

图8-36　半自动铝板包装生产线

a—扣板式包装；b—横切机列

　　铝卷的包装方式有裸件式、简易式、立式下扣普通箱式、卧式下扣普通箱式、立式托盘式和卧式"井"字架式。裸件式、简易式多采用大卷离线包装；立式下扣普通箱式、卧式下扣普通箱式多采用小卷离线包装；卧式"井"字架式和立式托盘式见图8-37b，它适合在线包装，并且能够和铝卷自动打捆包装机组（见图8-37a）合成自动的包装生产线。

　　西南铝的铝卷自动打捆包装机列参数如下：

卷材外径：最大1900mm；最小800mm

卷材内径：305/405/505/605mm

卷材质量：10000kg

卷材宽度：最大1600mm；最小600mm

卷材厚度：0.15～3.0mm

最大生产能力：8卷/h

薄膜厚度：50μm

薄膜预拉伸度：80%

薄膜拉伸辊直径：最大1900mm

薄膜拉伸辊宽度：350mm

卷材表面上薄膜的搭接宽度：25%

旋转速度：18r/min

缠绕圈数：40

卷材温度：最高 40℃

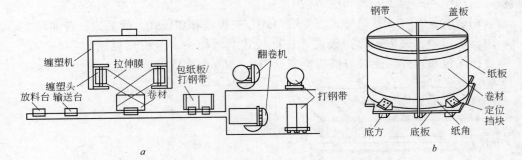

图 8 – 37 半自动铝卷包装生产线

a—铝卷自动打捆包装机组；b—立式托盘式

9 机加工技术及设备

9.1 扁锭锯床

扁锭锯床多采用带锯切削系统，按其锯头数，可分为单带锯和双带锯扁锭锯床，分别见图 9 - 1 和图 9 - 2。

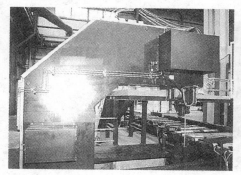

图 9 - 1　单带锯扁锭锯床　　　　　　图 9 - 2　双带锯扁锭锯床

9.1.1 高速扁锭切削带锯系统

扁锭切断一般采用高速切削带锯。带锯系统包括带锯框架、上或下行轨道支撑结构、带驱动装置、带锯轮及组件、带锯锯片的导轮装置、自动进刀系统。

9.1.1.1 带锯框架

带锯框架为重型结构，由 254mm × 305mm 的结构方钢焊接成 U 形刚性框架，框架外焊接厚 6mm 的钢板。框架包含带轮轴组件及其附件的安装位置。带锯框架的上部结构截面是 T 形，包含加工过的直线轴承安装位置。

9.1.1.2 带锯上、下行轨道支撑结构

就带锯系统来说，可设计为上行轨道支撑结构，也可设计为下行轨道支撑结构。但 Alu - cut 公司设计的上行轨道支撑结构具有更多的优点：能避免切屑落入轨道，保证设备正常运转；能保证锯头和传输轨道有更好、更紧密的连接，设备占地面积小。

上行轨道支撑结构由直径 300mm、壁厚 12mm 的钢管制成，带有安装支脚、对角加强支撑板和 50mm 的上层线性滑道。上行轨道的行程能提供足够的空间更

换带锯锯片。锯头由汽缸驱动中心与汽缸带锯锯条直线对齐。

9.1.1.3 带驱动

配有皮带张紧结构的驱动调速电机为下部带轮提供均匀驱动力。3 个高强度钢带轮轴和锥形辊子轴承，安装在去除应力的重载轴承座内。3 个直径 1300mm 的带轮本体为铸铝件，经过动平衡，导向 32mm 宽的带锯锯片的切削轨道，两个后备轴承保持锯片运动方向。2 个独立的带锯轮盘式卡钳制动装置可使运转速度为 2200m/min 的带锯锯片在 1s 内停止。

9.1.1.4 带锯锯片导轮装置

2 个锯片导轮装置，1 个安装在上部顶柱，见图 9-3。另 1 个安装在较低的带锯锯头框架上，将锯片固定在正确切割平面上。

导轮装置是封闭的，以防金属屑的进入，并配有油脂润滑轴承。

每个导轮装置都有两个硬质辊子，其中一个硬质辊子带有后部法兰来完成锯片的预装，对角线与地面相对，以固定锯片与带锯轮相对 90°。

Alu-cut 设计的高速带锯，导轮与带锯锯片接触为零间隙。对于操作者来说，即使没有机械或液压启动的运动机件辅助，插入扭曲锯片也很容易。

图 9-3 锯片导轮装置

2 个可快速更换的去屑装置安装在导轮装置内。当锯片经过下端导轮和下端带轮时，刷组清除掉锯片可能已经粘有的锯屑，使锯片表面光滑。

9.1.1.5 自动进刀系统

Alu-cut 扁锭锯切系统可以提供全自动的可编程锯切系统。顶柱装有 LVD 定位控制，用于驱动进刀的伺服电机带有编码器反馈装置，将提供相应扁锭的位置信息反馈，并且锯片驱动电机会监控反馈系统。

操作人员只要输入扁锭尺寸、切削的数量，系统会立即根据输入尺寸、数量，自动设定。启动切削操作时，锯片将以较低的速度切削，直到锯片切入铝锭。

9.1.2 Drylube 干式润滑技术

Drylube 干式润滑技术是美国 Alu-cut 公司研发的专利技术。近年，带锯的润滑方法从传统的人造液体润滑和溢流式润滑发展到喷雾润滑。喷雾系统所采用的 Jojoba 润滑油，最早是应用在飞机制造工业的铝板加工线上。虽然它已被证实是一种非常成功的方式，但最小的喷雾系统仍然存在以下问题：

（1）由于切削铝镁产品时很高的切削速率以及必须避免锯屑粘连，所以少量的润滑剂一般不能达到目的。

（2）在润滑剂的装置区域，系统一定要保持很高的清洁度。因为极细微的污物就可以引起毛细管的堵塞，阻碍润滑剂的流动，从而导致切削刀锯的粘刀和烧刀。

（3）操作者在气压泵内做的一系列的调节工作会导致润滑剂的过量消耗。

（4）空气中传播的喷雾颗粒不仅会危害操作人员的健康，而且工作区域也会被残余物所污染，成为潜在的危害。

Alu - cut 公司研发的 Drylube 是一个完全的自给系统，见图 9 - 4。Drylube 的润滑棒的定制是根据切削速率，按照最小的润滑剂消耗量进行配方，其润滑是通过快速释放嘴将润滑剂装入一个钢制的桶内来实现。它切削的产品十分干燥，空气中没有喷雾颗粒。一根润滑棒可持续使用的时间不少于 12h 的生产作业时间，更换的时间不会超过 5min。上述优点不仅大大提高了系统的整体清洁度，而且维修费用低，使用时间长，Drylube 的切削成本一般比喷雾润滑系统降低 30% ~70%。

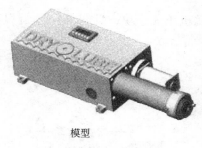

模型

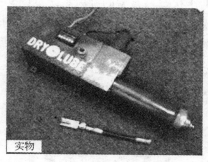

实物

图 9 - 4　Drylube 系统

9.1.3　扁锭锯切长度精度控制技术

先进的方法是采用非接触激光控制切削长度，即通过同步反馈激光控制采用的脉冲技术，就是利用质子爆破以光速从激光计时处到目标然后返回激光米处所需的时间来计算距离。

在具体的设计中，依据距离测量原理，采用一个高精度的计数器来测量激光脉冲到目标和从目标返回的时间，然后通过一个微处理器转换成距离读数，如图 9 -5 所示。通过快速激光打出激光，并采用求平均值的方法来减小随机误差，激光尺在整个可操作范围内可以获得很高的分辨率。

$$距离 = 运走时间 \times 运走速度/2$$

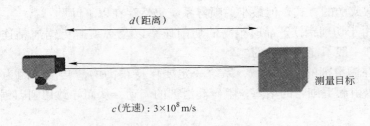

图9-5 距离和水平面测量原理

9.1.4 锯屑旋风吸收系统

锯屑旋风吸收系统能够有效地从锯切机系统中吸收锯屑,并通过一个转阀将锯屑存放到指定的容器中;同时提供布袋过滤器进行除尘。

11kW 的旋风装置、1.1kW 气塞,在真空水压表为 100mm 水柱(980.6Pa)时,能够在锯头低端导轮和带轮的区域提供 $182m^3/min$ 的风量。

经过动平衡,直径为 700mm 的空气风机叶片将直接安装在 11kW 的驱动电机上,并通过一个转动的气塞从系统中提取锯屑,旋风系统能够提供正压和负压两种工作状态。典型的旋风系统见图9-6。

收集的锯屑还可以通过一台专用的压实机压成小块,见图9-7。旋风系统的框架尺寸可根据锯屑压实系统进行调节。

图9-6 旋风系统

图9-7 小块压实机

9.1.5 扁锭锯切精度

Alu-cut 公司提供的扁锭锯床的性能保证值是:扁锭长度精度 ±3mm;切削面粗糙度不大于 50μm;切削面平行度不大于 1°。

9.2 扁锭铣床

铸锭铣面机有各种形式的设计：按一次铣面能力，可分为双面铣、单面铣；按铸锭铣面时的位向，又可分为卧轴式、立轴式，分别见图9-8和图9-9；按铸锭铣面的功能，又有同时进行面铣和侧边铣的设计。无论何种形式的设计，其主要的系统均包括铝锭运输、铝锭检测和扫描、铣面机机身、铣屑收集处理、液压润滑和电气自控系统。

图9-8　卧轴式铸锭铣面机

9.2.1 铝锭运输系统

铝锭运输系统一般设计为有辊的传输机。仅是单面铣的设计，必须有圆筒翻转机（见图9-10），以便翻转后再铣另一面。该装置用于第一面铣削后将铝锭翻转180°。翻转由两个大轮进行，由辊站支撑。翻转操作由重型辊链和液压电机驱动。翻转过程中铝锭各横截面被从上端安全夹紧，侧面得到支撑，不致移动。夹紧受液压夹紧梁控制，夹紧装置随铝锭宽度和厚度变化自动调节。

图9-9　立轴式铸锭铣面机

翻转装置顶部和底部都有一组辊道，在铝锭翻转之前移入，翻转之后移出，并与相邻辊道和夹紧辊道分别平行。辊道配备双锥形辊子以保护铣削过的铝锭表面。驱动控制为带频率调节的3相马达和蜗轮。与铣削后锭面接触的辊子为硬质镀铬材料，用光障壁或超声感应器控制铝锭位置。

图 9 – 10 圆筒翻转机

9.2.2 铝锭检测和扫描系统

铝锭在开始铣面前，需进行轴位置调整。其位置基准可根据用户要求的技术指标选择以下标准之一：程序控制尺寸；接触式测量铝锭表面；激光扫描表面以确定表面的最低点。

9.2.2.1 接触式测量铝锭表面

测量铝锭表面的基本装置是触控探针。安装在机器上方框架上的探针可伸展，以确定被夹在铝锭的上表面位置。此测量结果被传送到控制器，用于确定在部分程序基础上最优化的铣刀设定值。

9.2.2.2 激光扫描铝锭表面技术

扫描系统扫描铝锭未铣削过的铸造表面，以确定表面的高低点，并包括曲弯。扫描激光器记录下来的铝锭表面数据被传送到控制器，以确定铣面机的铣削深度，计算完铣削深度后，并同时要考虑除去激光系统检测出来的位于铝锭表面低点下面的定量物质。如果需要切割深度大（假定 45mm），则控制系统就会自动计算 2 个铣削道次。

Ingersoll 铣面机的控制系统有 4 个激光传感器，共 24 个扫描激光器（间距为 25.4mm）。激光头安装在一个移动架上，移动架经过铝锭上方时，它可以扫描铝锭中间部位以下的 2400mm 宽的区域，扫描范围覆盖整个铝锭宽度。

亚铝购买的 SMS（Meer）铣面机的激光测量装置位于夹紧辊道的前面，扫描夹紧辊道上的轧制过程中的铝锭。4 个激光传感器被安装在跨过辊道的型钢上，分别见图 9 – 11 和图 9 – 12。一个单独的传感激光器被从下面安装，带有在测量过程中才能打开的保护罩，见图 9 – 13。

操作由铣面机的 WIN CC HMI 系统完成。铝锭表面设计是在轧制过程中的辊道上被测量。为适应铝锭的运动，就要从下侧开始进行平行测量。在夹紧后，还

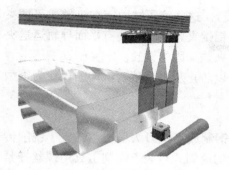

图 9-11 测量系统图

图 9-12 激光器避免干扰的不同波长

a

b

图 9-13 夹紧辊道内的激光传感器

a— 带有专用的盖子的激光传感器；*b*—显示带有打开盖的激光传感器

需要进行纠正测量以消除小的偏离。所有测量按照铝锭长度位置同时进行。完成一个铣面铝锭的校准后，激光器的技术精确度能够达到 ±1mm。

9.2.3 铣面机机身

9.2.3.1 传动装置和机身

铣削传动装置为固定在两床身之间的焊接钢缸体结构，铣削传动由 4 个导轨引导，调节铣刀头高度。真实高度通过 2 个滚珠轴承主轴和伺服电机传动调节。

铣刀头传动装置包括一个直接传动交流电机。该电机通过齿轮型联轴节连于铣削轴，以便于铣刀头进行高度调节。

喷射润滑系统在铣削时工作。喷射装置包括 20L 容量容器和带压缩空气喷射器、喷雾嘴及必要的电磁阀及喷射设备。喷雾嘴运行数量视锭宽而定。

机床为焊接钢结构，长约 21400mm，附带夹紧辊道。夹紧辊道配备适合每一个铝锭的夹紧设备，可根据不同锭宽通过主轴和频率控制齿轮制动马达无限调整。真实夹紧操作通过 50mm 冲程液压缸进行。这些液压缸固定在机械式可调夹紧架上。为防液压系统失灵，用活套塔支持铝锭夹紧。机床装有平面导轨运送夹紧辊道，导轨采用静液压润滑方式，并配有夹紧加固的钢轨。

另外，机床配有伸缩罩保护机床滑道，以防止灰尘溅落。该伸缩罩专为重型操作设计，配有减振器。

9.2.3.2 主铣刀头和护罩

主铣刀头见图 9 - 14。它的主体由实心钢制成。铣刀头呈法兰式置于铣削传动的铣削轴上。铣刀头带有为切削工具设置的圆周式口袋，切削工具用螺丝拧紧在铣刀头上，铣刀头装有迷宫式密封铣削罩以优化碎屑处理管道，并避开铣削传送轴承的低压。铣刀头装有额外翼片以支持吸气效率。

图 9 - 14 主铣刀头

铣刀头装有切削刀具，刀具系统包括一个坚固的重型刀架，为铣刀头量身定做。刀架设计和铣刀头凹口形状促成高效的碎屑吸入。每个刀架配有一个刀座和支撑盘。硬质合金刀片安全、无振动地装在刀座内。夹紧螺栓将刀片固定在刀座内。夹紧螺栓由螺钉夹紧。另外两个精铣刀以 180°偏斜角安装。

碎屑收集罩专为去除铣刀头周围长短铝片而设计。它环绕铣刀头。铣刀头和碎屑收集罩的设计决定吸气系统的高效。铣刀头和刀具的设计经过验证是可靠的。另外，碎屑收集罩装有切削深度监视器。如果超过切削最大深度，该设备自动停止夹紧架进料。

9.2.3.3 铣边机

铝锭铣床设计有一个组合铣边机构来一次铣削铝锭的上表面和边面，见图 9 - 15。它包括 2 个用于角边面的角头。根据用户要求，还可以增加一个用于立边的水平头。2 个角边面的铣削头可以在 4°～30°范围内定位角度。它安装在十字结联轴节两边的滑道上，用于水平定位。其切角轴见图 9 - 16。立边头的切边立轴见图 9 - 17。

图 9 - 15　带组合铣边机构的铝锭铣床

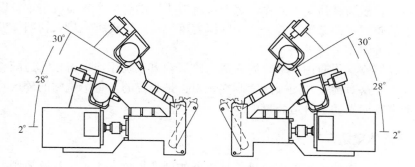

图 9 - 16　角边面铣削头的切角轴

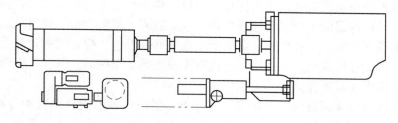

图 9 - 17　立边水平头的切边立轴

　　铣边后的扁锭侧面形状见图 9 - 18，吊钳最下面的一块铝锭侧面形状是 3 个面形，此种形状在铣边时，增加了立边的水平头。每个铣边机头都是以和主铣削头相同的进刀率进行铣削。

　　铣边装置上有标度显示。铝锭一到达铣削位置，铣削轴承箱就会被夹紧，铣削轴通过性能可靠的可调节 2 排圆柱辊子轴承运动。轴向负荷由 2 个深槽滚珠推力轴承来承担。该轴承配给润滑。直流 3 相电机为铣削轴提供驱动。速度监视器控制操作。

图 9 – 18　铣边后的扁锭侧面形状

铣边刀头装有可回转式硬质合金刀片所用的切削刀具。另外装有 1 个精铣刀，其刀头材质为高强钢。同样，每个铣边刀头周围有一个碎屑收集罩，以去除铣削产生的碎屑。每个罩装有一个切削深度监视器，该设备在最大切削深度被超过时会自动关闭夹紧架进料。

每个碎屑收集罩通过一根碎屑管道与碎屑剥离系统相连。每根管道配有一根专用滑动管。这对锭宽和切削深度调整铣刀头是必要的。每个铣站的碎屑管道都连在一个带有分支的主管道装置上。

9.2.4　碎屑收集系统

铝锭铣面机中的碎屑处理也是这种机器的最大特色。为了不让碎屑影响进程并有效减少在清理上的时间，持续研发刀具和护罩设计十分重要。

碎屑被护罩捕捉后通过管道送往碎屑机。碎屑机是专为铝锭铣面机碎屑处理开发的，其设计保证了切屑处理效果好，且对吸入气流阻力低。碎屑机由 3 相电机和液力联轴节驱动。碎屑机和电机固定在公共基架上。碎屑机转子装有带 2 个切刃的可移动悬挂式锤。输送锤配置仅有标识的第 2 个凹洞。锤的一个切刃磨损后可更换 3 次才需进行修锤。

碎屑被风机吹到旋风器中并与空气分离。但该设备不能从空气中分离灰尘。若需除尘，则需另装除尘系统。碎屑从旋风器中被送入一个中间集料台，集料台容量设计为最多 1h 的集料量。然后碎屑被一个振动洗涤槽送往皮带输送机，最后运往废物箱。

管道和旋风器一般做防声隔离处理。就管道设计而言，保持较大弯度很重要，这样可以防止过早磨损。管道内必须光滑以防碎屑滞留。由于噪声问题，碎屑机和风机应装在隔声室中。

9.2.5　扁锭铣削精度

SMS（Meer）公司提供的扁锭铣床的性能保证值是：

铝锭表面精加工精确度：

（1）上、下底面 $Rt \leqslant 5\mu m$；$Ra \leqslant 0.35\mu m$；

（2）侧面 $Rt \leqslant 25\mu m$；$Ra \leqslant 5\mu m$；

（3）铝锭表面平行度：不大于 0.15mm/m；

（4）铝锭表面加工后清洁、无油、无铝屑。

9.3 高表面高精度轧辊磨辊技术

高表面高精度轧辊是加工高质量铝板带的关键装备之一。高性能的轧辊磨床又是加工高表面高精度轧辊的关键装备。Herkules 在美国联合电气钢铁公司、德国 Gonterrmann – Peipers 安装了世界上最大和最先进的轧辊磨床。

世界上最大的轧辊磨床可以在静压托架的支持下，加工重达 300t（660000 磅）的轧辊，可以对 100t（220000 磅）的轧辊进行顶尖磨削，容许加工的辊身长度可达 20m，辊径可达 3m，见图 9 – 19。

美国联合电气钢铁公司选用了最先进的轧辊磨床，以满足需要，见图 9 – 20。它具有高度自动化，可以对重达 50t（110000 磅）的轧辊进行顶尖磨削，且精度极高（TIR 0.002mm），它配备了最新的 CNC 控制器，包括自动双旋转砂轮架，以

图 9 – 19 世界上最大的轧辊磨床

确保圆锥形磨削的绝对精确；包括偏心磨削补偿、CNC 凸度加工和自动排序；还包括专用的集成测量系统。此测量系统可准确地测量各种辊形、辊径、圆度、同心度，轧辊偏心平行度校正，轧辊各段长度及轧辊探伤。

Herkules 公司在专用的轧辊磨床领域，其制造技术占有领先地位，设计上有独到之处。

图 9 – 20 最先进的 CNC 轧辊磨床

9.3.1 床身和基础设计

床身铸件分为两个完全独立的单元：工件床身和砂轮架床身。将两者分开可以防止砂轮架偏离，尤其当装载重型轧辊时，显得十分重要。

床身铸件由高等级和具有稳定性、无应力、加强筋结构的铸铁件制成，以获得最佳的减振性能。导轨加工后淬火硬化，再进行手工刮研。

在两个床身之间，安装了一条钢制水槽，不断用水流冲洗，以保持清洁和防止温度对设备产生的影响。

9.3.2 Monolith 床身

Monolith 床身主要是针对生产高精度的冷轧板和箔材的专用磨床设计制造的，可直接置于基础上使用。Monolith 床身下面垫有减振垫，不需要传统的弹簧基础设计。

Monolith 床身见图 9 – 21。整个床身类似"三明治"形式，实为将床身底座和导轨床身以连接形式压为一体。底部是一层钢板，上部是铸铁导轨床身，中间是特殊浇筑的混凝土减振材料。其优点是高度吸振、安装时间短、节省安装成本和基础制作成本、床身易调平以及最低的热传导与最小的维护量。

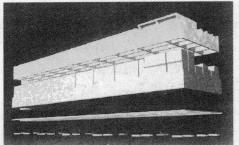

图 9 – 21 Monolith 床身

9.3.3 砂轮架床身设计

砂轮架的床身设计是具有热稳定性的（前面已提及的水槽），Herkules 床身设计的横截面充分体现了按相同膨胀系数进行的均一、对称的质量分布，以防止因温度变化而引起的磨床轴线变形，近乎于零的公差是依靠热对称的床身设计所获得的，而并非依靠对称性导轨设计。

9.3.4 砂轮架

除了磨床主轴/磨头系统以外，砂轮架是获得良好加工质量的核心部件。它和床身铸件一样，是由高等级和具有稳定性、无应力、加强筋结构的铸铁件制成，另外在其导轨中还嵌入特殊材料，以实现安全运行。

砂轮架的驱动系统更换了性能较差的单点接触导轨和小齿轮，取而代之的是设计自调节螺旋导轨和双齿轮无间隙驱动方式，见图 9 – 22。

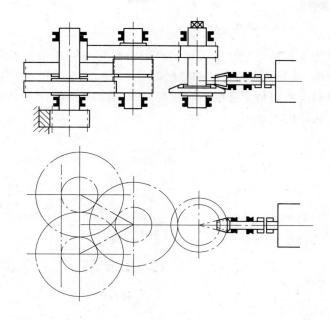

图 9-22 砂轮架的驱动系统

由于采用了螺旋导轨和双齿轮驱动，获得了更高的接触百分比；由于其位于砂轮架的中心位置，双向受力均衡，从而可确保砂轮架的无间隙运行。

对于砂轮架的润滑，设计了新的动、静压结合式的润滑系统，取代了传统的纯静压的润滑方式，以避免纯静压设计的漂移现象。

动、静压结合式的润滑系统的主要特点是：

（1）砂轮架和导轨之间始终保持恒定的油膜层厚度，避免了铸铁与铸铁的直接接触，实现了砂轮架在特殊滑动材料的导轨中安全运行。

（2）砂轮架和床身导轨是经过手工精心刮研的。尽管费用较高，但它形成了几百万个小油窝，以确保充分的润滑和稳定。

（3）为了产生动压润滑，在床身导轨内注满油，油在精心加工的通道内，迅速流向砂轮架行走的反方向。

（4）快速流动的油被压在砂轮架之下，形成几百万个小油窝支撑着托板，从而形成恒定的高压油膜层，使得砂轮架运行极其平稳。高压油膜使得减振系数比纯静压设计高 10 倍以上。

（5）动压系统同时受到了静压支持，从而确保即使在砂轮头这一载荷最大的部位，砂轮架也不会发生变形。完全避免了纯静压设计的漂移现象。

（6）免维护，大幅度降低了成本。

9.3.5 磨头

磨头是轧辊磨床的心脏，Herkules 磨床由两套不同的进给系统组成，见图 9 - 23。粗磨时 x 轴上的横向进给和精磨时偏心轴 c 轴向上的微量进给完全实现了最精确、最稳定的高精度磨削。同样对 CVC 辊形不需要附加其他轴来形成砂轮和轧辊的永久切向接触面。

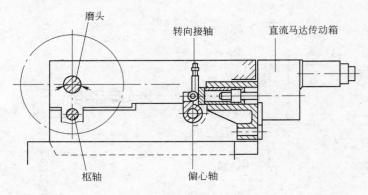

图 9 - 23 磨削进给系统

x 轴上的横向进给通过使用两根棱形导轨以保证最佳的方向稳定性，以及使热膨胀仅在高度方向对称产生，从而提高轴承刚性，使磨削稍高于或低于中心不会产生大于 0.0001mm 的精度误差。

为保证砂轮的精密弧线横磨，有两种基本类型的偏心轴/凸度轴设计。一是只在静压偏心套筒中倾斜磨削主轴；二是将整个砂轮头架上部通过偏心轴。Herkules 采用了后者，即利用偏心轴使整个砂轮头架上部绕销轴旋转倾斜，见图 9 - 23。此种设计的优点是：

（1）位于砂轮头架尾端的偏心轴具有特殊的几何形状，其运转只产生极其微量的精确进给；即使偏心轴横向进给系统发生小问题，砂轮的横向进给也能确保精度。

（2）整个上砂轮头的总质量的作用是以尽量大的质量来直接减少由砂轮传递的振动；同时，根据重力原理预加进给系统的载荷即意味着非自锁式丝杠螺帽总是被推住，并保持在最后面的位置，与其转动方向无关。

9.3.6 轧辊的测量和检测

真正的自动磨削过程必须包括自适应控制，它通过完全集成控制的轧辊检测系统来实现。系统必须按程序运行；并具有实时、在线修正功能。其测量仪有实时在线测量的两点卡规，由 A、B 探头进行测量，探针是金刚石，可防止划伤辊面。在砂轮侧有 C 探头，用来测量轧辊在托架上的水平度。另外还有装在砂轮托架旁边的涡流探伤仪。基本测量要求为：

（1）辊形；

（2）圆度（TIR）；

（3）绝对直径；

（4）轧辊平行度校准；

（5）轧辊表面综合探伤；

（6）轧辊表面硬度测试；

（7）轧辊表面粗糙度测量；

（8）轧辊表面温度测量。

9.3.7 轧辊的自动磨削

最新的 "alpha 64 位芯片" 驱动器是 21 世纪初最现代化的，可以完全集成、完全自动化地进行轧辊搬运、磨削和检测。包括：

（1）带和不带轴承座的轧辊自动装载，包括软着陆装置、轴承座的放置和翻转。

（2）轴向和平行方向的自动轧辊校准。

（3）逻辑性检查所选择的程序适合该轧辊。

（4）自动轧辊耦合。

（5）自动轧辊检测、砂轮修磨和自动靠辊。

（6）按工序自动磨削，从粗磨到抛光，包括连续在线进行的轧辊检测和监控。

（7）通过自适应控制及数据反馈，始终保持实时、在线修正。包括：床身找正、修正；通过软件进行轧辊找正误差补偿；磨削到公差要求；匹配轧辊直径；针对轧辊探伤做出逻辑性判断；补偿偏心误差；轧辊最终检测和记录；部件自动复位和卸载。

9.3.8 轧辊的凸度磨削

轧辊的凸度磨削是自动工序的一部分。CNC 控制是用来设定不同辊形的，它极度灵活和便利，因为它是以对话输入模式工作的。对于通常的曲线来说，只需要输入辊面的长度、中高以及所需要的正弦曲线的角度即可。

采用这一高度灵活的系统能够加工各种不同的辊形，其标准曲线是：从 26°~180°、360°的正弦曲线，见图 9-24a；磨削锥度见图 9-24b；斜面磨削见图 9-24c；组合形状磨削见图 9-24d；圆柱段磨削见图 9-24e；圆柱体一或两段的特殊磨削（锥体、圆角、正弦曲线及组合）见图 9-24f。

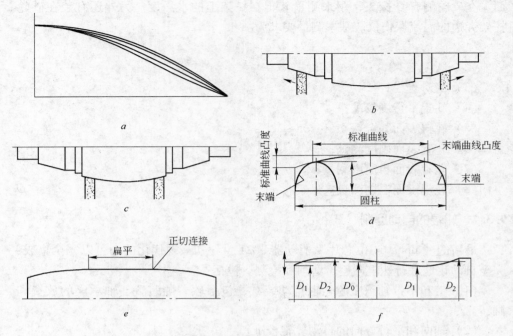

图 9 - 24 轧辊凸度磨削标准曲线

9.3.9 轧辊磨削精度

Herkules 磨床磨削的轧辊性能保证值是：平行度 0.001mm/m、圆度 0.001mm、凸度 ±0.001mm；CVC 辊形 ±0.001mm；表面粗糙度 Ra 可达 0.015μm。

10 热处理技术及设备

10.1 大型铝合金热处理炉

大型铝合金热处理炉的主要类型有：铸锭均质炉、加热炉；厚板淬火炉、退火与时效炉。各种炉具的加热特性和温度精控是十分重要的。

10.1.1 几种先进的大型铝合金热处理炉

美国铝业公司刚性包装容器公司田纳西州诺克斯维尔轧制厂向 EBNER 公司订购的 2 台扁锭推进式加热炉已在 2008 年投产。该炉可装 48 块扁锭，锭总重 1200t。是迄今世界铝工业最大的扁锭加热/均质炉。

该炉温度的均匀性可达到不大于 6K 的要求，这种高技术加热炉不仅能够提高加热/均质品质，而且有很高的能效。

德国科布伦茨（Koblenz）轧制厂向 EBNER 公司订购的 1 台扁锭均质化炉已在 2004 年 9 月投产，温差可精确到 ±3℃。2005 年 3 月订购的 1 台电加热的厚板退火与时效炉（炉内分 3 区，可处理长度达 26m 的厚板），温差可精确到 ±1℃。

美国原 Reynolds 公司 Mecock（麦库克）薄板和中厚板厂的时效处理炉长达 36m。它是为制作飞机机翼部件的铝板时效处理炉设计的，有 20 个加热区，每个区有自己的调速循环风扇。在 200℃ 的工作温度，整个炉料的温差保持在 ±1.1K 以内。这种温差高精度的时效处理炉能保证最短的升温时间和整个炉料均匀加热，不会过热。

10.1.2 炉体节能结构设计现代技术

EBNER 公司制造大型铝合金热处理炉（铸锭均质炉、铸锭加热炉、厚板退火与时效炉）的技术在世界上是最先进的。其炉体节能结构设计的现代技术有 4 个，即高燃烧效率（达到 90%）、最高级纤维绝热、大功率再循环风扇、精细调节的导流板设备。作者曾两次（2000 年、2005 年）访问过该公司。

10.1.2.1 高燃烧效率

高燃烧效率是指燃烧效率达到 90% 以上。为此，大型铝合金热处理炉采用高效燃烧系统，如在炉顶安装两级式高速低 NO_x 排放烧嘴加热、燃烧系统见图 10 - 1。

由于 NO_x 排放与火焰温度、气体在烧嘴内停留时间及氧气和氮气浓度有关，若助燃气体温度非常高，火焰温度也会很高，后者会导致高 NO_x 排放。采用两级燃烧的烧嘴，NO_x 排放会大大减少。在第一级，仅有部分助燃气体（主空气）与燃气混合，因此导致部分燃烧。氧气不足不仅会降低火焰温度，还会导致 NO_x 排放大大减少。燃气完全燃烧所需的二次空气在第二级中被引入燃烧产物。由于火焰产生脉冲，废气被引入火焰，因此温度降低。这一设计使 NO_x 排放远低于严格的 TA – Air Germany standard 标准规定，在图 10 – 2 中，横坐标是烧嘴功率；曲线 1 是未采用换热器情况下的排放量；曲线 2 是采用换热器情况下的排放量；曲线 3 则是采用换热器和废气预混情况下的排放量。

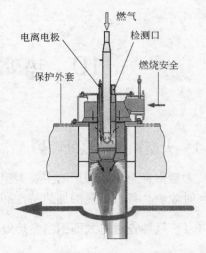

图 10 – 1 两级式高速低 NO_x 排放烧嘴

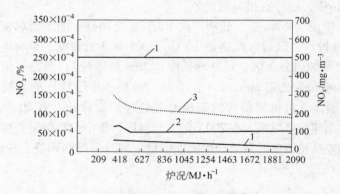

图 10 – 2 两级式高速烧嘴的氮氧化物排放浓度

另外，烧嘴以"全金属设计"方式制造，即没有使用耐火燃烧器模块，这样会延长燃烧器寿命。烧嘴没装引燃器；火焰在燃气流量适于点火（点火电压为 5kV）时自动点燃。燃烧器的火焰受电离电极（电离电流被控制）监控。

10.1.2.2 最高级纤维绝热

典型的炉体保温结构见图 10 – 3。

典型的炉体保温结构厚 400mm，它是具有铝箔防潮层的最高级绝热纤维炉壳体。用型钢焊接并加固的气密钢外壳（软钢；壳材厚度为约 5mm，面板材料约 15mm）和内缸（厚度 2.0mm；18% Cr，8% Ni 合金板，稳定 Ti）之间用支架柱螺栓（焊接于外壳内层）、隔板、锁槽/片及锁销安装，见图10-4。

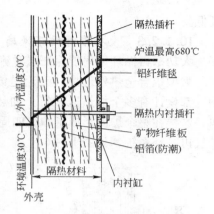

图10-3 炉体典型的保温结构

图10-4中内衬缸与装配元件（槽而非圆洞）的设计不仅考虑了热胀冷缩因素，避免了内炉膛的变形和翘角，而且，也保证了绝缘得以完全覆盖，不会使绝缘暴露。否则，游离绝缘分子会被高对流，即被高速流通的空气吹到锭表（面），致使加热过程中铝锭表面出现"小珠"。

外壳和内缸之间的热绝缘主件包括绝缘毛、板、毯及铝箔8层。

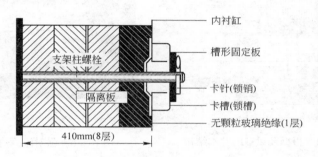

图10-4 支架柱螺栓结构

A 铝纤维毯

最大允许温度为1260℃，填充密度约130kg/m³，用于靠近内炉膛的最里层。它是一层无渣球保温层，一种无颗粒玻璃绝缘材料。有了这种绝缘，再使用内缸，就完全可以保证铝锭表面不会被游离绝缘分子污染。

B 矿物纤维板

最大允许温度为650℃，填充密度约150kg/m³，用于炉壳里层周围。

C 矿物纤维毛

最大允许温度为650℃，填充密度约150kg/m³，用于退火室边缘。

D 铝箔

厚度为0.1mm，放在绝缘中间，作为阻凝层。

燃烧器周围的临界点被高质量铝-硅酸盐纤维绝缘。铝纤维毛（最大允许温度为1260℃），填充密度为180kg/m³，用于暴露区域（如燃烧器和排气管周围）。

由于提供的绝缘层厚度至少为400mm，炉内最高气温时炉壳外表面温度不超过室温以上25℃。

最高级纤维绝缘和高的综合效率，保证了该类型大型铝合金热处理炉的单耗低。

10.1.2.3 大功率再循环风扇

大功率再循环风扇能保证强对流，实现强传热，其基本结构见图 10 - 5。

大型铝合金热处理炉，无论是铸锭均质炉和加热炉，还是厚板退火和时效炉，都设计有多个加热区。每个加热控制区有一个大容量风机保持炉内循环通风，这样在整个炉内形成了炉料四周最佳气流条件的高效率（强对流传热技术）炉气再循环系统，见图 10 - 6。

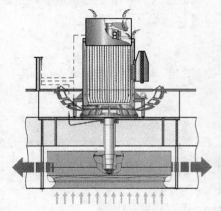

图 10 - 5 大功率再循环风扇的基本结构　　　图 10 - 6 强对流传热再循环系统

10.1.2.4 精细调节的导流板系统

优化设计的循环导流板系统，见图 10 - 7。另外，每个区内的挡板系统设计使均匀分布和无损耗的空气循环覆盖本区全部长度和宽度。

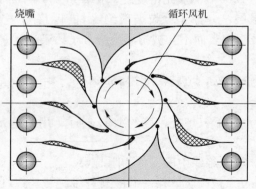

图 10 - 7 循环导流板系统

炉顶部炉气再循环系统极高的循环能力，加上优化设计的循环导流板系统和每个区内的挡板系统，就能确保加热过程中准确的温度控制，从而取得整个加热室内最大限度的温度一致性，这样也就保证了炉内所有的炉料获得均匀加热。炉料的温差非常小（可小至 ±1.5K），可保证炉料均匀的显微组织和一致的力学性能。

10.1.3　铸锭推进式加热炉

铸锭推进式加热炉见图 10 - 8 和图 10 - 9。

图 10 - 8　推进炉（进口）

图 10 - 9　推进炉（出口）

10.1.3.1　炉底缝式喷嘴

在铸锭推进式加热炉中，空气从风机流经燃烧器，沿炉壁通过缝式喷嘴到达锭间。特殊设计的炉底有一排缝式喷嘴，缝式喷嘴用 CrNi 合金板制成，置于整个炉底（分布遍及炉内全部长度与宽度）与锭底板之间，从锭间吹出空气，喷嘴风速约 45m/s（见图 10 - 10）。整个炉内的气流循环见图 10 - 11。

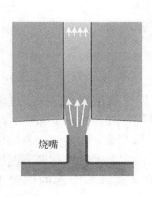

图 10 - 10　炉底缝式喷嘴

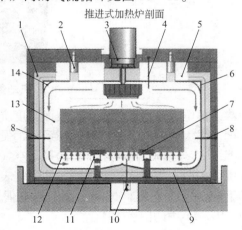

图 10 - 11　炉内气流循环

1—矿物纤维板；2—烧嘴；3—循环风机；4—双联热电偶
（烧嘴顶部）；5，6—铝纤维毛毯；7—锭座；8—热电偶回路；
9—铝箔；10—风动渗入热电偶；11—滑动轨道；
12—喷嘴；13—吸音系统；14—内套（内衬）

由于空气流通的最大压降发生在喷嘴处，因此铝锭不管长短厚薄，传热动态大致相同。另外，所有缝式喷嘴上的方形开放区也大致相同，以保证所有缝式喷嘴气量和气速相等。缝式喷嘴空气流的优化对整个锭的均匀加热很重要，它保证了气流在锭间的均衡作用，可消除锭边和锭角处的过热现象。

10.1.3.2 炉内温度测量及监控

每个炉区提供 3 个双联热电偶，测量炉内气温：1 个在风机后吸入端（见图 10 - 11 中的图注 4）；2 个在每边燃烧器上方。1 个双联热电偶包括 1 个用于温度控制的热电偶回路和 1 个用于温度监视的热电偶回路，2 个热电偶回路彼此独立。

每个炉区布有 1 个单独的渗入式热电偶组件（包含 1 个双联热电偶），在最后一个炉区另外加装 1 个渗入热电偶备用。这些热电偶通过气动缸和钢制弹簧被按压在锭上，测量铝锭底表面的真实材料温度，能够做到精密控制，见图 10 - 12。

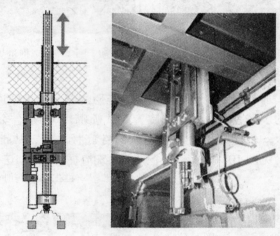

图 10 - 12 风动渗入热电偶

渗入热电偶可持续测量铝锭表面温度（最热点），以控制过调节温度。过调节温度与强大的 HICON® 空气循环系统、强大的燃烧系统一起，保证了加热时间尽可能缩短。过调节温度限于炉内最高空气温度以内。每 15min 抽离铝锭表面以允许锭热扩散。用渗入热电偶测量的铝锭表面温度快到给定温度时，过调节温度自动下降，以防止装料过热。这个热电偶装在每个炉区最后 1 个锭的位置上（见图 10 - 11 中的图注 10）。

图 10 - 13 所示是铸锭推进式加热炉在锭均热和再加热时的时间 - 温度曲线。

10.1.3.3 自动润滑系统

炉入口装有全自动润滑系统（见图 10 - 14），以减少推进时滑轨与底板之间的摩擦。锭底板推入/退出前，滑轨在入口/出口被施以同样剂量的稳定少量的润

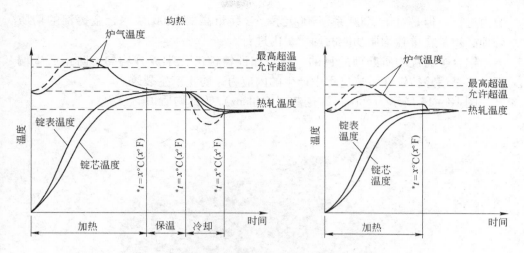

图 10-13 均热和再加热时的时间-温度曲线

滑剂（含固体成分矿物油，适于 1000℃ 以下）。一个自动润滑泵（单活塞泵，最多 12 个出口）将润滑剂从润滑槽（容量约 15L）中经润滑管线抽到炉入口和出口的润滑点。润滑槽装有液位显示器。润滑剂流量可精确调节。

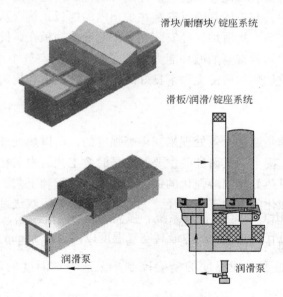

图 10-14 滑轨全自动润滑系统

10.1.4 均质炉

对于 3000 系、5000 系铝合金铸锭的均质处理和加热可以同时在上述的加热炉内进行，但是对于 2000 系、7000 系、含镁量高的 5000 系铝合金铸锭的均质处理必须是在单独均质功能的均质炉内进行。

铝合金铸锭均质处理的目的：一是保证铸锭的化学成分均匀，防止产生偏析；二是消除铸锭在铸造过程中产生的内应力，防止产生裂纹。

图 10 – 15 所示为德国科布伦茨（Koblenz）铸锭均质炉。

图 10 – 15　德国科布伦茨（Koblenz）铸锭均质炉

铸锭均质炉的炉气再循环系统被设计成可以把炉内流动的气体抽入安装在炉顶内的循环风机中，并迫使其通过安装在炉顶内的挡板系统，从那里它通过安装在炉顶内的燃气烧嘴，然后炉气经安装在炉子侧壁的挡板在铸锭间吹动。通过这些合适的挡板，炉内异常高的循环能力实现了整个加热空气中可能的最佳温度，为炉内所有要均质加热的铸锭提供了良好的铸锭温控精度和均匀性条件。

10.1.5　时效炉

高强铝合金都是通过时效处理来获得高强度的，所以热处理工艺在遵循固溶处理基本规律的前提下，其研究的主要对象是时效工艺。本书在产品与市场篇中较详细地介绍了可热处理固溶强化的铝合金时效的过程和工艺。

铝合金时效强化的多种工艺途径，无论是分级时效、双级过时效，还是形变热处理和 RRA 处理，都是采用人工时效，即将淬火后得到的过饱和固溶体在高于室温的温度下加热，使脱溶过程加速。显然，对于实现人工时效过程的时效炉的装备水平，即能否保证温度的精确控制，保证炉料温度的均匀性是至关重要的。

HICON®室式时效炉是专门用来满足上述要求的。该炉具有几个特点：一是特殊结构的导流板设备，能使气流反向的可调速的大容量循环风扇。二是通过改变风扇速度调节炉温，精调温度。三是接受任何时效工艺，时效程序的控制十分灵活。该炉保证了最短的升温时间，整个炉料均匀加热，不会出现过热现象。

图 10-16 所示是美国原 Reynolds. Metals 人工时效炉，用来处理长达 36m，制作飞机机翼部件的铝板。该炉有 20 个加热区，每个区有自己的调速循环风扇。在 200℃ 的工作温度，整个炉料的温差保持在 1.1K 以内。

图 10-16　HICON®室式时效炉

图 10-17 所示是空炉工况下的时间-温度曲线（99 个测量点），图 10-18 所示是某种铝合金进行 T6 状态处理的时间-温度曲线。

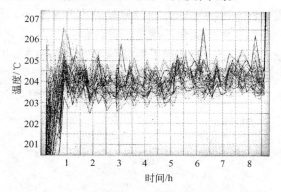

图 10-17　空炉工况下的时间-温度曲线

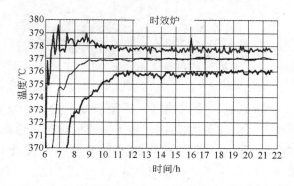

图 10-18　某种铝合金 T6 状态下的时间-温度曲线

10.2 铝合金中厚板卧式淬火炉及热处理技术

10.2.1 辊底式淬火炉的结构及特点

EBNER 公司和 OTTOJUNKER 公司制造的铝合金板材辊底式淬火炉大致相同，见图 10-19。

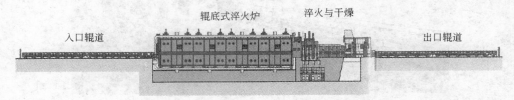

入口辊道　　　　　　　辊底式淬火炉　　　　　淬火与干燥　　　　　　　　　　出口辊道

图 10-19　辊底式淬火炉

淬火热处理工艺是首先把板材送入固溶加热炉内，板材在炉中由垂直的热空气流从上、下两面加热到设定的温度。这种类型的炉子设备最重要的就是要使温差达到绝对最小值（在 ±3K 范围内），特别是在处理航空、航天工业用材料时，加热室中的任意一点温度都不能超过规定的容许偏差。

大型的中厚板或薄板卧式淬火炉可以处理厚度为 3~150mm 的材料，每一张中厚板或薄板经过该设备都是由一个炉底辊道输送机构来转送，这种运送辊道配有不锈钢丝刷（见图 10-20），以确保材料的底面一点也不留压痕。

图 10-20　炉底不锈钢丝刷运送辊道

炉子一般以 4~5m 长为一个加热区，炉子长度上的最长空间根据设计的最长板材而定，并分成多个等长的加热区。为了保证板材在加热和保温过程中温度的均匀性，最好的设计是每一个加热区的炉顶和炉底各装备 1 台风机（见图 10-21），每台风机又区分成 4 个温度控制区：2 个在左侧，2 个在右侧。

每一个加热区的喷嘴系统都设计有分配装置，热空气被分配到喷嘴，以保证每一个喷嘴得到相同的空气量；不管是在该区的端头还是尾部，每个喷嘴出来的气流都相同。喷嘴到板材之间的距离一般设计为450mm。

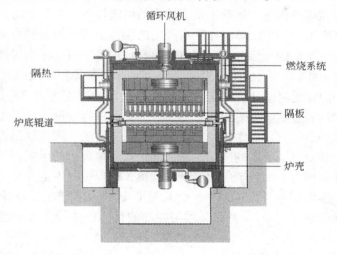

图 10 - 21 每个加热区剖面图

在固溶炉内加热的铝合金厚板温升和保温曲线见图 10 - 22。在最佳条件下，保温时的温差可达到 ±1℃。

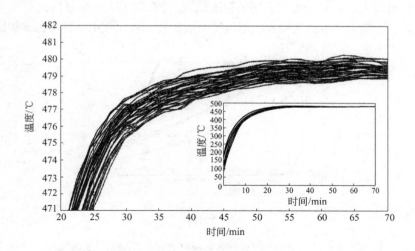

图 10 - 22 炉内铝合金厚板的温升和保温曲线

10.2.2 铝合金中厚板的热处理

根据大量的生产数据积累，铝合金厚板在固溶炉内加热和保温时间依据铝合金系和板厚而定。具体工艺，本书不做介绍。

正因为支撑板材的辊道设计为不锈钢丝刷式，可以使板材的接触面积减至最小，这不但有利于热传输，而且消除了擦伤的可能性。同时为了防止板材和炉膛辊子在一定温度下的变形，板材在炉内限定的位置上缓慢地来回摆动。

一般来说，全部的加热区都采用电加热。加热系统可以标准组件形式从炉内移出，并具有 100% 的保护功能，因而避免了由于外部原因形成的短路和接地。

板材在炉内保温时间达到规定后，立即以设定的速度进入强冷的主淬火区，强涌的高压水流通过喷嘴喷射到板材的上、下两面进行喷淋淬火。根据不同的合金、板厚自动调节淬火过程中的冷却速率是至关重要的。因为这是该淬火工艺的核心技术。它既要保证必需的冷却速率，确保板材淬火后的组织、性能和晶粒大小，又要保证将板材中的残余应力降到最低值，确保板材不会发生不允许的变形和扭曲，不平度控制在规定的水平。之后让板材通过冷却区的设计（薄板缓慢前行，厚板微微来回摆动），其更为均匀冷却的目的仍然是淬火工艺关键技术的一部分。

EBNER 公司通过多年的试验和总结，得出了极有理论和实际指导价值的设计曲线，本书不做介绍。

淬火工艺技术的关键点是：

（1）冷却速率大，表层和芯层温度差别小，内应力小。图 10-23 所示是 150mm 厚板淬火时板材表层和芯层的温度曲线。图 10-24 所示是卧式炉瞬时淬火和立式炉水池淬火时板材表层和芯层温度曲线比较，从比较中可看出卧式炉瞬时淬火的冷却速率更大，效果更好。

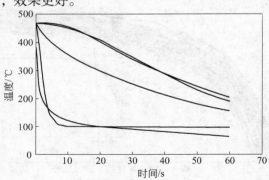

图 10-23　150mm 厚板淬火时板材表层和芯层的温度曲线

（2）在炉内快速连续加热，晶粒细小，如图 10-25 所示。

EBNER 公司提供的辊底式淬火炉性能保证值是：

（1）炉温均匀性：板材加热结束时，设计温度 ±1.5℃。

（2）淬火后板材温度：淬火后板材温度最大 45℃ ±5%。

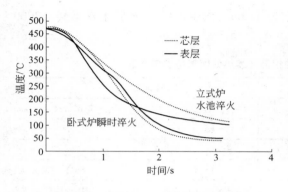

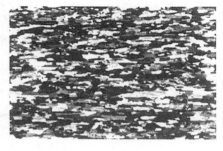

图 10-24 卧式炉瞬时淬火与立式炉水池淬火时 图 10-25 快速加热工艺的细小晶粒
板材表层和芯层温度曲线比较

（3）淬火后板材平直度：根据合金类型、淬火前的处理情况，并在淬火前板材平直度为 ±1mm 时，依据实际经验，在热处理后，可获得下列平直度：厚度 100mm，≤ ±2mm；厚度 25mm，≤ ±5mm；厚度 5mm，≤ ±20mm；厚度 2mm，≤ ±25mm。

10.3 铝合金带材气垫式热处理技术

传统的铝合金带材、卷材和板材是采用箱式炉退火；传统的薄板材是采用盐浴淬火热处理，该处理方式目前仍存在。对其不足之处，如板片成垛的退火、一炉多片薄板淬火而造成的片间擦伤、卷材退火在其头尾的印伤和黏结、箱式炉缓慢升温速度使板材的晶粒粗大、淬火使板片产生较大的翘曲和变形等，必须予以足够的重视。特别是对于一些没有能力采用现代热处理装备技术的小型铝加工厂，也应根据实际情况，采取局部的、有效的管理和技术措施，加以改进。

正是由于传统的铝合金带材热处理方式的局限性，具有现代思维的理念应运而生。新的理念必须具备以下条件：不能划伤铝带表面，即在炉内不能用辊子；有低的带材应力，必须采用连续式的卧式布置；均匀的加热和冷却；具有带材厚度范围较宽的处理能力。

美国、法国、德国和奥地利的科学家和铝加工专家从 20 世纪 50 年代末开始到现在，不断地做了卓有成效的研究。其中美国 Surface 公司经过四代系统的研制、改进，建立了自己独特的铝带连续热处理气垫系统，为世界各国建造了 11 条生产线。1986 年，我国西南铝从 Surface 公司引进了第一条既能退火，又能淬火的铝带连续热处理生产线。生产线设计的基本参数是：来料带材宽度为 1040~1760mm（成品宽度为 1000~1700mm），带材厚度为 0.2~2.0mm，机列速度为 8.5~85m/min，炉内张力为 5000N，炉内带材伸长率为 0~1%，生产线上张力矫直机的伸长率为 0~3%，炉体长度为 108m（18 个区，10 个加热区，8 个保温区）。若包括淬火和干燥系统，全长 113m。该生产线目前仍正常运转，2009年、2010 年产量见表 10 - 1。

表 10 - 1 西南铝的铝带连续热处理气垫炉年产量

2009 年		2010 年	
合金系	年产量/t	合金系	年产量/t
1 × × ×	3747	1 × × ×	1290
2 × × ×（淬火板）	188	2 × × ×（淬火板）	76
3 × × ×	7674	3 × × ×	6641
3 × × ×（钎焊板）	1274	3 × × ×（钎焊板）	1839
5 × × ×（低 Mg）	16662	5 × × ×（低 Mg）	22675
5 × × ×（中 Mg）	812	5 × × ×（中 Mg）	843
5 × × ×（高 Mg）	90	5 × × ×（高 Mg）	24
6 × × ×（淬火板）	52	6 × × ×（淬火板）	138
8 × × ×		8 × × ×	3
总量：30449t		总量：33529t	

奥地利 EBNER 公司也建立了自己独特的铝带连续热处理气垫系统。2008年，我国西南铝又从 EBNER 公司引进了第二条以淬火为主的铝带连续热处理生产线，见图 10 - 26。生产线设计的基本参数是：来料带材宽度为 1000 ~ 2400mm，带材厚度为 0.8 ~ 6.0mm，机列速度为 1 ~ 18m/min，炉体长度为 24m（3 个加热区，2 个保温区）。

图 10 - 26 气垫式铝带连续热处理生产线

10.3.1 气垫原理

不同生产厂家生产的气垫炉结构设计与配置有所不同，但其气垫原理是完全相同的，即静态压力浮动是气垫的基本原理。

10.3.1.1 静态压力浮动的自然现象

推某一物体，产生了两种力：一是速度压力；二是静态压力。这可以从日常生活中一个很普通的自然现象来解释。在风大的时候，把手举起，手就感到了一种力量，风吹来时，对手而言是一种速度压力；风遇到手停下来，就变为静态压力。又如一张纸，手拿着用口吹纸，纸就会托起来，而且在速度压力下会上下浮动。但是纸能否保持在一个稳定的位置上，这就是自然现象延伸到技术领域所需研究的关键所在。正如在一个炉子里，要使带材在炉内稳定地飘浮，仅仅靠炉外的张力辊无法撑起，必须用喷嘴吹风，而且还要求喷嘴吹的这种风能形成一个气垫，不仅要把带材托起，而且能使带材始终处在稳定的飘浮位置。

10.3.1.2 美国 Surface 公司气垫系统

美国 Surface 公司设计的空气动力静压力垫截面形状见图 10-27。

分析图中截面，按照气体的流动规律，从喷嘴喷出的高速热空气将按箭头所指方向在带材下面沿水平方向流动，其气垫喷嘴压力的大小为 P_N。

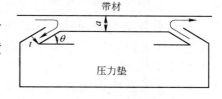

图 10-27 静压力垫截面形状

$$P_N = f(M, \Delta V)$$

式中　M——空气量；

　　　ΔV——喷嘴空气流动速度。

从式中可知，气垫喷嘴压力 P_N 与进入气垫的空气量 M 和喷嘴空气流动速度 ΔV 有关，此速度压力转换为对带材的静压力 P。

$$P = KP_N$$
$$K = f(\cos\theta, t, a)$$

式中　θ——喷射角；

　　　t——喷嘴开口度；

　　　a——带材与静压垫间的距离。

从式中可以分析，在喷嘴的形状设计后，t、θ 在正常情况下，应是一个常数，此时的 P 和 a 有关。显然，当带材上升时，a 增加，作用在带材上的静压力 P 减小；反之，a 减小，P 增加。

Surface 公司设计的铝带材热处理气垫系统的布置见图 10-28。

从图 10-28 可以看出，除带材上下布置有箱形静压力垫外，在每对静压力垫之间，又布置了圆形的热传导喷管，这也正是该公司独特的设计之处。综合分

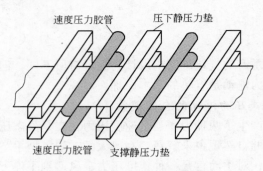

速度压力胶管　　　压下静压力垫

速度压力胶管　　支撑静压力垫

图 10 - 28　气垫系统的布置图

析，Surface 公司设计的铝带材热处理气垫系统包括两个基本部分，即带材支撑系统和带材对流热传导系统。

A　带材支撑系统

该系统在总的布置上与卧式厚板淬火热处理炉在功能上有类似之处，不同之处在于用空气为动力的静压力垫取代了辊道，使带材在处理过程中不会发生表面接触。横向布置的带材支撑静压力垫位于带材下方，类似的压下静压力垫位于带材上方。支撑静压力垫和压下静压力垫在结构上是相同的，不同的只是所设计的静态压力大小不同。图 10 - 29 所示为支撑静压力和压下静压力垫的典型压力设计曲线。两个

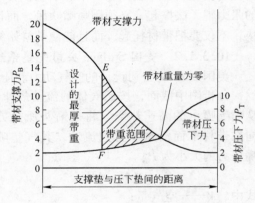

图 10 - 29　上、下静压力垫的典型压力设计曲线

纵坐标之间的距离是上、下压力垫之间的距离；图中的两条曲线分别代表带材支撑压力和带材压下压力；阴影部分表示带材在稳定飘浮位置时所对应的带材厚度的重量；$E - F$ 线则是表示允许的带材最厚时的带材重量；两条曲线的交点可以近似地看成带材薄的重量接近于零。从两条曲线的关系可以看出，上、下压力垫压力之差必须等于带材的重量。带材在上、下压力垫之间稳定飘浮的位置随着带材的厚度、宽度发生变化，带材的厚度、宽度增加，带材重量增加，P_B、P_T 在曲线上的对应点向左方移动，即 P_B 增加，P_T 减小，随之带材到下支撑垫的距离减小。如果在带材的重量发生了变化，仍然要求带材始终稳定在一个位置上飘浮，那么就必须通过调节空气流量或改变空气温度以改变喷嘴压力，适应处理厚度范围较大的各种厚度带材。当然，这个厚度范围也必须在允许的产品设计范围之内。

上述系统不仅能使厚度范围较大的带材在热处理过程中稳定性好，而且空气动力对于带材也具有一定的矫平作用。

B 带材对流热传导系统

上述带材支撑和压下压力垫本身即提供了对带材的高热传导空间。然而为获得在整个带材长度方向上的最大的热传导，在带材的上、下方，每对静压力垫之间布置的圆形的热传导喷管正好起了这个作用。这种喷管是上、下对称的速度压力热传导喷管，而且速度压力上下相等，因此对于带材不起支撑作用。由于热传导喷管的唯一作用，它只是在加热区布置。

C 热风风源

气垫炉的每一个加热区和保温区都在同一侧设计有同样的风源。每个区有一台循环风机，并装备有直接燃烧烧嘴，给各区提供循环热风。用循环热风形成的气垫来飘浮带材，加热带材，并达到炉内温度均匀。每台循环风机出口有一个调节风门，控制每台风机的循环风量。循环热风通过调节风门进入气垫系统。气垫系统是一个风箱结构，每一个加热区风箱结构由 10 组静压垫、9 组动压垫和两侧风道组成。循环热风从风道流入压力垫两端，从静压垫、动压垫喷出的气流再返回到循环风机，并在靠近循环风机的入口处再次加热。为了保证带材在整个炉内始终稳定地飘浮在某一高度位置和带温的均匀性，风力通过特殊的风道结构进行风力分配，达到均匀分流循环热风的目的。这种结构是在各压力垫和喷管的进风口，按其位置上下、远近，固定了不同大小网眼的分流筛板，同时为了防止气流对带材的共振，分流筛板中的孔设计成一大一小的交错排列（孔眼的直径为 10 ~ 18mm）。另外，在速度压力热传导喷管内也同样设计有水平的孔眼状分流隔板。

10.3.1.3 奥地利 EBNER 公司气垫系统

奥地利 EBNER 公司现代气垫系统的设计同样遵循气垫的静态压力浮动这一基本原理，但气垫系统的设计仅为静态压力带材支撑系统。且对其各部分的结构进行了创新。通过对两条生产线的相关设计和相关参数进行比较，可明显看出技术的不断进步，见表 10 - 2。

表 10 - 2　两种气垫炉设计与配置对比

公司 / 对比项	SURFACE	EBNER	EBNER 的优点
烧嘴	直燃式烧嘴	蓄热式烧嘴	利用炉膛热空气对燃烧空气进行预热，提高燃烧值，达到节能目的
循环风机	每个区侧装一台直流风机	每个区上下各装一台直流风机	气垫压力在带材宽度方向更均匀，杜绝带材在炉内左右摆动，且调节范围更大

续表 10 – 2

公司 对比项	SURFACE	EBNER	EBNER 的优点
压力调节方式	机械式风门结构	风机转速可调节	气垫压力稳定，结构简单，可靠性高，同时节能
气垫结构	扁缝式静气垫和孔状动气垫	孔状气垫	气垫结构无热变形，无需专用设备检测和维护，能适应较大的温度变化，由于不需再分静、动气垫，加热能力增强
气垫布置	上下对称，加热区静气垫和动气垫交错布置，保温区只布置静气垫	上下交错布置，且下多上少	带材在炉内运行的稳定性更好，且气垫压力的调节范围更大，可有效减少划伤
炉膛压力	负压	正压	保温性和温度均匀性更好
降温方式	利用炉顶排烟风机降温，有严格的温降速度要求	炉体分为上下两部分，利用液压缸把上炉体提升 480mm，快速降温	快速处理炉内断带，且方便观察炉内情况
炉体和淬火区连接方式	炉体和淬火区是一整体，用一炉墙隔断	炉体和淬火区是独立体	避免淬火水倒流回炉体，造成温降
淬火方式	水淬	水淬 + 空气淬	淬火板形控制更有效（特别是薄料）
喷嘴型号	4 种	2 种	易于实现分组控制水压
淬火水容器	敞开式水池	封闭式水箱	水质清洁度得到保证，避免生产中发生喷嘴堵塞现象
淬火调节辊	无	两组	避免铝带因淬火板形差造成的划伤
烘干方式	挤水辊 + 燃气烘干炉	热风机 + 气刀	气刀不仅吹扫铝带表面的淬火水，还进行烘干，可避免挤水辊折伤铝带，同时节能
出口纠偏	在淬火槽内纠偏	在淬火区外	避免淬火水汽对纠偏检测装置的影响，以及纠偏辊打滑，纠偏效果好
纠偏供油方式	主回路供油方式	自带油箱	避免污染，设备稳定性好
拉矫矫直单元	弯曲单元	两弯一矫	减少拉矫张力，矫直效果好
炉内张力控制	无反馈的开环控制	带张力反馈的闭环控制	控制更准确、精度更高

表中所列 EBNER 的优点，显示了技术的不断进步，但需在实际生产中进一步应用推广和开发。

EBNER 公司气垫系统的结构和布置见图 10 – 30。

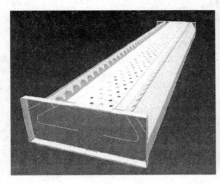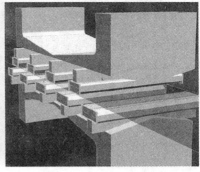

图 10 – 30 EBNER 公司气垫系统的结构和布置

EBNER 公司的循环风机布置见图 10 – 31。

10.3.2 主要工艺技术参数的设计与选择

要充分显示铝带材气垫式连续热处理的优越性，就必须对其工艺参数进行正确的设计和选择。分析影响产品质量特性的各种因素，本书选择 Surface 的气垫系统，对其气垫压力、炉内温度、机列速度、带材伸长率进行研究。

10.3.2.1 气垫喷嘴压力

循环热风通过气垫系统的矩形压力垫（即静压垫）和圆形热传导管（即动压垫）吹射到以一定速度运动的带材上，为了使各种厚度的带材都能

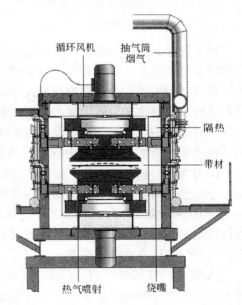

图 10 – 31 EBNER 公司的循环风机布置

处于稳定的飘浮状态，其静压垫和动压垫的气垫喷嘴压力都要相应地限制在一定范围内。如果压力太高，就会引起带材因振动而产生板形不良缺陷；如果压力太低，就会引起带材的飘浮的高度位置太低，甚至出现下静压垫和动压垫接触，产生带材表面擦伤等缺陷。图 10 – 32 中的四条曲线分别表示下气垫喷嘴压力 P_N 为 1500Pa、1000Pa、500Pa、250Pa 时，带材厚度与其飘浮位置的关系。这是对 Surface 公司提供的 11 条气垫炉热处理生产线上的实测数据进行分析后所提出的

结果。在实际生产中具有很重要的指导意义。

任何一条铝带材气垫炉热处理生产线,在气垫喷嘴压力的设计中都有一个设计图形,见图 10 – 33。

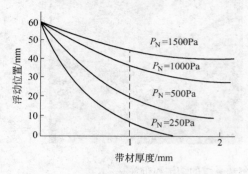 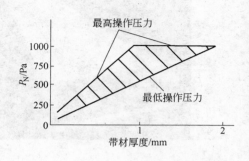

图 10 – 32   不同 P_N 下的带材厚度   图 10 – 33   气垫喷嘴压力设计图形
　　所对应的飘浮位置

这个图形,无论对理论设计,还是对实际操作的选择,都是非常重要的。在正确的设计确定后,在正常的实际操作中所选择的气垫喷嘴压力,均在图形之内,即气垫喷嘴压力必须保持在最大与最小之间。为达到这一要求,只需对空气流量进行调节或改变空气温度。根据加热区、保温区和冷却区的要求不一样,对同一带材厚度的气垫喷嘴压力设计与选择,都有一定的差别。这一点也正是设计与选择必须注意的问题,因为气垫喷嘴压力的改变,将直接影响炉内温度的分布。压力愈大,热交换愈快,带材在加热区温升愈快,则冷却区温降愈快。

上面已提到空气流量、空气温度是决定气垫喷嘴压力大小的因素。图 10 – 34 所示的两组曲线,分别表示这一关系。由于空气流量是通过循环风机的风门进行控制的,所以第一组曲线表示循环风机风门控制的空气流量和风机出口压力、气垫喷嘴压力之间的关系。

从图 10 – 34 可知,当风门不变,即空气流量一定的情况下,风机出口压力减去管路系统中的压力损失等于气垫喷嘴压力。

即
$$P_{g1} - P_{压损(1\sim2)} = P_{N2}$$

若风门变小,空气流量减少,出口压力增大为 P_{g3},管路系统中的压力损失增大,气垫喷嘴压力减小为 P_{N4}

即
$$P_{g3} - P_{压损(1\sim2)} = P_{N4}$$

不同空气温度下的风机出口压力曲线见图 10 – 35。

从图 10 – 35 可知,当风门不变,即空气流量一定的情况下,风机出口压力随空气温度升高而下降,其关系式为:

$$P_1 = P_{20}(273 + 20) / (273 + t)$$

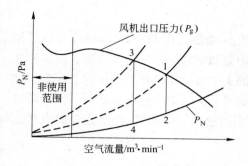

图 10 - 34 空气流量与 P_g、P_N 间的关系

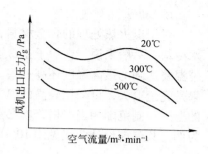

图 10 - 35 各种温度下的风机
出口压力曲线

假设空气温度为 20℃ 时的风机出口压力为 4000Pa，则 $P_{500} = 4000 \times (273 + 20)/(273 + 500) = 1516$Pa。从经验数据中得到，在空气温度为 20℃ 时相对的气垫喷嘴压力是 2500Pa；在空气温度为 500℃ 时是 1000Pa。

上述两组曲线说明，若使气垫喷嘴压力增加，可采取加大风门或降低空气温度的措施。在生产实践中，若炉内带材温度发出过热警示，那么既要保证带材温度下降，又同时仍然保证带材在炉内稳定地飘浮，即保证 P_N 不变，就必须采取降低空气温度和减小风门的双配套措施。

10.3.2.2 炉内温度

热处理方式不同、合金不同，炉内温控设计曲线也不同。

A 淬火热处理工艺

由于在固溶热处理过程中，金属温度必须严格控制在极小的范围内，所以对炉内各区温度的选择除 1~3 区外，一般都选择在带材要求的温度范围之内。以 2024 合金为例，第 1 区的最高炉温控制在 320℃；第 2 区控制在比固溶热处理温度约低 10℃，即 490℃；第 3 区约低 5℃，即 495℃。1~3 区温度偏低的目的：一是节能；二是避免在机列停机时产生过热现象。炉内 18 个区的温控设计曲线见图 10 - 36。

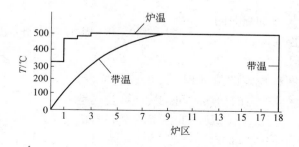

图 10 - 36 2024 合金淬火温控设计曲线

B 退火热处理工艺

对于退火热处理的合金材料,在 1～10 区加热,在 11～18 区空冷,最后用水冷却。一般来说,在炉子正常运转时,炉温和带温保持一定的温差,即炉温比带温要达到的最高温度还高一些。其温差的大小可根据带材的退火状态而定,如果是完全退火,可采用较高的温差;对于低温退火,即半硬退火状态,由于带材的温度控制范围相当严格,就必须采用较小的温差。以 3003 合金完全退火状态为例,其温控设计曲线见图 10－37。

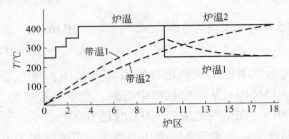

图 10－37 3003 合金完全退火温控设计曲线

在图 10－37 中,有两条温控设计曲线。在正常情况下,通常采用的是序号 1 的温控曲线;为了提高生产效率,也可以采用序号 2 的温控曲线。但是,在采用序号 2 的温控曲线时,首先必须把 11～18 区的开关选在淬火位置上,并且必须用足够的水把带温降下来。

10.3.2.3 机列速度

铝带材气垫式连续热处理炉应根据不同合金、不同状态、不同厚度,采用不同的机列速度。以固溶热处理为例,其机列速度设计曲线见图 10－38。

机列速度的设计公式和在设计中考虑的参数是:

机列速度 = 炉长/(加热时间 +
保温时间)

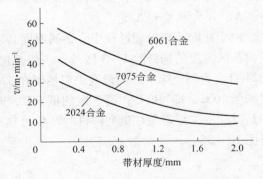

图 10－38 固溶热处理机列速度设计曲线

A 加热时间

要使带材温度在规定的热处理范围内,就必须保证一定的加热时间,其计算公式是:

$$J = G_A c_p \rho / 2H_T \times \ln[(T_P - T_{S1})/(T_P - T_{S2})]$$

式中 G_A——带材厚度,mm;

c_p——带材比热容,J/(kg·℃);

ρ——密度，kg/m^3；

H_T——热传导系数，$J/(h \cdot m^2 \cdot \text{℃})$：

$$H_T = H_c + H_R$$

H_c——对流热传导系数；

H_R——辐射热传导系数；

T_P——炉子温度，℃；

T_{S1}——初始带材温度，℃；

T_{S2}——最终带材温度，℃。

B 保温时间

保温时间根据合金的种类和带材的加热速率而定，带材的加热速率将随着带材的厚度发生变化。

带材在达到上述 T_{S2} 以后的保温时间为：

$$K = W + X(G_A)$$

式中 K——保温时间；

W，X——常数，与合金有关的系数（可由合金表中查得）；

G_A——带材厚度。

10.3.2.4 伸长率

A 炉内带材伸长率

带材在一个很长的炉内飘浮运动，除了气垫的功能之外，显然还承受了一种张力。由于带材是处于高温状态，不可能承受很大的张力，即炉内带材必须在低伸长率下工作。无论何种合金，带材伸长率一般都控制在 0.2% ~ 1.0%。

为将炉内带材伸长率控制在上述极小的范围内，就必须对带材在炉内承受的张力加以控制。正常情况下的张力计算公式为：

$$P = \sigma_s BH$$

式中 P——带材张力；

σ_s——带材合金屈服强度；

B——带材宽度；

H——带材厚度。

从式中可以看出，张力大小和合金种类及带材几何尺寸有关。然而在铝带材气垫式热处理炉生产线上，按上述公式，既无法直接控制，又无法达到要求。因此在设计中采用了一种新的控制方法。它排除了合金种类和带材几何尺寸因素，而仅仅是通过对速度差的控制达到目的，其基本原理见图 10 - 39。

在图中的 A、B 两根张紧辊上装有测速发生器，炉内带材伸长率的调整就是通过炉前的 A 张紧辊的速度（该速度低于机列速度）和炉后的 B 张紧辊的速度（该速度为机列速度）的速度差来调整的。在实际生产中，在给定机列速度后，

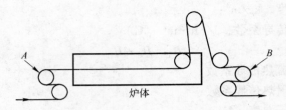

图 10 – 39 炉内张力控制原理示意图

只需根据板形调整 A 张紧辊的速度即可。炉内带材伸长率的计算公式为：

$$炉内带材伸长率 = (S_B - S_A)/S_B$$

假设 $S_B = 50\text{m/min}$，为了保证炉内带材伸长率为 0.2%，则只需控制 $S_A = 49.9\text{m/min}$。

由于炉内带材伸长率的存在，在实际生产中，为保证成品宽度的精确度，对于炉前的带材宽度在剪边时要注意给一个正的系数，大约是 5mm。

B 张力矫直伸长率

经过热处理后的带材，特别是固溶热处理后的带材，板形不平，需要配置匹配的拉弯矫直设备。张力矫直伸长率的大小根据热处理后的板形和带材厚度进行选择，但一般不能大于 3%，其经验公式为：

淬火板：一般控制在（2 + 0.5×带材厚度)%；

退火板：一般控制在 1% 以下。

10.3.3 淬火系统的设计分析

10.3.3.1 设计思想

在铝带材气垫式热处理炉中，淬火系统是为了把固溶热处理温度迅速冷却到 45℃，或在退火热处理时，带材在冷却区进行部分冷却后，最终在淬火系统内冷却。上述过程在生产线上仅仅是在长度 3.2m 的封闭箱内，用极短的时间完成，获得满意的金相组织效果。显然，该系统设计先进，合理。剖析这一系统，能进一步理解和掌握这一技术。

实验截取淬火区的一带材进行分析，从而引出该系统的设计要求。带材在开始淬火的位置上，见图 10 – 40 中的位置 A—A。

由于热胀冷缩会对带材的宽度产生微量的影响，同时由于淬火过程，

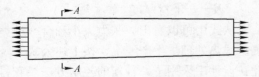

图 10 – 40 开始淬火的位置

带材从 A—A 位置开始就产生变形，变形的大小与淬火速度有关。若增加淬火冷却区长度，则淬火过程缓慢，带材变形相应减小；反之，冷却区长度短，则急剧

的淬火过程会使带材变形增大。另外，分析带材在运动中的受力状态，截取的带材两端承受有一定的拉应力（尽管炉内张力不大，约5000N）。此拉应力对带材起拉伸矫直作用，有助于提高带材平直度。当然，拉应力选择必须合适，否则将会导致带材在宽度冷缩的基础上产生楔形。

从上述分析可知，对于带材淬火后的金相组织和外观质量，虽然在淬火系统的设计中会发生矛盾，但最终的结论是，低的带材应力和短的冷却区长度是设计的要求。因此，淬火系统设计的关键就是如何采取措施在短的冷却区长度内保证带材的平直度。

10.3.3.2　系统设计

淬火系统是用水雾喷嘴来完成带材冷却的，喷嘴的全部配置见图10-41。

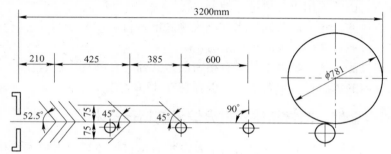

图10-41　淬火冷却区水雾喷嘴配置图

A　上、下多排配置

喷嘴配置在带材上方6根和下方4根的管子上，这种配置的目的是加速冷却，使带材上、下表面均匀冷却。

B　交叉配置

每根管子按一定距离（约50cm）装有喷嘴，而且相邻两根管子的喷嘴配置在带宽方向上呈交叉排列，其目的是后排管纠正前排管两个喷嘴流之间的不均匀现象。

C　角度配置

为了防止淬火水倒流入炉内，降低带材温度，喷嘴与带材呈一角度，向带材喷水，该生产线设计的角度与带材呈45°~52.5°。

D　水雾喷嘴

淬火系统的水雾喷嘴是特制的，见图10-42。

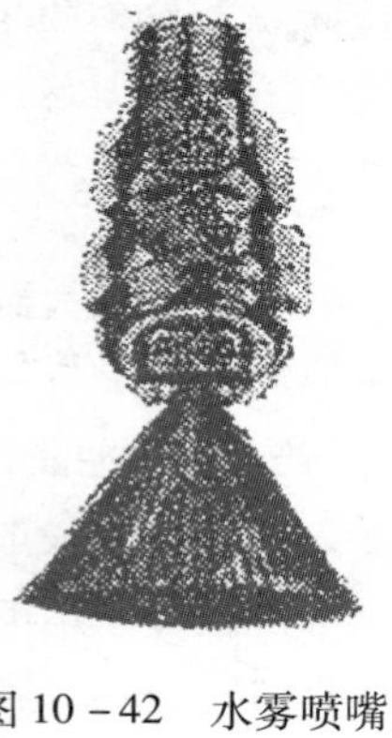

水雾喷嘴布置在三个流量控制的喷头上，三个喷头分别标记有A、B、C。每个喷头都装有一个压力传感器。控制室内的控制器和淬火管路上的流量控制阀，使喷头

图10-42　水雾喷嘴

压力达到精确控制。压力太高，带材易产生翘曲；压力太低，易产生淬火不足。压力的选择主要与带材厚度有关，在设计时选择的范围见表 10－3。

表 10－3   水雾喷嘴设计时的选择范围

组　号	A		B		C	
厚度/mm	<0.8	0.8~2.0	<1.0	1.0~2.0	<1.0	1.0~2.0
压力/kPa	80~200	200	70~130	130	25~90	90

为了保证淬火过程的顺利进行和迅速达到最佳的淬火效果，对淬火水的清洁度要求极高，因此采用了三道过滤控制。

第一道过滤：淬火后的循环水在淬火槽底部进行。

第二道过滤：在循环泵的出口进行。

第三道过滤：每个喷嘴中都装有精密的过滤器，在喷嘴中进行。

淬火槽内的水温有一定要求，一般保持在 45℃ 左右。

10.4   铝合金带、箔材箱体式退火炉温度精控技术

EBNER、ATI、Olivotto 等公司的铝合金带、箔材箱体式退火炉大致相似，如图 10－43 和图 10－44 所示。

图 10－43   铝卷退火炉

图 10－44   铝带、箔带退火炉

炉子设计也大致相同。退火炉的炉气循环系统都由独立的受控区组成，每个区在炉的顶部配有一个带不锈钢叶轮和机械轴的离心风机（见图 10－45）。风机配有与驱动电机的变频器直接耦合的联轴节，这样就能控制功率消耗和调节旋转速度，使其获得最适合热处理期间的参数值。

每台循环风扇的循环容量可高达 $65m^3/s$，强制循环的大气被风机吸入，并推进侧向输送管；在此，被装在循环输送管内的辐射管（加热元件）对其进行

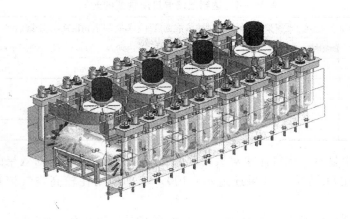

图 10 - 45　炉气循环系统

加热，并且迫使它通过朝向置于水平位置的铝卷的折流板（精调设计）上的开口（见图 10 - 46）。内部输送管和分配循环大气的折流板都由不锈钢材料制成。整个循环回路将被设计用于最小化压降，以便保证最佳均匀性和最佳的热交换。

　　在炉腔里安装的精调设计的折流板是一个特殊的分配系统，见图 10 - 47。它呈特殊的凸缘设计，这种孔洞分配凸缘技术考虑了流量、压力损失、空气流速等因素，它能最大限度地将热空气吹到铝卷上，提高热空气效率。因此，确保了铝带卷整卷料的温度均匀性，温差可小于 ±3K。

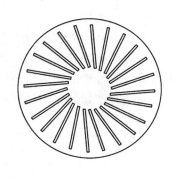

图 10 - 46　折流板的精调设计　　　　　图 10 - 47　孔洞分配凸缘设计

　　ATI 公司在设计过程中，做了一个很有价值的实验，对其循环风扇的安装功率（800kW 和 1200kW）、炉腔内速度（10m/s、15m/s、25m/s）两个关键因素进行了比较，达到最终温度所需要的时间，见表 10 - 4。

表 10 - 4　达到最终温度所需要的时间

试验条件：卷重 4×20t；支撑架重 4×1t；加热最终温度 480℃；要求精度 2℃；风机容量 = 空气流量

结　果	功率/kW	空气速度/m·s⁻¹	达到温度所需时间	使用 100% 功率的时间
第 1 次	800	10	28h10min	6h49min
第 2 次	1200	10	26h30min	3h
第 3 次	1200	15	23h10min	4h
第 4 次	1200	25	20h	5h

表中结果显示：空气流速对最终效果的影响优于安装功率对效果的影响，两种效果差异在 8h 左右。结果还显示：100% 功率使用在较高空气流速下是 5h，而不是 3h。

从表中还可以看出，速度 25m/s 比速度 10m/s 热量传输效果好，这就是提高空气循环速度的好处。

为了保证材料表面不被氧化，消除油污等斑迹，必须在工艺气氛中退火处理铝带卷。电机/风机组件的内侧轴承有一个水冷式系统和一个氮静态供给装置，确保炉内达到 100% 的大气密封，从而防止空气进入。因为炉室是气密的，所以加热室中微量的氧可保持在 0.05%（体积分数）以下，这样就会大大降低保护气氛的消耗量。

综上所述，要生产表面质量高、控制温度精度高、温度均匀性好的退火卷材制品，退火炉的设计必须具备以下条件：

（1）两扇门的封闭单独动作（对于双通道装料）；

（2）风扇马达气密封装；

（3）炉壳气密焊接；

（4）装备有高效率的辐射管燃气系统；

（5）每个受控区有独立的炉气循环系统；

（6）设计有特殊的炉内热空气分配系统；

（7）安装有密封的保护气氛再冷却系统。

11　物流技术及设备

11.1　铸锭铣面机的碎片收集、处理和储存系统

铸锭铣面机的碎片收集、处理和储存系统分成两个不同的部分：碎片收集、处理和储存（铣面机系统）和碎片再生为球化或熔炼（喂料系统）。见图11-1。

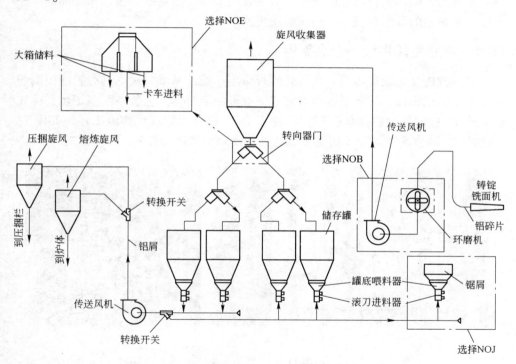

图11-1　铸锭铣面机的碎片收集、处理和储存系统

铣面机系统将铸锭铣面机产生的铝碎片传送到环磨机减小尺寸。经过环磨机后，碎片通过物料传送风机被送到物质/空气分离的旋风收集器。收集的碎片通过一系列转向器门和斜道被送到4个储存罐中的一个。罐的选择是根据合金由铣面机操作员控制的。输送的空气将排到大气中。喂料系统是设计用活动底部和滚刀喂料器使储存罐的碎片被送进管道系统，由熔炼旋风送进感应炉，或压捆旋风

送进压捆机。例如，亚洲铝的铸锭铣面机碎片收集、处理和储存系统是将储存罐的碎片通过管道系统直接送进安装在熔炼炉边的 EMP 电磁泵系统装料井中。

对于喂料系统，每个罐有输送振动设备，即振动罐卸料装置。这些装置用来摇动碎片以便它们流向喂料器。每个装置由马达和氯丁橡胶弹性连接。一个重型滚刀进料器，安装在罐卸料下，测量进入输送系统的碎片。这个装置近似 68kg/min 的碎片送进传送系统。

连接罐进料器到传送风机和传送风机到接收旋风的管道系统整合两个空气驱动的转换开关，用于罐和旋风选择。转换开关有限位开关位置，提供刀片定位的正反馈。所有管道系统都用碳钢制造。管道是有焊缝的卷筒结构。内部畅通无阻。没有使用螺旋形管道。管道系统的所有法兰连接在法兰的两个面上都用化合物防漏密封，提供无懈可击的连接。法兰在内部与管道连续焊接，在外部缝焊接有法兰和螺栓的管道系统，容易安装或更换。

11.2 智能现代物流——高架库

实现智能现代物流传送是现代化铝板带生产线的基础，建立具有智能控制的高架库是实现现代物流传送的有效方式。亚洲铝业整体工艺装备配备了热、冷轧卷立式 11 层的综合高架储存库，实现了 1972 卷全智能现代物流工艺，如图 11-2 所示。综合高架储存库的建立能达到最便捷的输送和控制。

a   *b*   *c*

图 11-2 高架仓库
a—高架储存；*b*—智能堆垛车；*c*—智能存取

A 优点
(1) 确保最佳的储存和流通量；
(2) 实现对有效空间的高效利用；
(3) 保护材料免受损伤；
(4) 降低管理和处置成本。

B 亚洲铝业高架库的特点

a 超大型

高架储存库建筑长度为 220m，宽度为 17.6m，高度为 44.7m。

高架储存库有效长度为 184.76m，3 排料架，每排 11 层，每层 62 个卷位。

b 智能型

全流程进行自动化管理：

（1）高架储存库内的 3 台堆垛机按其指定仓位，自动检索存取铝卷（由外部信号触发堆垛机的启动指令，仓库管理系统 WMS 为堆垛机分配一个卷的存放位置）。

（2）进出高架储存库的 13 台运卷小车在铝卷运输系统的控制下（光 shuan 系统对快速安全门进行监控），在转运位置与仓库管理系统进行对接，自动出入仓库（热轧 1 个进口、5 机架冷连轧 3 个进出口、单机架冷轧 2 个进出口、精整 7 个进出口）。

c 温控型

仓库设计有轴流风机、电动风扇、屋顶通风器和喷嘴，提供冷却和循环。

d 高效型

各工序通过量见表 11-1。

表 11-1 各工序通过量

方向	工序设备	全通道		1 号通道		2 号通道	
		最多	平均	最多	平均	最多	平均
出发点	热精轧机	10	8	5	4	5	4
出发点	5 机架冷连轧机	6	5	6	5		
出发点	6 辊单机架冷轧机	12	7	12	7		
出发点	退火炉	5	4			5	4
出发点	1 号通道到 2 号通道	0	0	0	0	0	0
出发点	2 号通道到 1 号通道	3	3	0	0	3	3
到达点	5 机架冷连轧机	6	5	6	5		
到达点	6 辊单机架冷轧机	12	7	12	7		
到达点	退火炉	6	5			6	5
到达点	拉矫、横切	4	3			4	3
到达点	纵切	6	5			6	5
到达点	涂层	6	5			6	5
合 计		76	57	41	28	35	29

高架储存库堆垛机在 X 方向运行速度：160m/min；

高架储存库堆垛机在 Y 方向运行速度：40m/min；

高架储存库堆垛机在 Z 方向运行速度：30m/min；

按照设计的循环次数，单个堆垛机进仓 28 次；

按照设计的循环次数,单个堆垛机出仓 28 次;

按照设计的循环次数,双个堆垛机运行 13 次。

11.3 轧制卷平面智能库

轧制卷平面智能库和高架智能库一样,具有相同的功能,见图 11 -3。它具有确保最佳的储存和流通量、保护材料免受损伤、降低管理和处置成本及达到最便捷的输送和控制等优点。虽然平面智能库与高架智能库相比,车间占地面积较大,但是它具有投资少的优势是高架智能库所不可比的。

图 11 - 3 轧制卷平面智能库

11.4 轧制板材高架智能库

轧制板材高架智能库是板材成品库,见图 11 -4。它虽然和轧制卷高架智能库一样具有相同的功能和优点,但考虑投资大,并从减少成品库存、加快资金周转的角度出发,国内外铝加工厂采用轧制板材高架智能库存储成品的比较少。

图 11 -4 轧制板材高架智能库

12 在线检测技术及设备

12.1 熔体氢含量检测技术

ABB 公司制造的 ALSCAN 分析仪，见图 12 - 1。它是一种以闭环式循环（CLR）法为基础的在线定量测量技术。ALSCAN 分析仪的核心是探头设计。

闭环式循环（CLR）法可直接监控铝液中的氢含量，见图 12 - 2。它用一个通有氮气的探头深入铝液中，浸入式探头与铝液接触，氢气从铝液中扩散到氮气中，并持续在闭环中循环直至混合气体氢含量与铝液中的氢气气压均衡后，混合气体经过分析后给出氢含量的在线读数，即混合气体中的氢气浓度经测量并转换为铝液中的气体浓度读数。该方法的优点是快速、准确并可以在铸造车间现场在线使用。仪器闭环中的氢气量由一个专有的导热传感元件来确定，它可提供较高的重复能力和较宽的测量量程。氢气测量分析仪有一个内置的微处理器，用来控制仪器操作和处理数据。

图 12 - 1 ALSCAN 分析仪

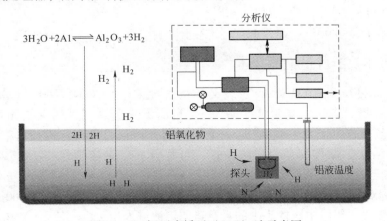

图 12 - 2 闭环式循环（CLR）法示意图

ALSCAN 分析仪还具有持续监控的功能。它可对环境温度和湿度进行测量，并根据环境条件计算出绝对湿度和理论溶解氢的含量水平，从而使在线除气装置或其他除气处理的过程特性化和设备优化可以执行得更快更有效，这样所有与溶解氢有关的信息都会收集在一起，以方便数据分析。

另外，ALSCAN 仪器在与远程计算机连接时还可以执行较长的测量序列。得益于持续监控软件的网络连接和多项任务执行能力，在 ALSCAN 仪器的操作中，数据的直接存取和灵活性将会变得更加容易和简便。

该仪器的测量精度介绍如下。

（1）氢含量测量。

传感元件类型：导热性气体分析仪；

量程：每 100g 铝液中的氢含量为 0 ~ 9.99mL；

可重复能力：±0.01mL/100g 或读数的 5%，取较高的值；

持续时间：一般为 10min，因合金和氢含量不同而异，一般为 1 ~ 99min；

自动顺序：可在 1 ~ 99min 之间调整。

（2）铝液温度测量。

传感元件类型：K 型热电偶，非接地；

量程：650 ~ 1260℃；

精确度：±1.2%。

（3）环境相对湿度测量（有持续监控）。

传感元件类型：薄膜型聚合物电容器；

量程：3% ~ 95%；

精确度：±2%。

（4）环境温度测量（有持续监控）。

传感元件类型：薄膜型 100Ω 铂 RTD；

量程：0 ~ 100℃（32 ~ 212℉）；

精确度：±0.6℃（±1℉）。

12.2　熔体粒子含量检测技术

ABB 公司开发的 LIMCA_CM 在线夹杂粒子含量检测技术，可以计算和比较出夹杂的数量、大小，测定"个数"，是目前世界上最先进的夹杂测量设备。LIMCA_CM 测量仪见图 12 - 3。它是一个固定的分析仪，具有标准设计、集成系统、部件结实、操作简单、连续监控、可靠性高、夹渣测量可大于 20μm 等优点。

LIMCA_CM 测量仪操作原理见图 12 - 4。操作的程序是：将底部带 300μm 孔口的玻璃探头浸入铝液中—探头中的真空迫使铝液进入探头内—使内、外电极之间

图 12 – 3 LIMCACM 测量仪

的电流达到 60ADC—孔口成为电力感应区域—非导电夹渣通过流动的铝液时在电极处产生电压脉冲—检测、测量和计数电压脉冲可产生夹渣大小分布的数据。

另外，SNIF 公司的 LAIS 和 BOMEN 公司的 PODFA 也有此用途，可以使用 LAIS 或 PODFA 从流槽中取一个过滤样，检查夹杂的数量和尺寸。工厂确认的标准通常是 0. 01 ~ 0. 07sq · mm/kg（铝液），一些工厂确认 0. 02sq · mm/kg（LAIS 数）作为优质罐料的标准。

钠含量检查：要求低于（2 ~ 3） × 10^{-4}%，测量标准为低于 5×10^{-4}%。

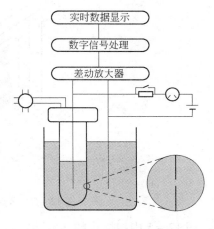

图 12 – 4 操作原理

12.3 热精轧板厚度凸度和板形集成化的测量系统

热精轧板厚度、凸度和板形集成化的测量系统是最现代的测量技术的集成。它把厚度、凸度和板形测量仪合并在一起，并实现轧制过程中的闭环控制，完成厚度自动控制、横向厚度分布、即板凸度自动控制和板形自动控制。

这套现代化的测量系统要使用多个高精度、连续检测、高速和低噪声的射线源，沿整个带材宽度上的测量点进行检测。无论是 3 点式凸度测量仪，还是多点式凸度测量仪，都有两对相互独立的射线源检测器。如果是 2 个射线（或同位素）厚度测量仪，则 1 个固定在中间，1 个固定在边部，即可形成 3 点式凸度测量仪。如果是 2 个射线（或同位素）厚度测量仪，则 1 个固定，1 个横向移动，即可形成扫描式凸度测量仪。多点式凸度测量仪沿测量宽度方向，在上方可有几个发射头，下方有几十个接收通道，可连续记录凸度数据。而且射线源的入射角互不相同。从而可以同时测量中央厚度、横向厚度分布、显示板形和轧件宽度。

厚度和凸度测量仪集成只用在热精轧机或热连轧机上。法国普基公司的 Neuf Brisuch 和 Issoire 工厂都安装了 3 点式凸度测量仪。Alunorf 2 号生产线、比利时的 Corus 工厂、Alcan Kgerstone 厂、中国西南铝和亚洲铝业都安装了多点式凸度测量仪。

亚洲铝业在 5 机架热连轧机上安装的多点式凸度测量仪是集成化的测量系统，也是最新技术的最高体现。它采用了两对相互独立的射线源，含 17 模块 4 单元 8 点，计 544 点的测量模式，每点测量宽度为 5mm，射线源的入射角覆盖的最大横向断面测量宽度为 2720mm，见图 12 – 5。它能很好地完成厚度自动控制、横向厚度分布自动控制和板形自动控制。

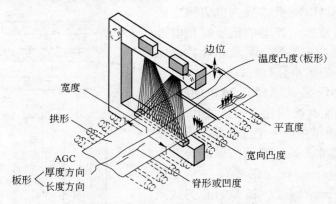

图 12 – 5 多点式厚度、凸度测量仪

图 12 – 5 中扫描式的测厚装置属于显性板形测量，光学型的显性板形仪可以同时对板形、带边位置和带材宽度进行非接触式测量。其测量精度为：高度方向 ±0.2mm、带边位置 ±0.5mm、带材宽度 ±1mm。

目前，在热连轧机上实施隐性板形测量和显性板形测量同时存在的设计，将形成更完善的板形测量。隐性板形测量是指安装在热精轧的板形辊或安装在出口侧原偏导辊的位置上。其直径约 500mm，带有驱动装置和冷却装置，允许的带材温度为 400℃。这种隐性板形测量装置已经在一些铝热连轧机上安装使用，取得了令人满意的效果。

12.4 热轧温度检测及温度自动控制系统

通常，在热粗轧机上安装 4 个接触式测温仪（也可少些）和 1 个非接触式测温仪：1个用于检测上锭辊道上的铸锭温度，将此数据送入计算机，系统根据目标温度计算出每个道次的温降，修正各道次的轧制参数。2个用于检测入口和出口的温度。每测温一次需要10s，不是每道次都测温，在整个热粗轧过程中只测几次，开环控制，测温数据输入计算机，在控制室显示。剩下的1个用于入口侧尾端。1个非接触式测温仪（远红外测温仪）检测上锭辊道上的铸锭温度。

而在热精轧机上安装4个接触式测温仪（也可少些）和3个非接触式测温仪：4个接触式测温仪（1个用于热精轧机入口辊道上检测入口温度，2个用于检测轧机入口和出口的温度，1个位于出口卷取机上的汽缸推动测温仪）；3个非接触式测温仪用于检测前后卷取时的温度（比色双波红外线测温计）。1个在热粗轧的轻型剪前，用于控制出热粗轧进热精轧前的热精轧机入口辊道上方的冷却喷淋装置，2个位于卷取机上方（测量点在卷材宽度中心部位）。

温度控制：精轧时，闭环控制轧制速度的升高或降低；调节热精轧机入口辊道上方的冷却喷淋装置；闭环控制调节热精轧机的入口侧和出口侧板带冷却喷射装置。在线对温度纠正不是主要的，通过自学习对预设定重新调整是最主要的。

12.5 铝带在线表面检测技术

在线表面检测技术是自动化检查铝带表面缺陷的新技术，整套系统由检测装置、并行计算机系统、服务器和控制台组成，见图12-6。

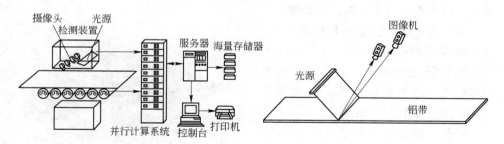

图12-6 在线表面检测技术示意图

在线检测系统的工作原理是摄像头摄取图像信号给并行计算系统，并且在并行计算系统中对图像进行处理和分析，以便进行缺陷分类，并行计算系统采用多台计算机对图像数据进行处理（每一台计算机单独处理一台或多台摄像机采集到的图像）。这种并行计算方式可大大提高系统的数据处理能力，从而保证系统在线检测的要求。经过处理后就可得到缺陷的信息，包括缺陷的尺寸、部位、类型、等级等。然后，并行计算机将这些缺陷进行合并和保存。服务器实时获取带卷的运行速度，以便根据运行速度得到带卷的位移，从而获取在带卷上的实际位置。

12.6　表面阳极氧化检测技术

　　用于电子产品的铝板表面多为阳极氧化表面，对其表面缺陷要求很严格，并依据表面缺陷的种类、大小、多少划分为不同的等级。铝加工厂的质量管理人员为了迅速诊断生产过程中铝带表面的缺陷，往往取片在试验室采用阳极氧化检测技术对其铝带的上、下表面质量的等级水平进行评价，对产生的表面缺陷进行分析，并立即采取措施，加以改进。

　　阳极氧化处理是以铝合金制品为阳极置于电解质溶液中，利用电解作用，使其表面形成氧化铝薄膜的过程。

　　铝阳极氧化的原理实质上就是水电解的原理。阳极氧化时，铝表面的氧化膜的成长包含两个过程：膜的化学生成和化学溶解过程。适当加大电流，可加剧阳极反应，加快化学溶解，阻止氧化膜的附着，将铝基材内部缺陷暴露出来，从而达到表面检查的目的。

12.7　建筑幕墙检测技术

　　幕墙是由结构框架与镶嵌板材组成，其作为建筑物外墙围护结构，随着现代技术的进步，幕墙趋向于更轻型的板材及其结构，玻璃幕墙、铝单板幕墙、铝复合板幕墙、铝蜂窝板幕墙就是典型的代表。同时，要求幕墙建筑具有更高的安全性能、防水性能和更好的环保性能。

　　为了保证幕墙性能满足使用要求，就要对幕墙产品在静态、动态条件下的各种性能进行测试，主要包括基本物理性能、空气渗透性能、雨水渗透性能、风压变形性能测试。

　　目前，我国已经建立了一批幕墙性能试验室。传统的幕墙检测箱体已不能满足现今市场的要求。为此，亚洲铝业投资兴建了一座检测大楼（见图12－7），以满足当今幕墙性能检测的需要。

图12－7　幕墙性能试验室

　　这座检测大楼所检测的幕墙，能够预先反映出幕墙安装于建筑物后的外观、形状、尺寸比例、抗空气和雨水渗透、结构强度、耐温差变化（热循环及抗冷凝）及其他各种性能等。同时，亚洲铝业还引进了专门用于防火材料性能检测的设备：立式检测火炉及卧式检测火炉。它们主要对防火炉门、防烟门、通风管道等建筑材料的耐火性能等级作鉴定，能真实而又准确地得出样件的耐火性能数据，从而有效地减少建筑物一旦发生火灾时的人员伤亡和财产损失。

12.7.1　幕墙试验件的要求

测试件应为工程的一个典型分格，足以代表全工程的现状（包括测试件各组成部分及施工环节）。因此在检测之前必须确定测试件的尺寸和大小。首先，应对幕墙的典型分格分别进行计算，选择风荷载作用下主要受力杆件和支撑结构的相对挠度值最大的典型分格作为测试件。根据国际标准，测试件单元的高度至少包括一个层高、竖高有两处或以上的承重结构连接，横向至少有三个垂直受力杆件，而其中至少有一个能承受设计负荷，测试件必须包括典型的垂直接缝和水平接缝。在测试件的安装过程中，测试件各组成部分应为生产厂家检验合格的产品，幕墙所用的材料应与工程设计一致，测试件的安装、镶嵌应符合设计要求，不得添加任何特殊附件或采取其他任何特殊措施，使测试件可以代表幕墙设计和制造工艺。

12.7.2　空气渗透性能测试

空气渗透是指在风压作用下，开启部分为关闭状态的幕墙透过空气的性能。幕墙在压差作用下通过幕墙本身的缝隙产生渗透，从而影响室内环境，增加能源的消耗。

幕墙空气渗透性能测试时，首先将测试件的开启缝隙用胶纸密封，再以大幅塑胶布把测试件全部密封，在预压之后逐级对测试件进行加压。记录下箱体为 100Pa 压力时的空气流量值，此部分即为箱体的空气渗透量。然后除去塑胶布，重复加压步骤并记录 100Pa 压力时的空气流量值。最后将开启部分胶纸去除，重复加压步骤并记录 100Pa 压力时的空气流量值。

12.7.3　雨水渗透性能检测

幕墙雨水渗透性能是指在风雨同时作用下，幕墙透过雨水的性能。防止雨水渗透是建筑幕墙的基本功能之一。雨水通过幕墙孔隙渗透入室，会对装修和陈设造成污染，降低幕墙的安全性和使用寿命，严重影响人们的正常生活和工作。雨水渗透性能除与建筑物的重要性、使用功能有关外，还与所在地的气候条件有关。

雨水渗透性能检测是以 $4L/(min \cdot m^2)$ 的淋水量对整个测试件均匀地进行喷淋，使测试件表面形成连续的水幕；同时按规定的压力依次加压，每级压力持续时间为 10min，直至测试件开启部分和固定部分出现严重渗漏为止。

12.7.4　风压变形性能测试

幕墙风压变形性能是指建筑幕墙在与其相垂直的风荷载作用下，保持正常功能，不发生任何损坏的能力。幕墙抗风压能力的定级值对应主要受力杆件和支撑结构的相对挠度值达到规定值时的瞬间分压。

风压测试前，安装位移测量仪器，仪器测量点应设在测试件中受力最不利的杆件上，通常布置6个测点，3个点在立柱上，3个点在横梁上。测试时，首先对试件进行正、负分压的稳压变形检测，检测压力以不超过250Pa一级逐渐递增，直至达到压力值P_1（P_1为风载荷标准值W_K的二分之一或任一受力杆件挠度值达到$L/360$时的压力值），记录每级压力时各测点的变形，再进行反复受荷检测，直至最高波峰值$P_2 = P_1 \times 1.5$，观察测试件是否出现功能故障。最后进行安装调试，使压力直接升至P_3（P_3为风载荷标准值W_K），随后降至0，再降至$-P_3$，记录各测点在P_3时的变形、残余变形，观察测试件是否有功能故障及损坏情况。

12.7.5 迪拜塔幕墙测试

阿拉伯联合酋长国迪拜的世界第一高楼——迪拜塔，是集酒店、写字楼、公寓于一体的综合性大楼。迪拜塔有160多层，高度828m，见图12-8。

迪拜塔的银色外墙以玻璃幕墙为主，为适应当地气候及各类安全措施，需要对迪拜塔的整体设计及外墙进行全方位测试。迪拜塔的开发商EMAAP公司在全球范围内经过多次考察，2007年3月选中亚洲铝业做外墙的质量测试。

迪拜塔幕墙测试件见图12-9。测试项目中，包括空气渗透测试，动态、静态风压下雨水渗透测试，结构风压变形测试，层间位移测试，温度循环及结露测

图12-8 迪拜塔

图12-9 迪拜塔幕墙测试件

试等。其中，空气渗透测试以 ASTM E283 为检测依据，通过风压/流量测量系统对幕墙的空气渗透性能进行分析检测，此测试结果对于迪拜塔的通风节能设计有着指导性作用。静态雨水测试以 ASTM E331 为检测依据，检验幕墙在静态风压环境下的防水性能。同时，迪拜塔的幕墙测试还增加了以 AAMA501.1 标准为测试依据的动态水密性能试验。此试验利用飞机的螺旋桨作为供风设备，采用外喷淋的方法模拟自然界风雨交加的条件，测试幕墙系统的防水能力。对于迪拜塔这种类型的幕墙，动态水密性能试验条件更为苛刻，风的流动可能会将水逼进等压舱，由于排水系统设计容量的限制，未必能及时将水排除，容易造成幕墙水密性能失效。然而，迪拜塔的防水设计经受住了如此苛刻的考验。风压变形测试以 ASTM E330 为检测依据，通过静态风压系统、电子位移传感数据采集系统，对幕墙在静态风压环境下的结构安全性能进行分析检测。层间位移测试对地震荷载下幕墙的结构安全性能进行分析和鉴定。温度循环及结露测试分别通过模拟自然界温度的变化，检测幕墙系统抵御温差引起变形以及低温结露能力。

采用亚洲铝业幕墙检测大楼实验室的硬件和软件，进行上述各种物理性能参数分析和检测，取得了非常满意的效果。迪拜塔的幕墙测试的成功，代表了中国在这一领域的领先地位。

13　信息化管理系统

13.1　现代化生产信息管理技术

随着铝加工装备技术的进步，生产线设备组成的变化及轧制工艺的改变，铝板带箔加工生产线的组织管理也将随着改进和深化。要想达到最佳的产出水平，为企业获得更好的经济效益，必须采用科学的生产管理，即采用有计划的投入方式和有效的生产控制手段。

13.1.1　科学的生产计划投入方式

目前，在国内无论是已建的还是正在建的铝板带箔加工生产线，其设备组成、生产工艺都鲜明地体现了多品种、多功能的特点。依据这个特点，作者认为，可以采取以下四种投入方式：集中批量投入、优选规格投入、合理分流投入、品种定向投入。

13.1.1.1　集中批量投入

集中批量投入是将市场所需的同规格或同一品种相邻规格的产品进行组合，达到一定数量后组织标准化生产。这种投入方式在连续生产线（如热连轧、冷连轧）上，是最佳的生产组织形式。

对于一个工厂，无论生产的品种多么复杂，具备的功能多么齐全，总会在计划的某一时间内，采用现代化生产管理的"3S"方式，即标准化、专业化、单一化的生产组织形式。这种对某一品种或某一规格的产品集中批量投入的方式，可减小生产要素、生产条件变动的概率，减少生产准备时间和生产辅助时间，减少人为工作质量的不稳定因素。同时，这种投入方式能够提高生产效率，保证工序的产品质量，从而促进全过程的有效产出。

采用热连轧生产的 3104 合金罐体的热轧坯卷，在热轧生产工序中，其工艺特点是高速、高温、大压下量轧制。为了保证后续工序的正常和最终产品的各项性能，不仅对热精轧后的坯卷表面质量、厚度公差和终轧温度等保证值有严格的要求，而且对在生产过程中必须保证的生产要素、生产条件有严格的要求：特性稳定的轧制乳化润滑剂；完整、良好的清刷辊及标准的使用方法；固定的工作辊初始凸度及热精轧圆盘剪刀的间隙，精确无误的厚度、温度监控仪器。也只有采用这样的集中批量投入，生产要素、生产条件才能比较容易地控制在规定的范围内，从而减少生产准备时间和生产辅助时间。例如选用标准的工作辊初始凸度，就可大大减少换辊次数，因为生产同一品种或同一规格产品，操纵工人熟悉工艺，操作也熟练，这也非常有利于优质坯卷的生产。

13.1.1.2 优选规格投入

优选规格投入是对用户提出的众多产品规格再进行优选和组合，把工序废料降到最少。它是用市场经济的营销观点，研究投入产出效益而出现的有效生产组织形式。

PS 铝版基产品，按照用户的要求，产品宽度规格有 20 种之多，铝加工人员如何优选呢？作者认为，应体现以下两项优选原则：

（1）在设备和工艺设计允许的范围内，按最佳效益原则优选和组合。

（2）经过市场调查确认用量最多的产品规格，在符合第一原则的前提下，工厂新增相应的生产工具，为转入集中批量投入、组织规模生产创造条件。

例如：20 世纪 90 年代初，西南铝通过市场调查发现，"PS" 卷材常用的宽度规格是 920mm，这种规格接近工厂产品的最小宽度，在工艺设计、设备能力的允许范围内。工厂组织生产时，选择了宽度规格为 980mm 的铸锭，工序切边的几何损失可控制在 6.12%。同时，部分用户还要求提供宽度规格 850mm、790mm 的产品。当时，这些规格在工艺设计、设备能力的允许范围内无法进行组合或倍尺生产，要生产也只能选用宽度规格为 980mm 的铸锭。这样，工序切边的几何损失将分别增至 13.26%、19.39%，与优选规格后的投入比较，工序切边的几何损失分别增加 7.04%、13.27%。也就是说，在同等投入的条件下，若投入 1000t 铸锭，生产宽度规格 790mm 的 "PS" 卷材，将少产出 131.6t 产品，就是在考虑切边废料重新回炉熔炼之后，仍给工厂造成效益损失近 100 万元。由此可见，用投入产出观点指导生产管理的经济效益十分显著。

13.1.1.3 合理分流投入

合理分流投入是为了充分发挥工厂各机组或各工序的生产能力，按其所具备的功能及产品生产周期进行合理分配。这种生产计划投入方式必须有良好的外部环境作保证。

工厂生产的各种产品，尽管在生产过程的各阶段、各工序停留的时间不一样，但按工艺路线在时间上是连续的、紧密衔接的。因此，生产管理是对产品生产过程中的各阶段、各工序在时间和空间上的衔接、协调，目的是要保证各阶段、各工序所存在的在制品既不能积压，又不能断线。这种生产计划投入要求生产管理人员必须全面掌握所有生产品种物流经过的工艺路线和生产周期。

1993 年，作者勾画了西南铝当时条件下的，并以工厂板带箔生产线为重点的投入产出物流图，见图 13-1。在图中，投入决策是从熔炼、铸造开始的，总产出是多个产出方向（仅显示主要产出方向）的总和。这种投入决策是集生产、

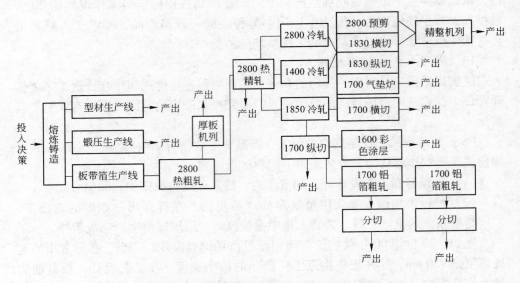

图 13 - 1 西南铝老的板带箔生产线投入产出物流图

工艺、市场、效益于一体的决策，要做到合理分流非常重要，但难度也很大。

13.1.1.4 品种定向投入

品种定向投入是在外部环境不能满足合理分流投入时，选择代表工厂实力或优势产品的投入方式。

尽管生产管理是企业的内部活动，属于微观经济的范畴，但事实上任何企业都与外部环境有着广泛的联系，深受外部环境的影响。

每个工厂都有可能在某一时期，不同程度地面临资金紧缺、原料不足、能源不足、运力不足等困难，这些都是不可忽视的主要制约因素。对于这些很难解决的问题，投入决策的选择显得更加重要。决策者是完全局限于现实的缓解呢？还是多点眼光，同工厂的发展结合起来考虑呢？显然，后者更为可取。应该加大对工厂有实力的优势产品进行倾向性的投入，促进优势产品质量升级，从而赢得用户对工厂产品的信任。

13.1.2 有力的生产控制手段

为了实现产出目标，必须加强对生产活动的控制。

生产控制是生产管理的一项职能，即对生产过程中的各个方面和实现生产预定目标进行的控制。没有有力的生产控制手段，就难以进行有效的生产管理。

一般采取的控制手段有周期控制、动态控制和跟踪控制。

13.1.2.1 周期控制

周期是指某种产品的生产周期，是投入到产出的全过程所需要的总时间。也就是说，周期控制是从时间上控制生产进度，其目的是保证按期产出，保证交货期。

1993 年，西南铝生产 3004H19 铝合金罐体料的热轧、冷轧生产工艺是：1 + 1 双机架热轧—热精轧卷中间退火—单机架冷轧（3 个道次）。基于此工艺，且在罐体料成品规格要求（0.32～0.34）mm ×（1240～1500）mm 的条件下，采用周期控制方法，生产周期约 33 天，见表 13 – 1。

表 13 – 1　3004H19 铝合金罐体料的生产周期控制

按工艺流程控制的主要工序	设 备	要 求	生产台时	工序连续的总时间/d	工序衔接时间/d
熔炼、铸造	35t 熔炼炉 1 台 35t 静止炉 1 台 DC 铸造	熔体晶粒细化 熔化净化 熔体测氢	3 炉/d 4 块/炉	8	第 1～8
均热	55t 均热炉 2 台	出炉后温度降到 100℃，锯切底部铺底料	22h/炉 6 块/炉	10	第 2～11
铣面加热	立式平面铣床 推进式加热炉	最大规格： 480mm ×2040mm ×5000mm 480mm ×1700mm ×5000mm	按进度安排 最大装炉量 428t	8 2	第 5～12 第 12～13
热轧	2800 热粗轧 2800 热精轧	表面质量 厚度公差 终轧温度	60 卷/d	2	第 13～14
中间退火	44t 退火炉 4 台	出炉后温度降到 50℃	35h/炉 4 块/炉	8	第 16～23
冷轧	1850 冷轧机	表面质量 厚度公差 终轧温度	三个道次 温度降到 50℃ 轧制	10	第 20～29
纵切	1700 纵切	外观 表面质量 宽度公差	随冷轧进度安排	10	第 22～31
性能试验	拉伸机 冲杯机	性能符合标准	随纵切进度安排	10	第 23～32
包装	卷材翻转机	立式包装（包装方向顺时针或逆时针）	随性能检测进度安排	10	第 24～33
装运	火车车皮	防雨、防撞击	随入库进度申请、装车	2	第 34～35

投入方式采用集中批量投入；投入产出计划为投入 800t/100 块，产出 480t，计划成品率 60%；投入铸锭规格为 480mm ×1350mm ×4500mm。

目前，西南铝的装备已经升级，新增了 1 + 4 热连轧生产线，2 机架冷连轧机。因此，3004H19 铝合金罐体料的热、冷轧生产工艺应该从 1 + 1 双机架热轧——热精轧卷中间退火——单机架冷轧（3 个道次）的原始工艺转变为现代最先进的工艺，即 1 + 4 热连轧——2 机架冷连轧（2 个轮次），且罐体料成品规格的厚度已减薄到 0.275 mm 左右（国外已减薄到 0.254 mm）。基于此工艺，生产工序减少了中间退火，周期控制的时间可以缩短 8d 左右。

13.1.2.2 动态控制

动态控制是对生产活动中出现的各种异常情况进行原因分析并采取对策。

市场经济活动无时不在动态运行，如何在市场经济活动中抓住机遇、珍惜机遇及用好机遇，对于工厂的生存和发展至关重要。分析工厂内部的生产活动同样如此，一条现代化的生产线是由多个生产工序和多台设备组成的，在生产活动中，不可能不受到外部环境和上、下工序的动态制约，很难保证不出设备故障及其他意外情况，这些都是生产活动的动态。

一个好的管理人员，要随时掌握生产活动中的动态，有了动态，就要采取对策加以控制；不控制，就难以实现投入产出计划。

在动态控制中，决不可忽视人的因素，人是最活跃的生产要素。先进的自动化设备要靠人操纵和监控，因此人的思想动态，同样是我们进行动态控制的重点。每个企业都应通过各种教育，提高全体员工的素质，增强岗位责任心和职业道德意识。

13.1.2.3 跟踪控制

跟踪控制是沿生产工艺路线对工序物流进行时空和数量上的控制。它能直接反映一种产品在工序物流的时空和数量上的流动状况，从而判断生产活动是否正常，了解何种工序处于非正常状态，并进一步确认非正常状态是偶然性的还是多发性的。若是偶然性的，可按动态控制的方法进行控制；若是多发性的，就要认真分析原因，以求解决。

13.2 现代信息化管理

现代铝板带加工装备的集成自动化控制技术，在第二篇第 7 章已经介绍了开放式多级区域控制系统，即传动级（LEVEL0 级）、基础自动化级（LEVEL1 级）和工艺过程控制级（LEVEL2 级）系统。若将它们通过现场总线和大网进行相应的通讯，即可组成现代信息化管理系统。

建立现代信息化管理系统，将会把收集、过滤和汇总不同类型的数据变成有用的信息，进行实时信息反馈，使各部门的管理者做到对原材料到成品的物料实时跟踪，对生产、销售到发货全过程的跟踪，对财务、收益等指标的实时跟踪，企业高管据此可迅速作出分析和决策。本书以亚洲铝业正在建立的四级信息化管理系统进行简要的概念性阐述。

13.2.1　系统4级制概念

系统4级制的LEVEL1级是基础自动化电气部分，LEVEL2级是自动化生产工艺过程控制，LEVEL3级是生产过程综合管理，LEVEL4级是企业资源管理，见图13-2。

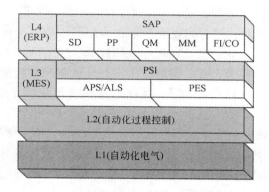

图13-2　信息化管理4级制系统

图13-2中，L3级MES为管理级系统（PSI是使用的产品名称），它包括2个子系统：生产计划系统（APS/ALS）、生产执行系统（PES）。L4级ERP为资源管理级系统（SAP是使用的产品名称），它包括5个子系统：销售管理系统（SD）、生产管理系统（PP）、质量管理系统（QM）、物料管理系统（MM）、财务管理系统（FI/CO）。

13.2.2　系统功能描述

13.2.2.1　LEVEL1级（基础级）

LEVEL1级（基础级）的主要功能是电气自动化。以热轧生产线为例，与LEVEL2级工艺过程控制有关的基础电气自动化有传动控制、工艺控制、顺序控制以及所有的闭环系统和在线检测系统，如厚度自动控制系统（AGC）、凸度自动控制系统（APC）、温度自动控制系统（ATC）都由LEVEL1级具体实施。LEVEL1级根据LEVEL2级提供的参数值，设定相应机架的辊缝、轧制力、速度、张力、各种厚度、凸度和温度控制机构，如弯辊机构、串辊机构、轧辊冷却装置等的初始值，并在轧制过程中利用各种在线连续检测装置和各种机械控制机构，来实时闭环控制带材坯的厚度、凸度、温度和平直度，以获得性能均一、尺寸精度高的带坯。

LEVEL1级主要以多个具有强大控制计算功能的PLC作为硬件系统的核心，

此外还包括 HMI（人机接口服务器）、主操作台、机旁操作台和各种检测用的传感器等。

13.2.2.2　LEVEL2 级（控制级）

LEVEL2 级是工艺过程自动化控制系统。它的主要功能是自动化的应用和数据采集。其中包括：对生产设备运行状态的全面监控；生产工艺参数的控制和工艺模型的开发；与设备运行有关的数据收集和分析、执行生产工艺有关的数据收集和分析，实施数据采集的汇总（类似数据库）、综合分析。

以热轧生产线为例，它是自动化控制的大脑和中枢，担负着生产原始数据的输入，轧制策略的确定和自动轧制程序表的计算，向 LEVEL1 级提供控制轧机和各种装置的设定值的任务，在轧制过程中进行轧件跟踪和收集轧制中的各种实测值。此外，还有长期及短期自学习、数据汇总和线外分析（离线开发）、质量记录和人机对话功能。

LEVEL2 级的硬件系统以过程控制服务器为核心，加上辅助设备如 HMI（人机接口服务器）、DB（数据服务器）、ADH（测量数据记录计算机服务器）、板凸度和板形控制计算机及网络控制器等，形成完整的二级过程计算系统。

13.2.2.3　LEVEL3 级 MES 系统（管理级）

LEVEL3 级 MES 系统 PSI 产品包括两个子系统：生产计划系统（ALS）和生产执行系统（PES）。ALS 是按照一定的算法规则建立的生产线生产计划序列系统，其功能主要提供订单的管理与各生产线计划序列管理，实时可以看到所有生产订单的完成情况，设备的运行情况，中间工序物料的转运情况等。PES 是对生产订单的跟踪系统。其功能可实现对物料从铸锭状态一直到成品发货为止的整个生产流程中各个工序的产能，产品质量取样、缺陷记录及检验分析结果，工序在制品和成品等物料的跟踪等。

通过以上分析，可知 L3 级管理系统主要是实施生产过程的综合管理和跟踪。在 4 级制信息系统管理中，它具有承上启下的作用。可把二级系统收集、过滤和汇总的不同类型生产数据送到 L4 级 SAP 系统，同时又把生产计划、排序的生产指令下达到二级系统，且能够全面实施生产过程的全面管理和跟踪。

13.2.2.4　LEVEL4 级 ERP（资源管理）

LEVEL4 级 ERP 系统 SAP 产品的主要功能模块见图 13 – 3。

SAP 具有以下几个特点：

（1）业务管理主数据是系统上线使用前必须创建的。系统经常需要维护和更新的主要业务主数据有：客户/供应商主数据、特性/分类、物料主数据、物料清单、工艺路线、检验计划。

（2）它是以财务为中心，对资源进行的综合管理，见图 13 – 4。它可把 PSI 收集、过滤和汇总的不同类型数据变成有用的信息提供给各级管理者，依据企业

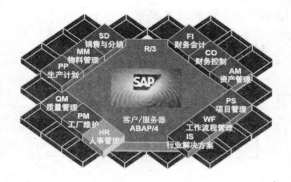

图 13 - 3 SAP（资源管理）的主要功能模块

图 13 - 4 财务为中心的综合管理

对财务的成本核算、利润分析、应收账管理、信用管理及相关的各种财务报表，进一步完善和规范流程。依据产能计算和应用，依据产品销售要求，下达生产计划和物料需求计划，并建立完整的供应链，实施从原材料到成品的物料跟踪；实施销售、生产到发货的跟踪。

（3）基础信息业务集成紧密。本节仅以销售管理为例，见图 13 - 5。

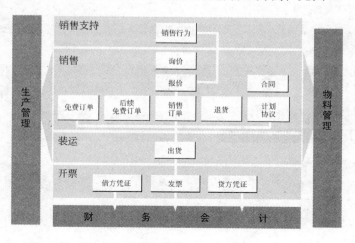

图 13 - 5 信息业务集成

13.2.2.5 L3 级和 L4 级的业务交互

L3 级和 L4 级的业务功能划分，见图 13 – 6。

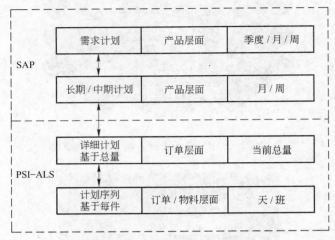

图 13 – 6 业务功能划分

L3 级和 L4 级的业务交互见图 13 – 7 。

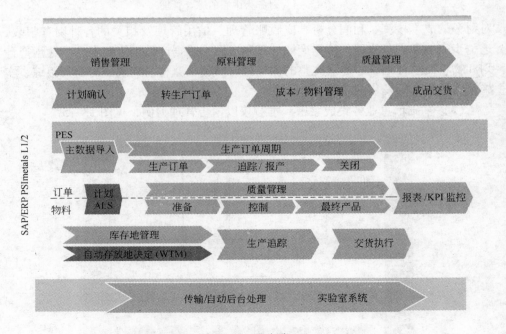

图 13 – 7 业务交互

L3 级和 L4 级的业务交互以生产订单处理流程为例，见图 13 – 8。

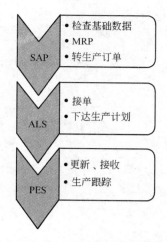

图 13 – 8   生产订单处理流程

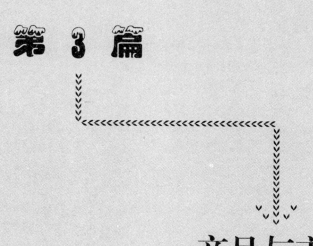

第 3 篇

产品与市场

14 罐体用铝板材

14.1 罐体用铝板材的基本要求

全铝罐体料采用 3004 或 3104 合金。该材料的有关性能在国家有色金属行业标准中有规定：化学成分见表 14 – 1，力学性能及工艺性能见表 14 – 2。该合金属于热处理不可强化合金，主要通过变形来提高其强度。

表 14 – 1 合金的化学成分

合 金	化学成分/%						
	Mn	Mg	Fe	Si	Cu	Zn	其他
3004	1.0 ~ 1.5	0.8 ~ 1.3	≤0.7	≤0.3	<0.25	≤0.25	0.05 ~ 0.10
3104	0.8 ~ 1.4	0.8 ~ 1.3	≤0.8	≤0.6	0.05 ~ 0.25	≤0.25	0.05 ~ 0.10

表 14 – 2 合金的力学性能及工艺性能

合 金	状态	厚度/mm	σ_b/MPa	$\sigma_{0.2}$/MPa	δ/%	制耳率/%
3004	H19	0.28 ~ 0.35	≥275	≥255	≥2	≥4
3104	H19	0.28 ~ 0.35	≥290	≥270	≥2	≥4

在加工厂，板锭经过热粗轧→热精轧→退火→冷轧→精整工艺或热粗轧→热连精轧→冷轧→精整工艺，生产铝罐体料。对于特硬状态（H19）铝罐体料的冷轧加工率至少要大于 85%。生产 0.25 ~ 0.35mm 厚的铝罐体料，冷轧前的热轧坯料选择的厚度为 2.0 ~ 2.5mm。

在制罐厂，易拉罐的生产要经过 40 多道工序，其中与铝带材性能有关系的主要工序有落料、冲杯、变薄拉深、修边、冲洗、外印、内喷涂、烘干、缩颈、翻边等。铝带材必须具有适当的强度和良好的深冲成形性。在易拉罐的生产过程中，首先是将厚度 0.25 ~ 0.35mm 的铝罐体带料冲落成直径为 124mm 左右的圆片，然后经两次深冲制成冲杯，其直径减缩率大于 50%；再根据最终罐的直径进行阶梯膜三级变薄拉深，壁厚减到 0.08 ~ 0.12mm，拉伸变薄率超过 65%。由于变薄拉深加工使坯料的延伸性处于极低状态，所以即使是很小的夹杂物也将会成为罐体破裂、折边的原因；随后还要保证在修边、缩颈和翻边过程中不出现断裂或开裂，也要求材料具有很好的塑性；经过几次烘烤后，还必须保证罐体的轴向压力和罐底的耐压能力，要求罐体轴向承压 1.35kN，罐底的耐压强度 630MPa，以确保罐装和储运顺利进行。因此，对于罐体带材的综合性能提出了相当严格的要求。要求抗拉强度 275 ~ 310MPa，屈服强度 255 ~ 300MPa，伸长率 2% ~ 3%，制耳率小于 4%；带材表面无明显波纹，表面光洁度均匀一致，无氧化、压伤、斑痕等缺陷；带厚均匀一致，厚差在 0.005mm 以内。有些用户还要求厚差在 0.003mm 以内。

由上述可知，3004H19、3104H19 铝罐体料对于制罐工艺和产品性能的影响，主要表现在冶金质量、立方织构（制耳率）、厚薄差、表面质量、伸长率和强度。需求罐体料的用户，为了在高速的冲罐线上（大约 1500 ~ 2000 个/min）达到高速的生产效率，特别对供货商提供的整卷罐坯带材的性能提出了均匀性、一致性的严格要求。均匀性的定义应该理解为，不仅要求是整卷罐坯带材从头到尾，从带宽一边到另一边，而且是每卷到每卷罐坯带材的特性都必须是均匀一致的。针对用户对产品质量的严格要求，在加工厂生产 3004H19、3104H19 铝罐体料最关键是制定合理的加工工艺，书中选择了突出特殊个性的冶金质量、立方织构（制耳率）、厚度差进行探讨。

研究冶金质量，为了保证不出漏罐，针罐，破罐。

研究立方织构，为了保证冲制具有 8 个制耳的杯。

研究厚度公差，为了保证冲制杯的高度完全一致，顺利通过生产线。

14.2　冶金质量

在制罐变薄拉深加工工艺中：一是由于坯料的延展性处于极低的状态，所以少量的杂质会成为凸缘裂纹的诱因，破的凸缘咬入工具和坯料中间就会形成针孔漏罐和撕裂破罐；二是由于在制罐变薄拉深加工工艺的 3 次变薄过程中，薄壁厚度会从 0.25 ~ 0.35mm 减少到 0.08 ~ 0.12mm，要使变薄后的薄壁没有小针孔，就要求变形后厚度方向金属化合物粒度小于 10μm，否则也会形成针孔漏罐。

保证铝罐体料的冶金质量是防止用户在后续加工容器罐过程中产生破罐、漏罐的最主要措施。

对于 3004、3104 合金的冶金质量，在熔炼时化学成分的控制和在铸造时对铸造工艺参数的控制是保证材料内部组织质量处于正常的关键过程。通常破罐、漏罐所暴露的冶金质量问题都是熔体处理（除气，除渣）不好，其中重中之重又在除渣。

在书中，已经详细地论述了有关熔体过滤最新的装备技术，并推荐罐料采用的装备技术是深床过滤（PDBF）＋管式过滤的配置为最佳的技术选择。目前，在日本多家铝加工厂已经采用。如果不考虑这种配置，按铝加工厂惯用的（PD-BF）和陶瓷泡沫过滤器（CFF）比较，本书推荐（PDBF）被证明更适合薄壁产品的批量生产，像罐料或铝箔毛料（用途最终是薄铝箔），以及特别是表面质量要求高的产品（PS 板和光亮阳极氧化板和电容箔）。CFF 是很常见的在线过滤系统，大量用于轧制板坯生产过程的熔体过滤。

下面的一个研究试验结果表明选择 PDBF 是正确的选择。

试验是在美铝的一家铸锭工厂进行的，测试是用 5182 合金（生产罐盖的合金，加工厂生产该种合金材料的厚度是 0.22mm），使用的是倾斜保温炉，在线配有美铝的 A622 脱气装置，深床过滤器选择的是美铝的 94 床式过滤器；陶瓷泡沫过滤器选择的是两级陶瓷泡沫过滤器，第一级使用的是 23in×23in 的过滤板，第二级使用的是 20in×20in 的过滤板，过滤系数选择 28kg/（s·m²）（对单一槽）和 14kg/（s·m²）（对平行放置的两个槽），夹杂物浓度是用 LiMCA 测量的。在保温炉与脱气装置之间的测量点看成是"出铝口"测量，过滤器与铸造台之间的测量点看成是"过滤后"测量。

夹杂物浓度在"出铝口"测量 14 次，"过滤后"的测量 11 次，"过滤后"的平均 LiMCA 值是用"JMP"软件（SAS 协会）分析的。R20、R30、R40、R50 和 R100 分别代表 20μm、30μm、40μm、50μm 和 100μm 颗粒的相对浓度。

表 14-3 表示在两个条件（PDBF 和 CFF）下的"出铝口"夹杂物的水平没有统计上的不同。

表 14-3　"出铝口"LiMCA 值的统计比较

夹杂物尺寸范围 /μm	平均夹杂物相对浓度		概率差异
	PDBF	两级 CFF	
R20	59.9	51.3	0.424
R30	12.2	12.0	0.054
R40	3.4	4.3	0.452
R50	1.2	1.8	0.678
R100	0.037	0.033	0.136

表 14-4 给出了在比试中每次"过滤后"测量的平均 LiMCA 值的汇总。在两级陶瓷过滤器中陶瓷泡沫过滤板的目数等级显示为 XX/YY，这里 XX 是粗孔过滤板，YY 是细孔过滤板。表中槽数一个代表两块过滤板放在单一个过滤槽里，过滤器之间只有一点间隙（1in）。表中槽数两个代表两块过滤板放在两个过滤槽里。这里可以看出。

（1）在任何"过滤后"的任意 LiMCA 样品都没有侦测大于 100μm 的颗粒，即在"出铝口"9 次铸造中存在这种颗粒。

注：1in=25.4mm。

（2）在两级陶瓷泡沫过滤板过滤器中，两个平行的过滤槽分别使用 50/70ppi 过滤板能够获得最低的夹杂物浓度，因为这是最好的孔径组合在最大的过滤区域得出了最好的结果。

表 14 – 4 "过滤后" 测量的夹杂物浓度

铸造序号	过滤器	目数	槽数	过滤后夹杂物浓度				
				R20	R30	R40	R50	R100
1	床式过滤			1.7	0.42	0.050	0.017	0
2	床式过滤			1.3	0.42	0.050	0.017	0
3	两级 CFF	30/60	2	88.5	11.2	1.5	0.23	0
4	两级 CFF	50/70	2	3.8	0.37	1.5	0.050	0
5	两级 CFF	40/60	1	100.0	19.3	4.5	1.4	0
6	两级 CFF	50/70	1	27.6	7.3	4.5	0.55	0
7	两级 CFF	50/70	2	13.7	2.1	2.1	0.084	0
8	床式过滤			5.0	0.18	0.017	0.017	0
9	床式过滤			2.7	0.44	0.050	0.017	0
10	床式过滤			1.8	0.18	0.084	0.084	0
11	床式过滤			1.5	0.39	0.18	0.017	0
12	床式过滤			2.7	0.87	0.32	0.15	0
13	床式过滤			3.8	0.92	0.27	0.050	0
14	床式过滤			3.4	1.2	0.47	0.39	0

（3）尽管两个过滤槽分别使用 50/70ppi 过滤板的两级 CFF 能够获得最低的夹杂物浓度，但是它的处理效果还是不能和床式过滤器的过滤结果相比，我们可以从表 14 – 5 中对 "过滤后" LiMCA 的统计比较中看得更加清楚。

表 14 – 5 过滤效率

铸造序号	过滤器	目数	槽数	过滤效率/%				
				R20	R30	R40	R50	R100
1	床式过滤			97.7	97.0	98.8	99.2	100
2	两级 CFF	40/60	1	-38.4	-18.8	11.8	22.0	100
3	两级 CFF	50/70	1	55.9	24.0	2.4	44.1	100
4	两级 CFF	50/70	2	89.3	94.0	99.8	99.4	100
5	床式过滤			96.2	99.3	99.8	99.4	100
6	床式过滤			96.9	98.0	99.3	99.3	100
7	床式过滤			97.0	98.6	97.8	92.5	100
8	床式过滤			99.1	99.0	98.1	99.3	100
9	床式过滤			97.5	96.5	95.3	93.0	100
10	床式过滤			96.8	94.7	92.7	94.8	100
11	床式过滤			94.8	90.7	87.7	74.7	100

在表 14 - 4 中，对于 R20 的夹杂物浓度，有明显的统计差异（差异概率大于 95%），两级 CFF 的平均值比床式过滤器高 3 倍以上；对于 R30 两级 CFF 的平均值是床式过滤器的 2 倍；对于 R40、R50 没有明显的不同；对于 R100 没有不同，因为哪一种过滤器都不会测到大于 100μm 的夹杂物。

通过上面的统计数据，就可以总结出表 14 - 5 中相应的过滤效率。在表 14 - 5 中还出现了一个很特殊的现象，那就是对于单一槽 40/60 目的两级 CFF 铸造时 R20、R30 是负值，没有过滤效率。过滤后 R20 ~ R40 颗粒反而有更高的浓度。为什么呢？可能是因为脱气装置里氯的增加，熔盐液滴在脱气装置里形成，大到能被 LiMCA 测量出来。

14.3   立方织构

由于材料的各向异性，在深冲时会产生制耳。变形织构产生 45°方向制耳，立方织构产生 0°/90°方向制耳。如果板材中这两种织构平衡，将会产生无制耳和低制耳。

对于 3004 或 3104 合金铝罐体料，在制罐厂经过深冲杯和变薄拉深加工工序后的罐是出现与轧向呈 45°方向的 4 个制耳呢？还是出现与轧向呈 45°、0°/90°方向的 8 个制耳呢？

如果仅仅出现与轧向呈 45°方向的 4 个制耳，必然制耳率高，这不仅使过桥通道容易卡罐，还会使深冲杯和变薄拉深加工过程中容易掉渣，擦伤制品，造成断罐，并可能在耳尖部分发生弯折和卷曲，同样会造成凸缘破罐。同时，在进行套轴切边时容易造成障碍和堵塞现象。

保证铝罐体料经过深冲杯和变薄拉深加工工序后的罐出现与轧向呈 45°、0°/90°方向的 8 个制耳是降低制耳率，是防止用户在后续加工容器罐过程中产生破罐，卡罐的最主要的措施。

14.3.1   织构与制耳关系

3004 或 3104 合金的轧制变形织构主要为 {110} ⟨112⟩、{123} ⟨634⟩、{112} ⟨111⟩ 组分，在板材冲杯时，它将导致与轧向呈 45°方向出现 4 个制耳。再结晶立方织构主要为 {100} ⟨001⟩ 组分，在板材冲杯时，它将导致与轧向呈 0°/90°方向出现制耳。要降低制耳率，就应该使 3004 或 3104 合金板中，上述两种主要织构同时共存，并且有相当的搭配。

图 14 - 1 为铝板织构与制耳关系的示意图，从图 14 - 1a 中可以看出立方织构构成了明显的 0°/90°方向制耳；图 14 - 1c 显示的是冷轧形成的 {123} ⟨634⟩ 织构所产生的 45°方向制耳；图 14 - 1b 显示的是一种非常理想的状况，晶粒取向呈现随机分布状态，而基本上无制耳现象。

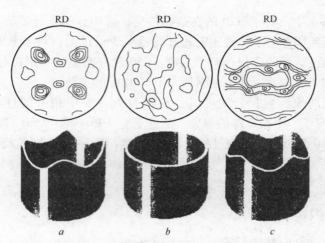

图 14 - 1 铝板中的织构极图与冲压制耳

14.3.2 两类制耳相互补偿

对于加工厂而言，制定好合理的铝罐体料的生产工艺和控制好关键工艺参数就要研究制耳产生的原因和减少消除的机理，即要研究轧制变形织构和再结晶立方织构的形成，两类制耳如何实现相互的补偿作用。尽可能保证材料在冲杯时获得最小的制耳率。

在实际生产过程中，为使铝合金罐体在其冲压及制成的过程中具有相当的强度，满足冷轧加工时的总变形量达到 85% 以上（H19）。显然，这样大的变形结果必然导致产生较强的 {123} 〈634〉 织构，因此使冲压罐体板的 45°方向产生制耳。

要实现对于 45°方向制耳的补偿作用就必须使冷轧加工前的热轧坯料同样要具备较强的 {100} 〈001〉 立方织构，并因此产生冲压罐体板的 0°/90°方向制耳。则这种制耳倾向会在冷轧过程中有部分逐步转向为 45°制耳，而残余的 0°/90°制耳倾向则会逐步抵消新生的 45°制耳倾向。所以适当的热轧加工工艺和相应的冷轧总变形量可以使 0°/90°制耳倾向和 45°制耳倾向达到某种平衡。图 14 - 2 给出

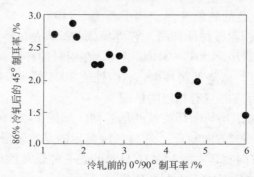

图 14 - 2 热轧板 0°/90°制耳率对冲压 45°制耳的影响

了随热轧坯料 0°/90° 制耳效应的升高冷轧 45° 制耳效应的下降关系。

由此可见，使热轧坯料内产生尽可能强的立方织构能够有效的消除铝合金板材在冲压过程中的制耳现象。

14.3.3 热轧立方织构

在加工厂，生产的工序多，流程长，影响因素多，几乎主要工序的所有参数都会对织构产生影响。前人在研究中发现合金中铁的含量、热轧前均匀退火温度、热轧压下量、热轧终轧温度、热轧卷退火升温速度等诸多因素都会影响热轧坯料的立方织构量。当然，有的是潜在的影响，并不一定在该工序之后即可发现。有的是生产过程中、动态变化过程中产生的效果，无法以静态方式来模拟、实现和弥补，各因素之间的互相搭配是很重要的、严格的。

14.3.3.1 热轧工艺的影响

在文中，曾经提到热轧生产罐料的两种工艺。两种工艺比较，能够充分展示该项关键技术的重要性，最佳工艺当然是热粗轧—热连精轧。它完全减少了热轧后退火对于热轧坯料的立方织构量的影响，因为热轧后退火处理往往会造成较大的再结晶晶粒，不利于保证铝罐料最终冲杯成形时的强度、成形性和均匀性。

由于热粗轧—热连精轧工艺在热精轧中采用了快速多机架（3~5 机架）热轧技术，热轧坯料保持了较高的储能和很高的铝卷终轧温度（340℃左右），从而使需要相应的动态再结晶和轧后冷却过程中的静态再结晶同时作用，形成强立方织构和细晶粒组织。

热轧生产罐料的另外一种工艺是热粗轧—热精轧。这种工艺的热精轧是单机架多道次（3 或 5 道次）轧制。由于在多道次轧制中，每道次轧制都会出现升、降速操作，不仅铝卷的头尾温度不均匀，而且铝卷终轧的最高温度也只能达到 270℃左右，这样热轧坯料只能保持一定的储能。虽然结果不理想，但具备了较好的立方再结晶形核的生成条件，所以必须增加退火工序，使随后退火过程中得以形成较强的立方织构。

对于热粗轧—热精轧工艺。研究表明，在热精轧时，除开轧、终轧的温度要求严外，对道次之间的温度梯度控制也是很关键的。热精轧过程中，由于 3004 板处于形变—回复—再形变—再回复的循环之中，所以必须优化工艺，控制当量冷加工量、动态回复的程度。热精轧后，板材有足够的储能，具有强的轧制织构，主要是 {110} ⟨112⟩ 织构，也就有了充足的立方取向核心，这是随后退火过程中得到 0°/90° 制耳和 3004 板获得冲杯 8 个制耳的关键。

试验表明，当热精轧温度偏低，板材强度性能不小于 280MPa，板厚中心的立方织构会降到低于 6%，由于当量冷加工量太大，虽然有充足的储能，但立方取向的核心不足，在随后退火后，立方织构翻转幅度小，含量值偏低；当热精轧温度过高，板材强度性能小于220MPa，这时热精轧得到的形变织构类型不是强的 {110}〈112〉织构，板材退火后的再结晶织构也不可能是强的 {100}〈011〉再结晶立方织构，因而立方织构含量值也会偏低。以上两种情况，冲杯都很难看到明显的 0°/90°制耳。

14.3.3.2 热粗轧工艺的影响

在热粗轧工艺中，选择开轧温度不低于480℃，终轧温度不低于400℃，对于提高热轧板坯中立方取向 {100}〈011〉晶粒数有利，但析出尺寸稍大。二次析出数量少些是有利的，这将对后续热精轧、退火板中织构的继续演变有益。从热轧板坯厚度方向进行剥层织构分析测定表明，板厚方向上立方织构含量由板面向中心递减。采用热粗轧—热精轧工艺的试验表明，澳大利亚 Comalco 铝业公司和我国的西南铝的热轧板坯中心立方织构含量的试验数据基本一致（大于40%）。当热粗轧温度偏低，特别是终轧温度偏低时，板坯厚度方向上的中心立方织构下降明显。由于此时的热轧板坯将直接进入热精轧，是作为热精轧的初始织构，这样就会影响到热精轧以及退火后板中立方织构的演变，所以热粗轧温度也必须加以严格控制。

14.3.3.3 合金成分的影响

3004 或 3104 合金中的 Mn、Mg、Fe、Si、Cu 元素，虽然能借助固溶或析出相的方式提高合金的强度性能，但弥散的析出相会阻碍立方织构的增强，这是由于再结晶的基本过程是晶界的迁移，析出相的影响表现在对晶界迁移的影响。因此需要采取措施防止因过饱和而产生的析出相颗粒粗化，以提高热轧板中的立方织构含量。所以多数研究者认为，合金元素对变形织构影响不大，但会强烈影响再结晶织构类型。

合金材料在退火过程中，晶粒组织和织构的发展与质点大小和分布有关。在3004 或 3104 合金中，铁使晶粒细化，改善深拉成形性能。但是铁含量过大时（不小于 0.7%），在合金中形成粗大的 (FeMn) Al6 质点，无论是否经过退火，铁含量的增加，都将会明显抑制立方织构的形成。尤其要防止大于 3μm 的一次含铁析出颗粒的存在。因为 {100}〈001〉与 {100}〈011〉取向晶粒主要在变形基体中形核，而随机取向的晶粒则在析出相颗粒附近的变形区内形核，如果防止大尺寸含铁析出颗粒出现则可以有效地减小颗粒附近的变形区，从而抑制随机取向的晶粒的数量。

显而易见，Mn 与 Al 和杂质元素等结合，退火时也会以第二项弥散质点析出阻碍晶界的移动，从而也抑制了立方织构的发展。

14.3.3.4 中间退火的影响

采用热粗轧—热精轧工艺必须增加中间退火。热精轧卷板回复后，在中间退火时发生再结晶，再结晶是通过形核和核心长大来消除变形基体的过程。再结晶的驱动力是热精轧卷板还没有释放的那部分储能，所以要完成再结晶，首先必须有足够的储能，才能实现退火后，在光学显微镜下观察到板材中的纤维状组织变成再结晶组织。但是，再结晶组织的出现并不意味着就一定具有了再结晶织构，只有具有形变织构的材料，在再结晶时再度获得再结晶织构。

退火后板材能获得什么样的再结晶织构，则是立方取向的晶粒和随机之间竞争取向的晶粒之间竞争的结果。再结晶织构中，立方织构的获得是以 {110} 〈112〉 轧制织构为基础的。

要获得强的 {100} 〈001〉 再结晶立方织构，就必须有强的 {110} 〈112〉 轧制织构，这样 {100} 〈001〉 取向的核心才能使其他取向的核心因为界面迁移速度慢而在竞争生长中被淘汰。

基于再结晶的定向长大机制，要获得强的 {100} 〈001〉 再结晶立方织构，在热精轧卷板中，还必须具有足够的立方取向的核心或者说是立方取向的区域，才能使强的再结晶立方织构的获得具有良好的基础。

为了考察热粗轧—热精轧—退火工艺中热精轧板和退火板的不同位置处再结晶立方织构含量情况，作过这样的试验。在板边 a，1/4 板宽 b 和中心 c 处分别各取两块样，一块从正面，另一块从反面，分别腐蚀板厚的 10%、30% 和 50% 后测定织构，表 14 – 6 为测试结果。从表中看到，热精轧板厚和板宽方向上再结晶立方织构含量有一定差异，这是与轧制加工的特点相适应的。在板宽中心接近表面处再结晶立方织构含量高些，但随板厚接近中心方向处就很快降为较稳定的值；板材正反两面的再结晶立方织构含量很接近；退火后，再结晶立方织构含量变化幅度大，基本上升到 80% 以上，这样的再结晶立方织构含量，在冲杯时可以获得 0°/90° 制耳。

表 14 – 6 热精轧板经中间退火后不同位置的再结晶立方织构含量

项　目			立方织构含量/%		
			a	b	c
热精轧	10%	正	11	24	21
		反	11	24	23
	30%	正	8	9	10
		反	8	7	8
	50%	正	9	9	8
		反	8	8	9
中间退火	10%	正	85	85	90
		反	83	89	91
	30%	正	92	88	79
		反	86	83	91
	50%	正	81	71	90
		反	78	82	85

14.3.3.5 3004 （3104） H19 冷轧板的再结晶立方织构

采用上述的热粗轧、热精轧、中间退火工艺后，立方织构翻转量大，再结晶立方织构含量高，在冲杯时可以获得制耳率为50%以上的0°/90° 4 个制耳。即是轧加工率达85%，3004 （3104） H19 冷轧板中残存的再结晶立方织构含量仍然可以大于20%，满足实现冲杯8 个制耳的需要。

表 14 – 7 为某厂批量生产随机抽取两批 3004H19 冷轧板的再结晶立方织构含量。表中 a、e 为板材边部，b、d 为 1/4 板宽处，c 为板宽中心处。从表中数据可以看出，所有各处的数据基本是均匀的，该冷轧板在用户生产线上冲罐时可以获得45°、0°/90°8 个制耳的低制耳率产品。

表 14 – 7　随机抽取的 3004H19 冷轧板再结晶立方织构含量

名　　称		立方织构含量/%				
		a	b	c	d	e
9001 – 4	正	22.9	20.5	21.0	21.5	20.6
	反	26.4	24.7	23.6	24.8	25.3
9995 – 1	正	21.9	21.4	20.5	21.4	22.3
	反	23.9	25.5	23.6	25.2	26.5

从以上研究和数据分析可以得出如下结论：

（1）采用热粗轧—热精轧—中间退火—冷轧工艺，生产 3004 （3104） H19 铝罐体板必须严格控制热轧的温度，使热精轧板既有足够的形变储能，有强的{110} 〈112〉 形变织构，又具有充足的立方取向核心，则中间退火后，板材中再结晶立方织构翻转量大，含量可以大于80%，为 3004 （3104） H19 板获得 8 个制耳奠定了基础。

（2）热粗轧→热连精轧→冷轧工艺生产是生产 3004 （3104） H19 铝罐体板的最佳工艺，热连精轧板卷可以稳定地保持热连精轧板卷终轧温度在 340℃ 左右。这样，热连精轧板卷就保持了高的储能，从而使需要相应的动态再结晶和轧后冷却过程中的静态再结晶同时保证获得具有强立方织构的细晶粒组织。在整个热轧过程中再结晶立方织构含量就可以大于80%，因此也就可以为 3004 （3104） H19 板获得 8 个制耳奠定基础。

（3）采用上述工艺生产的 3004 （3104） H19 板再结晶立方织构含量可以大于20%，冲杯可以获得 45°、0°/90° 8 个制耳的低制耳率产品。

目前，在世界范围内，无论是 Alcoa、Alcan，还是国内西南铝、南山铝、亚铝能够生产铝罐体板产品的铝业公司，都采用热粗轧→热连精轧→冷轧工艺。因为该工艺具有先进性、稳定性，已经不需要研究人员再对热轧的再结晶立方织构含量进行大量的测试工作，而只是在生产要素发生异常波动的情况下，才会对热轧坯料取样进行相关试验。本文重点阐述了热粗轧→热精轧→中间退火→冷轧工艺，对加工理论的发展过程有一定的研究价值，从而也更加显示工艺技术进步的作用。

14.4 厚差控制

在制罐厂，罐体料加工变形的第一道工序就是落片。为了防止皱折需要对落片外加压边力，厚的压边力可小点，薄的压边力要大些，若同卷厚薄不一就很难找出合理的压边力。压边力大了容易撕裂，小了容易出现皱折。在第二道工序的冲杯过程中，冲杯底有时会出现小坑点，一般不会对后道工序造成危害，但在小坑点深到在反面出现压痕时就会对后道工序造成危害。因为在同样的冲制力作用下，板厚不同杯底所出现的小坑点数目和深度也不同，厚处小坑点会深一些。最关键的是在第三道工序变薄拉伸的过程中，若同卷厚度差过大会在变薄拉伸至边部的过桥通道上，出现因罐身过长而卡罐或因罐身过短而掉罐堵塞通道的现象。所以罐身的长度需要控制在一定范围。例如对于宽度为138mm的通道，就不容许罐身的长度超过138mm；同时也不容许罐身的对角线小于138mm，否则罐身会顺向掉头堕落在轨道中间而卡罐，或者在切边机入口处因无法对准轴芯而卡罐。通过简单的数学计算可算出罐身的最短长度应该大于131.2mm，即罐身的极限长短差为6.8mm，否则就会卡罐停车。另外，由于同卷厚薄不一，即使采用同一套模具，罐身长短也会发生变化。通过计算和实际检测，厚度每增加 $1\mu m$，罐身长度会增加0.39mm，表14-8列出了产品厚度0.34mm同卷厚薄差所对应的罐身长短差（即罐体高度差）。

表14-8 同卷厚薄差与罐体高度差的关系

同卷厚薄差/mm	0.000	0.004	0.005	0.006	0.007	0.008	0.009	0.010	0.011
罐体高度差/mm	0	1.56	1.95	2.34	2.73	3.12	3.51	3.90	4.29
同卷厚薄差/mm	0.012	0.013	0.014	0.015	0.016	0.017	0.018	0.019	0.020
罐体高度差/mm	4.68	5.07	5.46	5.85	6.24	6.63	7.02	7.41	7.80

实际上，由于制耳的出现又会使罐高增高几毫米，这是不可忽视的，所以应同时考虑板厚和制耳两个因素共同造成的增值，该值不能超过罐身的极限长短差（6.8mm）。板厚和制耳两个因素是互相制约的，若同卷厚薄差大，则只允许制耳有较小的峰值。即要求有小的制耳率。

根据试验，在变薄拉伸无明显的模具偏心的情况下，制耳最高峰高度与最低谷高度的差值 Δh 与对应的罐壁厚度成反比线性关系。如表14-9所示。

表 14 - 9　制耳的高度差 Δh 与罐壁厚度的对应关系

序　号	1	2	3	4	5	6	7	8
高度差 Δh/mm	0	1.18	2.8	3.78	0	1.7	2.3	4.8
罐壁厚度/mm	0.196	0.198	0.188	0.178	0.199	0.195	0.195	0.164

序　号	9	10	11	12	13	14	15	16
高度差 Δh/mm	0	1.2	2.3	4.7	0	1.1	2.0	3.8
罐壁厚度/mm	0.195	0.199	0.188	0.167	0.195	0.196	0.192	0.174

通过计算，得出如下经验公式：

$$t = 0.21 - 0.009\Delta h$$

式中，t 为壁厚，Δh 为耳峰对应于该罐体最低谷高度的差（即设定每个罐的最低谷高度值为零）。最低谷处的壁厚，对于同一机台和模具是比较稳定的，大约在 0.195 ~ 0.199mm 的范围内。而耳峰所对应的壁厚（以最低谷以下 5mm 的水平线为测量点），则随 Δh 的变化而变化，Δh 大则壁厚小。根据上述公式可算出 Δh 从 1 ~ 5mm 所对应的壁厚。经验表明，当同壁厚大于 0.03mm，则 Δh 在 5mm 以上，就有可能使翻边裂口，废品增加或给下工序带来困难。

因此，用户对于罐坯带材厚度的要求是非常严格的，不仅是整卷罐坯带材从头到尾，从带宽一边到另一边，而且是每卷到每卷罐坯带材的厚度一般标准控制在 ±5μm 范围内。最高标准控制在 ± （2 ~ 3） μm 范围内。

在加工厂，控制带材边对边的厚度公差就是如何控制卷板的横向厚差；控制卷材头到尾的厚度公差就是如何控制卷板的纵向厚差。要保证卷板高精度的横向厚差关键的控制技术就是研究辊缝的形状，就是要保证热轧过程中热轧卷坯的板凸度稳定的在控制范围内；要保证卷板高精度的纵向厚差关键的控制技术就是研究辊缝的大小，就是要保证热轧和冷轧过程中 AGC 系统正常的自动控制辊缝的大小，稳定的运行。

14.4.1　横向厚差

板材的断面厚度偏差，称为横向厚差，即书中要探讨的热轧卷坯板凸度，通常横向厚差是指板材横断面中部与边部的厚度差。横向厚差决定于板材横断面的形状。矩形断面的横向厚差为零，属于一种最理想的状况。楔形断面是一边厚另一边薄，而对称的凸形或凹形断面，分别表现出中部厚两边薄，或中部薄两边厚。在正常的轧制过程中，为了有利于轧件的稳定和对中，我们希望的是中部厚两边薄，即凸形断面。

板凸度的大小，通常用轧件横断面中部厚度 h_z 与边部厚度的差值表示，即 $h_z - h_b/h_z$，最佳的板凸度应控制在 0.5% ~ 0.8%。在具有现代装备技术的热精轧或热连轧生产线上，在板宽方向上都安装了在线瞬时多点扫描测厚仪。

在实际的生产时，由于热轧的遗传性，如果热轧卷坯具有最佳的板凸度，对于在后续的高速冷轧过程中能保持稳定的运行和控制罐体料的高精度、横向厚差会显得更加重要。当然在现代冷轧机上也装备了精确的轧辊倾斜控制系统，这样就更能够保证横向厚差的精度。

在轧制过程中，由于轧制力引起轧辊的弹性弯曲和压扁，以及轧辊的不均匀热膨胀，实际辊缝形状发生了变化，使之沿板材宽向上的压缩不均匀，于是纵向延伸也不均匀，导致出现波浪、翘曲等。在热粗轧过程中，由于板坯两头都属于自由端，板坯会出现侧弯；在热精轧或热连轧过程中，卷坯会出现层错和塔形。所以在热轧过程中，对横向厚差的控制，实际上是对热轧卷坯板凸度的控制，也就是对于热轧辊缝形状的控制。

14.4.1.1　影响辊缝形状的主要因素

A　原始辊型

无论是工作辊还是支撑辊，在装配之前都要按照不同铝合金材料、不同产品规格的生产工艺要求，在轧辊磨床上将轧辊辊身表面磨削成相应的轮廓形状，这就是所指的原始辊型。一般对于工作辊的原始辊型都磨削成凸度辊型，对于支撑辊的原始辊型都磨削成平辊型或凹度辊型。在实际生产中，工作辊的表面会经常因为出现辊面粘铝或辊面损伤，频繁换辊；支撑辊不出现意外情况，一般是定期换辊。凭生产经验，生产的铝合金材料越硬，生产的产品规格越宽，工作辊在换辊重新磨削时，磨削的凸度越大；反之，生产的铝合金材料越软，生产的产品规格越窄，工作辊在换辊重新磨削时，磨削的凸度会越小。显然，在未对工作辊原始辊型进行预先加热的情况下，生产的第一个板料的初始道次辊缝形状会成为凹形断面。

B　生产工艺

生产工艺是指影响轧制力的轧制条件，它包括金属变形抗力、轧辊直径、摩擦条件、道次压下量、轧制速度、前卷取张力、后卷取张力等。因为上述轧制条件都会影响轧辊的弹性弯曲，改变辊缝形状，其目标的控制是使辊缝形状成为凸形。

C　轧辊的热膨胀

轧制时轧件变形功转化的热量、摩擦和高温轧件传递的热量，使轧辊温度升高。冷却润滑液、空气与轧辊接触的部件，又会使轧辊温度降低。由于轧辊受热和冷却条件沿辊身长度是不均匀的，通常靠近辊颈部分冷却好，受的热量少，所以辊身中部比边部热膨胀大，形成热凸度，使辊缝形状成为凹形。热凸度值近似按下式计算：

$$\Delta R_1 = mR\alpha\ (t_z - t_b)$$

式中　t_z，t_b——辊身中部与边部温度，℃；

R——轧辊半径，mm；

m——考虑轧辊心部与表面温度不均匀的系数，可取 $m = 0.9$；

α——轧辊线膨胀系数，钢辊 $\alpha = 1.3 \times 10^{-5}/℃$，铸铁辊 $\alpha = 1.1 \times 10^{-5}/℃$。

在实际生产中，工程技术人员所设计的生产工艺软件和生产操作人员能够控制的生产工艺条件，就是要保证在每道次的轧制过程中，使凸形的辊缝形状与轧辊的原始辊型和热膨胀形成的凹形辊缝形状互为补偿，最终保持一个最佳的板凸度 $0.5\% \sim 0.8\%$。

当然，影响辊缝形状的因素还有轧辊的弹性压扁量沿辊身长度方向的分布情况、轧辊本身的材料硬度和在磨削时的表面粗糙度、轧辊的磨损情况等。

14.4.1.2　辊缝形状的主要控制技术

在轧制装备技术中，已经详细介绍了几种先进的辊缝形状的控制技术，包括 CVC 辊型控制技术（SMS 公司）、DSR 辊型控制技术（VAI 公司）、TP 辊型控制技术（IHI 公司）。这里，要说明的是有一些设备没有采取上述先进的辊缝形状控制技术，就是在热连轧机组中也不是所有的机架都采用了上述辊型控制技术。但是，无论有否采用上述辊型控制技术，下述几种对于辊缝形状的控制技术（如轧辊倾斜控制、正负弯辊控制、冷却液喷射分段控制）是必须具备的。

A　冷却液分段控制

冷却液分段控制是控制轧辊热凸度的重要措施。在热轧过程中，冷却液分段控制采用的冷却液是乳液，它的作用是带走轧辊的热量，防止辊身过热，同时也起润滑作用。只要改变沿辊身长度方向乳液流量与压力的分布，就可以改变各部分的冷却条件，从而控制轧辊的热凸度。

在热轧乳液分段控制设计中，配置有轧辊冷却装置的入口和出口铝带导卫装置。其导卫装置安装在轧机牌坊内，位于轧制线上方，与支撑辊平衡装置相连，并和支撑辊平衡装置一起移动。通常，在入口侧面和出口侧，各配有一根对上工作辊冷却的喷管；同样，也各配有一根对下工作辊冷却的喷管。在出口侧，仅配有一根对上支撑辊冷却的喷管。另外，在入口侧面和出口侧，还各配有一根对辊缝起润滑作用的喷管。所有喷管上喷嘴间隙都设计为 100mm，喷嘴处压力约为 $(5 \sim 7) \times 10^5 Pa$。

各种喷嘴的设计原理大致相同。喷嘴由一个专用的喷射阀控制，该阀除了一个运行部件活塞外，全部用不锈钢制作。它由细孔尼龙管提供的压缩空气驱动。尼龙管与电磁阀相连，每个电磁阀控制上下一对喷射阀。喷射阀安装在集管内，处于高压的乳液中，压缩空气使阀门处于关闭状态。电磁阀通电后可以关掉通向阀的压缩空气，于是乳液靠压力把柱塞向后推开阀门。压缩空气与乳液的压力比约为 1:2。由于乳液进口很大，因此进入阀门后，其压力损失很小，而且呈轴向流动，不产生紊流，保证了喷嘴出口处有最稳定的流动条件，使喷射的液束具有最佳的形状、角度和分布。

B　液压弯辊控制

液压弯辊是利用安装在轧辊轴承座内或其他液压缸的压力，使工作辊或支撑辊发生弯曲，实现辊缝调整的方法。液压弯辊的原理是通过液压缸给轧辊施加的液压弯辊力（附加弯曲力），使轧辊产生附加凸度，以便快速地改变轧辊的工作凸度，从而补偿轧制时的辊型变化。

（1）弯曲工作辊：采用弯曲工作辊时，液压弯辊力通过工作辊轴承座传递到工作辊辊颈上，使工作辊发生附加弯曲。

正弯——弯辊力 F_1 与轧制压力 P 的方向相同，称为正弯工作辊（图14-3a）。它安装在上下工作辊轴承座之间，在弯辊力的作用下，使工作辊挠度减小，即增大了轧辊的工作凸度，防止了可能出现的双边波浪。

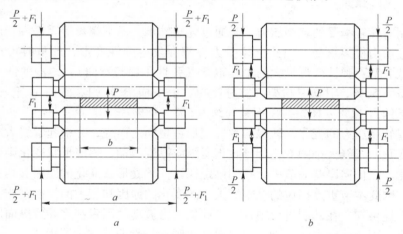

图 14-3　弯曲工作辊控制
a—正弯，减小工作辊挠度；b—负弯，增加工作辊挠度

负弯——弯辊力 F_1 与轧制压力 P 的方向相反，称为负弯工作辊（图14-3b）。它安装在上下工作辊轴承座之间和对应上下支撑辊轴承座之间，在弯辊力的作用下，使工作辊挠度增大，即减小了轧辊的工作凸度，防止了可能出现的中间波浪。

正弯和负弯两种结构相比，可以看出负弯工作辊装置更具有一定的优势，一是正弯只能向一个方向弯曲工作辊，单纯用正弯会显得调整能力不足；二是在更换工作辊时拆开高压管路接头不方便。

（2）弯曲支撑辊：弯曲支撑辊的弯辊力 F_2 不是施加在轧辊轴承座上，而是施加在支撑辊轴承座之外的轧辊延长部分（图14-4）。这种结构的主要优点是可以同时调整纵向和横向的厚度差。如果弯辊力 F_2 与轧制压力 P 的方向相同，会减小支撑辊的挠度，称正弯支撑辊；反之称负弯支撑辊。

由于轧机结构复杂而庞大，再加上支撑辊比工作辊的刚度大得多，所以弯曲支撑辊主要适用于辊身长度 L 和支撑辊直径 D 比较大，并通常只有在 $L/D > 2$ 的情况下，才使用这种设计结构。

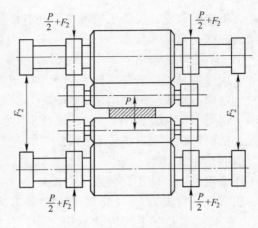

图 14 – 4 弯曲支撑辊

14.4.2 纵向厚差

轧制时轧辊承受的轧制压力，是通过轧辊轴承、压下螺丝等零部件转递给机架，并最后由机架承受。因此上述受力件都会发生弹性变形，严重时可达数毫米。测试表明：弹性变形最大的是轧辊系（弹性压扁与弯曲），约占弹性变形总量的40% ~ 50%，其次是机架（立柱受拉，上下横梁受弯），约占12% ~ 16%，轧辊轴承约占12% ~ 16%，压下系统约占6% ~ 18%。

随着轧制压力的变化，轧辊的弹性变形量也随之而变，并引起辊缝大小和形状发生变化，辊缝大小的变化将导致板材纵向厚度波动，辊缝形状变化则影响到板形变化。在横向厚差一节中，我们已经探讨了辊缝形状变化的原因和相关的控制措施，因此本节重点探讨的是辊缝大小的变化的原因和相关的控制措施。

从上述可知，在轧制过程中凡是引起轧制力波动的因素都将导致纵向厚度尺寸的变化。因为轧制力的波动，一是对轧机弹性特性曲线产生了影响，二是对轧件塑性变形特性曲线与位置产生了影响，结果使两条曲线的交点发生变化，产生了纵向厚度偏差。

14.4.3 轧制过程的弹塑性曲线

轧制过程的轧件塑性变形特性曲线与轧机弹性特性曲线集成同一坐标上的曲线，称为轧制过程的弹塑性曲线（图 14 – 5），也称轧制的 $H – P$ 图。图中两曲线交点的横坐标为轧件厚度，纵坐标为对应的轧制压力。

根据 $H – P$ 图，轧制厚度控制就是要求所轧板材的厚度始终保持在轧件塑性变形特性曲

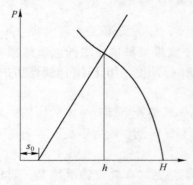

图 14 – 5 轧制弹塑性曲线

线与轧机弹性特性曲线交点 h 的垂直线上。但是由于轧制时各种因素是经常变化的，两曲线不可能总是交在等厚轧制线上，因而使板厚出现偏差。表 14 – 10 反映了轧制工艺条件发生变化时对轧制厚度的影响。

表 14 –10　轧制工艺条件对轧制厚度的影响

变化原因	金属变形抗力变化 $\Delta\sigma_s$	板坯原始厚度变化 Δh_0	轧件与轧辊间摩擦系数变化 Δf	轧制时张力变化 Δq	轧辊原始辊缝变化 Δt_0
变化特性					
轧出板厚变化	金属变形抗力 σ_s 减小时板厚变薄	板坯原始厚度 h_0 减小时板厚变薄	摩擦系数 f 减小时板厚变薄	张力 q 增加时板厚变薄	原始辊缝 t_0 减小时板厚变薄

要消除这一厚度偏差，就必须使两曲线发生相应的变动，重新回到等厚轧制线上。基于这一思路，板厚控制的方法有调整辊缝、张力和轧制速度三种。如果在现代轧机上，装备了自动控制，则就是我们俗称的压下 AGC，张力 AGC，速度 AGC。

14.4.3.1　压下 AGC

调整压下是板带材料厚度控制的最主要的方法，它的原理是在不改变弹塑曲线斜率的情况下，通过调整压下来达到消除工艺因素影响轧制压力而造成的板厚偏差，参见图14 –6。

上述工艺因素可能是来料退火不均，造成轧件性能不均（变软或变硬），润滑不良导致摩擦系数增大，张力变小，轧制速度减少，都将使塑性曲线斜率变大，由 B 变到 B'，使轧件轧后的厚度产生 δh 偏差。此时，可以通过调整压下，使辊缝减小，由 S_{01} 减到 S_{02}；则弹性曲线由 A 变到 A'，消除了 δh 偏差，重新回到等厚轧制线上。

14.4.3.2　张力 AGC

对于冷精轧薄板带，调整压下，使辊缝减小的余地小；箔轧轧制时，轧辊实际已经压靠，辊缝减小根本不可能，这样多采用张力 AGC。它的原理是通过调整前、后张力改变塑性曲线的斜率，达到消除各种因素对轧出厚度的影响来实现板厚控制的（图 14 – 7）。它的特点是反应快、效果精确。

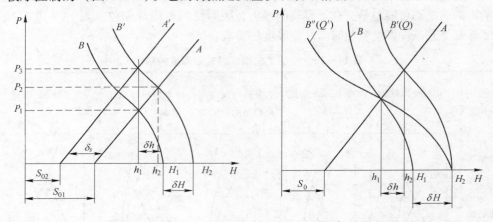

图 14 – 6 调压下原理图　　　　图 14 – 7 调张力原理图

从图 14 – 7 中可以看出，当来料出现厚度偏差 $+\delta H$ 时，在原始辊缝和其他条件不变时，轧出的板厚产生偏差 δh，为使轧出的板厚 h_1 不变，可通过加大张力，使塑性曲线改变斜率由 B' 变到 B''，而与弹性曲线 A 交在等厚轧制线上。

14.4.3.3　速度 AGC

轧制速度的变化同样将引起张力、摩擦系数、轧制温度、轴承油膜厚度等发生变化，因此也可以改变轧制压力，从而使塑性曲线斜率发生改变，其基本原理和调整张力相似。

14.4.3.4　轧辊偏心补偿控制

轧辊在经过多次磨削后，都会不同程度地出现轧辊偏心现象，这样在轧制过程中，会周而复始的出现辊缝大小的改变，从而影响轧件的纵向厚差。轧辊偏心补偿控制设计能够解决这一问题。

14.4.3.5　合金补偿控制

由于合金材料的强度不同，即使在其他条件相同时，轧制软的合金材料，轧制力小；轧制硬的合金材料，轧制力大，解决这一问题的控制原理和压下 AGC 相同。

如果某铝业公司仍然采用热粗轧—热精轧—中间退火—冷轧工艺生产 3004H19 铝罐体板，应该特别注意：由于热精轧是多道次往返轧制，每道次开始都必须加速，每道次结束都必须减速，因此卷材的头、尾板带的厚度完全是处于不稳定的状态。上述的各种 AGC 的精确控制也只是对于稳定状态而言的。一般情况下，供应商在性能保证值上，也只能保证 δ 达到 95.4%，如果对于不熟练的操作工而言，δ 达到 95.4% 都是很难的。所以此工艺生产的 3004H19 铝罐体卷板往往在冷轧后进行分切。检验时，因为板带的头、尾厚差（即纵向厚差）不能达到产品标准，因此，头、尾处都要切掉。这样无论是几何废料，还是技术废料损失都是很大的。

14.5 技术商务

从上述分析可以得出一个结论：对于任何一种产品，必然会有配套的装备和相应的最佳工艺。为了满足用户对 3004H19 铝罐体板产品在落料、冲杯、变薄拉深、修边、冲洗、外印、内喷涂、烘干、缩颈、翻边等对于材料冶金质量、制耳和厚差的特殊个性要求，铝加工厂必然选择热粗轧—热连精轧—冷轧的生产工艺和配套的熔炼、铸造、在线处理装备。这也就是书中探讨的技术商务。

14.5.1 罐料市场

14.5.1.1 饮料和包装

在世界范围内，铝轧制产品的消费市场，当今具有代表性的市场应是北美、欧洲、日本、中国四大市场。在市场行业领域，通常细分为包装、交通运输、建筑、机械及电子为主的四大领域，包装消费市场所占的比例最大。

近年来，特别是在我国，随着人们生活质量的提高，生活饮食习惯的改变，随之使用铝罐料包装的饮料也随之快速提升。

A 啤酒

我国是世界第一啤酒生产大国，有 400 多家酿酒商，2008 年的产量已经超过了 4 百亿升。在 400 多家酿酒商中，前 4 家（青岛、燕京、华润、哈啤）的年产量都超过了 100 万吨，接下来的 15 家（珠江、重庆、金星、惠泉等）的年产量 20 万~100 万吨，其余的 400 家生产商的年产量都不足 20 万吨。

上述数据表明，我国的市场巨大，但是，从我国啤酒的消费水平和世界平均消费水平比较，市场还具有很大的潜力。目前，人们需要健康，从烈性酒正在逐步转向啤酒、葡萄酒；同时，啤酒商还瞄准了农村的广阔市场。

目前，我国啤酒的主导包装仍然是玻璃瓶，这主要是因为低廉的价格和回收重灌所致。罐装市场仍然属于一个高档的产品，仅仅局限于城市地区，但随着我国区域经济形势的发展趋势，我国农村城市化的进程加快，每年罐装市场的份额都在增加。2008 年罐装市场的份额已经超过了 5%，消费 50 多亿罐。估计 2012 年将会达到 8%，即消费 90 亿罐。

B 碳酸软饮料

碳酸软饮料主要指可口可乐、百事可乐等。应该说，这是一个成熟的市场，它的包装尽管也受到了聚酯瓶的挑战，但是在 2008 年，也仍然消费了 50 多亿罐。估计到 2012 年，也将会保持同等的消费水平。

C　茶饮料

由于健康概念，茶饮料的市场已经超过了碳酸软饮料。特别是凉茶，其中最大的品牌王老吉，2008 年销售近 30 亿罐。估计到 2012 年，达到 40 亿罐。

D　能量饮料

这个市场由健力宝主导，这是我国非常有名的品牌。现在，在我国市场中，又出现了红牛品牌的饮料。这两种能量饮料也是铝罐包装不可忽视的重要的消费市场。

14.5.1.2　增长的动力

估计从 2008 ~ 2017 年，10 年我国消费铝罐每年增长 10%，如图 14 - 8 所示。

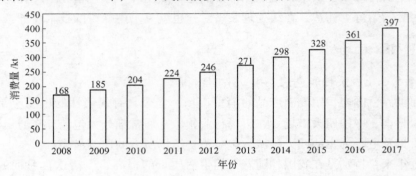

图 14 - 8　估计 10 年的我国铝罐消费需求

上述分析，基于以下几点：

（1）高 GDP 的稳定增长；

（2）城市化的进程加快；

（3）旅游业的迅速发展；

（4）更多的包装审美需求；

（5）公司销售的推广活动；

（6）类似世博会等更多的国际性会议和活动。

14.5.2　下游需求的增加

截至 2008 年，在我国生产铝制罐的工厂有 20 个，其中 16 个分属 5 个跨国公司，另外 4 个由内地公司组建。

美国波尔制罐集团公司，5 个工厂，8 条生产线。

美国皇冠制罐公司，4 个工厂，5 条生产线。

中国香港太平洋制罐公司，3 个工厂，5 条生产线。

中国台湾大华金属有限公司国内联合制罐，3 个工厂，4 条生产线。

英国雷盛有限公司，1 个工厂，1 条生产线。

隆兴公司，1 个工厂，1 条生产线。

中粮集团，1个工厂，1条生产线。

中铁广州物质公司，1个工厂，1条生产线。

珠海三元，1个工厂，1条生产线。

比较美国人均410个罐/年，我国罐料工业只能保证人均8.5个罐/年。所以，我国罐料工业有巨大的增长潜力。表14－11是27条制罐生产线。

表14－11　27条制罐生产线

集团公司	工厂或分（子）公司	生产线/条数	采购罐料规格/mm×mm	最高速度/m·min^{-1}	工位数/个	年生产能力/亿个
波尔	三水富特波尔	3	0.290×769.9	600	8	5
			0.280×1499.87（2）	1700	12	8
	北京波尔	1	0.275×1477.7	2200	12	9.3
	深圳波尔	2	0.27×1500	2200	12	8.1
			0.275×1746	3000	14	
	武汉波尔	1	0.27×1500	1700	12	8.3
	青岛波尔	1	0.280×1240.8	1450	10	4.5
皇冠	惠州皇冠	2	0.275×1471	1500	12	7
				1700		8
	北京皇冠	1	0.275×1477.7	1500	12	6.2
	上海皇冠	1	0.275×1477.7	1700	12	8.3
	佛山皇冠	1	0.275×1477.7	800	12	4
大华金属	上海联合制罐	1	0.270/0.275×1517.15	1500	12	8.3
	华东联合制罐	2	0.280×1484.15	1700	14	9
			0.280×1243	1000	10	4.5
	重庆联合制罐	1	0.280×873.67	1200	7	4
太平洋	北京太平洋制罐	2	0.280×1484.23	3000	12	12
			0.380×872.67		8	
	漳州太平洋制罐	1	0.280×1484.23	1700	12	7
	沈阳太平洋制罐	2	0.280×1484.15	3000	12	12
			0.280×1728.40	3000	14	12
雷盛	肇庆制罐	1	0.290×1456.6	1000	12	4
广州隆兴	广州隆兴	1	0.285×1243.8	1000	10	5.2
中粮集团	杭州制罐	1		1700	12	7
中铁	广州物质公司	1	0.280×1524		10	
珠海	三元	1	0.43×1760		12	

14.5.3 商务认证程序

14.5.3.1 商务认证步骤

商务认证分 3 个步骤：

（1）"小试"。测试质量和单卷性能，测试数量 4 卷，20t。

（2）"中试"。检查批量生产中的产品均匀性，测试数量 10 ~ 14 卷，50 ~ 70t。

（3）"大试"。验证产品的大规模生产的稳定性，测试数量 20 ~ 40 卷，100 ~ 200t。

14.5.3.2 商务认证实例

Rexam（雷盛）是世界第二罐料用户，"小试"测试数量 4 卷，20t；"中试"测试数量 14 卷，70t；"大试"测试数量 40 卷，200t。表 14 - 12 为需要测试的质量项目。

表 14 - 12 测试质量项目

罐料	罐高	翼缘宽度	壁厚	凸缘	金属暴露	拱形	柱形	Adision	撕裂	颈部皱纹
合金	×	×	×	×	×	×	×	×	×	×
厚度	×	×	×	×	×	×	×		×	×

14.5.3.3 各项质量指标要求及主要指标测试方法

综合各罐料用户的测试质量项目，主要是四大项，即铝材质量、杯质量、白罐质量、成品罐质量。

A 铝材质量

（1）铝材表面质量。对铝材表面进行目测，表面应光滑清洁、平整，不允许有油污、腐蚀、裂纹、杂质和明显的条纹，边部无毛刺。

（2）铝材尺寸精度。厚度：要求 ≤ ±0.005mm；宽度：要求 +3.0/ -0mm

尺寸精度测试方法：厚度为横向平均五点检测，精度为小数点后三位；宽度只测一次，精度为小数点后一位。

B 杯质量

（1）杯带油量：18 ~ 30mg/杯；

（2）杯制耳率：要求 ≤3%。

制耳率的测试方法：峰高值和谷高值分别为最高四点和最低四点平均值。

制耳率 = [（峰高平均值 - 谷高平均值）÷ 谷高平均值] × 100%

C 白罐质量

（1）外观目测；

（2）测试上壁厚度；

（3）测试中壁厚度；

（4）测试底拱深度；

（5）罐制耳率：要求≤3%，测试方法同杯制耳率；

（6）修边余料宽度：要求 4～13mm；

（7）测试罐底耐压：要求≥645kPa；

（8）白罐计重：测试白罐计重是考核罐重差异。

D　成品罐质量

（1）外观目测；

（2）轴向压力：要求≥1.10kN 或 1.15kN（不同的罐料用户）；

（3）罐底耐压：要求≥620kPa；

（4）翻边开裂：要求＜30PPM；

（5）断罐率：要求＜30PPM；

（6）针罐率：要求 0；

（7）成品罐内涂电流值：要求≤5mA；

（8）出罐率：以理论冲杯量作为考核基准数，要求大于 100%。

15 印刷版用铝板材

15.1 印刷版用铝板材的基本要求

印刷版用铝板材使用的合金主要是 1050、1060、1070 合金以及在此基础上进行微量元素调整后开发的合金牌号，例如 1052 合金等。1050 合金应用最广泛，在国家有色金属行业标准中规定的 1050 合金化学成分见表 15 - 1，力学性能见表 15 - 2。

表 15 - 1 1050 合金化学成分（%）

合金	Si	Fe	Cu	Mn	Mg	Zn	Ti	V	其他		Al
1050	0.03 ~ 0.15	0.20 ~ 0.40	≤0.05	≤0.05	≤0.05	≤0.05	0.005 ~ 0.03	≤0.03	单个≤0.03		≥99.50
									合计 —		

表 15 - 2 1050 合金常温力学性能

合　金	状　态	σ_b/ MPa	δ/%
1050	H16	135 ~ 165	≥2
	H18	155 ~ 185	≥1

用于印刷发行量较大的印品，印刷版材处于高速印刷时的受力状态复杂，这就需要研究印刷版用铝基材的耐疲劳性能、耐烘烤性能。目前，对于耐疲劳性能，国内尚未找到合适的检测方法和量化指标，仅参考高强、高韧铝合金检测耐疲劳的方法。对于耐烘烤性能，是以印刷版用铝基材的行业标准，列出的模拟烤版方法及性能指标要求。印刷版用铝合金基材模拟烤版工艺性能如表 15 - 3 所示。

表 15 - 3 印刷版用铝合金基材模拟烤版工艺性能

合金	状态	烤版温度/℃	保温时间/min	σ_b/MPa	δ/%
1050、1052、1060	H16、H18	260 ±2	10	≥120	≥2
		280 ±2	5	≥100	≥3

在多数铝加工厂，板锭经过热粗轧—热精轧—冷轧—精整正常工艺，生产印刷版用铝合金基材。目前，也有一些铝加工厂采用铸轧坯生产印刷版用铝基材。

但后者工艺要提供高档 CTP 版用铝基材，还是非常困难的。

在印刷工厂，生产 PS 印刷版要经过脱脂→电解研磨→除灰→阳极氧化→封孔→涂布感光胶→表面毛面粗化→胶印（胶片输出）→打样→晒版→修版→弯版→上版→印刷多道工序。生产 CTP 印刷版由于采用的工艺是数码打样→印版输出工艺，这样就省掉了表面毛面粗化、晒版、修版等工序。这样无疑减少了许多中间过程，不仅节省了制版的时间和成本，而且无人为影响，无不可控因素，能使印版上的网点质量得到有效的保证，图文能够真实反映印刷的内容，最终会使印刷品质量大大提高。

无论是生产 CTP 版，还是生产 PS 版，对于铝基材的质量要求都是很严格的。CTP 版与 PS 版比较，由于数字制版所使用的光源是激光光源，其输出的分辨率很高，可以达到 1000 ~ 4000dpi。也正因为设备具有的特点，使得它对于铝基材的形状、尺寸精度、不平整度和表面粗糙度指标上要求的更严。

按照国家有色金属行业标准中的规定，CTP 版与 PS 版用铝基材的质量要求指标见表 15 – 4。

表 15 – 4 CTP 版与 PS 版用铝基材的质量要求指标

指 标		CTP 用铝基材	PS 用铝基材
厚度偏差/mm		0.27 ± 0.005	0.27 ± 0.01
粗糙度	$Ra/\mu m$	0.10 ~ 0.25	0.22 ~ 0.28
	$Rz/\mu m$	0.6 ~ 1.4	1.0 ~ 1.8
不平整度	波高/mm	2	3
	单位长度波数/个	3	3
荷叶边	高度/mm	1	1.5
	单位长度波数/个	3	3

在印刷工厂，生产高质量的印刷版的核心技术就是要在印刷版上制造出均匀的细砂目和合理的砂目结构。均匀的细砂目可以使印刷网屏的分辨率更高、网线更多、网点更精细、更齐全，实现图像丰富细腻的层次；合理的砂目结构具有良好的抗上脏性、抗亲水性、耐印刷性。

围绕上述印刷版的核心技术，在铝加工厂生产印刷版基所对应的最关键的加工技术，书中选择了突出特殊个性的表面质量、板形平直度、内部组织进行探讨。

无论是研究表面质量、研究板形平直度，还是研究冶金和加工过程中的内部组织，都是一个目的，即保证用户生产的印刷版具有均匀的细砂目和合理的砂目结构。

由于铝板带表面轧制后表面光滑，其吸附性、亲水性、耐腐蚀性差，不能直接作为印刷版基。为了保证印刷工艺的要求，必须首先对铝板带表面进行表面处理，形成所需要结构的砂目和氧化膜。

在光滑的铝板基表面上通过机械或电化学的方法形成大量密集的凹凸微小结构称为砂目。目前最广泛使用的是电化学的方法，即在电解液中对铝版基表面通过电解的方法形成凹凸结构。扩大版基的表面积，砂目的微小结构除了与铝版基的表面质量缺陷有关以外，当然与电解液的成分、温度、浓度、交流还是直流电源、电解电源的波形、周波数、电流密度、添加剂等有关。用扫描电子显微镜可以观察砂目的微细结构，而不同的结构直接与印刷过程中的抗上脏性、抗亲水性、耐印刷性相关。根据对砂目结构与印刷特性关系的详细研究，认为具有多重波构造的砂目是最佳的砂目。所谓多重波构造砂目就是同时具有大波、中波、微小砂目。大波是 10～30μm 的砂目构造，有良好的再现性和亲水性；中波是 1～10μm 的砂目构造，有良好的抗上脏性、耐印刷性；微小砂目是 0.07μm 的砂目构造，使版面具有良好的水墨平衡及耐磨耗性。图 15-1 显示了这种砂目结构。一般来说，多重波构造的砂目是采用复合砂目法或硝酸电解法形成的。

图 15-1　多重波砂目构造

15.2　表面质量

影响印刷版砂目的铝基材表面缺陷主要表现是表面粗糙度、热轧表面粘铝及遗传到后续工序出现的表面黑条、表面伤痕（擦、划伤）及后续的压过划痕、表面油痕、轧制纹等。印刷业用户对于铝基材表面质量的要求是很严格的，但提出表面质量零缺陷也是不科学的。综观铝基材的实际生产过程，希望的是表面缺陷越少越好，越轻越好。

15.2.1　表面粗糙度

物体表面的粗糙程度是描述物体表面高峰处和低谷处微小间距及峰谷之间所组成的微观几何形状特性的术语。在国际上通用的是 Ra 和 Rz 值。

Ra 是轮廓的算术平均偏差，是指在取样长度 L 内轮廓曲线的偏离绝对值的算术平均值，如图 15-2 所示。由于 Ra 值是所测曲线长度内各个点的代数和之平均值，包含了整个曲线的峰谷粗糙度的综合情况，光滑表面若算术平均偏差小，则 Ra 值小，反之 Ra 值大。

Rz 是微观不平度的 10 点高度，即在取样长度内 5 个最大的轮廓峰高的平均值与 5 个最大的轮廓谷的平均值之和，如图 15-3 所示。

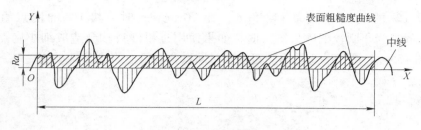

图 15 - 2　Ra 值示意图

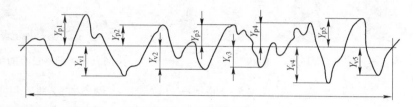

图 15 - 3　Rz 值示意图

印刷版中，把印刷版面的粗糙度称为砂目。Rz 值大小在一定程度上说明了砂目的平均颗粒度，即砂目颗粒大小的情况，Rz 值过大，显然不适宜精细产品的印件。

铝版基材表面的粗糙度和印刷版面的粗糙度存在着直接的对应关系，制造 CTP 版面的粗糙度 Ra 值要求最好在 0.2μm 左右，可以想象要求的铝版基表面粗糙度就肯定不能超过 0.2μm。虽然铝版基材表面的粗糙度本身不会影响电解腐蚀性能，但会对电解腐蚀砂目产生叠加效应。铝版基表面的粗糙度若不均匀，就表示 Rz 值大，也就是表明铝版基表面的机械条纹高低差别大，对最终砂目的均匀性产生不利影响。

PS 版与 CTP 版对砂目粗糙度的不同要求：

在国际上，较为通用的是 Ra 值，目前在我国 PS 版标准中也常用 Ra 值来衡量。

（1）PS 版关于表面粗糙度的规定。阳图 PS 版表面粗糙度和阴图 PS 版表面粗糙度的规定有所不同，如表 15 - 5 所示。

表 15 - 5　阳图、阴图 PS 版表面粗糙度的规定

项　目		阳图 PS 版指标	阴图 PS 版指标
Ra 值	控制范围/μm	0.40 ~ 0.90	0.40 ~ 0.80
	同版偏差/μm	≤0.15	≤0.10

（2）印版砂目与网点的关系。由于细网线的小网点仅有十几微米的宽度，过大 Ra 值的印版在晒版时，会造成细小网点的丢失。因为印刷网线如 60 线/cm

时，其 1% 的网点直径为 14.75μm；而 70 线/cm 时，其 1% 的网点直径为 13.49μm。当印刷较细砂目图文时，如果使用过粗砂目就会造成细小网点的丢失。图 15 - 4，图 15 - 5 是不同粗糙度时网点在砂目上的状态。

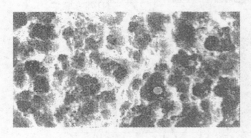 

图 15 - 4　小网点在较粗砂目上的状态　　　　图 15 - 5　小网点在较细砂目上的状态

从小网点在图 15 - 4，图 15 - 5 中的状态可以看出，网点在较细砂目上能够把网点表现得比较齐全，而在较粗砂目上时有可能落在大沙坑中而造成网点不齐全。

印刷业研究人员对版基砂目不同粗糙度的显微照片还作过研究：显微照片显示，砂目的表面粗糙度越小，表面的深坑和平台就越少；砂目越均匀，版的网点还原越精细，才能再现图像丰富细腻的层次。砂目的表面粗糙度越大，表面的深坑和平台就越多。深坑会造成版空白部分显影液无法渗透而显影困难，而平台会造成印刷版图像区易减膜失光，甚至网点的丢失。

在铝加工厂，控制铝基材料表面粗糙度要抓住两个问题：

一是，从工艺上正确选择热粗轧、热精轧、冷轧轧辊表面粗糙度从粗到细逐步过渡的比例值。若单对冷轧轧辊表面粗糙度而言，冷轧的第一道次、第二道次、第三道次、第四道次的轧辊表面粗糙度也是不同的，Ra 值也是从粗到细的过渡。

二是，保证无论是不同 Ra 值的热轧轧辊表面粗糙度，还是不同 Ra 值的冷轧轧辊表面粗糙度，在磨屑时都必须保证其均匀性，也就是说 Rz 值也要尽可能小一些。

15.2.2　表面粘铝

在热轧过程中，由于加工工艺不当或因为润滑条件不好，都会在热轧辊上发生辊面粘铝现象。已经形成表面粘铝的热轧坯料在后续的冷轧过程中是无法消除的，只能是粘铝条纹更长一些。这种粘铝条纹在经过用户的阳极氧化工序后，就会变化成明显的表面黑条，严重的表面黑条（颜色深、尺寸大）就是用作生产印刷书籍的 PS 版也是不合格的。

如何减少或消除热轧过程中的坯料表面粘铝缺陷，在装备篇详细分析的热轧润滑技术中可知，既要正确地选择热轧润滑剂，也必须加强日常生产时，每日润滑剂参数和清洁度动态的检测管理。另外，对于停机时如何保证润滑剂静态稳定及相关参数的检测管理也不能忽视。

15. 2. 3　表面伤痕

表面伤痕是指铝板表面在轧制过程中，因为各种原因，形貌受到的不同的损伤。其主要的损伤种类有以下 3 种：

（1）划伤。在热轧生产线上，有各种机械传动设备和部件，如输入辊道、输出辊道、机架辊道、导向辊等。一旦在这些辊道中，有某根或几根导辊辊面本身出现损伤，在坯料通过辊道时其损伤部位的尖角处将坯料表面损伤。在冷轧时，同样由于导路损伤或不清洁造成的冷轧带材表面损伤，都称为划伤。划伤的形貌均成条状，其深度的尺寸比较大。

（2）擦划伤。由于热轧坯料在往返的每道次轧制后，温度很高，都在 400℃以上。此时，生产线上的辊道在无数次传送坯料的接触中，也会出现辊面粘铝现象。反过来，辊道辊面上的粘铝会将坯料表面损伤。辊道的辊面开始出现粘铝，可能会是局部的、轻微的，对于坯料表面损伤只能是划伤；如果不及时处理，逐步发展到辊道辊面粘铝是块状的、严重的，则对于坯料表面的损伤将是又擦又划，所以称为擦划伤。擦划伤的形貌均成块状，其面积和尺寸更大。

（3）压过划痕。压过划痕是铝板在轧制过程中，最常见的、最主要的表面缺陷。它是指铝板表面因为上述原因受到擦划伤后，又经轧制变形后未能完全焊合而形成的缺陷。

为用户提供的铝版基材表面，如果擦划伤缺陷存在局部凹凸时，通过以上类似分析，肯定对砂目的均匀性产生不利影响。如果划伤深度只是细微的高低差，擦伤面积较小，作为生产一般质量的 PS 版还是可以的。但是，也会导致后续的感光工序出现细微变化，不同程度的影响印刷质量。

为用户提供的铝版基材表面，如果存在压过划痕缺陷，无论是否严重，该缺陷为绝对不允许缺陷，其电解后的形貌如图 15 - 6 所示。

因此，在铝加工厂，保证生产线上导路的平滑和清洁至关重要，这也是衡量工厂管理水平最重要的标志。对于热轧生产线上的辊道清理一般都采用专门的清磨装置，按时进行清磨或冲洗；如果有一些工厂没有专门的清磨装置，也必须由人工定期的清磨辊道。

15. 2. 4　表面油痕

表面油痕主要是在冷轧过程中，轧制油的黏度偏高或轧机出口端吹扫装置的压缩空气喷嘴距离、角度设计不当；压缩空气喷嘴流量、压力大小不当而残留在

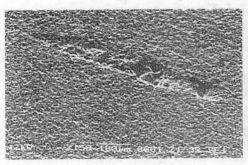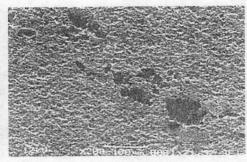

图 15 - 6 压过划痕及严重黑条电解后形貌

铝带材表面所致。如果这些油痕出现在印刷版生产线上，碱洗除油都不能清除，则同压过划痕一样，为绝对不允许缺陷，因为它严重影响电解砂目的形成，其影响情况如图 15 - 7 所示。

在冷轧过程中，控制表面油痕的思路：除了严格控制轧制油的黏度在规定的范围之内外，应在出口端采用吹扫装置。吹扫方法有传统的方法，也有最现代的设计装置。

传统的吹扫方法仅仅是把轧制过程中，通过辊缝带过来留在铝带材表面的轧制润滑油吹掉。而现代的吹扫装置（已经在技术与装备篇中介绍的 SMS DMAGE 公司的 DS 铝带干燥系统），它的设计不仅保留了传统吹扫方法的设计功能，而且增加了许多新的功能：

图 15 - 7 油污电解后形貌

（1）压缩空气喷嘴被用来吹扫工作辊/中间辊表面和铝带上的轧制油。

（2）防止铝带缠卷上工作辊。

（3）防止旋转工作辊上的轧制油滴落在铝带上。

（4）将铝带干燥区内的油雾吹走。

现代铝加工厂，在冷轧润滑油箱的附近，匹配了轧制油蒸馏及再生系统装置。因为轧制油黏度的增加是冷轧机的机械润滑油漏入轧制润滑油中所致，当轧制润滑油的黏度超过容许的范围后，不仅会在铝带材表面残留油痕，而且还会改变冷轧时的工艺条件，使正常的生产工艺受到干扰，所以必须进行机械润滑油和轧制润滑油的分离。

15.2.5 表面轧制纹

表面轧制纹是铝带在轧制后，表面上留下的、肉眼可看见的、有粗糙规则的条纹。轧制纹主要有两种情况：一是振纹，它是轧制过程中轧机振动造成的条纹，如图 15-8 所示；二是磨辊时辊面粗糙度不一致形成的条带纹路，在轧制后的铝带表面上遗传的印纹，俗称磨辊辊花，如图 15-9 所示。如果磨辊时，磨床发生振动，显然磨辊辊花会更加严重。虽然它们对电解砂目不产生影响，但是表面深度总是存在细微的高低差，同样会导致后续的感光工序出现细微变化，不同程度的影响印刷质量。

图 15-8　轧制振动纹电解后形貌

图 15-9　磨辊辊面粗糙度不均电解后形貌

分析振纹产生的原因，主要是由于在轧制时轧辊打滑引起。适当地改变工艺条件，如减少轧制油的浓度、增加轧辊辊面的粗糙度等。

磨辊辊花产生的原因比较清楚，要控制它，一是采用比较细粒度的砂轮磨辊，二是防止磨床发生振动。

15.3　板形平直度

标准中把板形分为不平整度和荷叶边两种，不平整度可视为铝版基表面的整面板形，而荷叶边仅仅视为表面边部的板形，即俗称的边波。有时，冷轧后的板形没有出现荷叶边，但在精整切边时由于橡胶环尺寸太大、刀具垂直重叠量太多等各种原因，也会出现荷叶边。板形不良，无论是不平整度，还是荷叶边，都可统称表面平直度。

15.3.1 铝版基材表面平直度与印刷版电解砂目的关系

印刷版生产线电解工序采用无接触喷射法制备砂目，如图 15-10 所示。从图中可以看出，铝基板与电极板间隙很小，一般在 3mm 以内。当电解液通过喷射口喷向铝基板时，电解液便带上了电荷，并在电解液与铝基板之间形成回路，

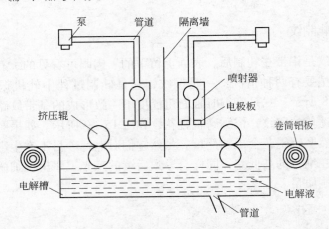

图 15 - 10 生产线电解装置图

铝基板发生电解反应。如果铝基板的表面平直度不好，波浪大就会造成铝基板与电极板间距离不一致，继而使两者之间的电解液喷射量发生不同，最终导致铝基板表面上的电量差异大，电解反应出现强弱不一，电解砂目就会粗细不均。另外，波浪太大，在电解时还会造成铝基板与电极板间短路，发生击穿现象；同时因击穿产生的附属物（铝渣，铝屑）还会堵塞喷嘴，更会使喷射量不均；甚至产生更严重的喷管破裂等设备问题。

15.3.2 铝版基材表面平直度与印刷版阳极氧化膜的关系

印刷版生产线阳极氧化工序采用无接触喷射法生成氧化膜，如图 15 - 11 所示。从图上可以看出，铝基板与电极板间隙也很小，一般在 3mm 以内。当氧化液通过带负电的阴极板，从喷射口喷向铝基板时，因氧化反应铝基板会带上正电，此时带上负电荷的氧化液与铝基板之间形成回路，铝基板发生氧化反应，生成氧化膜。如果铝基板的表面平直度不好，波浪大，就会造成铝基板与电极板间距离不一致，氧化液喷射量不同，氧化反应出现强弱差异，这样使铝基板表面上

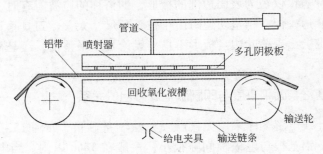

图 15 - 11 生产线阳极氧化装置图

生成的氧化膜不均匀，甚至无法成膜，直接影响到印刷版的硬度、强度和耐蚀性。同样和电解工序一样，也会造成类似的设备问题。

因此，PS 版基板的平直度要求小于 2.5I，CTP 版基板的平直度要求为 1～2I。

在铝加工厂，生产印刷版基板的工艺在冷轧后，都要经过拉矫工序进行矫直。对于生产 CTP 版基板，德国 BWG 公司专门设计、制造了"纯拉伸"型矫直机。

在技术与装备篇中，对于"纯拉伸"型矫直机已经有详细的介绍，其设计的新理念是在"纯拉伸"型矫直机上，没有弯曲辊，带材最大张应力等于屈服极限，带材经两次反向包绕大直径的张力辊，带材断面任一点处在厚度方向上的各纤维层产生的延伸量一致，从而使带材截面产生均匀的塑性延伸，且内应力分布均匀、对称。"纯拉伸"型矫直机没有小直径的钢质弯曲辊，且带材各纤维层一起产生延伸，无压缩面产生，因而不存在接触小直径钢辊产生的摩擦伤痕。因此，使用"纯拉伸"型矫直机生产的印刷版基板表面缺陷少，平直度好。

一般的拉矫机的设计理念是传统的既拉伸，又弯曲的矫直原理，经过拉矫后的印刷版基板表面平直度显然不能和"纯拉伸"型矫直机相比。其表面缺陷出现的几率也会更多，大都是由于小直径钢辊的辊面摩擦所致：一是钢辊的辊面，如磨削钢辊时产生的花纹会在带材通过时印制在带材的表面上，出现了形状完全一致的表面花纹；二是如果冷轧后的带材表面有比较多的油痕，则掺杂在油痕中的金属或非金属颗粒会黏结在小直径钢辊的辊面上，当带材通过时反而印制在带材的表面上，出现了表面麻点。无论是表面花纹，还是表面麻点，对于用户都是不能接受的。

15.4　内部质量

用作印刷版铝基材的内部质量缺陷主要是化学成分不均、组织（晶粒与第二相化合物）粗大。

15.4.1　化学成分不均

金属浸入电解质中，一是金属与溶液界面总会存在一定的电位差，就在金属与溶液界面上发生腐蚀。二是金属基体中也会存在一定的电位差，就在金属基体内部发生自腐蚀。如果金属化学成分不均，就会造成铝基体中不同部位间自腐蚀电位产生差异，从而导致电解砂目分布不均匀，同时外加电能更放大了这种分布的不均匀性，如图 15-12 所示。

15.4.2　组织粗大

研究冶金和加工过程中的内部组织对于印刷版基的影响，主要与金属组织的内部晶粒大小、位错的数量、密度和分布、第二相（金属间化合物）的形状尺寸有关。

15.4.2.1 晶粒

铝版基的粗大纤维组织开始产生于铸锭铸造工序，铸锭的粗大晶粒组织在后续的压力加工过程中会被破碎、延展；变形到一定程度后，形成粗大的纤维组织，从而产生遗传性的影响。加工过程中的热处理也可能产生粗大晶粒，之后继续变形使粗大晶粒拉长，最终形成粗大的纤维组织。粗大的纤维组织将导致电解不均匀性（见图 15 − 13），严重时形成电解条纹。

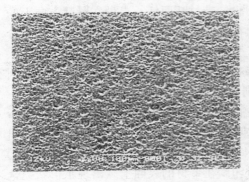

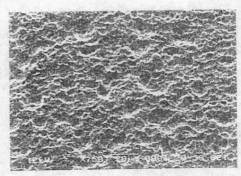

图 15 − 12 成分不均电解后形貌   图 15 − 13 粗大的纤维组织电解后形貌

试验证明，铝基体晶粒越细，晶界数量越多，微观不均匀腐蚀点越多，就能形成越细小的砂目。

对 1052 铝合金的研究试验表明，首先在熔铸工艺中加入 Al − Ti − B 丝晶粒细化剂，有利于晶粒细化；铸造温度比常规降低 10℃，铸锭凝固后缓慢水冷改为立即水冷，可以防止晶粒长大。这样的熔铸工艺，晶粒尺寸为 180μm 左右，如图 15 − 14a 所示。和原熔铸工艺相比，可以使晶粒减小了 30μm 左右。热轧过程，金属同时存在硬化和软化现象，材料动态再结晶细化晶粒，可使晶粒大幅度减小到 40 ~ 60μm，如图 15 − 14c 所示。如果热轧后增加中间退火，退火后晶粒由纤维状变成等轴状，且晶粒更小、更均匀。冷轧过程，如图 15 − 14d 所示。产生大量的位错，位错边界分割晶粒使其进一步减小到 20μm 左右，如图 15 − 14e、图 15 − 14f 所示。

15.4.2.2 位错

位错是金属塑性变形的载体，位错从产生、成长、合并反应，都与金属中能量分布直接有关，优先在最有利变形的位置、方向变形。试验证明，位错是热轧和冷轧的积累，位错的运动如果获得高密度的位错露头（聚集），位错边界分割而会细化晶粒，就能在晶粒中形成新的腐蚀点，就能形成多层次、更细微的腐蚀砂目。

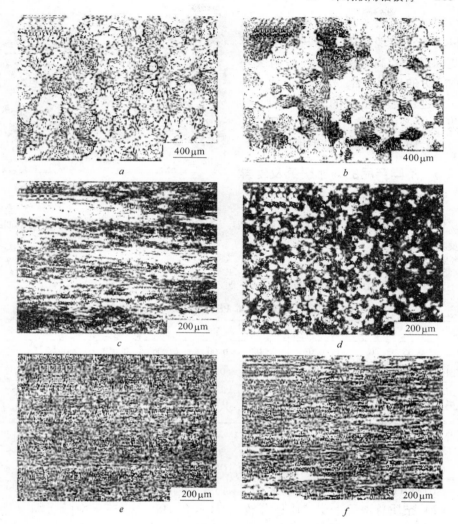

图 15 - 14 材料制取过程中金相显微组织

a—铸态；b—均匀化处理后；c—热轧到 2.7mm；d—热轧、退火后；

e—未中间退火、冷轧后；f—经中间退火、冷轧后

15.4.2.3 金属间化合物

金属间化合物是指铝基体中的第二相，它的分布和尺寸对电解的影响主要是受微电池作用机理的影响，分布异常会导致局部形成较大的电解腐蚀坑，如图 15 - 15 所示。

它的多少以及对电解腐蚀速度的影响，关键取决于铝基体的化学成分，其次是铝基材的加工工艺。

选择好基础合金，并在基础合金上进行相应的成分调控，会获得有利于电解

的组织结构，会实现腐蚀速度和腐蚀砂目均匀；实现制版、印刷操作所需的基础强度和高速、长时间印刷条件下耐疲劳的良好结合。

通过优化铝基材的加工工艺，可以获得较多的第二相质点，且弥散、均匀地分布，则有良好的电解效果。

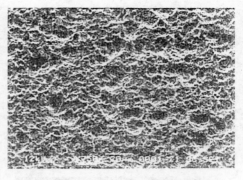

图 15 – 15　化合物异常电解后形貌

15.4.3 不同产品的对比研究及差异分析

研究人员对中国、德国、日本典型厂家印刷用铝基材作了很有价值的对比研究及差异分析。

15.4.3.1 化学成分

化学成分对比检测结果如表 15 – 6 所示。

表 15 – 6　中国、德国、日本 PS 版化学成分分析结果（%）

试样	Si	Fe	Cu	Mn	Mg	Zn	Ti	V	Zr
中国	0.05	0.33	0.03	0.002	0.002	0.006	0.013	0.007	
德国	0.14	0.30	0.0011	0.0039	0.15	0.012	0.010	0.0030	0.011
日本	0.04 ~ 0.05	0.28 ~ 0.31	0.002 ~ 0.03	0.002	0.002	0.005 ~ 0.006	0.001 ~ 0.03	0.007 ~ 0.008	

从表 15 – 6 中可知：

（1）日本、中国 PS 版用铝基材为 1050 合金，但在杂质含量控制上日本更严。德国 PS 版用铝基材在 1050 合金基础上，增加了一定量的镁。

（2）杂质总含量比较（质量分数）：日本 0.038 ~ 0.438 < 中国 0.44 < 德国 0.631。

15.4.3.2 低倍组织

取三家样品进行低倍组织检测，结果如图 15 – 16 所示。

从低倍组织可以看出：中国的 PS 版基变形纤维组织长，且粗细波动大，纤维粗的电解后就形成电解条纹；德国的 PS 版基也可以看到较长的变形纤维组织，但比中国的细；日本的 PS 版基变形纤维组织短，也比较粗大。

15.4.3.3 显微组织

取三家成品样，利用显微镜观察阳极覆膜组织，结果见图 15 – 17。

从阳极覆膜组织可以看出：中国和德国的材料冷变形程度较大，为 H18 状态，组织纤维化明显；日本的材料冷变形程度较小，为 H14 ~ H16 状态，日本的

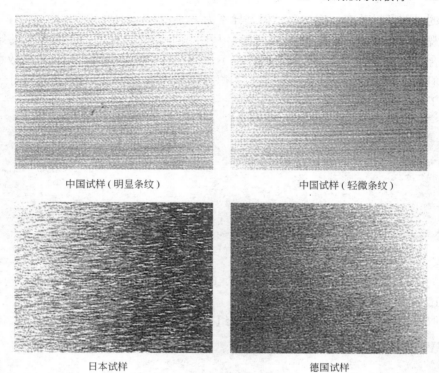

中国试样（明显条纹）　　　　　　　中国试样（轻微条纹）

日本试样　　　　　　　　　　　　　德国试样

图 15－16　中国、德国、日本试样低倍组织

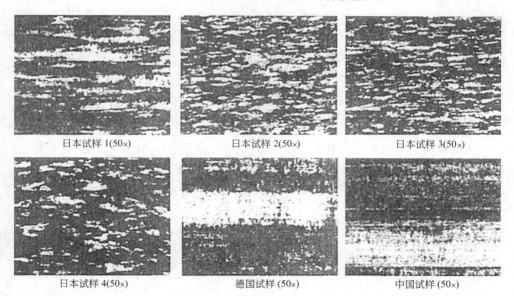

日本试样 1(50×)　　　　　日本试样 2(50×)　　　　　日本试样 3(50×)

日本试样 4(50×)　　　　　德国试样 (50×)　　　　　中国试样 (50×)

图 15－17　中国、德国、日本 PS 铝版基阳极覆膜组织

材料的晶粒度尺寸有一定波动，但差异不大。

　　观察明场组织，结果见图 15 – 18。从明场组织可以看出：中国样品的第二相化合物数量较多、尺寸最大、分布也不均匀；日本样品的第二相化合物数量最多，但尺寸均一，分布弥散、较均匀；德国样品的第二相化合物数量、尺寸、分布居于日本和中国之间。

中国试样 (200×)　　　　　　日本试样 (200×)　　　　　　德国试样 (200×)

图 15 – 18　中国、德国、日本 PS 铝版基明场组织

15.4.3.4　位错组态

取三家样品，利用透射镜观察位错组态，结果如图 15 – 19 所示。

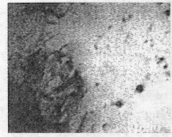

中国试样 (5000×)　　　　　　日本试样 (5000×)　　　　　　德国试样 (5000×)

图 15 – 19　中国、德国、日本 PS 铝版基位错组态 TEM 照片

　　从位错组态可以看出：日本、德国样品的位错密度大，位错已出现了明显的缠结和大量的位错露头（聚集），而中国样品中位错线较细疏。

　　日本、德国、中国三家相比，日本铝基体晶粒最细，德国的次之，位错密度小，位错露头少。

15.4.3.5　成品性能，烤版性能

成品版的力学性能和模拟烘烤后的力学性能检测结果见表 15 – 7。

　　从表 15 – 7 可知，中国的 PS 铝版基力学性能指标处于 1050 合金 H18 状态；日本的 PS 铝版基力学性能指标处于 1050 合金 H16 状态；德国的 PS 铝版基，由于在 1050 合金中加入了较多的镁，常温力学性能明显比中国和日本高。

表 15 – 7　中国、日本、德国样品力学性能

试　样	抗拉强度/MPa	屈服强度/MPa	伸长率/%	烘烤工艺
中国	180	158	2.0	未烘烤
日本	164	145	2.0	
德国	215	205	2.5	
中国	147	143	4.0	280℃ 5min
日本	137	128	4.0	
德国	175	165	4.0	

280℃，5min 模拟烤版后，仍然是德国的烤版强度高，中国和日本接近；伸长率三家均差不多。

15.4.3.6　粗糙度

用 SURPRONIC25 粗糙度仪对三家样品进行纵向、横向粗糙度检测，检测结果见表15 – 8。

表 15 – 8　中国、日本、德国 PS 版样品表面粗糙度

试　样	检测项目	横向/μm		纵向/μm	
		范围	平均	范围	平均
中国	Ra	0.153 ~ 0.209	0.187	0.06 ~ 0.08	0.08
日本		0.16 ~ 0.22	0.19	0.08 ~ 0.10	0.095
德国		0.156 ~ 0.267	0.195	0.072 ~ 0.131	0.103
中国	Rz	1.10 ~ 1.70	1.38	0.30 ~ 0.60	0.41
日本		0.90 ~ 1.20	1.02	0.40 ~ 0.60	0.51
德国		0.80 ~ 1.40	1.03	0.40 ~ 0.60	0.47

从表 15 – 8 可知，中国的 PS 版基样品的横向 Rz 检测结果明显比日本、德国大，各家其他样品的纵、横向 Ra 和纵向 Rz 检测结果差异都不大。

15.4.3.7　腐蚀性能

用动电位法测量中国、日本、德国样品的极化曲线，如图 15 – 20 所示，对极化曲线进行塔菲尔拟合后可得试样的腐蚀电流密度 I_{corr} 和自腐蚀电位 E_{corr} 结果见表 15 – 9。

表 15 – 9　试样在 2.5% HCl 水溶液中的腐蚀电流密度 I_{corr} 和自腐蚀电位 E_{corr}

试　样	$I_{corr}/A \cdot cm^{-2}$	E_{corr}/V
中国	2.0473E – 6	– 0.66409
日本	1.9898 E – 5	– 0.70889
德国	2.3208 E – 6	– 0.70427

从表 15 –9 可知，腐蚀电流密度日本 > 德国 > 中国，自腐蚀电位中国 > 德国 > 日本。自腐蚀电位越负，化学活化性能越好；腐蚀电流密度越高，腐蚀速率越快。因此样品的腐蚀速度日本 > 德国 > 中国。

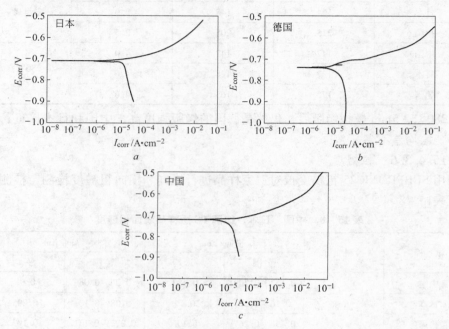

图 15 – 20 中国、日本、德国 PS 铝版基极化曲线

从对比图 15 – 20 中的极化曲线可以看出，日本 PS 铝版基阳极极化曲线最平滑，德国 PS 铝版基阳极极化曲线平滑度次之，中国 PS 铝版基阳极极化曲线平滑度较差，而且曲线上观察到了明显的毛刺、波动段。

由于曲线表示的是腐蚀进程造成的样品自腐蚀电位波动，曲线的平滑程度反映了腐蚀的均匀性，因此腐蚀均匀性日本 > 德国 > 中国。

上述对比，既说明了中国印刷版铝基材料的部分质量指标与国外先进企业相比存在一定的差距，也明确了提高质量指标的方向。

15. 5 技术商务

高档 PS 版和 CTP 版需要高档铝板基材。为了满足用户生产的印刷版具有均匀的细砂目和合理的砂目结构，基于对材料表面质量、板形平直度与冶金和加工过程中的内部组织的特殊个性要求，除了优化熔铸、轧制工艺以外，是否选择中间退火热处理值得探讨，提高轧辊辊面磨削技术和加强生产过程的现场管理也是非常重要的。

15.5.1 印刷版用铝基市场

在印刷行业中，富士、柯达、爱克发是最知名的三大跨国公司，国际上印刷版材的生产几乎由三大家所垄断，在中国也有它们的合资公司，如富士星光有限公司、青岛富士达包装印刷技术有限公司；柯达宝丽光有限公司、广州瑞柯达印刷技术科技有限公司；上海爱克发感光器材有限公司等。

国内知名的用户有乐凯集团第二胶片厂、中国印刷科学技术研究所、四川炬光印刷器材有限公司、温州康尔达印刷器材有限公司、泰兴佳光印刷器材有限公司、上海界龙印刷器材有限公司、北京兆维公司天津印刷材料分公司、山东包装技术开发总公司等。

15.5.1.1 我国是世界上最大的印刷版生产国

中国是世界上最大的印刷版生产国，有印刷版生产企业 50 多家，拥有卷筒式连续生产线近 100 条，新建设的生产线设计速度都在 25m/min 以上。从总的趋势看，印刷业呈现快速增长之势。2002～2008 年印刷版基产量年复合增长率达到 20.6%，印刷版基消费量年复合增长率达到 23.1%。尤其是 CTP 版表现凸显，近 6 年产量增长 141.3%，消费量增长 52.5%，并在 2007 年开始实现净出口。目前，全国胶印版材的生产能力已经接近 3 亿平方米，2008 年实际总产量已经达到 2.79 亿平方米，消耗铝基板 25.7 万吨，参见表 15－10。

表 15－10 2008 年我国 PS 版和 CTP 版的产量和出口量

名称	产量/亿平方米	消耗铝板/万吨	同比增长/%	出口/亿平方米
PS 版	2.18	20.2	5.59	0.65
CTP 版	0.61	5.6	72.18	0.36

按照平均增长率 10% 计算，到 2012 年，我国 PS 版和 CTP 版的用铝板量将近 40 万吨。

15.5.1.2 版材产量的集中度

(1) 国内产业带向区域化聚集。目前，在全国范围内形成了四个中心区：以上海为中心的长三角地区；以京、津、冀为中心的环渤海地区；以河南为中心的中部地区以及四川、重庆地区。上述四个地区集中了 90% 以上的印刷版生产厂。

(2) 国内产业产能集中度的趋势更加明显。大，小企业相比，产能悬殊较大。国内大用户如乐凯集团第二胶片厂产量已经超过 3000 万平方米，而小的企业一年仅仅几十万平方米。目前，有六家企业产量已经超过 1000 万平方米，而且六家企业的总产量已占到全国总产量的 50% 以上。

15.5.2 商务认证

爱克发在国际三大印刷版材生产商之列，商务上首先要求铝基板供应商签订印刷铝卷质量协定，其标准的协定书如下。

15.5.2.1 商务质量指标认证

A 材料特性指标

材料特性应该满足表 15 – 11 所规定的指标。

表 15 – 11 特性指标

序号	化学成分与特性		目标值	偏差
1	化学成分/%	Si	0.09	0.05 ~ 0.20
		Fe	0.33	0.20 ~ 0.40
		Cu	≤ 0.03	
		Mn	≤ 0.03	
		Mg	≤ 0.03	
		Zn	≤ 0.05	
		Ti	≤ 0.02	
		Cr	≤ 0.02	
		其他	≤ 0.03	
2	屈服强度 $\sigma_{0.2}^{①}$/MPa		150.0	135.0 ~ 175.0
3	抗拉强度 $\sigma_b^{①}$/MPa		160.0	145.0 ~ 190.0
4	伸长率 $\delta^{①}$/%		3.00	1.00 ~ 6.50
5	热处理后屈服强度 $\sigma_{0.2}^{①}$/MPa		125.0	115.0 ~ 150.0
6	热处理后抗拉强度 $\sigma_b^{①}$/MPa		130.0	120.0 ~ 160.0
7	热处理后伸长率 $\delta_{50}^{①}$/%		3.0	1.0 ~ 10.0
8	平直度	波高^{①}/mm	≤ 2.0	
		波浪数^{①}/个 · m^{-1}	≤ 3.0	
9	厚度（标称厚度）/mm		< 0.30	± 0.005
			> 0.30	± 0.0075
10	表面粗糙度	$Ra^{②}$/μm	0.21	0.15 ~ 0.27
		$Rz^{②}$/μm	1.6	1.0 ~ 2.5
11	宽度公差/mm			± 0.5

①轧制方向测量，热处理 10min，240℃。
②垂直于轧制方向测。

B 表面质量

表面质量应该是均匀的，没有正常视力可发觉的异常定向性缺陷。重磨线条、砂轮横移痕迹或其他轧制定向性缺陷是不可接受的，外表面是使用面，除非特别注明。

C　在电化学或机械毛化之前和之后没有表面缺陷

（1）使用之前正常视力可发觉的表面缺陷是不可接受的，例如：印痕、擦伤、辊印、非金属压入、金属压入、表面损伤、污点、腐蚀、运输损伤。

（2）在使用中产生的表面缺陷，但在毛化之前不可发觉的，例如：结构条纹或带、振纹、钝化区、非金属压入。这些缺陷是不可接受的。

（3）对交货的铝板材质量，毛化反应必须是均匀的、典型的和可重复使用的。由于光亮表面的卷材纵向和横向不均匀、毛化表面的平坦区和蚀损斑或条纹表面引起的质量问题是不可接受的。

（4）某些表面缺陷，在印刷过程中不可发现的，经双方同意可以接受，如果它们相比较轻微或非常小。

15.5.2.2　商务试验次序认证

印刷铝卷质量的商务试验应满足供应商对指标特性的测试计划（表 15 – 12）协定。

表 15 – 12　供应商对指标特性的测试计划

特性	频　率	抽样检查单位	产品测试方法	假如偏离指标的措施
1	每批一个	从槽子/铸造炉里取样	光学发射光谱	停批
2	每大卷 1 个	从带材中心取样	EN 10002 T1 拉伸实验	停卷
3	每大卷 1 个	从带材中心取样	EN 10002 T1 拉伸实验	停卷
4	每大卷 1 个	从带材中心取样	EN 10002 T1 拉伸实验	停卷
5	每大卷 1 个	从带材中心取样	EN 10002 T1 拉伸实验	停卷
6	每大卷 1 个	从带材中心取样	EN 10002 T1 拉伸实验	停卷
7	每大卷 1 个	从带材中心取样	EN 10002 T1 拉伸实验	停卷
8	每卷 1 个	从外圈取样	平直度测量台	停止和重新收卷
9, 11	每卷 1 个	从外圈取样	测量厚度、宽度	停卷
10	每个轧制批 1 个	从轧制批的第一个取样	$3\mu m$, DIN 4762 ISO 4287/1	停卷

注：此表特性顺序号与表 15 – 11 特性指标对应。

16 钎焊用铝合金复合板

16.1 传统的复合板生产过程

目前，对于铝合金复合板材，涉及三种产品。

第一种产品是因技术或工艺要求在其表面包覆有纯铝的 2000 系硬铝合金板和 7000 系超硬铝合金板，厚度 ≤7mm 的硬铝和超硬铝合金板材采用技术包铝，其中厚度 ≤2.5mm 的板材，包覆层的比例是 4%，厚度 >2.5mm 的板材，包覆层的比例是 2%。厚度 ≥8mm 的硬铝和超硬铝合金板材采用工艺包铝，包覆层的比例是 1%。技术包铝的目的是增强硬铝和超硬铝合金板材对于外界环境抗腐蚀的能力；工艺包铝的目的是防止硬铝和超硬铝合金板材在轧制时因塑性差而产生的板材表面的龟裂现象。

第二种产品是钎焊用铝合金复合板，它是 Al – Si/Al – Mn 系铝合金的三层复合材料。基材是 3003 合金，复合材料用的是 4004 或 4343 合金。复合材料的比率是 10% ~15%，它是制氧空分设备、空调蒸发器和冷却器中多层板 – 翅片结构的钎焊材料。

第三种产品是汽车铝合金复合板，它是两种铝合金的两层复合材料。基材用的是良好折弯性能的 5000 系合金，复合材料是 6000 系合金。汽车铝合金复合板既能够保证可热处理强化的 6000 系合金的强度性能，又有良好的卷边成形性。

上述三种产品传统的生产方法是首先将表层合金轧成按包覆比例厚度的板，通过一种专用设备将表层合金板放置在芯层铸锭两大面上并焊接固定，见图 16 – 1a，但也有仍采用最早的人工钢带打捆或点焊方法固定，见图 16 – 1b。对于最近开发生产铝合金复合板材的现代复合锭铸造技术在技术与装备篇中已经作过介绍。

轧制前后的铝合金复合板见图 16 – 2。

a   *b*

图 16 – 1 专用设备焊接及人工钢带打捆或点焊

a—专用设备焊接（彩）；*b*—人工钢带打捆或点焊

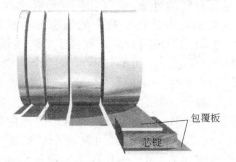

图 16 – 2 轧制前后的铝合金复合板

16.2 钎焊用铝合金复合板的基本结构及特点

钎焊用铝合金复合板是 Al – Si/Al – Mn 系铝合金的三层复合材料。由于它有质轻、良好的焊合能力、适中的强度和抗腐蚀性能等，钎焊铝板是制氧空分设备的主要材料，也是汽车空调的蒸发器、冷却器以及发动机冷却系统冷却器的主要材料。

钎焊用铝合金复合板是用 3003 合金作为基材，用 4004 或 4343 合金作为包覆材料。三种材料的化学成分见表 16 – 1。

表 16 – 1 材料的化学成分（%）

合 金	Cu	Mg	Mn	Fe	Si	Zn	Ti	Al
3003	0.05 ~ 0.20		1.0 ~ 1.5	0.7	0.6	0.10	—	余量
4004	0.25	1.0 ~ 2.0	0.10	0.8	9.0 ~ 10.5	0.20	—	余量
4343	0.25		0.10	0.8	6.8 ~ 8.2	0.20	—	余量

选择基材的原则是基材熔点高、高温强度适宜、钎焊过程中与焊料结合性

好、弯曲变形小，且焊料对其扩散影响不大，同时使用中又具有适中的强度和耐蚀性的铝合金。3×××系铝合金具有力学性能优良，钎焊性和耐蚀性好等优点，目前国内外都选择 3003 合金作为基材。

包覆合金被用作复合材料的钎焊料，选择包覆合金材的原则是熔点低、流动性好、与基材和被钎焊铝板或铝管的侵蚀性好。目前，国内外都选择 4×××系铝合金作为包覆合金材料。

Si 和 Mg 是包覆合金中的主要元素。Si 元素的作用是 Al – Si – Y 合金在共晶点附近熔点最低可达到 577℃，这是其作为钎焊材料的优势所在。当它与基体合金复合后，Si 元素会因浓度梯度而向基体合金扩散，使基体中 Mn 元素的固溶度随 Si 含量的增加而降低，并形成一个富含 α〔Al（MnFe）Si〕弥散体的阳极带，从而改变了基体中 Al 和原二相之间的电位差，使腐蚀过程优先发生在基体的亚表面层，从而保护了复合材料的外表面。同时 Si 元素的存在形态也是影响钎焊效果的因素之一，适宜的变质剂对于 Si 粒子的形态有控制作用，可使 Si 粒子的尺寸变小，流动性好，组织均匀细密，从而提高了钎焊质量。

Mg 元素的作用是保护真空钎焊质量必不可少的金属活化剂和吸气剂，它同时对复合材料的耐蚀性能力产生一定的影响。腐蚀试验结果表明，Mg 元素的加入使包覆层合金腐蚀电位降低，复合箔的腐蚀速度加快，有一定的抗点蚀作用，但增幅不是很大。与此同时，Mg 元素还有阻碍合金的钝化作用。

Zn 元素的作用有两点：一是添加 Zn 可使合金的腐蚀电位降低，添加量越大，电位降低越多，可使添加 Zn 的散热片作为阳极优先腐蚀，从而保护介质通道。Zn 的另一个作用是降低铝合金的钝化膜强度，使其容易剥落而成为全面腐蚀，达到抑制点蚀的目的。但也要注意，Zn 含量过高，散热片材料腐蚀速度过快，反而使腐蚀变得更恶化，失去散热效果并降低使用寿命。

无论是制氧的空分设备，还是汽车空调的蒸发器和冷却器，都是多层的板 – 翅片结构（板是钎焊用铝合金复合板，翅片是 3003 合金材料），如图 16 – 3 所示。或管 – 翅片结构（管是 3003 合金材料，加工成波浪散热翅片是钎焊用铝合金复合箔），如图 16 – 4 所示。

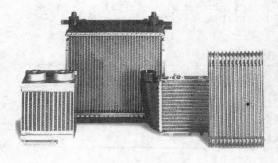

图 16 – 3　板 – 翅片结构

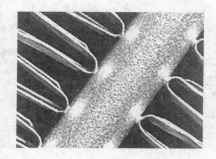

图 16 – 4　钎焊时的板 – 翅片结构

显然，如果钎焊用铝合金复合箔在钎焊时的焊合强度性能达不到要求，则这种板 - 翅片结构在钎焊时就会塌形，是严重的工序废品。为了保证钎焊时的强度性能，国内和国外的标准严格规定了复合比率，在热交换器的铝合金包覆材料的允许复合比率是 10% ~ 15% 。也就是包覆层的厚度必须在标准控制的范围内。

另外，包覆层厚度的均匀性也至关重要。从某种意义上说，应该接近铝罐体料的厚度均匀性标准，即对于每一卷带材的头、尾、边对边包覆层厚度要求一致。

图 16 - 4 中，若在钎焊时，板厚包覆层超厚处就会产生熔蚀现象，造成多余的焊料堵塞空气通道；板厚包覆层太薄处就会因为焊料少造成脱焊现象，使之钎焊不牢。上述无论哪种现象发生，都会导致空气流通障碍，最终使得空气分离或空气热交换效果差。

针对用户对产品质量的严格要求，在铝加工厂生产钎焊用铝合金复合板的关键加工技术中，下面重点对其突出个性的焊合强度、包覆层厚度均匀性进行探讨。

研究焊合强度，保证板 - 翅片结构和管 - 翅片结构在钎焊时具有优良的抗下垂性能，不会塌形、熔蚀。

研究包覆层厚度均匀性，保证板 - 翅片结构在钎焊时不会产生脱焊或空气通道堵塞。

16.3 焊合强度

生产钎焊用铝合金复合板的关键工序是热轧。热轧中的核心工艺是热轧焊合过程，在焊合工艺中影响焊合强度的几个重要参数是热轧轧制率、轧制温度和初始复合比率。

16.3.1 热轧焊合试验

作者曾经和重庆大学汪凌云教授合作，做过试验研究：试验基材是 3003 合金，复合材料是 4004 合金。选择了影响热轧焊合工艺的热轧轧制率、轧制温度和初始复合比率三个工艺参数，工艺参数正交设计见表 16 - 2。三种工艺参数对焊合强度的影响见图 16 - 5，三种工艺参数对焊合强度影响的极差分析见表 16 - 3。

表 16 - 2 工艺参数正交设计

级	热轧温度/℃	热轧焊合轧制率/%	初始复合比率/%
1	410	50	11
2	430	60	13
3	450	70	15
4	490	90	17

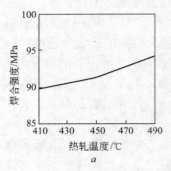 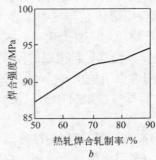 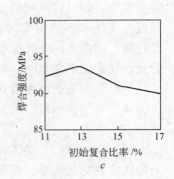

图 16 – 5 三种工艺参数对焊合强度的影响

表 16 – 3 三种工艺参数对焊合强度的影响的极性差异分析

工艺参数	热轧温度/℃	热轧焊合轧制率/%	初始复合比率/%
极性差异	20. 92	30. 12	1. 6

从图 16 – 5 可以看出，在设计范围里焊合强度随热轧温度和热轧焊合轧制率的增加而增加，几乎不受初始复合比率的影响。当热轧温度达到 490℃时，焊合强度达到最高（94.47MPa）；当焊合轧制率为 50% 时，焊合强度是最低（88.13MPa）；当热轧轧制率从 50% 增加到 70% 时，焊合强度增加到 93.83MPa；当焊合轧制率从 70% 增加到 90% 时，焊合强度仅仅增加 1.83MPa。因此可以知道当热轧焊合轧制率从 50% 到 70% 时，焊合强度增加得相当快，当热轧焊合轧制率超过 70% 时增加速率相当慢。

从以上分析可以看出，在测试条件下选择的优化工艺是：热轧温度（490 ± 5）℃；热轧焊合轧制率 90%；初始复合比率 13% 左右。

从以上分析也可以得出结论：热轧轧制率和热轧温度是影响合金焊合强度的主要因素，初始复合比率影响比较小。

16.3.2 界面焊合扩散机理

在两种合金焊合之前，由于清洁的表面很快被氧化膜和常见气氛里的吸附膜所覆盖，试验前，必须通过除去接触表面的这些覆盖物，才能形成实际物理接触。

在早期热轧焊合时期，基材 3003 合金和复合材料 4004 合金的表面覆盖物和氧化膜在轧制压力下破裂，结果基材金属暴露出来，就像在图 16 – 6 中所看到的那样，当轧制率达到 19.5% 时，此时的轧制压力会使界面破裂达到一定宽度，两边的新金属从裂口挤出，相互接触形成焊合界面。虽然热轧温度是 490℃，但因为轧制时间相当短，基材和复合材料仅仅开始焊合，基材里的主要元素 Mn 和复合材料里

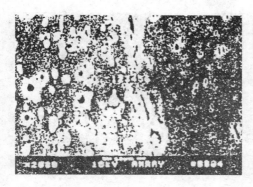

图 16-6 热轧焊合界面
（490℃，$\psi = 19.5\%$）

的主要元素 Si 不会相互扩散（见表 16-4）。根据 Korkendal 提出的影响理论，扩散深度值随扩散时间的平方根变化。因此，在热轧初期的扩散现象非常微弱，以致合金的焊合强度也非常低。这样低的焊合力表明两种材料表面的原子之间没有产生紧密的连接。为了在金属界面达到冶金焊合，在金属界面的接触点里的原子和离子必须有最低的能级。当原子或离子达到这个能级后，原子结合方向变弱，将在两个表面的原子之间形成新的金属结合，两种金属接触表面开始形成焊接。

表 16-4 在图 16-6 中的光谱元素含量

元素名称	样品号码					
	1	2	3	4	5	6
Si	4.24	3.28	4.54	3.77		
Mn					2.36	2.69

随着轧制过程的进展和形变率的增加，两种合金的接合块增加，形成更多的焊合区。由于热轧时的温度高，随着热轧过程的延续，在界面边上的元素扩散会更加强化，一定的扩散深度以致点结合变成面结合。当热粗轧完成后，基材和复合材料形成一个好的焊合界面，见图 16-7。

若其他工艺参数不变，轧制时间相同，则轧制温度越高，扩散速度越快，扩散现象更明显。选择热粗轧的温度是 410℃ 或 490℃，当总的轧制率达到 95% 左右后，焊合板界面基本完全冶金结合，仅能区分的是两边不同的结构（见图 16-8）。热轧在 410℃ 进行，发生焊合界面两边元素扩散（见表 16-5）。因为温度相对低，元素扩散率低，则界面结合的激烈程度弱，以致焊合强度小。

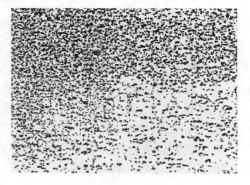

图 16-7 热粗轧后的焊合界面（200×）

轧制在 490℃ 进行，因为温度高，界面上 Si 和 Mn 相互扩散深度增加，扩散面加大（见表 16-6），扩散现象比在 410℃ 时更明显，显然界面上的冶金焊合更好，界面的焊合强度会进一步增强。

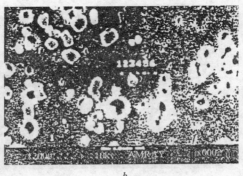

a　　　　　　　　　　　　　　　　　b

图 16 - 8　热粗轧后的界面扩散现象
a—温度 410℃；b—温度 490℃

表 16 - 5　在图 16 - 8a 中的光谱元素含量（%）

元素名称	样品号码								
	1	2	3	4	5	a	6	7	8
Si	3.67	3.67	3.77	4.34	4.52	2.21	1.3		
Mn						2.20	3.98	3.98	3.92

表 16 - 6　在图 16 - 8b 中的光谱元素含量（%）

元素名称	样品号码						
	1	2	3	4	5	6	7
Si	6.32	5.92	5.76	3.28	2.10	1.25	
Mn			2.32	3.64	3.30	3.70	4.67

另外，在 490℃热轧后，能够观察到剪切样品界面裂纹中的金属塑性形变带相当明显，且两种不同合金的机械焊合没有任何痕迹（见图 16 - 9）。这证明在焊合表面上的冶金焊合占多数，因此合金界面的焊合强度可高达 99.5MPa。

上述试验研究证明：钎焊用铝合金复合板的热轧焊合机理是扩散焊合。

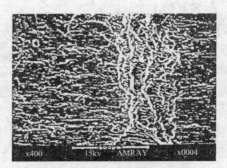

图 16 - 9　剪切样品（3003 合金基板）界面的裂纹形貌

16.4　包覆层厚度均匀性

研究包覆层厚度均匀性，实质是要研究复合板截面方向的包覆层变化规律和复合板复合比率的变化规律。

16.4.1 复合板截面方向的包覆层变化规律

1972 年，西南铝开始生产 1.2mm × 1550mm × 4250mm；2.0mm × 1550mm × 6000mm 两种规格的钎焊用铝合金复合板，供给国内制氧机厂或空分设备厂。为了保证用户要求的复合板包覆层厚度在 0.09 ~ 0.18mm 范围内，并规定 0.10 ~ 0.14mm 为最佳值范围。作者跟踪了该产品的全部生产过程，并剖析和实测了多卷带材从头至尾，从中心到边部的包覆层厚度。取样在冷轧后的预剪工序完成，同一卷材每切 10 片（用户要求的成品长度）取一条试样，每条试样在 1550mm 宽度上（如图 16 – 10 所示）取 9 个 30mm × 30mm 的试样，然后，在试验室对试样的上下表面沿宽度方向各取 3 点作包覆层厚度的测定。图 16 – 10 显示的卷材是在正常生产过程中任意选择的 5218 批第 2 卷，冷轧后的复合板厚度为2.01 ~ 2.02mm，预剪剪切前宽度为 1660 mm，剪切后宽度为 1550mm。该卷大约剪切为 60 张，沿长度方向取了 6 条试样，分别为第 4、14、24、34、44、54 张。整卷复合板包覆层厚度全分析的测定值如图 16 – 10 所示，黑粗线条代表上表面，红细线条代表下表面。从图 16 – 10 中，可以看出，整卷的复合板包覆层沿宽度截面方向中间部分厚度变化不大，基本接近 0.10 ~ 0.14mm 最佳值范围，但沿宽度截面方向两边厚度是不均匀的，整卷沿长度截面方向厚度变化也不大。

1998 年，对钎焊用铝合金复合板包覆层厚度的均匀性继续作过下面的试验研究。

在试验中，基材是 3003 合金，复合材料是 4004 合金。两种材料的化学成分同前，选择了影响热轧焊合工艺的热轧轧制率、热轧温度为 490℃，初始复合比率分别为 9%、11%、13%、15%、17%，复合之前，两种材料必须进行表面处理。在试验的每个轧制阶段测量包覆层的厚度以确定复合比率；测量基材和包覆金属的形变速度；测定界面的焊合强度和观察包覆板的显微图。

经过热粗轧、热精轧后的复合板沿截面宽度方向的包覆层厚度变化如图 16 – 11 所示。

试验表明，前后两次试验的变化规律基本一致，沿截面宽度方向包覆层的厚度是不均匀的。热粗轧、热精轧后两个曲线的变化几乎是相似的，靠近板边缘的变化是相当大的，但是在中间部分几乎没有变化，因为金属的流速在边部和中间是不一致的以及边缘金属流动不均匀，导致了沿截面方向单位压力的不均匀分布。热粗轧、热精轧后两个曲线变化的一致性，又显示出了不均匀性有遗传性，因此对于热粗轧，特别是热粗轧初期的厚度不均匀变化必须严格控制。

16.4.2 复合比率变化规律

在轧制过程中，多层包铝板的塑性形变行为是非常复杂的。在复合前后，每

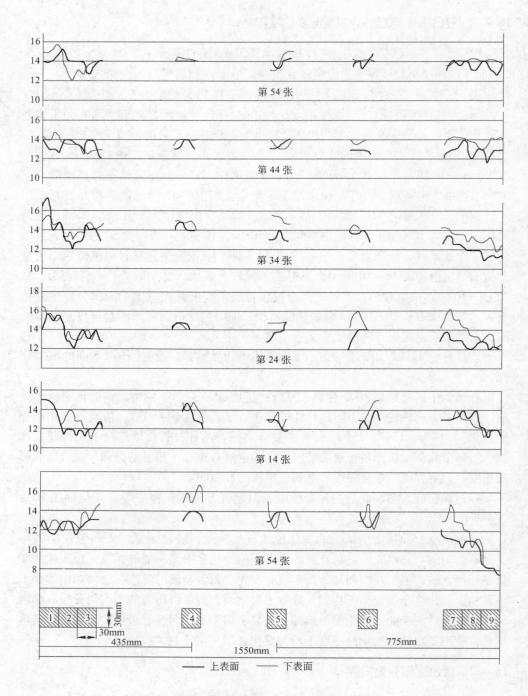

图 16 - 10 整卷复合板包覆层厚度全分析

一层的厚度变化是不同的，因为所有金属组元的流动应力是不同的。因此，在不同的初始（未复合）复合率的锭坯轧制后，复合比率会改变。对于一定的初始复合比率的锭坯，热轧后复合比率变化见图 16－12。这样可以看出在整个轧制过程，当轧制率低时复合比率下降很快，当轧制率超过临界值时下降缓慢，在轧制率超过30%时趋于稳定。

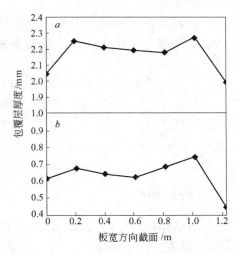

图 16－11　包覆层的厚度沿截面方向的分布

a—热粗轧；*b*—热精轧

　　不同的初始复合比率的锭坯，采用相同轧制工艺轧制后的复合比率变化如图 6－13 所示。从图可以看出，初始复合比率和轧制后复合比率有一个线性关系。轧制后复合比率随初始复合比率增加而增加。根据相关标准的规范，钎焊板的复合比率为 10%～15%，因此，初始复合比率也应该选择 10%～15%。

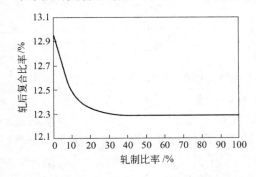

图 16－12　在轧制过程中复合比率随轧制率变化

（轧制温度 490℃，初始复合比率为 13%）

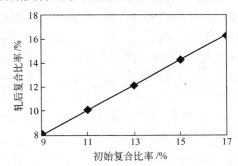

图 16－13　初始复合比率与轧制后复合比率之间的关系

16.4.3　包覆层与基材金属形变速度之间的关系

　　包覆板复合比率的变化主要发生在热粗轧过程中（图 16－12）。引起这个变化的主要原因是包覆层形变速度（V_c）与基材金属形变速度（V_m）之间的差异，因此有必要研究轧制过程两种材料变化速度的关系。根据测试和理论获得的数据，轧制中包覆层和基材金属的形变速度显示在图 16－14。从图 16－14*a*、图 16－14*b* 可以看出在整个轧制过程中，随轧制率增加，包覆层与基材金属的形变速度增加，当轧制率超过 70% 时，增加得更快。从图 16－14*c* 还可以看出，当总轧制率增加时两个形变速度的比值（包覆层金属的形变速度/基材金属的形变速度（V_c/V_m））持续地减少。在热粗轧最初的时期，比值下降很快，在轧制率达到 20% 时，就慢慢地接近1。

在轧制中与轧制率之间的关系（490℃轧制，初始复合比率为 13%），在整个轧制过程中显示包覆层金属的形变速度总是大于基材金属，但最终两个形变速度的变化趋势趋向一致。

16.5　复合过程分析

热轧刚刚开始时，两种材料是不相连的，因此包覆层金属处在自由形变条件下。由于开始轧制率小，塑性形变很难深入到基材金属，这样必然造成包覆层金属的形变大于基材，V_c/V_m 值高（图 16 – 14c），复合比率下降很快（图 16 – 12）。随着轧制过程继续，两种金属表面膜开始裂开，包覆层金属的形变开始受到一定程度的限制，基材金属的形变增加，这样 V_c/V_m 值下降很快，

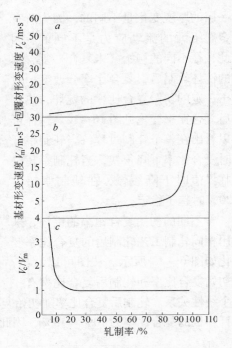

图 16 – 14　包铝板的形变
速度变化曲线

复合比率下降趋势将变得微弱。当轧制率达到临界值时，界面膜完全破裂，新生的金属开始相互形成物理连接（图 16 – 15）；同时产生了界面大量金属结合点。

此时两种金属形变开始受到相互制约，从而导致复合比率和 V_c/V_m 渐渐都趋向同一个数值。随着轧制率的持续增加，复合板两种金属的形变速度都进一步增加；同时在相当高的轧制温度下使得在界面的原子扩散更快，界面结合从点结合到面结合。结合界面是难以区分的，只能通过材质区分，如图 16 – 16 所示。

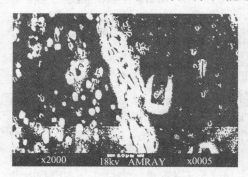

图 16 – 15　复合板的界面形貌
（490℃轧制，初始复合比率为 13%）

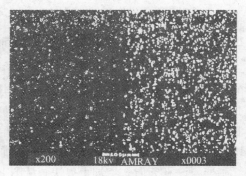

图 16 – 16　复合板热粗轧后的界面形貌

此时，两种金属的形变相互严重约束，复合比率就很难发生变化。尽管两种金属的形变阻力不相同，比值 V_c/V_m 几乎保持在 1.75。

从以上分析，整个轧制的复合过程可分成三个阶段：自由（滑动和无受限的）形变阶段、部分受限（部分复合）形变阶段、全受限（全复合）形变阶段。当轧制完成后，包覆板界面复合强度是 99.5MPa，接近 3003 基材的剪切强度 105MPa，显示两种金属是紧密结合的。

16.6 钎焊机理

复合板和复合箔的钎焊性，体现在流动性与润湿性、间隙填充能力、熔蚀性和接头强度。

通过试验研究发现以下规律：Si 含量的高低不仅反映出合金熔点的高低，而且影响到基体合金的润湿角 θ、流动性和熔蚀性。Si 含量高时，则流动性较好，间隙填充能力强；但当其扩散到固体的基体界面，且使固相成分达到钎焊成分时，导致固相熔化，产生熔蚀。Si 含量越高，浓度梯度越大，对基体的熔蚀更严重，故加入限制性元素如 Fe，Fe 会与 Al、Si 形成三元化合物，可抑制 Si 的扩散，减轻熔蚀作用；反之，达不到钎焊的目的。因此，应针对不同的钎焊方式，适当调整 Si 和其他元素的含量，从而达到既有好的钎焊效果，又不产生钎焊不牢或熔蚀现象。

16.7 钎焊用铝合金复合板、复合箔市场

钎焊用铝合金复合板的市场主要是钢铁工业需求的制氧设备。钎焊用铝合金复合箔的市场是汽车工业需求的各种散热器。各种铝质散热器和中冷器结构形式及用材铝合金牌号见表 16-7。

表 16-7 各种铝质散热器和中冷器结构形式及主要用材铝合金牌号

结构形式	散热片用铝合金牌号		结构水管用铝合金牌号	
	美国	中国	美国	中国
管带式结构（真空钎焊）	1100，3003，3005，6003，5005，6951	1100，3003	双面复合带经高频缝制成扁管 4045/3003/7072 4045/3005/7072	双面复合带经高频缝制成扁管 4A17/3003/7A01 4A17/3005/7A01
管带式结构（气体保护钎焊）	3003 3003 + Zn 3203 + Zn 7072	3003，3A21 3003 + Zn 3A21 + Zn 7A01	双面复合带经高频缝制成扁管 4343 + Zn /3003 / 7072 4045 + Zn /3005/7072	双面复合带经高频缝制成扁管 4A13 + Zn /3003/7A01， 4A17 + Zn /3005/7A01

续表 16-7

结构形式	散热片用铝合金牌号		结构水管用铝合金牌号	
	美国	中国	美国	中国
管片式结构	1050，1100，1145，3003，7072，8006，8007	1050，1100，1145，7072，8006，3A21	挤制成高频缝焊圆管 1050，1100，3003	挤制圆管 1100，1050，3003，3A21 1050A
波纹焊接式	1100，3003	1100，3003，3A21	挤制扁管或多孔扁管 1050，3003	挤制扁管或多孔扁管 1050，3003，3A21
板翅焊接式	1100，3003	1100，3003，3A21	冲压板翅 3003	冲压板翅 3003，3A21

目前，在国内能够生产钎焊用铝合金复合板、复合箔产品的铝加工厂主要有西南铝业（集团）有限责任公司（以下简称西南铝）、东北轻合金有限责任公司（以下简称东北轻）、上海萨帕和美铝昆山四家。西南铝、东北轻两家从 70 年代就开始生产钎焊用铝合金复合板，其主要用户有杭州制氧机厂、开封空分厂、四川简阳空分厂等。随着市场扩大的新需求，也同时生产钎焊用铝合金复合箔，但产能不大。上海萨帕和美铝昆山两家是随着中国汽车工业的迅速发展而配套发展的，产能逐步扩大并以生产钎焊用铝合金复合箔为主的专业工厂。

17 铝合金预拉伸中厚板

17.1 铝合金预拉伸板的主要用途及基本要求

早期人们在设计、研制宇航结构材料时，多采用铝合金结构型材铆接铝合金蒙皮板，这种设计不仅增加了飞机和宇航飞行器的重量，更重要的是无数的铆接点会导致金属材料的强度损失。因而人们开始思考，如果直接用一块整体厚板，将其一面按飞行器设计结构尺寸加工成类似于型材与板材的铆接结构，既减轻了本体重量，又能保证金属材料的强度，因而人们逐渐找到了能够满足板材上下表面在不对称加工后，板材整体不变形、表面仍保持平直的方法，即板材预拉伸方法。随着设计思维的发展，预拉伸板、预压缩板开始在飞行器骨架和框梁上应用，继而也应用到部分模锻件。

由于铝合金本身各种优良的性能，加上预拉伸板材的特殊性能，铝合金预拉伸板不仅成为宇航飞行器结构设计的首选材料，同时也开始成为船舶、兵器装备、化工、轻工等众多工业部门重要的结构材料。

经过轧制和淬火热处理加工后的板材，在未进行预拉伸之前，无论观察到它的表面是否平直，它都是处于一个残余应力动平衡的不均匀状态之中，一旦动平衡破坏，它就会出现板材的挠曲或扭曲的变形现象。如当其沿板材厚度方向上进行不对称的（仅一面）加工之后，板材中沿厚度在轧制方向上的残余应力的平衡状态相继被破坏，从而发生了不同程度的变形和扭曲。也就是说，板材中残余应力的存在是引起机械加工后的板材变形的主要原因。

用户把铝合金预拉伸板加工成为结构件的主要方法是在数控机床上对板材的一面进行机械加工。通常的工艺是：首先将板材不需要加工的一面牢靠平吸在数控机床（立式或卧式）的台面上，然后按照设定的结构图形对板材的另一面沿厚度方向上进行全自动程序数控加工。该工序最为关键的质量要求是通过数控加工后的板材不变形，即尽管沿厚度方向上已进行了不对称的加工，板材仍然不产生任何的翘曲、扭曲或向加工的一面弯曲，图 17-1 就是优质的铝合金预拉伸板加工结构件。

对铝合金预拉伸板加工成结构件的另一要求，是保证各种需求的冶金质量和力学性能。

因此，在铝加工厂生产 2000 系、5000 系、6000 系、7000 系铝合金预拉伸板最关键的加工技术，书中仅选择了突出预拉伸板的特殊个性，即残余内应力和高强铝合金性能（T7451、T77）进行探讨。其另一关键技术，卧式辊底式厚板淬火炉核心技术已在本书技术与装备篇中阐述。厚板淬火核心技术的关键点则是：保证快的加热速率（保温时间控制）、保证温度均匀性（±

图 17 - 1 优质的铝合金预拉伸板加工结构件

1.5℃）、保证更加均匀的冷却速率（芯部/表面）。其最终目的是保证淬火后的厚板具有平直度好而稳定，组织均匀、晶粒细小、性能稳定、各向同性的结构、较强的成形能力和不产生橘皮剥落。

研究残余内应力，首先需要了解板材在轧制和热处理过程中沿厚度在轧制方向上残余应力是如何产生的，它以什么样的状态存在；要了解板材在拉伸过程中是如何改变应力状态，减少或消除板材中的残余应力；要了解拉伸工艺参数的选择与消除残余应力控制的内在联系等。通过对上述深层次的理论研究和关键技术的开发，选择当代最先进的辊底式淬火炉和拉伸机专用装备，则必然能够生产最优质的，用户最满意的预拉伸板。

研究高强铝合金性能（T7451、T77）就是探讨经固溶热处理，拉伸后的厚板，在双级时效处理的性能，包括力学性能、断裂韧性等。每次更新换代时，新的 7000 系铝合金总是用于衡量新合金关键特性水平的材料。

17.2　材料残余应力分析

1975 年，作者在"预拉伸板"一文中定性的对板材残余应力分析进行了讨论，同时对拉伸工艺参数的选择原则作过阐述。本书产品与市场篇，对板材残余应力进一步进行分析和阐述。

17.2.1　材料残余应力的普遍性

材料在加工过程中，内因、外因都在不断变化，如铸造时化学成分不均匀，加热与热处理温度分布不均匀或选择不当等使内因改变；而坯料尺寸不均匀，加工工具以及型腔控制不当，润滑、冷却不均匀等造成的外因变化都会使变形区内金属质点流动规律以及变形状态更加复杂。

另外，由于材料在加工过程中又力图保持其完整性，也就必然导致在材料内部存在互相制约，符号相反（拉应力，压应力）的残余内应力存在。

预拉伸中厚板按其加工状态可分为：热轧 - 预拉伸和热轧 - 淬火 - 预拉伸两

种形式。热轧 – 预拉伸，即 F1 状态（在标准中 F 代表热轧状态，没有 F1 状态。考虑用户对热轧板平直度，尺寸精确度的要求，即需增加拉伸和锯切工艺，故作者把热轧 – 预拉伸称之 F1 状态）；热轧 – 淬火 – 预拉伸 – 时效，即 T451、T651、T7451、T77 状态。对于第一种 F1 状态，我们可按一般的轧制规律，研究其轧制过程中板材残余内应力存在的形式。对于第二种状态，板材在轧制过程中存在的残余内应力，会很容易地在淬火热处理过程中因高温使其减小或消失，因此，我们可按热处理理论，研究其淬火过程中板材残余内应力存在的形式。

17.2.2 轧制过程

根据采利柯夫关于轧制时金属在变形区内不均匀流动的理论，证明了在轧制过程中同时发生了两种现象，即金属在咬入弧的中央部分出现贴合现象及两端滑移之现象，见图 17 – 2。也正由于这两种现象的存在，在沿轧件高向的各断面上除中性面外，金属流动速度不相等，见图 17 – 3。轧件各部分变形速度之不均匀，导致了不均匀变形，但由于轧件是一个整体，不均匀变形必然导致轧件内部存在残余应力。

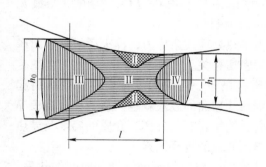
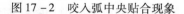

图 17 – 2　咬入弧中央贴合现象

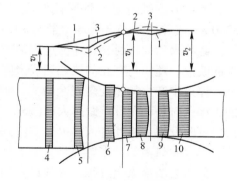

图 17 – 3　高向各断面金属流动速度

剖析轧件表面层和内层金属的变形，可以发现，当轧件进入轧辊处附近时，轧件与轧辊相接触的表面层金属在外摩擦力的作用下，流动速度比内层金属速度快（见图 17 – 3）。但由于轧件刚端的存在，故在表层金属产生拉应力，而内层金属产生压应力，见图 17 – 4 纵向断面上金属内部的应力状态。

在离出轧辊的断面附近恰好相反，由于金属的平均速度大于轧辊圆周速度的水平投影，因而在接触弧这一段上，轧辊对金属流动起着阻碍作用，这样就必然造成表层金属速度落后于内层金属速度（见图 17 – 3）。同样由于轧件刚端的存在，仍然是表层金属产生拉应力，而内层金属产生压应力（见图 17 – 4）。

研究学者的试验也证明，上述的理性分析是完全正确的。经过轧制后的板材，沿厚度在轧制方向上，表层金属残余有拉应力，而内层金属残余有压应力，残余应力分布规律见图 17 – 5。

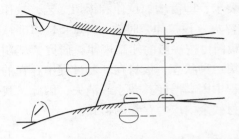 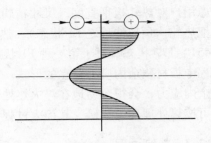

图 17 – 4 纵向断面上金属内部的应力状态　　　图 17 – 5 轧制后残余应力分布示意图

17.2.3 淬火热处理过程

淬火热处理方式有两种：一种是传统的盐浴槽加热块片式淬火；另外一种是先进的辊底炉加热块片式淬火。目前，在我国能生产预拉伸中厚板的两个铝加工企业（东北轻和西南铝），两种淬火热处理方式同时并存。西南铝的盐浴槽尺寸最大，能够生产最宽 2500mm，最长 10000mm 的板材。2000 年东北轻引进的奥地利 Ebner 公司制造的辊底式淬火炉是中国最早的第一台炉，能够生产最宽 3000mm 或并排 2 × 1500mm，最长 8000mm 的板材。

经淬火后的板材，在淬火过程中产生了热处理残余应力，淬火后板材表面产生的波浪、翘曲与存在的热处理残余应力密切相关。

淬火中产生的热处理残余应力，通常是由于一定的温度梯度和相变所引起的，淬火时各种条件差距越大越激烈，则板片翘曲的波浪就越明显。在盐浴槽淬火中试验发现：板片进入淬火介质的方向、初始状态的好坏、介质的温度及导热性、淬火时热浪的冲击等都是影响板材淬火质量的重要因素。

剖析盐浴淬火全过程，板片进入硝盐槽中，按照规定的温度和时间加热后，金属内部组织发生变化，板材在轧制过程中形成的残余内应力应当消除。加热后的板片快速放入冷水槽中，在淬火开始瞬间，表层金属剧冷，急剧收缩，且比内层金属冷却快。此时基于板片的整体性，表层金属会产生拉应力，内层金属产生压应力。伴随着板片的进一步冷却，最终是内层金属剧冷，急剧收缩，使应力在动态中重新分配，导致淬火结束后表层金属残余为压应力，内层金属残余为拉应力。与其轧制过程残余的内应力分布规律正好相反（见图 17 –6）。

如果剖析辊底式淬火炉板片加热、淬火的全过程，从机理上分析是完全一样的，只是此种加热、淬火方式，能够使淬火后

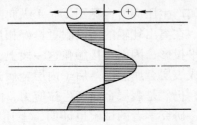

图 17 – 6 淬火后残余应力分布示意图

的板片变形小，几乎没有翘曲。这也就是先进的核心技术所在。

如采用辊底式喷淋淬火炉进行加热、淬火，大大降低淬火中产生的热处理残余应力，辊底式喷淋淬火炉的原理如图 17 - 7 所示，其主要特点：炉内温差小，可控制在 ±1℃ 以内；淬火转移时间短，更快、更均匀的冷却速率；整片板材的淬火均匀性好，翘曲变形小，板形好，板材表面无划伤；洁净、环保，低污染排放。

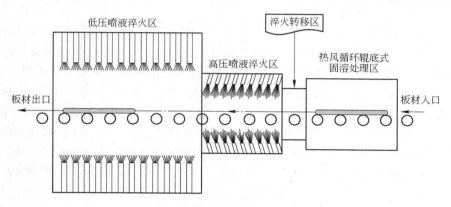

图 17 - 7 辊底式喷淋淬火炉的原理

近期，有关研究者采用有限元技术，对 7075 铝合金厚板淬火及随后的预拉伸时残余应力的分布进行了数值模拟分析，获得了淬火、拉伸过程中的温度、应力、应变的变化情况，并能够准确指出过程中残余应力的变化趋势。

计算板材长 3300mm，厚 120mm，采用四边形单元，单元总数 5769 个，结点总数 6085 个。

17.2.3.1 温度场

图 17 - 8 为板材在不同水温和时间下的温度场分布，由图 17 - 8a 和图

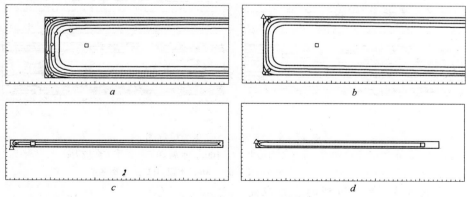

图 17 - 8 淬火温度场示意图

a—3s，水温 20℃；b—3s，水温 80℃；c—57s，水温 20℃；d—57s，水温 80℃

17-8b可知，仅仅经过3s，板材的表面就已经降到100℃左右，而板材中部仍有420℃以上的高温，板材内部存在很大的温度梯度，这种温度的不平衡会直接导致应力、应变的不平衡，从而导致内应力的产生。直到将近1min时间后，板材中部的温度仍然有150℃，而板材边部早已冷至室温。从图17-8中也可以看出，水温20℃时的冷却速度要明显快于80℃时的水温，所对应的温度梯度也更大。

17.2.3.2　应力及应变场

淬火中的典型应力、应变场见图17-9和图17-10。加热的板材被快速放入冷水槽中，此时由于表层金属冷却得比内层金属快，淬火初期表层金属剧冷，急剧收缩，基于板材的整体性，表层金属受到附加拉应力，内层金属受到附加压应力，如图17-9a所示。此时板材表层变形大于内层变形，如图17-9c所示。随着淬火时间的延长，由于表层金属温度的下降速度远远快于内层金属下降速度，在一段相对较长的时间里，内层金属温度保持较高。也正是由于内层金属温度比较高，比较软，易于在附加压应力的作用下在较长的一段时间内产生较大的压缩塑性变形，而此时表层金属温度较低，变形抗力高，不易变形，因而所产生的变形较小，随着温度进一步的降低，最终室温下板材温度趋向一致，此时板材中间已经产生了较大的压缩变形，而板材边部相对较小，如图17-9b所示。因为板材整体的平衡作用，中部受到附加拉应力，而板材上下两表面则受到附加压应力。整块板材因而呈现"外压内拉"的形式，如图17-9d所示。这两种应力状态之间的转换时间，根据计算是在7s内完成。

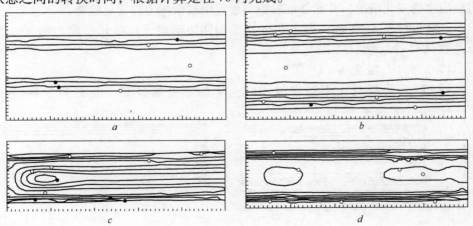

图17-9　淬火应力应变场示意图

a—2s，水温20℃，水平方向应力；b—100s，水温20℃，水平方向应力；
c—2s，水温20℃，等效应变；d—100s，水温20℃，等效应变

17.2.3.3　拉伸过程的应力应变

无论是热轧厚板或冷轧块片式中厚板材，还是轧制后需经淬火热处理的厚板

或中厚板材，在拉伸机上给以一定拉伸量产生塑性变形的实质，就是使板材沿厚度在轧制方向上的残余应力重新分布。

选取淬火后的板材进行讨论，根据淬火热处理过程中的结论：表层金属残余有压应力，内层金属残余有拉应力。显然在拉伸过程中，要使淬火后的板材沿厚度在轧制方向上的残余应力重新分布，趋向均匀，就必须使给以的变形量在变形时所产生的内应力分布与板材淬火后已经存在的残余应力符号相反，否则就不能达到预期的效果。数值模拟计算拉伸时的应力、应变的结论也证明：淬火后的板材通过拉伸矫直，给以 1.0% ~3.0% 拉伸数量的塑性变形后，使板材在整个横截面都产生塑性变形，才能达到消除残余应力效果。也就是说，拉伸矫直时所引起的内应力，将向减少板材残余应力的方向发展。

17.2.4 拉伸机理分析

淬火后的板材在拉伸过程中，无论是受到附加压应力的表层金属，还是受到附加拉应力的内层金属，它们在受到外力的作用后都同时会发生变形。当给以的拉伸力超过该金属弹性极限后，就发生塑性变形。由于板材的内层金属原来就受残余拉应力作用（见图 17 - 10a），所以它首先超过弹性极限进入塑性变形，使得内层金属塑性变形比表层金属早，但由于板材的整体性，表层金属将牵制内层金属的变形，所以发生塑性变形后，金属的表面产生附加拉应力，金属的内层产生附加压应力，这正好和淬火后的板材中的残余应力符号相反（见图 17 - 10b）。当外力去除后，板材弹性应变松弛，此时拉伸后板材中的残余应力就是淬火后板材中的残余应力与拉伸矫直时的内应力的差（见图 17 - 10c）。若拉伸工艺参数选择的恰当，则两种残余应力可以相互抵消，使板材的最终残余应力接近于零。

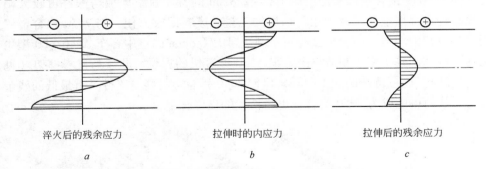

淬火后的残余应力　　　　拉伸时的内应力　　　　拉伸后的残余应力

　　　　a　　　　　　　　　　　b　　　　　　　　　　　c

图 17 - 10　拉伸矫直时内应力重新分布示意图

对于不需淬火的热轧厚板，在拉伸矫直时的内应力重新分布的机理也完全相同。

17.3　高强铝合金的性能

用于制作航空结构件的铝合金预拉伸板，无论是研究人员，还是工厂生产商，都把 7000 系铝合金作为重点的研究对象。总是在不断的研发、更新换代 7000 系合金。这也就是新材料技术不断发展的源泉。而高强铝合金材料过时效状态的力学性能，断裂韧性等关键特性又是衡量新合金水平的最重要的指标。

7050 铝合金应该说是良好的航空材料，但是人们新研究的 7040 铝合金正在逐步替代 7050 铝合金。7040 铝合金是原法国普基铝业公司发明的，其与 7050 铝合金的化学标准成分见表 17 – 1。

表 17 – 1　7040 与 7050 铝合金的化学成分（%）

元素 合金	Cu	Mg	Zn	Si	Fe	Mn	Cr	Ti	Zr	单个 杂质	杂质 总和
7040	1.5 ~ 2.3	1.7 ~ 2.4	5.7 ~ 6.7	0.1	0.13	0.04	0.04	0.06	0.05 ~ 0.15	0.05	0.15
7050	1.2 ~ 1.9	1.9 ~ 2.6	5.7 ~ 6.7	0.12	0.15	0.10	0.04	0.06	0.08 ~ 0.15	0.05	0.15

与其典型的超硬铝相比，7040 铝合金其特点是 Cu 含量高一些，Mg 含量低一些，Zn 含量有所提高（和 7050 铝合金相当），含 0.05% ~ 0.15% Zr，Fe 和 Si 杂质含量则低得多。

从表中还可以告知，新合金的开发主要从两个方面进行。其一，减少 Fe、Si 等各种杂质含量，研究控制杂质含量的方法和技术，改善高强度铝合金的性能。其二，调整合金元素的含量及各组元的比值，添加或去除微量元素，从而改变合金中第二相的物理性能和数量，以开发出满足各种不同要求的新合金。

使用 7040 铝合金用于加工厚 100 ~ 228mm 的特厚航空厚板与锻件可较大幅度地减轻零部件重量，减少用户切屑加工量，废料回收方便，与 7050 铝合金等的废料可归为一类。该合金已经用于制造厚 177.8mm 的空中客车 A340/600 型飞机的连接件，并将用于制造空中客车 A380 型客机的翼梁、肋条与机身框架（见图17 – 11）。通过特殊的加工处理，可使 7040 铝合金材料与工件具有最低的残余应力。从而可能成为 7050 铝合金更新换代的良好合金。

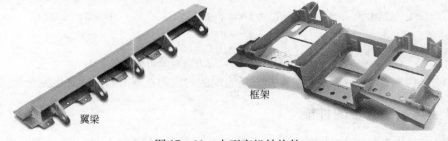

翼梁　　框架

图 17 – 11　大型客机结构件

美国航空材料技术规范（AMS）对这两种合金的性能做了对比，屈服强度比较见图 17-12a，断裂韧性比较见图 17-12b。从两个图中很明显地看出，7040 铝合金特厚板的性能高于 7050 铝合金，特别是断裂韧性更优。

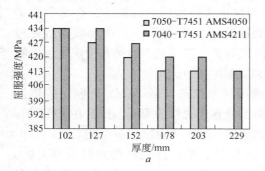
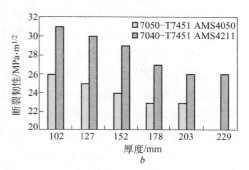

图 17-12　7040 与 7050 铝合金力学性能比较

a—屈服强度；b—断裂韧性

17.4　铝合金预拉伸中厚板生产设备

具备生产铝合金预拉伸中厚板且具有一定生产能力的铝加工厂，一般必有之核心设备和配套设备和专门的生产线。核心设备是宽幅大开口度热粗轧机、辊底式淬火炉和大型拉伸机（见图 17-13）。配套的设备有大型熔炼和铸造设备、铸锭均热炉、铸锭锯床、铣床、铸锭加热等设备。专门的生产设备有水浸式超声探伤和电导率测试设备、时效炉、厚板精密锯、包装设备、特殊产品需要的表面抛光设备。

图 17-13　厚板拉伸机

当前，全球可生产可强化铝合金厚板（厚度不小于 6mm）即航空级铝合金厚板的最大的生产者是美国铝业公司（Alcoa）的达文波特（Davenport）工厂，它拥有世界上最宽幅的 5588mm 4 辊可逆式热粗轧机（开口度 660mm），两台热中轧机（1 台 4064mm 的 4 辊可逆式，1 台 3658mm 的 4 辊可逆式）。可生产最厚

220mm、最宽 5334mm、最长 33.5m 的厚板，它是美国波音飞机公司最主要供货商。爱励铝业公司（Aleris）德国科布伦茨（Koblenz）轧制厂有宽幅为 3760mm 的 4 辊可逆式热粗轧机（开口度 800mm），可生产最厚 280mm、最宽 3500mm、最长 28m 的厚板，它是欧洲空客飞机公司最主要供货商。这两个工厂都购买了世界上最优秀的热处理设备供货商奥地利埃伯纳公司（Ebner）的厚板固溶处理炉，都配备有生产能力匹配、产品规格匹配的 3 台拉伸机。如科布伦茨轧制厂的 3 台拉伸机的设计能力是 70MN，38MN 和 20MN 拉伸机。

美国达文波特（Davenport）工厂和德国科布伦茨（Koblenz）轧制厂应该说是世界范围内生产铝合金预拉伸厚板的两个最有代表性的工厂。作者在 1994 年，曾访问过达文波特工厂，在 2000 年和 2005 年，两次访问过科布伦茨工厂。

2000 年，我国东北轻引进中国第一台世界上最先进的辊底式厚板淬火炉，实现了中国铝加工中厚板生产工艺的重大突破。近几年中，我国西南铝新建了宽幅 4300mm 的 4 辊可逆式热粗轧机和新订购了 1 台 120MN 拉伸机，引进了奥托容克公司（Ottojunker）制造的两台辊底式厚板淬火炉。东北轻引进了西马克公司（SMS）制造的宽幅 3950mm 的 4 辊可逆式热粗轧机，并计划再次引进 1 台 10000t 辊底式厚板淬火炉。亚铝在工厂整体工艺设计中，就在 2 期规划了 1 台宽幅 5000mm 的 4 辊可逆式热粗轧机和中厚板生产线。2010 年 10 月，鼎胜原与加铝合资中厚板项目已同新的合作商（爱励铝业公司（Aleris））合作，重新启动。除此以外，还有吉林世捷铝业、南山铝业、广西南南铝业、大连汇程铝业有限公司等也在筹建中厚板项目。一轮新的铝合金中厚板项目投资热潮正在中国兴起。

在世界范围内生产铝合金预拉伸厚板的工厂还有美国铝业公司在英国的基茨格林（Kitts Green）轧制厂、意大利的富西纳（Fusina）轧制厂和俄罗斯的别拉雅卡利特娃（Belaya Kalitva）工厂、加拿大铝业公司（Alcan）的美国的雷文斯伍德（Ravenswood）轧制厂、法国的伊苏瓦尔轧制厂、美国凯撒铝及化学公司（Kaiser Auminum & Chemical Co.）的特雷特伍德（Trentwood）轧制厂、俄罗斯铝业公司（Rusal）的卡缅斯克乌拉尔斯基冶金厂（Kamensk Uralski Metallurgical Plant）。另外，还有 Furukawa - Sky Aluminium Crop，南非 Hulett Aluminium，印度巴尔科（Belco）铝业公司和欣达尔科 - 阿尔美克斯航空材料公司 Hindalco - Almex Aerospace Material Ltd. 。

17.5　可探讨的铝合金预拉伸特厚板热轧生产技术

作者所指的铝合金预拉伸特厚板是厚度大于 200mm 的板材。目前生产铝合金预拉伸厚板的关键是大开口度热粗轧机、铸锭的热轧总变形量应该大于 75%。

上述两个关键点就是说，生产厚度大于 200mm 的铝合金预拉伸特厚板的铸锭厚度必须大于 700mm，继而也要求热粗轧机开口度必须保证在 700mm 才能相匹配（在考虑铸锭铣面和轧制第一道次的因素后）。然而，目前世界上，就是航空级铝合金厚板的最大生产者——美国铝业公司（Alcoa）达文波特（Davenport）工厂，它的最宽幅的 5588mm 的 4 辊可逆式热粗轧机的开口度原设计为 660mm，生产最厚的 220mm 厚板，应该说是很勉强的。也正因为如此，爱励铝业公司（Aleris）德国科布伦茨（Koblenz）轧制厂近期热粗轧机改造，将开口度从 600mm 增加至 800mm 后，可生产最厚 280mm 的厚板。同样的道理，2000 年，东北轻成功地将中国最早的苏制 2000mm 热轧机升级改造，将开口度从 300mm 改造为 400mm，铸锭厚度增至 420mm，可以生产大于 100mm 铝合金预拉伸中厚板，实现了保证中厚板总变形率的大铸锭升级。

上面的分析，引出了一个很有趣的新问题，在有限的热粗轧机开口度情况下，能否生产厚度与之要求的总变形率不相匹配的厚板，这就是本书中想探讨的铝合金预拉伸特厚板热轧生产技术。

17.5.1 异步轧制技术的应用

在爱励铝业公司（Aleris）德国科布伦茨（Koblenz）轧制厂热粗轧机的开口度未改造之前，曾经试验过热轧异步轧制技术。其技术的核心在于通过异步轧制的特殊变形方式达到必需的总变形率效果。

在异步轧制变形中，由于上、下辊表面速度不同，从而造成轧制变形区上、下辊表面中性点的移动。快速辊的中性点向出口方向移动，慢速辊的中性点向入口方向移动，这样就在变形区内形成一个上、下表面摩擦力方向相反的"搓轧区"，如图 17 – 14 所示。

由于搓轧区的存在，造成了轧制过程变形特点和金属流动的特殊变化。在搓轧区上、下表面，摩擦力方向相反，减少了外摩擦所形成的水平压应力对变形的阻碍作用。又由于相反的外摩擦力，造成了搓轧区上、下表面金属流动不同，因而在变形区内引起

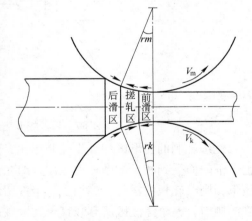

图 17 – 14 异步轧制变形区示意图

剪切变形，导致了金属表面质量、金相组织、晶体位向和力学性能的变化。显然是因为应力状态不同（与同步轧制相比）而造成了不同的变形状态。笔者认为，不同的变形状态有利于变形向内层的深入，其实质是起到了加大总变形率的效果。当然，在实际生产过程中，如何做到上、下辊表面速度不同，速度差异控制多少，又如何保证稳定轧制和安全轧制，也都是一并需要解决的问题。同时，异步轧制应

用于厚板轧制时，由于轧板上下两侧变形量不一致会导致轧板向慢速一侧的轧辊方向翘曲。翘曲严重时会影响轧板下一道次轧制，这使得异步轧制在铝合金预拉伸板轧制中的应用受到了一定的限制。由此，提出和发展了蛇形轧制技术。

17.5.2 蛇形轧制技术的应用

2001 年，荷兰 Corus 研究中心的 Menno van der Winden 对异步轧制在厚板轧制中的应用进行改进，提出了蛇形轧制（Snake Rolling）方法。蛇形轧制最大特点是，保持上、下轧辊线速度不同的条件下，将上、下轧辊在轧制方向上做一定量的错位。这样的设计可以对轧板施加一个和由于轧辊异速所产生弯曲方向相反的弯矩，可以有效地抑制轧件的翘曲现象，同时保证轧板的充分变形，图 17 - 15 为蛇形轧制过程的示意图。

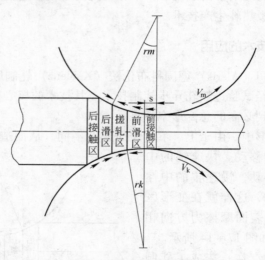

图 17 - 15 蛇形轧制过程的示意图

蛇形轧制的变形区和异步轧制相比，同样存在一个"搓轧区"，在搓轧区的上、下表面受到相反的摩擦力作用，即在搓轧区的上、下表面相反的摩擦力的作用下，则给轧板的搓轧区施加了一个剪切作用，使得轧板在这个区域产生一定角度的倾斜，整个搓轧区所有竖直单元区域产生倾斜，倾斜角度累计起来就造成了轧板的弯曲趋势。同时，由于蛇形轧制中上、下轧辊的错位，使得变形区比异步轧制多出一个"后接触区"和一个"前接触区"。在"前接触区"内轧板仅与上轧辊接触而在"后接触区"内轧板仅与下轧辊接触。正是由于"前接触区"的存在使得轧板在翘曲时被上轧辊压下，有效抑制了轧板的弯曲。

德国爱励铝业公司（Aleris）Koblenz 轧制厂在改造热粗轧机开口度之前，是全世界唯一具有蛇形轧制功能的轧机，如图 17 - 16 所示。据 Koblenz 工厂称，

采用蛇形轧制技术，可以用厚度仅 500 ~
600mm 的方形铸锭直接轧制出芯部变形
十分充分的 250mm 厚板。同时，采用蛇
形轧制技术后，厚板芯部沿长度、宽度和
厚度方向的疲劳性能与传统轧制相比可提
高到 150% 以上，而且可以更加有效地消
除铸造缺陷。图 17 – 17 是蛇形轧制与传
统轧制的铝合金板材的芯部组织比较。

图 17 – 16　德国 Koblenz 工厂
蛇形热粗轧机

　　近期，有关研究者对高强高韧铝合金
预拉伸特厚板的蛇形轧制的研究表明：蛇
形轧制过程中轧板下表面产生的应变量高

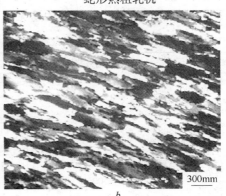

300mm

300mm

a

b

图 17 – 17　蛇形轧制与传统轧制的铝合金板材的芯部组织比较
a—传统轧制的芯部组织；*b*—蛇形轧制的芯部组织

于上表面，沿厚度方向从表面到中心等效应变逐渐降低；在压下量为 80%、异
速比为 1.2 的情况下蛇形轧制轧板在厚度方向上的等效应变均高于普通轧制，并
且在轧板中心位置等效应变要比普通轧制高出 25%。这对于提高轧板中心变形，
增加轧板的组织均匀性具有非常重要的作用。但是在蛇形轧制对于轧板的头部弯
曲的问题还无法得到很好的解决，这会对轧板进入下一道次造成困难。同时，蛇
形轧制在水平方向的轧制力远远大于普通轧制，因此在设计蛇形轧机时除了需要
考虑竖直方向上轧辊的刚度外，还需要着重考虑水平方向上轧辊的刚度，这对轧
机的设计提出了更高的要求。

17.5.3　多向锻造后轧制的复合强应变技术应用

　　在铝合金进行反复多向锻造强应变后再进行轧制可使铝合金厚板芯部得到充
分的变形并且获得高均匀的微细化组织。近期，有关研究者对复合强应变技术的

研究表明：7075 铝合金坯料在 250 ~ 350℃ 范围、应变速率为 $0.1s^{-1}$ 的条件下经过多向变形（变形系数达 21.5），再进行轧制变形（变形系数达 10.5），可使 7075 铝合金获得 2 ~ 3μm 以下微细、均匀的组织。但是受到锻压机吨位的限制，目前使用这种多向锻造后轧制的强应变方法仅能生产长度、宽度有限的预拉伸特厚板，因此其应用范围受到了很大的限制。

早在 1971 年 6 月，西南铝加工厂在 2800 热粗轧机上就采用过多向锻造后轧制的复合强应变技术生产 3 个厚度 130mm，规格 2500mm 方形的 LF6 锻环毛坯。作者参与实验，并记录了实验过程中的各种轧制工艺数据。

17.6　铝合金预拉伸中厚板市场

铝合金预拉伸中厚板广泛用于航天、航空、战车、船舶、化工、轻工、电子、机械等众多领域，其具体用途见表 17 - 2。

表 17 - 2　铝合金预拉伸中厚板典型产品应用范围表

产品	合金状态	规格范围/mm	应用范围	所占比例/%
非热处理热轧板	5754 - 0 5754 - F 5083 - 0	(25 ~ 30) × (1250 ~ 1600) × (2500 ~ 3000)	容器箱、仓库、压力容器、结构件；公路、铁路运输；超结构、框架；船舶、岸上平台、结构件；机器、台板、模具、工具（低强度）；机加工种；液压和气体装置（低强度）	20
非热处理冷轧板	5754 - F 5083 - 0 5086 - 1124	(5 ~ 6) × (2000 ~ 2500) × (2000 ~ 4000)	容器箱、仓库、压力容器、壳体、隔墙板；公路、铁路运输；箱壳体、设备；船舶、岸上平台、壳体、设备	25
圆　板	5083 - 0	ϕ250 × 6	容器箱、仓库、压力容器、环、底板；电子工业；抛物面天线	1
热处理热轧板	2017 T451 6082 T651 7075 T651	(50 ~ 65) × (1200 ~ 1600) × (2000 ~ 4000)	公路、铁路运输；减震器、轴承箱；岸上平台、结构件；机器、台板、模板、工具；（中、高强度）机加工种；液压和气动装置（中、高强度）装甲车壳	28
热处理冷轧板	2017 T451 6082 T651 7075 T6	(5 ~ 15) × (1000 ~ 2000) × (2000 ~ 4000)	公路、铁路运输；集装箱、设备；船舶、岸上平台、设备、车壳	8
航空板	2214 T451 7071 T7451 7075 T7351	(50 ~ 150) × (1200 ~ 2000) × (2000 ~ 4000)	机翼、框架、结构件（高强度）；设备、容器、炊具、座椅；火箭、卫星发射架、结构件、箱体、设备	13
变断面板	7075 T7351	厚35	机翼、框架、成形板	
工具板	6061T651	100 × 1200 × 4000	机器、航空工业用工具和台板	3

18　高强、高韧铝合金材料

高强、高韧铝合金材料是航空、航天工业必不可少的最重要的结构材料。高强、高韧铝合金材料的代表是 Al－Cu－Mg 系和 Al－Zn－Mg－Cu 系合金，其高性能可适应航空、航天器的高载荷、高速度的要求。

18.1　市场应用分析

该书选择国内支线 ARJ－21 型客机、美国波音 777 客机、空客 380 型客机和航天器用结构材料进行分析。

18.1.1　ARJ－21 型客机

ARJ－21 型客机是我国研究开发的国内支线客机，该机所选择的铝合金材料如图18－1所示，各部位其详细说明见表18－1。

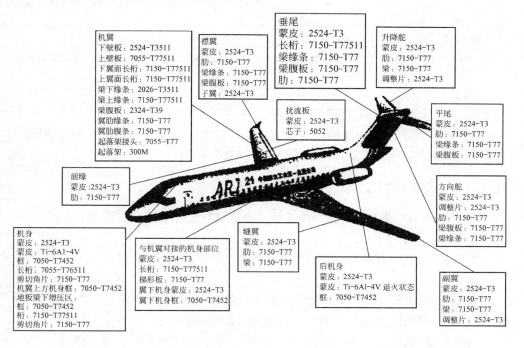

机翼
下壁板：2524-T3511
上壁板：7055-T77511
下翼面长桁：7150-T77511
上翼面长桁：7150-T77511
梁下缘条：2026-T3511
梁上缘条：7150-T77511
梁腹板：2324-T39
翼肋缘条：7150-T77
翼肋腹条：7150-T77
起落架接头：7055-T77
起落架：300M

襟翼
蒙皮：2524-T3
肋：7150-T77
梁缘条：7150-T77
梁腹板：7150-T77
子翼：2524-T3

垂尾
蒙皮：2524-T3
长桁：7150-T77511
梁缘条：7150-T77
梁腹板：7150-T77
肋：7150-T77

升降舵
蒙皮：2524-T3
肋：7150-T77
梁：7150-T77
调整片：2524-T3

扰流板
蒙皮：2524-T3
芯子：5052

平尾
蒙皮：2524-T3
肋：7150-T77
梁缘条：7150-T77
梁腹板：7150-T77

前缘
蒙皮：2524-T3
肋：7150-T77

方向舵
蒙皮：2524-T3
调整片：2524-T3
肋：7150-T77
梁腹板：7150-T77
梁缘条：7150-T77

机身
蒙皮：2524-T3
蒙皮：Ti-6Al-4V
框：7050-T7452
长桁：7055-T76511
剪切角片：7150-T77
机翼上方机身框：7050-T7452
地板梁下增压区：
框：7050-T7452
桁：7150-T77511
剪切角片：7150-T77

与机翼对接的机身部位
蒙皮：2524-T3
长桁：7150-T77511
梯形板：7150-T77
翼下机身蒙皮：2524-T3
翼下机身框：7050-T7452

缝翼
蒙皮：2524-T3
肋：7150-T77
梁：7150-T77

后机身
蒙皮：2524-T3
蒙皮：Ti-6Al-4V 退火状态
框：7050-T7452

副翼
蒙皮：2524-T3
肋：7150-T77
梁：7150-T77
调整片：2524-T3

图 18－1　ARJ－21 型客机用铝合金材料

表 18 -1　ARJ -21 型客机各部位所选择的铝合金材料一览表

机　身	长桁：7055 - T76511，框：7050 - T7452，蒙皮：2524 - T3，蒙皮：Ti - 6Al - 4V，机翼上方机身框：7050 - T7452，剪切角片：7150 - T77，地板梁下增压区（框：7050 - T7454，桁：7150 - T77511，剪切角片：7150 - T77）
后机身	7055 - T76511，框：7050 - T7452，蒙皮：Ti - 6Al - 4V，退火状态
机　翼	下壁板：2524 - T3511，上壁板：7055 - T77511，下翼面长桁：7150 - T77511，上翼面长桁：7150 - T77511，梁下缘条：2026 - T351，梁上缘条：7150 - T77511，梁腹板：2324 - T39，翼肋缘条：7150 - T77，翼肋腹板：7150 - T77，起落架接头：7050 - T77
襟　翼	蒙皮：2524 - T3，肋：7150 - T77，梁缘条：7150 - T77，梁腹板：7150 - T77，子翼：2524 - T3
副　翼	蒙皮：2524 - T3，肋：7150 - T77，梁：7150 - T77，调整片：2524 - T3
缝　翼	蒙皮：2524 - T3，肋：7150 - T77，梁：7150 - T77
前　缘	蒙皮：2524 - T3，肋：7150 - T77
与机翼对接的机身部位	蒙皮：2524 - T3，长桁：7150 - T77511，梯形板：7150 - T77，翼下机身蒙皮：2524 - T3，翼下机身框：7050 - T7452
垂　尾	蒙皮：2524 - T3，长桁：7150 - T77511，梁缘条：7150 - T77，梁腹板：7150 - T77，肋：7150 - T77
平　尾	蒙皮：2524 - T3，梁缘条：7150 - T77，梁腹板：7150 - T77，肋：7150 - T77
扰流板	蒙皮：2524 - T3，芯子：5052
方向舵	蒙皮：2524 - T3，调整片：2524 - T3，梁缘条：7150 - T77，梁腹板：7150 - T77，肋：7150 - T77
升降舱	蒙皮：2524 - T3，肋：7150 - T77，梁：7150 - T77，调整片：2524 - T3

　　上述 13 个部位其选择的铝合金是 2524、2324、2026、7050、7150、7055。状态主要是 T3、T39、T351、T77、T7452、T76511、T77511。

18.1.2　波音 777 客机

美国波音 777 型客机所选择的新型铝合金材料及使用部位如图 18 -2 所示。
机身
长桁：7150 - T77511，桁：7150 - T77511，蒙皮：2524 - T3。
机翼
上壁板：7055 - T77511，上翼面长桁：7150 - T77511，梁上缘条：7055 - T77511，梁下缘条：2224 - T3511，梁腹板：2324 - T39。
　　另外有座椅轨道地板：7150 - T77511，各种形状的锻框：7150 - T77。
　　上述几个部位其选择的铝合金是 2224、2324、2524、7150、7055，其状态

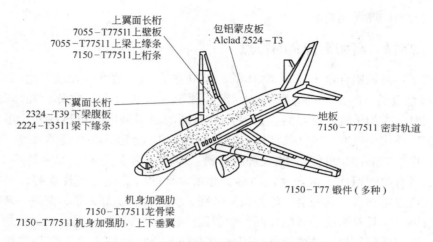

上翼面长桁
7055-T77511上壁板
7055-T77511上梁上缘条
7150-T77511上桁条

包铝蒙皮板
Alclad 2524-T3

下翼面长桁
2324-T39下梁腹板
2224-T3511梁下缘条

地板
7150-T77511密封轨道

7150-T77锻件（多种）

机身加强肋
7150-T77511龙骨梁
7150-T77511机身加强肋，上下垂翼

图 18-2　波音 777 型客机新型铝合金材料

是 T3、T39、T3511、T77、T77511。

对于其他大型客机选择的典型铝合金还有 2014、2024、2219、2681、7475
等。其选择的状态还有 T4、T6、T451、T651、T7351、T81、T87、T851 等。

18.1.3　空客 380 客机

空客 380 是当今世界上已经投入运行的最大客机，其客机的各部位的结构件
大量使用了各种不同铝合金和状态，见图 18-3。

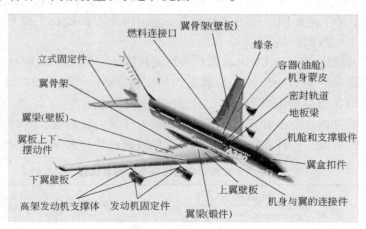

燃料连接口
翼骨架(壁板)
缘条
立式固定件
翼骨架
容器(油舱)
机身蒙皮
密封轨道
翼梁(壁板)
地板梁
翼板上下
摆动件
机舱和支撑锻件
下翼壁板
翼盒扣件
高架发动机支撑体　发动机固定件
上翼壁板
机身与翼的连接件
翼梁(锻件)

图 18-3　空客 380 型客机用铝合金材料

18.1.4　航天器

某航天器用的铝合金材料有 2A12（LY12）、2A14（LD10）、7A04（LC4）、

7A09（LC9）等（图略）。

18.2　高强、高韧铝合金的特点

　　高强、高韧铝合金主要是 2000 系、7000 系合金，是可热处理强化铝合金。2000 系合金是 Al－Cu－Mg 系合金，素有硬铝（飞机合金）之称，在添加铜、镁的同时又添加了锰。此系合金的特点具有高的屈服强度、耐热性和成形性较好，被广泛用作强度比较高的部件。该系合金经 T6 处理后具有高的强度。如要求韧性更好的部件，可使用 T4 处理的材料。7000 系合金是 Al－Zn－Mg－Cu 系合金，素有超硬铝（飞机合金）之称，此系合金的特点热处理性能好，采用时效硬化可以得到很高的强度。添加微量的锰、钪、锆、钛等元素，能进一步提高强化效果，并且对裂纹的敏感性低，断裂韧性和疲劳性能高。另外，焊接加工性也好，被广泛用作焊接结构部件。因此，7000 系合金也被称之为高强可焊铝合金。

　　上述各状态的特定含义：T3 是固溶热处理后进行冷加工，再经自然时效至基本稳定的状态；T4 是固溶热处理后自然时效至基本稳定的状态；T6 是固溶热处理后进行人工时效的状态；T73 是适用于固溶热处理后，经时效以达到规定的力学性能和抗应力腐蚀性能指标的产品；T74 与 T73 状态定义相同，该状态的抗拉强度大于 T73 状态；T76 与 T73 状态定义相同，该状态的抗拉强度大于 T73、T74 状态，抗应力腐蚀断裂性能低于 T73、T74 状态，但抗剥落腐蚀性能仍较好；T81 是适用于固溶热处理后，经 1% 左右的冷加工变形提高强度，然后进行人工时效的产品；T87 是适用于固溶热处理后，经 7% 左右的冷加工变形提高强度，然后进行人工时效的产品。

　　在上述各状态 T7×、T×× 状态代号后面再添加"51"、"511"、"54"其都代表需要进行消除应力处理的产品状态代号，即 T451、T651、T7351、T76511、T77511、T851，也就是本书阐述的铝合金预拉伸中厚板。

　　高强、高韧铝合金都有其共同的特点，但对于某一种高强、高韧铝合金也有其独特的个性特点。各种高强、高韧铝合金的性能比较如表 18－2 所示。

表 18－2　高强、高韧铝合金的特点比较

合　　金	主 要 特 点	主要状态、制品
2124	强度、塑性和断裂韧性比 2024 合金好，Scc 性能与 2024 合金相似	T351、T851 状态，38～152mm 的厚板
2048	断裂韧性比 2024 合金好，Scc 性能与 2024、2124 合金相似	T851 状态厚板，薄板
2419	断裂韧性比 2219 合金好	高温结构件，高强焊接件

合　金	主　要　特　点	主要状态、制品
2224	强度、断裂韧性和疲劳性能比 2024 合金好，工艺性能和耐蚀性与 2024 合金相似，价格比 2024 合金贵	T3511 挤压件
2324	具有高强度、高断裂韧性	T39 状态厚板，薄板
Д16ч	断裂韧性比 Д16 合金高 10% ~15%	T、TH、T1、T1H 状态应用
1161	强度比 Д16ч 合金高 2 倍，断裂韧性比 Д16ч 合金高 20% ~50%	T、TH、T1、T1H 状态应用
1163	强度与 Д16ч 合金相似，断裂韧性比 Д16ч 合金高 10%	T、TH、T1、T1H 状态应用
7475	强度、断裂韧性高，抗疲劳性能好	T61、T761 薄板，T651、T7651、T7351 厚板
7150	在 T651 状态下，强度比 7075 合金高 10% ~15% 断裂韧性高 10%，抗疲劳性能好，Scc 性能与 7075 合金相似	T651、T6511、T7751 状态厚板，T7751 状态挤压件
7055	抗压、抗拉强度比 7150 合金高 10%，断裂韧性、耐蚀性与 7150 合金相似	T7751 状态厚板和挤压件
7049	强度与抗应力腐蚀性能有较好匹配	T73 状态板材、锻件和挤压件
7149	综合性能比 7049 合金好	锻件、挤压件
7249	综合性能比 7049、7149 合金好	锻件、挤压件
В93ПЧ		形状复杂的大型锻件
В95ПЧ	断裂韧性比 В95 高	
В95ОЧ	断裂韧性比 В95ПЧ 高	
В96ч - 1	T1 状态 σ_b 很高，达 735MPa，T2、T3 状态有中等断裂韧性和好的耐蚀性	
В96ч - 3	强度比 В96ч、В96ч - 1 合金低，塑性高	
01975	在 Al - Zn - Mg 合金中添加少量 Sc 和 Zr，有好的疲劳性能和焊接性能	
01970	在 Al - Zn - Mg 合金中添加少量 Sc 和 Zr，有好的疲劳性能和焊接性能	

注：Д16ч、В93ПЧ、В95ПЧ、В95ОЧ、В96ч - 1、В96ч - 3 是俄罗斯的合金牌号。Д16 合金相当 2024 合金，В95 合金相当 7075 合金。

18. 3　高强、高韧铝合金的热处理

世界航空、航天事业的迅速发展，要求结构材料要具有更高的比强度，同时

也要有更好的断裂韧性（K_{IC}）、抗应力腐蚀断裂性能（Scc）和抗疲劳性能。为此，促进材料工业不断地开发高性能新合金、加工新工艺、先进的热处理工艺和获得理想的合金组织。

铝合金是通过时效处理来获得高强度，因此热处理工艺在遵循固溶处理基本规律的前提下，研究的主要对象是时效工艺。

高强铝合金的一个共同特征是在铝基体的 $\{111\}$ α 和 $\{100\}$ α 面上有不易被位错切割的片状沉淀相，或者在 $[100]$ α 方向有棒状沉淀相，所以合金组织研究的主要对象是沉淀相晶体学特点及对强度的影响。

18.3.1　时效的特点及分类

大多数铝合金淬火后得到的是亚稳定过饱和固溶体。因为是亚稳定组织，所以存在自发分解趋势。有些合金室温就可分解，但它们中的大多数需要加热到一定温度，增加原子热激活概率，分解才得以进行。这种室温保持或加热以使过饱和固溶体分解的热处理称为时效。

铝合金在室温下就可产生脱溶过程的现象，称为自然时效。自然时效可在淬火后立即开始，也可经过一定的孕育期才开始。不同合金自然时效的速度有很大的区别，有的合金仅需几天，而有的合金则需数月甚至数年才能趋近于稳定状态。若将淬火后得到的过饱和固溶体合金在高于室温的温度下加热，则脱溶过程可能加速，这种操作工艺称为人工时效。

1906 年德国 Alfred wilm 首先发现时效硬化现象，此后很多学者致力于时效本质的研究。

18.3.2　脱溶过程

脱溶过程极为复杂，时效时的第二相的脱溶符合相变的阶次原则，即在平衡脱溶相出现之前会出现一种或两种亚稳定结构。这样脱溶的顺序如下：预脱溶期 [偏聚区（GP 区）]→脱溶期 [过渡相（亚稳相）→平衡相]。

脱溶时不直接沉淀平衡相的原因是由于平衡相一般与基体形成新的非共晶面，界面能大，而亚稳定的脱溶产物往往与基体完全或部分共格，界面能小。相变初期新相比表面大，因而界面能起决定性作用，界面能小的相，形核功小，容易形成。所以首先形成形核功最小的过渡结构。

脱溶过程的复杂性还有以下表现：

（1）脱溶的顺序对于各种合金不一定相同。例如 Al – Cu 系合金可能出现两种过渡相 θ″、θ′，而大部分合金系只存在一种过渡亚稳相，见表 18 – 3。

（2）同系不同成分的合金在同一温度下时效，可能有不同脱溶序列。过饱和度大的合金更易出现 GP 区或过渡相。

表18－3 主要铝合金系列的脱溶序列

合 金 系	脱溶序列及平衡脱溶相
Al－Cu	GP 区（盘状）$\rightarrow \theta'' \rightarrow \theta' \rightarrow \theta(Al_2Cu)$
Al－Zn－Mg	GP 区（球状）$\rightarrow \eta' \rightarrow \eta(ZnMg_2)$
	GP 区（球状）$\rightarrow \tau' \rightarrow \tau(Al_2Mg_3Zn_3)$
Al－Mg－Si	GP 区（杆状）$\rightarrow \beta' \rightarrow \beta(Mg_2Si)$
Al－Cu－Mg	GP 区（杆或球状）$\rightarrow S' \rightarrow S(Al_2CuMg)$

（3）同一成分合金，时效温度不同，脱溶序列也不一样，一般时效温度高时，预脱溶阶段或过渡相可能不出现或出现的过渡相结构较少。时效温度低时，则可能停留在 GP 区或过渡阶段。

（4）合金在一定温度下时效时，由于多晶体各部位的能量条件不同，在同一时期可能出现不同的脱溶产物。例如，在晶内广泛出现 GP 区或过渡相，而在晶界有可能出现平衡相。也就是说，偏聚区、过渡相和平衡相可在同一合金同时出现。

18.3.3 脱溶相结构

GP 区即用来称呼所有合金中预脱溶的原子偏聚区，是预脱溶期产物。它是合金中能用 X 射线衍射法测定出的原子偏聚区。

18.3.3.1 GP 区形成及特点

在均匀的固溶体中，总存在着各种各样的成分起伏，也就是说，存在着各种尺度的溶质原子偏聚现象。浓度愈高，温度愈低，则偏聚现象愈明显。研究者做过的试验证明，偏聚区在固溶处理（淬火）后就已存在，在随后时效时又大量产生。当偏聚区尺寸大到能克服形核功时，就会成为晶核而长大，长大到能产生 X 射线衍射效应时就成为 GP 区。显然 GP 区的形成速度其一取决于偏聚区长大速度，而偏聚区长大速度又取决于溶质原子的扩散速度。其二应该与空位浓度有关。因为增加空位浓度和延长空位寿命都会形成较大尺寸的 GP 区。但空位浓度会随时间延长而迅速减小，则 GP 区只在开始阶段形成得比较迅速。从另一方面看，空位及空位群有较高能量，也是溶质原子富集的场所，因此也有利于 GP 区形核。由于空位在基体中有相对的均匀性，所以 GP 区的形核与分布也相对均匀。

GP 区晶格结构与基体的结构相同，因为富集了溶质原子而使原子间距有所改变。它们与基体完全共格，界面能小，但可能导致较大的共格应变，因而应变能高。基于此种结构特征，一般认为 GP 区不是一种真正的脱溶相。然而从力学观点看，也有人认为它们是一种亚稳定的脱溶相。例如，它们能长期稳定，可发生聚集长大，而且也有自身在固溶体中的固溶度曲线，这些都与一般的浓度起伏不同，而与典型的脱溶相相似。在 GP 区内部，通常异类原子任意分布，但有时不同原子各占据 GP 区内特定的位置，成为一种晶格有序的小区。

GP 区尺寸很小，其大小与时效温度有关。在一定的温度范围内，GP 区尺寸随时效温度升高而增大。例如，人们最早发现的 Al – Cu 合金单晶经自然时效后在劳厄照片上出现的异常衍射条纹是基体固溶体晶体的 {100} 面上聚集的一些铜原子，构成富铜的碟形薄片（约含 90% Cu）其厚度为 $(3 \sim 6) \times 10^{-10} \text{m}$，直径约为 $(40 \sim 80) \times 10^{-10} \text{m}$。后来人们也验证 GP 区在室温时直径约为 $50 \times 10^{-10} \text{m}$，100℃时为 $200 \times 10^{-10} \text{m}$，而 150℃时为 $600 \times 10^{-10} \text{m}$。

GP 区与基体共格，其形状主要取决于共格应变能。组元原子直径差不同的合金，应变能也不同，因而 GP 区的形状也不相同，见表 18 – 4。

表 18 – 4　不同合金系中 GP 区的形状

GP 区形状	球　　形			盘　状	针　　状	
合金系	Al – Ag	Al – Zn	Al – Zn – Mg	Al – Cu	Al – Mg – Si	Al – Cu – Mg
原子直径差/%	+0.7	-1.9	+2.6	-11.8	+2.5	-6.5

18.3.3.2　过渡相（亚稳定相）形成及特点

过渡相与基体可能有相同的晶格结构，也可能结构不同，往往能与基体共格或部分共格的，必有一定的晶体学位向关系。由于在结构上过渡相与基体差别比 GP 区与基体差别更大一些，故过渡相比 GP 区的大得多。为降低应变能和界面能，过渡相往往在位错、小角界面、堆垛层错和空位团处不均匀形核。因此，它们的形核率主要受材料中位错密度的影响。此外，过渡相亦可在 GP 区中形成。

过渡相形状主要受应变能和界面能的综合影响。此外，扩散过程的方向性以及晶核长大的各向异性也可使某些脱溶微粒有各种奇怪的复杂形状。例如 Al – Cu 合金有两种过渡相，即 θ″ 和 θ′ 相，它们的单位晶胞结构见图 18 – 4a 和图 18 – 4b。

θ″ 相是 Al – Cu 合金第一种过渡相，它的质点厚度约 $20 \times 10^{-10} \text{m}$，直径约 $300 \times 10^{-10} \text{m}$，$a = b = 4.04 \times 10^{-10} \text{m}$，在这两个晶向上和铝晶胞完全匹配。但 $c = 7.68 \times 10^{-10} \text{m}$，比两个铝晶胞的长度（$8.08 \times 10^{-10} \text{m}$）稍短一些。θ″ 相相当均匀地在基体中形核且与基体完全共格，具有 {100} θ″ ‖ {100} α 的位向关系。由于 θ″ 相结构与基体已有差别，因而与 GP 区比较，在 θ″ 相周围会产生更大的共格应变，见图 18 – 5。因而也导致更大的强化效应，见图 18 – 6a 和图 18 – 6b。在透射电镜中，θ″ 相的形貌与 GP 区相似，但因共格应变大，在照片上观察到更强的衍射效应，见图 18 – 7。

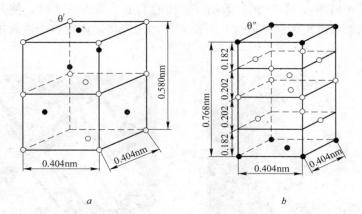

图 18-4　Al-Cu 合金的 θ′ 和 θ″ 两种过渡相单位晶胞结构

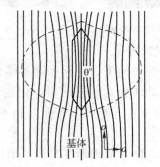

图 18-5　θ″ 相周围的弹性应变区

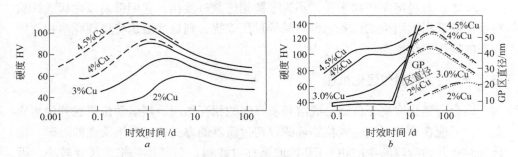

图 18-6　Al-Cu 合金时效硬度与时效时间和脱溶相结构关系
a—130℃；b—190℃

θ′ 相是 Al-Cu 合金第二种过渡相，它是该系合金能在光学显微镜下观察到的脱溶产物，其尺寸达到 2×10^{-7}m 数量级。此相也为正方结构，$a = b = 4.04 \times 10^{-10}$m，$c = 5.8 \times 10^{-10}$m，{100} θ′ ∥ {100} α 与基体部分共格。θ′ 相的透射电镜照片见图 18-8，可看到局部较清晰的相界面，θ′ 相的成分可能为 $Cu_2Al_{3.6}$，与平衡相（θ 相即 $CuAl_2$）稍有差别。θ′相的增加，质点长大时，使共晶应变降低，与此同时，θ″相数量也减少，因而 θ′相的出现将逐渐使合金进入过时效状态（软化）。

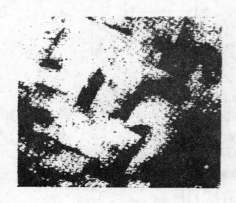 

图 18 - 7　θ″相透射电镜图像（29000 ×）　　图 18 - 8　θ′相的透射电镜图像（36000 ×）

18.3.3.3　平衡相形成及特点

在更高温度或更长的保温时间下，过饱和固溶体会析出平衡相。平衡相与结构均处于平衡状态，一般与基体相无共格结合，但也有一定的晶体学位向关系。Al - Cu 合金析出的平衡相为 θ（$CuAl_2$），若非共格 θ 相出现时，合金软化而远离最高强度状态。

平衡相形核是不均匀的，由于界面能非常高，所以往往晶界或其他较明显的晶格缺陷处形核以减小形核功。

总之，对脱溶期产物来说，不论平衡相还是过渡相，它们都易以片状或针状在基体的低指数面生成，若无再结晶等过程干扰，则显微组织将呈现脱溶相规则分布的魏氏组织形态。

18.3.4　铝合金时效强化机理

铝合金强化取决于位错与脱溶相质点间的相互作用。当运动位错遇到脱溶质点时，可能在质点周围生成位错环或以切过质点的方式通过脱溶质点的阻碍。铝合金时效开始阶段的脱溶相（GP 区或某种过渡相）与基体共格，尺寸较小，因而位错可以切过，位错切割机制起作用，此时的屈服力增量取决于切过质点所需的应力。继续时效时，脱溶相体积分数及尺寸均增加，切过它们所需的应力加大，使强化值增加。最后脱溶相质点逐步向半共格或非共格质点（过渡相或平衡相）转变，尺寸也进一步加大，当达到一定尺寸时，位错在质点周围生成位错环所需的应力小于切过质点的应力，因而位错成环机制开始起作用，并使合金强度随脱溶相质点进一步加大而降低。

基于上述机理，铝合金时效强化影响因素有：

(1) 脱溶相的体积。在一般情况下，如果其他条件相同，脱溶物的体积分数值愈大，则强度愈高。值大的合金要求高温下固溶度大，通常可由相图来确定获得高固溶度的成分和工艺。

(2) 第二相质点的弥散度。一般来说，平衡脱溶相与基体不共格，界面能比较高，形核的临界尺寸大，晶粒长大的驱动力也大，不易获得高度弥散的质点。因此，生成 GP 区以及共格或部分共格的过渡相可使合金得到高的强度。通常，为使合金有效强化，脱溶相间的间距小于 $1\mu m$。

(3) 脱溶相质点本身对位错的阻力。大的错配度引起大的应变场对强化有利；界面能或反相畴界能高，也对强化有利。

18.3.5 铝合金时效强化工艺

经冶金研究人员和生产技术工艺人员不断的追求和卓越的努力，目前，铝合金时效强化有多种工艺途径。其主要强化工艺有分级时效、双级过时效、形变热处理、RRA 处理。

18.3.5.1 分级时效

分级时效，又称为阶段时效。它是把淬火后的工件放在不同温度下进行两次或多次加热（即双级时效或多级时效）的一种时效方法。与单级时效相比，分级时效不仅可以缩短时效时间，且可改善 Al – Zn – Mg 系和 Al – Zn – Mg – Cu 等系合金的显微结构，在基本不降低力学性能的条件下，可明显地提高合金的耐应力腐蚀能力、疲劳强度和断裂韧性。

分级时效第一阶段一般比第二阶段低，即先低温后高温，低温阶段合金过饱和度大，脱溶相晶核尺寸小而弥散，这些弥散的脱溶相可作为进一步脱溶的核心。高温阶段的目的是达到必要的程度以及获得尺寸较为理想的脱溶相。与高温一次相比较，分级时效能使脱溶相密度更高，分布更均匀，且合金有较好的抗拉、抗疲劳、抗断裂以及抗应力腐蚀等综合性能。例如，Al – Zn – Mg 系合金，若先于 100~120℃时效，然后再在 150~175℃时效，则可增加 η' 相的密度及均匀性，与在 150~175℃一次时效相比，合金不仅强度较高，且抗应力腐蚀性能变好。

分级时效的温度及保温时间应根据不同的合金特点来选择，在第一阶段中，尽量保证 GP 区的形成在短时间内完成；第二阶段的时效是保证合金得到较高的强度和其他良好的性能。

在分级时效中，也有其特殊性。人们在研究中发现含 Li 的铝合金，如 2090（Al – 2.6% Cu – 2.2% Li – 0.12% Zr）合金在 170℃时效后，再在稍低的温度下（60~135℃）会出现硬度上升和塑性下降，这是由于溶质（特别是 Li）的残余过饱和造成的缓慢的二次沉淀形成的。这一事实，也改变了人们一个长期的看法，即一旦合金在较高温度时效热处理后，其机械性能在较低温度下会一直保持稳定。Al－Cu－Mg 合金同样也存在这种现象，这也是将来研究的一个新热点。

18.3.5.2　双级过时效

双级过时效（T73、T74、T76）是首先在 7××× 系合金 GP 区溶解温度下进行一级时效，然后在 GP 区溶解温度之上进行二级时效促进过渡相在 GP 区形核或从 GP 区转化形核，该工艺可改善晶界显微组织，减小应力腐蚀开裂和剥落腐蚀敏感性。但与一级时效 T6 状态相比，强度损失 10%～15%。T74、T76 与T73 相比，过时效程度轻些，强度损失小些。

有关文献还报道了一种双级时效（可称之为双级峰时效），其工艺是在峰时效之前进行低温预时效，与一级峰时效相比，合金强度反而更高。

18.3.5.3　形变热处理

形变热处理是把时效硬化和加工硬化结合起来的一种热处理工艺，是进一步提高铝合金强度和耐蚀性的重要手段。之所以还能明显地提高合金的耐蚀性，仍然还是增加了合金中的位错和空位密度，在固溶体中形成了稳定的亚结构。例如经过形变热处理后的 2A12 铝合金板材（冷变形程度 ε 小于 30%）在 100℃ 的抗拉强度 σ_b 提高 10%～15%，在 150℃ 的抗拉强度提高 13%～18%。

对铝合金强化最有效的形变热处理工艺有两种：

（1）淬火→冷变形→高温时效，这就是国内最早的 LC4CSY 生产工艺；

（2）淬火→自然时效→冷变形→高温时效，这就是国内最早的 LY12CZY 生产工艺。

另外，T73 的形变热处理是在时效的同时进行加工硬化，即在 GP 区溶解温度之上过时效之前进行的，所以该工艺又称为最终形变热处理。这种工艺的目的是补偿在 GP 区溶解温度之上过时效发生的强度损失。当然，在实际生产时对变形和温度的控制比较困难。

18.3.5.4　RRA 处理

RRA（Retrogression and Re－ageing）处理是在正常固溶淬火后，首先进行T6 状态时效，然后进行快速短时高温（200～250℃）处理（回归）并淬火，使GP 区重新固溶，最后在进行峰时效（T6）处理。这种工艺能使 7××× 系合金既具有 T6 状态的高强度，又有接近 T73 状态的抗应力腐蚀性能。

RRA 使晶内的显微组织类似于 T6 状态，晶界状况类似于 T73 状态，由于早期回归处理时效时间很短，RRA 不适用于厚断面铝材料。但最近由于回归处理时间和温度的优化（例如：200℃，1h），RRA 已经发展出 T77 状态，已用于7050 铝合金，最近采用该状态的 7055 铝合金用于波音 777 民用飞机机翼结构件，重量减轻约 635kg。

回归处理是 RRA 的一个关键环节，回归时硬度的最低点对应 RRA 硬度的最大点。低温长时回归 RRA 处理的合金强度比短时高温回归 RRA 处理的合金强度大。

RRA 适用于 7050、7150、7055 等铝合金，合金中 Cu 有抑制沉淀相析出速度的作用，这对 T77 处理十分有利。

18.4　高强、高韧铝合金组织强化

在铝合金中添加微量合金元素是开发和研究新型高强、高韧铝合金的重要手段。因为某些微量合金元素可阻碍再结晶，细化晶粒，有利于获得非再结晶组织，提高合金强度。这些元素主要有 Sc、Zr、Cr、Mn、V、Ti 等。对合金淬火敏感性的影响见图 18 – 9。

微量元素对时效过程的影响较复杂，某些合金中微量元素可加速或减缓时效速度，也可能导致新的沉淀相的生成，或者改变时效过程。这些微量元素一般有两个共同特点：其一，在铝中的

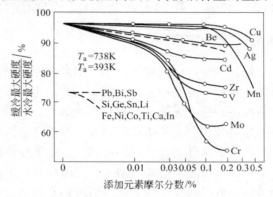

图 18 – 9　微量元素对 Al – 6% Zn – 1. 8% Mg 合金淬火敏感性的影响

溶解度很小；其二，淬火过程中或之后能与空穴发生作用。因为原子簇将影响随后的时效。

微量元素在淬火过程中，与空穴发生交叉作用，改变其分布，将对沉淀相形核有很大的影响。其次在时效温度下，微量元素可不同程度地加速半共格过渡相的形核。Al – Zn – Mg – (Cu) 合金中的微量 Ag 可加速其中间过渡相的形核。Ni 可加速沉淀过程。一般认为 η' 相在原 GP 区形核，而在时效早期 Ag 会向 GP 区偏聚增加其稳定性。Ag 加入 Al – Cu – Mg 合金中会改变过程，根据 Cu/Mg 比值的不同，会形成 Ω、X'、Z 三种新的沉淀相的一种。最近的研究表明出沉淀相前的富集现象促进了这种变化，特别是 Ag 原子和 Mg 原子的优先交叉作用，这种可形成 GP 区的 Ag – Mg 原子簇提供了 Ω 相直接形核的地点，并可能三种沉淀相都产生。

In 和 Mg 会促进 Al – Cu – Li 合金中 Ti 相沉淀，In 会改善 θ'' 相的形貌，Mg 会强烈地增加 θ'' 相的密度。

这些微量元素还具有以下四个特征：

（1）与某一种溶质原子结合能高（如 Ag 与 Al），这可影响早期的溶质原子

偏聚，改变 GP 区和沉淀相的稳定性，并导致新相的形核。

（2）与溶质原子的交叉作用不会产生稳定的金属间化合物，如果与 Al 形成稳定的化合物，则该化合物必须弥散分布，促进沉淀相的形核，并产生附加弥散硬化。

（3）原子半径比铝原子大的元素优先与原子半径比铝小的原子（或空穴）结合，以降低局部应变能。

（4）微量元素能进入特定的中间过渡相中，增加其稳定性。

18.5　高强、高韧铝合金强化研究新途径

18.5.1　强化固溶

强化固溶即分级固溶处理。铝合金铸锭中含有粗大的第二相和非平衡结晶析出的共晶相，这些粗大化合物是应力集中和裂纹萌生之处，对于合金断裂韧性、疲劳性能和应力腐蚀开裂均有不利影响。采用强化铸锭均匀化处理和强化固溶处理可显著减少粗大的结晶相颗粒，改善合金性能。

在非平衡低熔点的多相共晶中，由于在高温时各相的溶解热力学与动力学条件不一样，各相不会同时消失，必然存在一定的固溶次序，当共晶中某一相完全溶解后，剩余共晶产物的共晶温度将会提高，此时即使温度达到或超过最初低熔共晶点也不会发生共晶复溶，但必须采用适合的工艺来保证。

2016T6 铝合金采用强化铸锭均匀化处理和强化固溶处理后，合金强度提高了 10%，2024T6 铝合金强化固溶处理的效果不大，2016T6 铝合金强化固溶处理，合金强度提高了 20%。

18.5.2　双重淬火

双重淬火即对合金进行两次固溶淬火处理。第一次淬火能够大大提高空位密度，从而保证第二次淬火时强化相的活性补溶。双重淬火的 B95 挤压合金的 σ_b 提高 9%，$\sigma_{0.2}$ 提高 30%，但合金硬度和塑性改变不大。

18.5.3　原子簇强化

铝合金时效在形成平衡相前要经过多个阶段。新的试验手段如一维或三维原子探针场离子显微镜（1DAP 和 3DAP）显示的结果表明时效过程比人们以前认识到的还要复杂。

尽管过饱和铝合金发生沉淀前的偏聚（或富集现象）早已被人们认识到，但它对时效的影响并未完全认识。现在有试验证据表明根据合金不同，偏聚现象（溶质原子簇）可能促进（或抑制）沉淀相的形成，产生新的沉淀相。

Cu: Mg 比值大的 Al – Cu – Mg 合金中（如 Al – 4% Cu – 0.3% Mg）在 100 ~ 200℃时效会产生 θ′相和 S′相，添加少量 Ag［0.1%（摩尔分数）］则导致 Ω 相析出，1DAP 显示在开始几秒内可发现 Ag、Mg，它使强化相的惯析而由［100］α 面变为［111］α 面，促进了 Ω 相沉淀。随着 Ω 相的生长，这些微量元素进入 Ω 相与铝基体的交界面，改善［111］α 面的共格性。因此 Ω 相直到 200℃都很稳定。利用 Ω 相强化的铝合金抗蠕变性能更高。

在 100 ~ 200℃，大部分 Al – Cu – Mg 合金的时效在最初阶段进行得很快，可约在 60s 内完成，产生总的硬化 60% ~ 70% 的效果。以前，人们把这一现象归功于 GP 区（常被称为 GPB 区）的形成。然而最近采用传统的和高分辨率电子显微镜以及 1DAP 和 3DAP 都未证实该阶段的 GP 区的存在，观察到的是由约 3 ~ 20 个原子构成的原子簇。这一现象有人称为"原子簇强化"以区别于沉淀强化。尽管确切的强化机制还有待进一步探讨，但人们倾向于认为原子簇强化是溶质原子与位错间化学交互作用产生的。

计算机模拟 Al – Cu – Mg – Ag 时效初期原子分布状态的结果表明：0.2% Ag 对 Cu 原子的偏聚有抑制作用，这种作用在时效初期几秒内不明显，但能显著地抑制 Cu 原子的过度密集。0.5% Mg 的加入能显著地抑制 Cu 原子的聚集长大，使 Cu 原子簇更加均匀细小。Ag 有强烈地吸附 Mg 而构成 Ag – Mg 原子簇的倾向。

18.6 高强、高韧铝合金断裂韧性等综合性能

18.6.1 断裂韧性

影响 2×××系和 7×××系铝合金材料断裂韧性的主要因素是合金中的第二相和晶粒结构，并以第二相影响最大。其中第二相包括不溶性异质相、弥散相和时效析出相（沉淀相），晶粒结构包括晶粒尺寸、形态、晶界结构和晶内位错结构（亚结构、亚晶等）。

影响断裂韧性的因素按影响大小细分为：

（1）粗大难溶异质硬相；

（2）再结晶抑制元素产生的弥散相；

（3）晶粒结构；

（4）时效析出相。

保证超高强铝合金具有较高断裂韧性的措施：

（1）提高合金纯度；

（2）添加适当的微量再结晶抑制元素；

（3）采用合理的热处理工艺；

（4）利用诸如熔体净化的先进铸造、加工工艺。

18.6.2 抗应力腐蚀性能

多数人认为 7×××系铝合金的 Scc 是氢致破裂造成的。目前广泛为人们接受的超高强 7×××系铝合金氢脆理论是 "Mg – H" 复合理论。

在湿空气环境中,高强铝合金中的氢来源于铝材表面与环境中的水蒸气进行的反应:

$$2Al + 3H_2O \longrightarrow Al_2O_3 + 6H^+ + 6e^-$$

$$Al \longrightarrow Al^{3+} + 3e^-$$

$$H^+ + e^- \longrightarrow H$$

反应产生的原子氢被断裂面吸收,在反应表面附近具有较高的氢浓度,在浓度梯度和应力梯度的作用下,氢向裂纹前端高应力区扩散。7×××系高强铝合金晶界上存在 Mg、H 偏析。由于 Mg 与 H 的电负性差值比 Al 与 H 的电负性差值大,因此 Mg 原子与 H 原子的亲和力较大,这样晶界偏析 Mg 促进 H 的吸收,提高了 H 在晶界上的固溶度。而 H 原子在晶界富集后,因为其电负性比 Al 的大,将吸引 Al 的电子到其周围,从而减少参与金属键合的电子密度,导致沿晶断裂功下降,晶界脆化。

7175 合金在不同温度下的时效过程中,硬度和强度随时效时间变化的曲线均存在两个峰,时效温度低时第二峰高于第一峰,对应第二峰时效的板材应力腐蚀敏感性低。这是因为第一峰的强化靠高密度 GP 区,第二峰的强化靠 GP 区和 η' 相。GP 区易被位错切割,而一旦质点被位错切割,由于阻力截面减小,位错能顺利的沿同一滑移面通过,使变形集中在少数滑移面内,在晶界附近引起应力集中,使疲劳强度和抗应力腐蚀性能下降。此外 GP 区是氢的可逆陷阱,吸氢能力强,η' 相是氢的不可逆陷阱,吸氢能力弱,因此,对应第一峰时效后材料的 Scc 敏感性高。

微量元素 Cr、Mn、Zr 可提高 7×××系铝合金抗应力腐蚀性能。尤以 Cr 的效果最为显著。Sc 也能提高 7×××系铝合金抗应力腐蚀性能。

应力腐蚀开裂是沿晶界进行的,所以晶界的状况对应力腐蚀开裂有很大的影响,T73 处理因使晶界析出的第二相不连续,颗粒间距大,故 Scc 性能高。但过时效对 Cu 含量较低的 7079 合金的抗 Scc 性能无明显效果。

当合金具有纤维组织时,纵向和横向的抗 Scc 性能明显超过等轴晶粒组织。但当裂纹扩展方向与晶粒拉长方向一致时,则裂纹极易扩展,因此短横向抗 Scc 性能最差。

19 铝箔坯料及双零箔

代表铝箔质量水平的指标主要是铝箔的最小厚度、针孔和成品率。

铝箔可轧制的最小厚度是铝箔生产水平、产品质量水平的重要标志。铝箔越薄，生产技术难度越大，材料组织的影响越显著，因此对铝箔坯料材质、组织、结构的要求也越严格。

由于铝箔的厚度薄，隐藏在铝箔坯料的各种缺陷，如夹杂、气泡、粗大第二相粒子以及不均匀的坯料组织等，都将随着产品厚度的减薄而逐步暴露出来，从而对铝箔轧制产生不良影响，如形成穿孔或裂缝，严重时将使铝箔断裂或轧辊损坏。同时，存在于坯料表面的各种缺陷，如擦伤、起皮、水斑、灰污等，也将以拉长的形式继续存在于铝箔表面，当压下量达到一定程度时，也会使铝箔穿孔或断裂。因此铝箔坯料必须具有优良的内在质量和表面质量。

从 1997 年开始，作者和重庆大学教授合作，指导博士张静较系统的研究了1235 合金铝箔坯料在铸锭均匀化、中间退火、析出退火等相变过程和轧制变形过程中显微组织（包括 Fe、Si 固溶度、第二相的种类、数量、尺寸和分布以及晶粒度等）的变化规律，尤其是第二相的形成、遗传和转变的规律和机理，探明了工艺、组织、性能之间的关系，为 1235 合金的组织控制和工艺优化提供了理论依据。本章研究的主要内容如下。

19.1 1235 合金组织控制

目前，铝箔绝大部分是由 99.0% ~ 99.5% 的工业纯铝加工制成。1235（美国牌号 AA1235）铝合金是用于生产铝箔的主要合金材料，我国无论是进口的铝箔坯料，还是国内生产的铝箔坯料，大部分都选用 1235 铝合金，其化学成分见表 19 - 1。

表 19 - 1 1235 合金化学成分（%）

合金	Si	Fe	Cu	Mn	Mg	Zn	Ti	V	其 他	Al
1235	Si + Fe ≤ 0.65		≤ 0.05	≤ 0.05	≤ 0.05	≤ 0.10	≤ 0.03	≤ 0.05	单个 ≤ 0.03 合计	≥ 99.35

Fe、Si 是工业纯铝中的主要合金元素/杂质元素，它们或者固溶在 Al 基体形成 α 固溶体，或者与 Al 形成金属间化合物从铝熔体或铝固溶体中析出。Fe、Si

元素的含量、Fe/Si 比、Fe 和 Si 的存在形式及析出物的形状、大小、分布不仅决定于铸锭冷却速度及后续处理工艺，而且对于工业纯铝材料的最终产品力学性能、电性能、热处理工艺、织构、质量都有很大的影响。

在 Al – Fe – Si 系 Al 角平衡相图上有 α（AlFeSi）、β（AlFeSi）、Al_3Fe 相三种平衡相。而在实际铸造条件下，可能出现的金属间化合相会超过十余种；在均匀化处理过程中还将发生非平衡相向平衡相的转变。多位研究学者的研究结果表明，1235 铝合金半连续铸锭中主要有 $α_τ$（AlFeSi）、$β_ρ$（AlFeSi）、Al_6Fe、Al_mFe 和 Al_3Fe 等物相。立方 α 相由强烈弯曲的晶体组成，它的空间形态在抛光面上则为具有明显的汉字外形的六方晶格结构，其 Si 含量较低，Fe/Si（质量）比在 5.5～2.75。目前，α 相的化学计量式通常表达为 Fe_2SiAl_8、Fe_3SiAl_8、$Fe_5Si_2Al_{20}$，成分组成范围为 30%～33%Fe、6%～12%Si。β 相结晶为适度弯曲的平面，它的空间形态在抛光面上则呈长针状或盘片状，其 Si 含量较高，Fe/Si（质量）比在 2.25～1.6。目前，β 相的化学计量式通常表达为 $Fe_2Si_2Al_9$、$Fe-SiAl_3$、$Fe_5Si_2Al_{20}$，成分组成范围为 25%～30%Fe、12%～15%Si。

在均匀化过程中，$β_ρ$（AlFeSi）、Al_6Fe、Al_mFe 相将分别向平衡相 $β_b$（AlFeSi）和 Al_3Fe 相转变。在研究确定的均匀化条件下，铸锭中的 $β_ρ$（AlFeSi）相在均匀化过程中向平衡相 $β_b$（AlFeSi）的转变将被抑制而保留下来，而在中间退火过程中发生 $β_ρ$（AlFeSi）→$α_τ$（AlFeSi）的相变反应。这一相变反应使块状 $β_ρ$（AlFeSi）相转变为小尺寸的球状 $α_τ$（AlFeSi）相，有利于铝箔坯料显微组织的改善和轧制性能的提高。

总的说，Fe/Si 比低时易生成 β 相。而针状 β 相对材料塑性很不利。所以应通过控制杂质含量及配比来减少或避免 β 相的生成。

19.2　1235 合金铸锭高温转变和组织遗传性

1235 合金高温转变的典型工艺是均匀化处理。铸锭均匀化组织中第二相的种类、大小和分布对后续加工工艺和产品质量都将产生直接或间接的影响，因此合理的均匀化工艺是保证铝箔具有高质量和高成品率的关键。

选择半连铸工艺铸成 480mm×1060mm×4500mm 的铸锭，并切取样品，分别进行两种不同的均匀化制度，即单级均匀化和分级均匀化。对单级均匀化，均匀化温度范围在 620～480℃，保温 13h 或 6h，采用炉冷和空冷两种冷却方式。对分级均匀化，第一级均匀化温度是 610℃，保温 6h；第二级均匀化分别是 450℃、480℃ 两个温度，同样采用炉冷和空冷两种冷却方式。

为了观察分析均匀化过程中相的形成和转变规律，将未均匀化的铸锭样品在 610℃ 分别进行 12～45h 的退火处理。为了研究铸锭组织遗传性，将分别在正常生产工序中经 610℃×13h 和 560℃×13h 的两块大铸锭，在进行相同的热轧和冷轧至 0.6mm 的铝箔坯料的过程中，分别在热轧中间道次（20 ~ 30mm 厚）、热精轧终轧（4.5mm）及冷轧 0.6mm 时取样。将以上样品制成金相样观察组织形貌；用 X - ray 衍射仪进行物相分析；利用透射电镜明场观察分析组织及第二相形貌；利用透射电镜选取电子衍射技术，研究相的结构、类型和变化。

19.2.1　铸锭组织遗传性

上述实验结果：半连铸铸锭中有 α_τ（AlFeSi）、β_ρ（AlFeSi）、Al_6Fe、Al_mFe 和 Al_3Fe 等物相。高温均匀化铸锭中还将生成较多的尺寸较大的粗大棒状 β_b（AlFeSi）相和不规则的 Al_3Fe 相。这些物相（除 β_ρ 相外）在热轧变形过程中不发生相变，也基本没有形态和数量上的变化，将一直保留到冷轧态的铝箔坯料中，并存在于最终的铝箔产品中。所以说，铸锭组织具有遗传性。

均匀化后的铸锭组织，尤其是第二相的种类、形态、大小和数量将始终影响后工序加工工艺和合金性能。不良的均匀化组织无法在后工序中消除，如粗大针状 Al_3Fe 相和棒状 β_b（AlFeSi）相。这两种物相不易破碎，易引起应力集中，对合金塑性危害较大。

α_τ（AlFeSi）相容易在轧制变形过程中破碎分离，尺寸在 0.5 ~ 1.5μm 左右，呈球状，而且 α_τ（AlFeSi）相还可以提供铝箔坯料中间退火过程中新相析出的核心，是 1235 合金铸锭中理想的第二相。

β_ρ（AlFeSi）相也是 1235 合金铸锭中主要的化合物相之一，它呈片状或块状，尺寸在 2 ~ 3μm，它可以在铝箔坯料中间退火过程中发生相变，转变为 α_τ（AlFeSi）相，这一转变对调整杂质元素存在状态、降低杂质元素 Fe、Si 固溶度、改变合金组织和轧制性能起到有益的作用。因此，β_ρ（AlFeSi）相是 1235 合金铸锭中优良的物相。

Al_6Fe 和 Al_mFe 是非平衡二元化合物相，它们在快速冷却条件下生成。它们的尺寸较小，而且在均匀化过程中发生溶解和球化，长短轴之比减小，对合金轧制性能没有太大的不利影响。

19.2.2　铸锭均匀化工艺的选择

上述已知，均匀化工艺非常重要。在均匀化过程中，非平衡 β_ρ（AlFeSi）相和 Al_6Fe、Al_mFe 相将逐渐溶解并分别向平衡 β_b（AlFeSi）相和 Al_3Fe 相转变，与此同时，原有 Al_3Fe 和 β_ρ（AlFeSi）相不断长大。均匀化温度越高，上述过程进行得越快、越充分。610℃ × 13h 均匀化后，Al_3Fe 相长轴尺寸可超过 7μm，短轴可达 1 ~ 2μm，β_b（AlFeSi）相的长轴尺寸也将达 4 ~ 5μm。为了减小 Al_3Fe 和 β_b（AlFeSi）相的尺寸，降低其有害影响，同时抑制 β_ρ（AlFeSi）相在高温下向平衡 β_b（AlFeSi）相的转变，使之保留下来并在较低的温度（中间退火温度）发生 β_ρ

（AlFeSi）→α_τ（AlFeSi）的有利相变，不适宜采用高的均匀化退火温度。

　　α_τ（AlFeSi）相在快冷条件下容易生成，而且能被 Mn、Ni 等稳定性元素所稳定。均匀化后的铸锭快冷过程中，α_τ（AlFeSi）相也会变为 Al_3Fe 相，但这一转变过程很慢。有关实验证明，均匀化温度高的铸锭快冷，转变加快。因此，从这一角度而言，也不适宜采用高的均匀化退火温度。

　　另外，整个实验方案表明，空冷和炉冷的冷却方式下物相种类并不发生变化，因此宜选用冷却速度较快的空冷方式。单级均匀化和分级均匀化对热轧工艺也没有明显影响，因此，不必采用为降低 Al 基体杂质元素固溶度的分级均匀化工艺。

　　由此，1235 合金铸锭合适的均匀化工艺为 560℃×13h，随后空冷。

19.3　影响铝箔坯料轧制性能的主要因素

　　生产高质量、高成品率的优质铝箔的坯料必须具有优良的轧制性能，而影响铝箔坯料轧制性能的主要因素有三点：一是 Fe、Si 在铝熔体中的固溶度；二是晶粒大小；三是化合物相的大小、形状和分布。

19.3.1　Fe、Si 在铝基体中的固溶度

　　Fe、Si 固溶于铝中，不仅增加材料的硬度，而且大大增加材料的加工硬化率。固溶的 Fe、Si 含量越多，加工硬化率越大。其中，固溶 Si 含量的影响最大，它强烈地增加加工硬化率，从而使铝箔轧制过程中的变形抗力明显增大。Si 对加工硬化率的影响主要是通过增大铝的层错能而使交叉滑移变得困难，从而阻止动态回复；固溶 Fe 的影响则是钉扎位错而阻碍回复过程。

　　通过适当的中间退火处理工艺，可使 Fe、Si 能充分析出，尽可能降低 Fe、Si 在铝基体中的固溶度，能有利于轧制加工。有研究者发现，当材料中 Si 含量很低时，较高的 Fe 含量将使 Si 充分析出，因而有可能产生明显的加工软化现象。作者提出的研究课题"铝合金材料加工硬化中的软化行为"，从金属学的观点阐述了课题的研究意义。在金属的热加工中，金属在高于再结晶温度下发生了塑性变形，伴随着加工硬化和再结晶两种现象同时产生。在金属的冷加工中，由于加工变形热的产生，也同时发生了加工硬化和回复两种现象，是硬化，还是软化，取决于再结晶、回复作用和继续变形过程中不断产生硬化作用的结果。除了上述基本理论以外，材料中存在的杂质元素由于存在的化合物相形式及其溶解、析出、大小、位间偏聚等众多现象的各异，必然导致结果不同。其结果都可称为金属材料加工硬化中的软化行为。

　　生产 0.006mm 或更薄的铝箔，需要经过热轧、冷轧，特别是箔轧过程中需要保持高速、稳定地正常轧制，认识加工硬化中的软化行为至关重要。

　　Fe、Si 固溶在铝中将增大材料的硬度；相反，Fe、Si 的析出量越多，材料

的硬度就越低。因此，可以通过硬度指标反映 Fe、Si 的析出量或固溶度的变化趋势。

图 19-1 是 0.6mm 和 1.0mm 铝箔坯料在 380℃退火、不同时段的 HV-t（显微硬度-时间）曲线图。由图 19-1 可以看出，对 0.6mm 和 1.0mm 两种铝箔坯料，全 HV-t 曲线呈现出相似的规律：HV 首先随着退火时间的延长而减少，在 6h 附近出现一个极小值；保温时间继续增加时，硬度值又较快上升；超过 6h 后，硬度值变化缓慢；大约 20h 后，硬度值已开始下降并逐渐趋于平缓，并且最终将低于极小值处的硬度值。由于硬度体现了 Fe、Si 的析出量的多少，故图 19-1 也反映了中间退火过程中 Fe、Si 的析出量的变化：Fe、Si 固溶度在中间退火过程中，存在一极小值，这里将这一极小值点称为最佳固溶贫化点。在一定退火、保温时间下，基体中 Fe、Si 元素的固溶度达到极小值，即达到最佳固溶贫化点，低于或高于该点附近，Fe、Si 元素的析出量均减少，固溶度增加。值得注意的是，当中间退火时间延长至一定限度后，Fe、Si 元素固溶度又将降低，并最终低于极小值处的固溶度。所以图 19-1 反映出的基本规律是：中间退

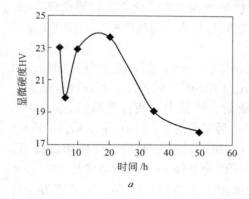
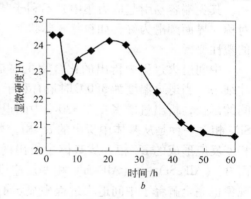

图 19-1 两种厚度铝箔坯料的显微硬度与时间曲线

a—0.6mm；b—1.0mm

火过程中最佳固溶贫化点在 380℃保温 6h 后达到；当保温时间超过 20h 后，Fe、Si 固溶度呈下降趋势；大约 35h 左右，固溶度降至较低水平。

图 19-2 是 1.0mm 铝箔坯料不同温度下中间退火保温 6h 和 12h 后样品的 HV-t（维氏硬度-时间）曲线图。由图可以看出，HV-t 曲线出现波谷，6h 和 12h 两组曲线分别在 380℃ 和

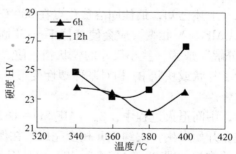

图 19-2 1.0mm 铝箔坯料中间
退火的 HV-t 曲线

360℃出现最小 HV 值。同样，硬度的变化反映了铝基体中，Fe、Si 固溶度的变化。图中，在 380℃保温 6h 后基体中 Fe、Si 元素固溶度最低，当保温时间延长至 12h 时，固溶度反而升高，并且高于 360℃时的固溶度。

19.3.2　化合物相的大小、形状和分布

化合物相的大小、形状和分布也是影响铝箔坯料轧制性能的主要因素之一。对轧制 6μm 的箔材来说，任何尺寸大于 5μm 的化合物都可导致箔材轧制中在粗大化合物的位置形成针状而使针孔率增加。实践表明，随着夹杂量的增加和化合物尺寸的增大，铝箔的针孔数增加，轧制中易造成断箔，并且针孔数随着铝箔的减薄而增加。化合物尺寸必须控制在 5μm 以下，如果要轧制 5μm 的箔材，甚至 4.5μm 厚度的超薄铝箔，显然化合物尺寸必须控制在 4μm 以下。

另外，化合物的分布对于箔材轧制也有一定的影响，若化合物分布不均，则会致使滑移变形不均匀而产生针孔，并增大加工硬化率。

对于长/短轴比较大的化合物相，如针状、棒状，以及有尖锐棱角的化合物相，其尖端容易引起应力集中，不利于基体的塑性变形。化合物相形状以等轴、对称、界面圆滑为好，如粒状、球状等，它们对基体的割裂作用小，有利于基体的塑性变形。

中间退火过程中析出的化合物主要是 α_τ（AlFeSi）相，它们分布均匀，尺寸细小。当退火温度为 380℃时最有利于 α_τ（AlFeSi）的析出。而且随着退火时间的延长，析出量增多。在 380℃中间退火时，样品中有两种类型的 α_τ（AlFe-Si）相，一种是从基体中析出的 α_τ 相，另一种是通过 β_ρ（AlFeSi）$\rightarrow\alpha_\tau$（AlFeSi）相变反应形成的 α_τ 相。从基体中析出的 α_τ 相可以使基体 Fe、Si 固溶度降低，而 β_ρ（AlFeSi）$\rightarrow\alpha_\tau$（AlFeSi）相变反应则反而使基体 Fe、Si 固溶度增加，这一现象也完全解释了中间退火过程中显示的图 19-1 曲线，即 Fe、Si 的固溶度首先随着退火时间的延长而降低，达到最佳固溶贫化点后又随着退火时间的延长而升高。

上述已知，最佳固溶贫化点在 380℃保温 6h 左右达到。尽管 β_ρ（AlFeSi）$\rightarrow\alpha_\tau$（AlFeSi）相变反应会使基体 Fe、Si 固溶度增加，但此种相变反应会使 β_ρ 相"分解"成为一些小尺寸的粒状相，使之基体中的第二相尺寸得以细化，同时减少了片状或块状 β_ρ 相对基体塑性变形不利的影响，有利于铝箔坯料轧制性能的改善。

中间退火过程中，β_ρ（AlFeSi）$\rightarrow\alpha_\tau$（AlFeSi）相变反应在 380℃保温 4~6h 左右开始发生，大约 20h 相变完成。在保温时间超过 20h 后，基体中将析出一种新的物相，即 β_b（AlFeSi）相。这是因为 β_ρ（AlFeSi）$\rightarrow\alpha_\tau$（AlFeSi）相变反应使基体中 Si 的固溶度升高，调整了基体中 Fe/Si 比，从而为 β_b（AlFeSi）相的

析出提供了热力学上的可能性，因而当保温时间延长至一定程度后，β_b 相便可能在基体中形核析出。与此同时，第二种的 α_τ 相数量增多。这样，β_b 和第二种 α_τ 相两种不同 Fe/Si 比的化合物共同析出，导致铝基体中 Fe、Si 元素固溶度下降并最终低于最佳固溶贫化点的固溶度。

19.3.3 晶粒大小

晶粒大小也是影响铝箔坯料轧制性能的主要因素之一。如果原始晶粒比较粗大（特别是孪晶），由于孪晶具有较强的方向性，在冷轧过程中很难破碎，有大晶粒部位一定是加工硬化速率大，变形很难，这就会造成材料组织和性能不均匀，从而在铝箔轧制时的板形不易控制，也很容易产生断带。一般来说，铝箔坯料的晶粒度应该控制在美国 ASTM 标准 4 级（95μm）以下。作者认为，最佳晶粒组织应是等轴晶，晶粒尺寸在 50μm 左右。因为晶粒尺寸也不是越小越好，晶粒细化可以增加塑性，但也同时增加变形抗力，导致轧制中硬化程度增加，不容易轧制更薄铝箔产品。

实验测定，0.6mm 冷轧状态铝箔坯料经 380℃×6h 中间退火后，小于 2μm 的第二相约占 19%；1~5μm 大小的化合物相约占第二相总数的 90%；有约 7% 的化合物相大于 5μm，大多数化合物相的尺寸集中在 2~4μm。0.6mm 冷轧状态铝箔坯料经（340~400）℃×6h 中间退火后，均发生了完全再结晶，晶粒大小在 30~50μm 之间，380℃×6h 中间退火后，晶粒大小为 41μm。使冷轧形成的纤维组织变成等轴晶粒，从而消除了加工硬化和内应力，材料塑性得以恢复。

19.4 中间退火工艺的选择

从影响铝箔坯料轧制性能的因素可知，尽可能降低铝基体中 Fe、Si 元素固溶度，避免过多粗大化合物的形成，控制化合物形状为圆粒状或球状等对称形状，可以提高铝箔坯料的轧制性能，有利于材料的塑性加工。

在 380℃ 中间退火过程中存在最佳固溶贫化点现象，这一现象是由两个对基体中 Fe、Si 元素固溶度起相反作用的相变过程引起的。最佳固溶贫化点现象是1235 铝合金热处理过程中的一个重要规律，它为不同材质、不同规格要求的铝箔产品的组织控制和工艺优化提供了重要的理论依据。当中间退火时间较短时（6h），基体中 Fe、Si 元素固溶度可达到最低，当中间退火时间适当延长时（小于 20h），可以使片状或块状 β_ρ（AlFeSi）相较充分地"分解"为小尺寸的、理想的圆粒状 α_τ（AlFeSi）相，减少片状或块状 β_ρ 相对基体塑性变形的不利影响，但却使基体中 Fe、Si 元素固溶度增加，这是相互矛盾的两个方面。若进一步延长保温时间（小于 35h），虽然可以使基体中 Fe、Si 元素固溶度降低至较低水平，但增加了工时。因此，应根据最终铝箔产品的要求来制定经济合理的中间退火工艺。

19.4.1   单级中间退火工艺

若轧制 6μm 以上相对较厚的铝箔产品，对铝箔坯料的要求相对较低，可以采用 380℃ ×6h 的中间退火工艺，保证基体中 Fe、Si 元素固溶度较低水平，而使片状或块状 $β_ρ$（AlFeSi）相保留在铝箔坯料及最终铝箔产品中，因其 $β_ρ$ 相尺寸一般小于 3μm，因此对较厚的铝箔产品不会有明显影响。或者可以适当延长 380℃ 的退火时间为 6～8h 左右，兼顾较低固溶度与 $β_ρ$（AlFeSi）相的部分"分解"转化。

若轧制 6μm 或 6μm 以下较薄的铝箔产品，应采取较长的中间退火时间，使 $β_ρ$（AlFeSi）相发生较充分转变或完全转变，从而在后续的冷轧工艺中轧离，成为离散分布的圆粒状 $α_τ$（AlFeSi）相。由于 380℃ 保温 10h 后该相变已较缓慢，从经济效益的角度考虑，可采用 8～15h 的保温时间。

19.4.2   两级中间退火工艺

两级中间退火工艺，即将 1.0mm 和 0.6mm 两种厚度的铝箔坯料经 380℃ ×6h 中间退火后分别冷轧制至 0.30mm 和 0.35mm。然后在 210℃ ×9h 再进行析出退火。

中间退火后的冷轧态铝箔坯料在进行析出退火处理以后，可以使坯料中 Fe、Si 化合物进一步析出，固溶度进一步下降。析出退火过程中析出的化合物主要是 $β_b$（AlFeSi）相，另外还有 $α_τ$（AlFeSi）相析出，它们分布均匀、尺寸细小。$β_b$（AlFeSi）相的最佳析出温度是 210℃，而 $α_τ$（AlFeSi）相的析出量则随析出退火温度的升高而增多。$β_b$（AlFeSi）相的析出在 210℃ ×6h 后即已比较充分，其析出量与 210℃ ×15h 后的相同，而 $α_τ$（AlFeSi）相的析出量则随时间延长继续增多。因此，在 210℃ ×6h 后继续延长保温时间仍可使基体中 Fe、Si 元素固溶度下降。实验表明，析出退火前 42% 冷轧变形量的样品经 210℃ ×（9～12）h 析出退火后，可以使基体中 Fe、Si 元素固溶度降低 50%。增加析出退火前的冷轧变形量可以提供更多的形核点，因此将加速第二相的析出。由于在析出退火温度范围内，$β_b$（AlFeSi）相的析出速度大于 $α_τ$（AlFeSi）相的析出速度，所以在析出退火前增加冷轧变形量的作用主要体现在对 $α_τ$（AlFeSi）相析出的促进方面。在 210℃ 下相同的保温时间内（9h），析出退火前经历 70% 冷轧变形量的样品中 $α_τ$（AlFeSi）相的析出物多于 42% 冷轧变形量的样品，因此基体中 Fe、Si 元素固溶度也将进一步降低。

图 19－3 所示是 0.35mm 铝箔坯料经（150～240）℃ ×（6～15）h 析出退火处理后的 HV－t 曲线。从图可以看出，随着退火温度的升高，样品的显微硬度值

逐渐下降，在 220～230℃ 范围内，硬度值急剧下降，表明在样品中发生了再结晶；当温度继续升高至 240℃ 时，硬度值基本保持不变。在析出温度范围内，硬度的变化主要是由回复和再结晶引起的。

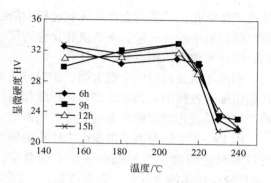

图 19-3　0.35mm 铝箔坯料析出
退火后的 HV-t 曲线

对于 0.3mm 厚铝箔坯料由于析出退火前的冷轧变形量较大，再结晶的驱动力也较大，因而会发生较大的回复，致使晶内位错密度较低，亚晶尺寸较大，210℃×9h 析出退火后的样品晶粒尺寸为 32μm。这样的显微组织有利于铝箔坯料的进一步塑性加工。

如前所述，β 相是一种高 Si 相，Fe/Si 比较低，在析出退火过程中 β_b（AlFeSi）相大量析出，其原因可能有两个：一是 Si 的固溶度随温度的下降而急剧降低，而 Fe 的固溶度很小，相对而言随温度的下降变化很小；二是由于在前面的中间退火过程中发生 β_p（AlFeSi）→α_τ（AlFeSi）相变反应，这一反应导致了铝基体中 Fe/Si 比发生变化，因而为 β_b（AlFeSi）相的析出创造了条件。在中间退火过程中，当保温时间延长时（超过 20h），基体中有 β_b（AlFeSi）相析出，这表明，在这样的条件下，β_b（AlFeSi）相的析出已具备了热力学上的可能性，β_b（AlFeSi）和 α_τ（AlFeSi）相两种不同 Fe/Si 比的化合物共同析出，有利于铝基体中 Fe、Si 元素固溶度尽可能降低。

研究表明，合理的析出退火为 210℃×（6～15）h。对要求更薄的铝箔产品，选择退火时间的上限。

19.5　铝箔针孔

铝箔针孔也是衡量铝箔质量的重要指标，对于双张铝箔来说，没有针孔是不可能的，但针孔的数量和大小不能超过临界值。实验证明，针孔的透气性是临界的。如果双张铝箔的针孔超过临界值（针孔直径 5μm，数量 200 个/m²），就会影响铝箔的防潮、保鲜、遮光和耐蚀性等，从而对包装质量和其他使用性能（如复合）产生不良影响。目前，国内铝箔厂生产的铝箔针孔一般控制在 100～200 个/m²，优质铝箔的最好水平能控制在 10～70 个/m²。有报道，国外（如日本）铝箔厂可以生产无针孔的铝箔，值得进一步探讨。

针孔产生的原因很多，其最根本的原因还是材料内部缺陷或轧制介质、夹杂颗粒等，破坏了双张铝箔厚度下成品的连续性，即使材质的塑性变形不能连续，从而产生针孔，严重时会产生轧制过程中的断带。当铝箔厚度不断减薄时，针孔数目随材质中的含气量、夹杂量和化合物尺寸的增加而增加；材质的性能愈不均匀，硬化率愈大，则愈易产生针孔。

铝箔坯料显微组织中粗大第二相对针孔率的影响与加工硬化程度密切相关，在铝箔加工过程中，如果轧制硬化程度较高，则变形抗力增大，塑性变差，粗大第二相极易成为裂纹源并通过裂纹扩展而形成针孔。

图 19-4 中还列出了很多产生针孔的相关因素，所以从某种意义上说，应该是技术和管理的综合问题。从技术的角度，如提高熔铸质量、调整化学成分（包括减少熔体的含气量、夹杂物量）、改进轧制工艺和完善热处理工艺、改善显微组织和相分布等都是为了严格控制铝箔坯料的质量。从管理的角度，如减少环境和油品污染、加强现场文明生产都可以减少针孔。

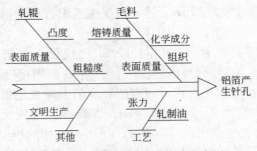

图 19-4 铝箔形成针孔影响示意图

19.6 双零箔成品率

双零箔成品率是影响生产效率和经济效益的重要因素，更是衡量铝箔质量的重要指标，因为成品愈薄，则技术难度愈大。目前，国外 $6\mu m$ 的双零箔成品率可达到 80% ~85%，国内生产双张铝箔的领跑企业——厦顺铝箔的双零箔成品率基本达到 80% ~85%，而正在兴起的装备一流的上海神火铝箔的双零箔成品率可望达到国际先进水平，其他企业离此水平还有一定的距离。

生产双零箔的工厂要提高双零箔成品率，有内、外两大主要因素。其外在因素首先和铝箔坯料的质量有关（目前，我国仍有铝箔生产企业需要外购铝箔坯料），因此必须有优质的铝箔坯料作保证；其内在因素与铝箔厂的轧制工艺水平和生产管理水平有关，必须要掌握铝箔轧制的独特技术和具备精细的管理水平。

19.6.1 外在因素

在前面章节中对如何生产优质的铝箔坯料已经作了详细的论述，特别是从材料的内部组织，Fe、Si 杂质元素在铝中的固溶度的变化；化合物相的形成、演变、析出；化合物相的大小、形状和分布及对铝箔坯料轧制性能的影响作了深入的研究。这里，将进一步探讨如何保证铝箔坯料的外在质量。

铝箔坯料的外在质量主要是指卷坯的中凸度、厚度公差及表面质量。由于热轧卷坯的中凸度将遗传到冷轧和箔轧的轧制过程中，对于生产双零箔的铝箔坯料，特别是宽幅铝箔坯料，为了使铝箔的压延性提高及分卷顺利，则热轧卷坯的中凸度一般要求控制在0.3% ~ 0.5%。如果用铸轧方式生产的铝箔坯料，由于铸轧和热轧比较，其控制手段难一些，因此控制精度要求稍低一些，范围约在 0 ~ 1.0% 之间。铝箔坯料的纵向厚度公差一般控制在 ±0.8% 以内。

铝箔坯料的表面质量要求无裂纹、擦划伤、金属和非金属压入物、油斑及其他污物。

19.6.2 内在因素

内在因素即是铝箔车间本身对于轧制双零箔的厚度、板形、表面质量的控制水平。

19.6.2.1 双零箔轧制厚度控制

铝箔轧制有它独特的技术，特别是双零箔，由于产品极薄，它与板带材轧制有明显的不同点。图 19 – 5 是轧件的一组典型的塑性曲线。

由图 19 – 5 可以看出，随着轧件厚度 h 的减小，轧制压力 p 对压下量 Δh 的影响也减小，当轧件厚度达到最小极限厚度 h_0，无论再施加多大的压力也不能进一步获得任何压下量。同时，随着轧件厚度的减小，辊系传递系数 $f = \Delta h / \Delta f$ <1 也减小（如图 19 – 6 所示，Δh 为轧件厚度的变化；Δf 为轧辊间隙的变化）。当轧件厚度减小到一定限值时（厚度小于 0.05mm），必须使轧辊间隙成为负值，才能获得所需要的压下量（如图 19 – 7 所示）。此时，上、下轧辊不仅互相接触，而且紧密压靠，使轧辊表面产生压扁变形，轧辊间隙 s 为负值，这种轧制称为极限轧制或负辊缝轧制。显然，轧制双张铝箔更是负辊缝轧制。

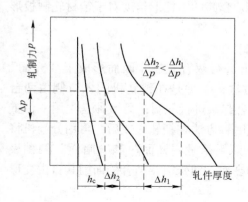

图 19 – 5　轧件的塑性曲线

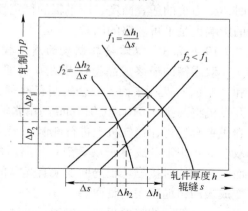

图 19 – 6　辊系传递系数

在负辊缝轧制条件下，增加轧制压力已经对压下量不起作用。此时调节压下装置只能改变产品的平整度，而不改变其厚度。而实际使用的轧制压力则是由预加压力和轧辊弧度所决定的，而不是像板带材轧制那样，轧制压力是由材料的变形抗力所决定的一个确定数值。这样，在双张铝箔轧制中，轧制速度和后张力成为调节压下量的两个主要控制因素。但要注意

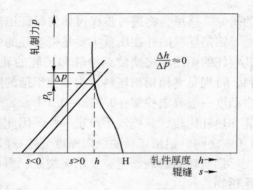

图 19 - 7 负辊缝轧制示意图

的是后张力过大或过小，都可能造成铝箔断裂，或出现斜角、起泡、皱折等缺陷。因此，轧制速度和后张力只能在有限范围内进行调节。此时铝箔坯料材质本身的质量就显得尤其重要。

19.6.2.2 双零箔轧制板形控制

双零箔很薄，如果板形不良，轧制时张力就不能均匀地加到宽度方向，则会引起断带、打折、起皱，造成轧制不能稳定进行，即使能够卷取下线，其产品也无法满足用户的使用要求。

在双零箔轧制中，无辊缝的轧制状态会使工作辊弯辊对于板形控制的作用失掉意义，此时能够起作用的主要是变化的轧辊热凸度和轧辊表面粗糙度的均匀性。

考虑到双零箔轧制的在线板形和离线板形对应误差较大，在轧制时一般应维持较小的出口张力，采用较小的道次压下率，这样有利于对箔材的观察和控制。另外，要注意到辊系及机械框架的平行度和同心度，它是造成在线板形和离线板形差异的又一个因素，因此，应及时对轧机部件的水平度和垂直度进行矫正。同时，张力辊的适宜凸度、压平辊的稳定性、套筒的圆柱形精度对于箔材轧制板形的影响也是不可忽略的因素。

19.6.2.3 双零箔轧制表面质量控制

双零箔的最终成品道次是在精轧机上进行双合轧制，因而形成了"光面"和"暗面"两种表面。双合轧制有两种方法，一种是在精轧机的入口侧由两台开卷机将两张 0.010 ~ 0.014mm 的单张箔合起来进行轧制；另一种是先用一台重卷机重合后再在精轧机上进行轧制。无论哪种方法在精轧完成后，再用分卷机将双合的双张箔分成单张双零箔。分离后的双零箔呈"光面"和"暗面"两种表面。在精轧时接触轧辊的面变成有光泽的亮面，两张箔相结合的面因其自由变形变成表面粗糙度大的暗面。

双合轧制的暗面很容易出现亮点缺陷和颜色不均现象（习惯称阴阳面）。亮

点缺陷通常是由于轧制油和双合时喷射的双合油的理化指标有差异，工作辊表面粗糙度不均匀而引起双合轧制时局部不均匀变形，使局部暗面颜色和亮度与基体不一致造成的。阴阳面缺陷表现为双合的暗面光泽呈不均匀的带状条纹，其产生的原因是由于双合油局部不足而造成的，但它在退火后有减轻的趋势。另外，坯料显微组织结构以及晶粒度的不均匀也会在暗面造成细小的不均匀条状缺陷。

双合轧制的光面通常出现通长的白带缺陷，它与轧辊磨削的粗糙度均匀性、轧制油的局部润滑冷却能力、清辊器的材料和接触压力的大小有关。

还要注意一点，铝箔轧制时的轧制速度在给定的冷却条件下超过一定限值时，轧区温度的上升将使润滑条件变坏，从而也会影响铝箔的表面质量。

无论是光面还是暗面的表面缺陷都影响了双零箔的档次，应针对不同的原因采取相对应的措施。

19.7 现代铝箔的装备水平

现代化铝箔工业生产所达到的水平是：轧辊辊长 2200mm，轧制速度 2500m/min；轧制参数计算机控制，具有 AGC、AFC 闭环控制、液压正负弯辊、X 射线自动板形测厚、EPC 对中、CVC 辊等；产量达 3t/h；铝箔厚度可达 0.004mm，箔宽 2150mm；卷重 27t 左右。

阿亨巴赫公司制造了一条目前被认为是世界上最先进的铝箔轧制生产线，安装在德国联合铝业公司（VAW）的格雷文布罗赫厂，称为 2200mm 4 机架冷连箔轧机组，箔宽达 2080mm，轧制速度 2500m/min，箔材厚度 0.006mm，卷重 19.8t。法国 RUCLES 铝箔厂，有一台 2350mm 的双机架铝箔连轧机。目前，国外能产生的铝箔厚最薄为 0.004mm。

19.8 我国铝箔轧机现状

截至 2000 年，我国有装机水平较高的大中型铝箔轧机 45 台，其中 42 台是引进的。

2000 年后，我国已建和在建的铝箔轧机大约有 86 台，其中 45 台是引进的。轧机辊面等于或大于 2000mm 的铝箔轧机有 36 台。

厦顺铝：6 台 2000mm；渤海铝：3 台 2200mm；南山铝：4 台 2000mm；江苏大屯铝：1 台 2000mm；江苏昆山铝：3 台 2100mm；西北铝：6 台 2100mm；江苏中基材料：3 台 2000mm；江阴新联：3 台 2000mm；上海神火：3 台 2150mm；河南中色万基：4 台 2000mm。

19.9 铝箔市场及分类

铝箔分类：双零箔；单零箔；无零箔。

双零箔：香烟箔，铝箔厚度 0.004 ~ 0.006mm（4 ~ 6μm）。

食品箔、果汁袋、固体饮料、茶叶袋等，0.007 ~ 0.009mm（7 ~ 9μm）铝箔复合。

单零箔：食品箔、糖果类、巧克力，0.01mm（10μm）铝箔涂层。

乳酸饮料封盖 0.03mm（30μm）铝箔复合。

易开盖类 0.05mm（50μm）铝箔复合。

软管材料 0.04mm（40μm）铝箔复合。

家庭用箔：烤制食品和保鲜 0.01 ~ 0.018mm（10 ~ 18μm）

医药箔：0.02mm（20μm）铝箔复合。

建筑类：用作隔热材料，铝箔厚度 0.05 ~ 0.06mm（50 ~ 60μm）。

用作蜂窝结构，铝箔厚度 0.03 ~ 0.04mm（30 ~ 40μm）。

用作通风，排烟管道，铝箔厚度 0.03 ~ 0.04mm（30 ~ 40μm）。

无零箔：空调箔，铝箔厚度 0.1 ~ 0.16mm，房间每个空调铝材大约 3.2kg。2010 年近 4000 万台，用空调铝材接近 13 万吨。另外，与中国大陆相邻的周边国家和地区对空调箔的需求旺盛，主要依靠进口解决。应该说，用空调铝材超过 15 万吨。

20　高压阳极铝箔

电解电容器是现代各种高性能电器的主要元器件，随着现代电子工业的发展，对电解电容器提出了大容量、耐高压、体积小等极高的要求。而衡量电解电容器好坏的一个重要性能指标是单位体积的比电容。影响比电容的因素主要有电介质的介电常数、阴极和阳极之间的间距、阳极箔材的表面积大小等。

电解电容器用的铝箔属于电子铝箔的范畴，它是一种在极性条件下工作的腐蚀材料。不同极性的电子铝箔要求不同的腐蚀类型，高压阳极箔为柱孔状腐蚀，低压阳极箔为海绵状腐蚀，中压阳极箔为蜘蛛状腐蚀。

高压阳极箔可以分成两类：一类是优质高压箔；另一类是普通高压箔。优质高压阳极箔的特点是"两高一薄"，即高纯、高立方织构和薄的表面氧化膜，其铝纯度大于99.99%，立方织构96%。普通高压阳极箔其铝纯度大于99.98%，立方织构大于92%。

铝加工工厂生产高压阳极电容铝箔技术难度大，其生产工艺独特。化成箔工厂采用高立方织构含量的高纯铝箔和本身特殊的浸蚀技术以提高其单位体积的比电容。由于铝晶体化学性能的各向异性，不同的织构将产生不同的浸蚀形貌。具有立方取向的晶粒浸蚀后，沿 {100} 晶向易产生"隧道"状腐蚀，不仅浸蚀深度大，而且表面均匀整齐，铝箔的表面积增加最多，较未浸蚀前可提高两个数量级。因此，提高箔材内立方织构含量是提高高压阳极电容铝箔电容量的关键。

大量研究表明：高纯铝的再结晶织构主要由立方织构和 R 织构组成，影响再结晶织构形成的因素除本身杂质含量外，还受许多工艺参数的影响，其包括热轧温度、中间退火、冷轧变形量、成品退火等。其中杂质含量及存在形式是影响立方织构的关键因素。

从 1995 年开始，作者和中南大学张新民教授、刘楚明教授合作，合作团队对高压阳极电容铝箔的生产工艺及相关技术进行了较系统的试验研究。本章以该试验研究为基础，重点围绕如何增加高纯铝箔立方织构这一关键技术进行分析讨论。

20.1　铁杂质对高纯铝箔再结晶织构及比电容的影响

高纯铝箔生产，对其原材料的纯度要求很高。对于铁、硅杂质含量高的铝，很难获得高比例的立方织构，且铝箔的溶解性也差。铁、硅杂质相比，铁的影响更大。多个学者研究表明，原材料愈纯，立方织构就愈强，在 99.999% 铝中可获得几乎只含 {100}〈001〉取向的织构。但原材料愈纯，其强度愈低，也同样满足不了电容器的要求。因此，采用 99.99% 铝纯度，铁、硅含量为（10 ~ 50）× 10^{-4}% 的原材料生产高压阳极电容铝箔，同时配合相应的加工工艺，如通过合理的均匀化、热轧、中间退火、冷轧、成品退火工艺，以改变铁的存在状态和偏析、析出物的大小及分布，从而有效、合理的对再结晶行为的影响，达到控制立方织构含量的目的。

对于生产高纯铝箔的铝加工工厂，首先要注意的是在熔炼、铸造过程中，对其工艺规程、操作程序乃至操作工具都必须有严格的要求和规定，以保证减少各种杂质元素的污染，特别是铁杂质元素的污染。

在某工厂正常的生产中，选择四种不同成分的高纯铝锭进行试验，其成分及编号如表 20 - 1 所示。

表 20 - 1　四种不同成分的高纯铝锭化学成分（1 × 10^{-4}%）

样品编号	Al	Fe	Si	Cu	Mg	Mn	其　他
A	余　量	8	15	20	15	—	< 10
B	余　量	12	16	22	15	11	< 10
C	余　量	26	16	25	15	—	< 10
D	余　量	34	19	28	16	—	< 10

由表 20 - 1 可见，样品 A、B、C、D 中的铁含量逐渐增多，硅、铜、镁等杂质含量基本相同，样品 B 中含有少量的锰。

以上高纯铝锭样品按照工厂制订的高纯铝箔生产工艺，最后冷轧成 0.104mm 厚的箔材，真空退火后按工厂条件进行腐蚀、化成、测定其比电容。

铁、硅含量对立方织构和比电容的影响：

取软态光箔在 D500 型 X 射线自动测试仪上测定板面晶面衍射强度，测量结果如表 20 - 2 所示。

表 20 - 2　软态光箔测定板面的晶面衍射强度

样　品	(111)	(200)	(220)	(311)	(331)	(420)	(422)	f_{200}/%
A	127	267156						99.97
B	119	158884						99.95
C	117	188407	980	169				94.02
D	210	46695	76				219	92.26

由表 20 - 2 可以看出，随着铁含量少量增加，其他晶面的衍射强度急剧增加，在铁含量小于 10 × 10^{-4}% 时，样品 A 的板面（200）衍射强度最强。

取软态光箔进行腐蚀性化成后所测试的比电容见表 20-3。

表 20-3 取软态光箔进行腐蚀性化成后所测试的比电容

编　号	A	B	C	D
比电容/$\mu F \cdot cm^{-2}$	0.96~1.02	0.87~0.98	0.92~0.95	0.91~0.95

由表 20-3 可以看出，样品 A 比电容值最大，而样品 D 比电容值最小。

下面图 20-1 是 A、B、C、D 四种软箔样品的极图。图 20-2 是软箔样品 A 的 ODF 图。由图可知，成品箔的立方织构随着铁、硅等杂质含量的增加而减弱，而 R 织构增强。

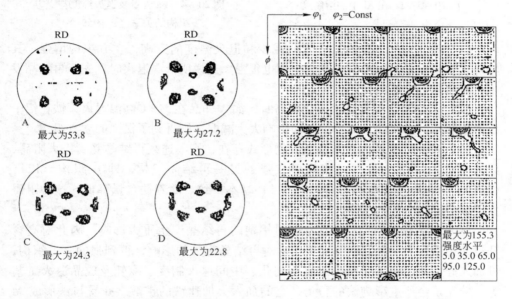

图 20-1 各样品的 {111} 极图　　　图 20-2 样品 A 的 ODF 图

四种高纯铝箔样品织构的差异无疑是由于铝箔中杂质不同含量导致的。上述研究表明，铁是影响立方织构的关键杂质元素。铁在铝中的溶解度很低，至共晶温度（655℃），最大固溶度也只达 4%。图 20-3 是铁在铝中的溶解度曲线。

由图 20-3 可知，随温度降低，铁在铝中的溶解度急剧降低，在 200℃ 时几乎降为零。根据温度不同，铁可以溶解在铝中，也可偏聚或以 $FeAl_6$、$FeAl_3$ 等形成颗粒析出。研究表明，对铝箔采用低温真空退火工艺时，一般析出先于再结晶。而采用高温真空退火工艺时，则再结晶先于析出，若采用中温真空退火工艺，杂质铁则往往以饱和均质固溶态存在。至于高、中、低温的划分与铁含量有关，参见图 20-4。

图 20-4 清楚地表明了铁含量、退火温度对立方织构含量的影响：

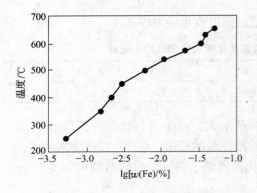

图 20 - 3　Fe 在 Al 中的溶解度

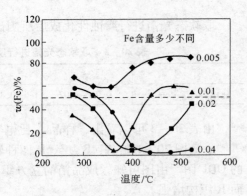

图 20 - 4　Fe 含量及退火温度与立方
织构的关系（$\varepsilon = 95\%$）

（1）基本规律是随着铁含量的减少和退火温度的升高，立方织构增强。其特殊现象是在低温退火时，立方织构也很强。这说明低温退火时，先于再结晶发生的析出起到了好的作用。

（2）当铁含量很低且退火温度高时，如 A 样品在 540℃ 高温退火，铁在铝中以不饱和固溶态存在，对再结晶的影响大大减弱，则得到了极强的立方织构。

（3）若铁以饱和固溶态和微细物形式存在，则不连续再结晶受到极大阻碍，以致使高纯铝箔基本上可能只形成强的另一再结晶织构，即 R 织构 ｛124｝〈211〉，其位向与 S 织构 ｛123｝〈634〉 基本一致。随着铁含量降低，这种阻碍作用减小，立方织构增强。

（4）由于铁在铝中的存在状态对铝箔的再结晶产生重大影响，因此对高含铁量的铝箔，为了控制铁等杂质元素对再结晶行为的影响，得到强的立方织构，可加入硅、铍、硼等元素或改变均匀化、中间退火制度、冷轧及成品退火工艺等。硅元素会严重影响铁的行为，它的加入会加速铁的扩散，并易与铁形成 Al－Fe－Si 三元化合物析出。这些规律，在铝箔坯料及双零箔中已经作过详细的论述。铍的加入同样会影响铁的行为，在下一节进行讨论。

20.2　微量铍对高纯铝箔再结晶织构形成的影响

微量铍对高纯铝箔再结晶织构影响的实验，采取在铝含量为 99.9% 的铝锭中加入铍，加入铍后的铍含量分别为 0、0.0005%、0.0020%、0.0028%。铸锭在 610℃ 均匀化 10h，热轧后在 190℃ ×1h +540℃ ×2h 进行中间退火，然后冷轧至成品厚 0.11mm，硬态箔在 200℃ ×1h +520℃ ×2h 进行成品退火。冷轧后的硬态铝箔的 ODF 见图 20 - 5，相应的晶体取向性分析见图 20 - 6。

在图 20 - 5 和图 20 - 6 中可以看到，变形织构主要由 S－、C－、Bs－组分构成，无铍铝箔中 C－、S－组分含量较高，在含 0.0028% 铝箔中旋转高斯织构

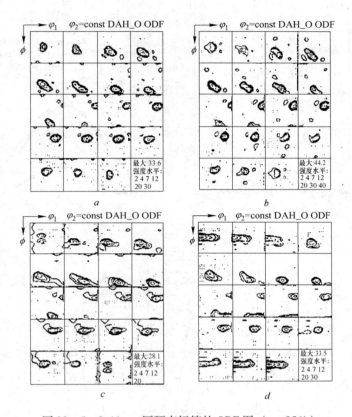

图 20－5　0.11mm 厚硬态铝箔的 ODF 图（$\varepsilon = 95\%$）

{110}〈001〉较强，C－、S－组分含量较弱。

成品退火的软态铝箔的 ODF 见图 20－7，（111）极图见图 20－8。

在高纯铝熔炼过程中，加入微量（约 0.0020%）的铍的研究，是因为铁的状态除受铁本身含量的影响外，还受铁与其他微量元素的相互作用的影响。由于铁在铝中的平衡溶解度极小，在 200℃ 时几乎不溶于铝。因此，当铁含量一定时，人们一直努力有效控制铁的存在形态而最大限度增加立方织构含量。

有关学者的研究表明，固溶体中的某些外来原子若能形成不溶化合物可降低基体金属的再结晶温度。根据近代再结晶理论，位错和空位的迁移是恢复和再结晶的两个基本过程。恢复是位错的运动，再结晶则是大角晶界的迁移，而溶解的外来原子（如 Fe）趋于集聚位错和空位处阻碍其运动，因此，位错和空位的运动则需要更高的热激活能，从而导致再结晶温度的提高。在高纯铝中加入铍，是因为 Be 在铝中的溶解度极小，铍与铁能形成化合物而析出铁。多位学者的研究结果，铍在高纯铝中可形成二元 Fe－Be 化合物或 Al－Fe－Be 三元化合物析出，

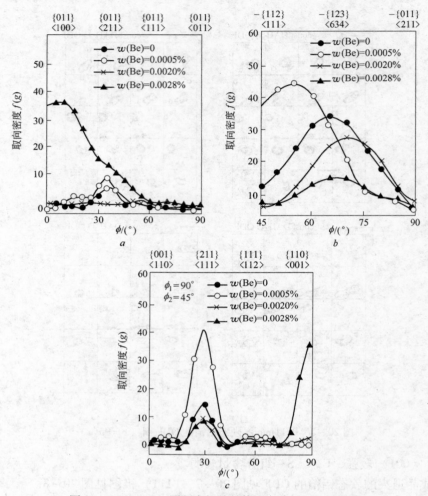

图 20-6　0.11mm 厚硬态铝箔晶体取向分析（ε=95%）

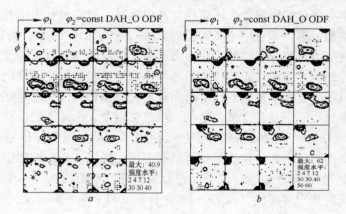

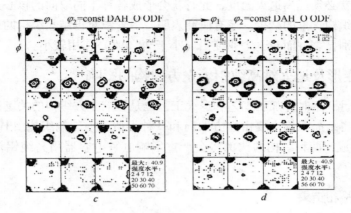

图 20 - 7　0.11mm 厚软态铝箔的 ODF 图（ε = 95%）

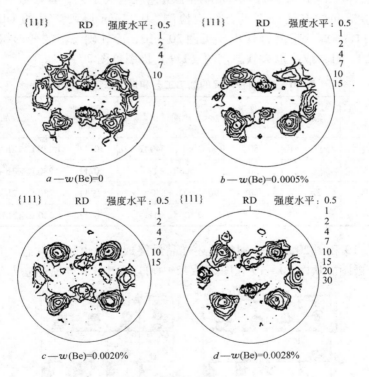

图 20 - 8　退火箔材的（111）极图

减少了铁对再结晶的阻碍作用，从而降低高纯铝再结晶温度，在退火时促进立方取向核心的形成和长大，增加了立方织构含量。如果外来原子（如 Fe）阻碍了晶格缺陷的迁移，在某种程度上 {100}〈001〉晶核就不能长大，为了使再结晶能够进行，就必须提高退火温度，此时就会形成各种不同取向的核心并长大，结果导致立方织构含量的减少。还有研究表明，尽管铍对再结晶织构的影响对高纯铝的效果特别显著，而对于工业纯铝（小于 99.3%）作用较小。

20.3 预变形及退火对高纯铝箔立方织构的影响

在铁含量一定时，加工工艺和退火工艺也是影响立方织构的关键因素。对于冷轧纯铝的再结晶织构主要由立方取向和一种类似于前轧制织构 {123}〈634〉的 R 取向组成，两种织构的比例将会严重影响电解电容器用高纯铝箔腐蚀后的比电容。

20.3.1 试验和结果

选择四种（a、b、c、d）不同的加工工艺和退火工艺，其参数见表 20 – 4，并对其硬态箔和软态箔分别进行织构检测。0.11mm 厚硬态箔的 ODF 图见图 20 – 9，0.11mm 厚软态箔的 ODF 图见图 20 – 10，冷轧硬态箔的变形织构取向线分析见图 20 – 11，成品退火软态箔的（111）极图见图 20 – 12。

表 20 – 4 四种情况的加工工艺和退火工艺参数表

样号	热轧板厚/mm	预退火	预变形/%	中间退火	冷轧板厚/mm	成品退火
a	7.0	450℃ ×2h	50	190℃ ×1h + 540℃ ×2h	0.11	230℃ ×2h + 500℃ ×3h
b	7.0	450℃ ×2h	50	500℃ ×1h	0.11	230℃ ×2h + 500℃ ×3h
c	7.0		50	190℃ ×1h + 540℃ ×2h	0.11	230℃ ×2h + 500℃ ×3h
d	7.0		50	500℃ ×1h	0.11	230℃ ×2h + 500℃ ×3h

图 20 – 10 和图 20 – 12 分别是上述样品最终成品退火后（软态）的 ODF 图和（111）极图。从图 20 – 10 和图 20 – 12 中可以看出：d 样品的立方织构取向

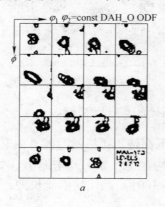

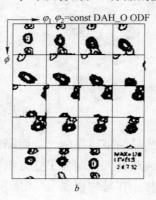

a b

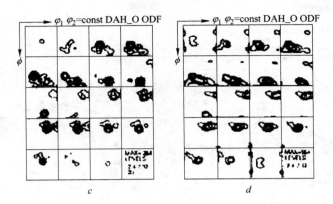

图 20-9 0.11mm 厚硬态箔的 ODF 图

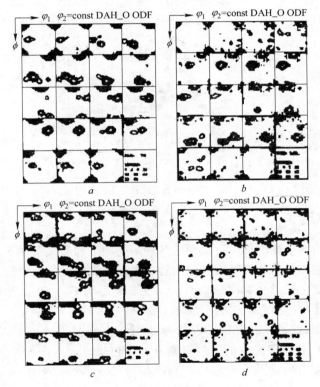

图 20-10 0.11mm 厚软态箔的 ODF 图

密度最大，R 织构取向密度最小；与之相反，c 样品的立方织构取向密度最小，R 织构取向密度最大。

a、b、c、d 四个样品尽管成分相同，但由于采用了不同的加工工艺和退火工艺，而具有完全不同的结果，则说明预变形和退火对高纯铝箔的再结晶织构产生了重要影响。

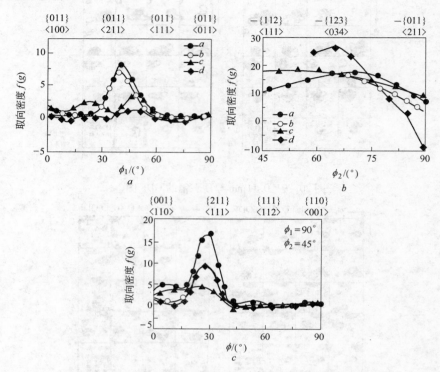

图 20 – 11　0.11mm 厚冷轧硬态箔的变形织构取向线分析

20.3.2　分析和讨论

分析硬态箔的形变织构，可发现在各种不同加工和退火条件下，同类形变织构的取向密度差异较小，但经成品退火后，再结晶织构组分变化较大，由此说明各工艺参数的变化对形变织构影响不大，主要是影响 Fe、Si 杂质的存在状态和分布形式，由此对再结晶织构的形成产生影响。

由于高纯铝试验样品的 Fe、Si 含量很低，在成品退火前，若能充分固溶在铝基体中，在成品退火的低温阶段则有利于促进立方取向的晶粒形核；在高温阶段，这些立方取向的晶粒核心则可择优生长，最后在铝箔中形成强的立方取向。

在工艺 d 中，由于没有预退火，在 50% 预变形后，即在箔材内产生较大的应力场，能量较高；500℃ 中间退火时，在温度热激活和应力场的双重作用下，有利于 Fe、Si 原子的扩散和充分溶解，再进一步冷轧后，在 230℃ 成品退火时，形成恢复亚晶及部分立方核心，500℃ 继续成品退火时，立方核心吞并周围恢复基体而择优长大，其恢复组织和再结晶组织见图 20 – 13。

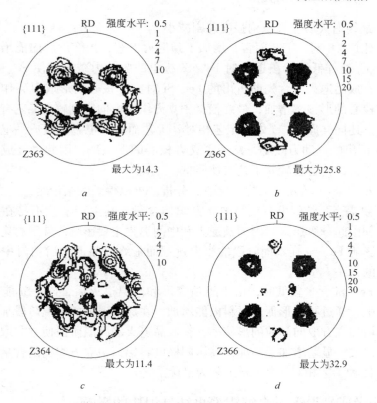

图 20 - 12　0.11mm 厚软态箔的（111）极图

图 20 - 13　成品退火阶段的 TEM 微观组织形貌

在工艺 *c* 中，由于预变形后内能较高，同时在分级中间退火的低温阶段（190℃），由于该温度低于 Fe 的饱和溶解度温度，有利于 Fe 的充分析出，再在 540℃高温阶段退火时，产生了完全再结晶，晶体处于能量最低状态，后续冷轧箔材在分级成品退火的低温阶段（230℃），先前析出的 Fe、Si 相影响立方核心的形成，阻碍大角晶界的迁移，使立方核心数目减少，从而导致高温阶段

（500℃）最终退火后立方织构强度急剧减小。

a 处理工艺相对 c 工艺而言，增加了预退火工艺，预变形后内能增加幅度较 c 工艺要小，这样低温阶段退火时 Fe、Si 析出的驱动力减小，使 Fe、Si 析出的数量减少；成品退火时，先前析出的 Fe、Si 对立方核心的形成阻碍作用相对减小，立方核心的形核率增加，最终箔材中立方织构取向密度较 c 工艺有所增加。

基于上述同样原因，b 处理工艺相对 d 工艺而言，也主要是成品退火低温阶段 Fe、Si 析出的驱动力减小，减少了立方核心的形核率，因此最终成品退火后的箔材中立方织构含量较 d 工艺有所降低。

对于 a、b、c、d 四种工艺的比较、分析，可以得到的结论是：

（1）要提高高纯铝电容铝箔中立方织构含量，其生产工艺不易在热轧后采用预退火和中间分级退火，因为预退火和中间退火主要影响冷轧箔材中内能的大小，从而影响 Fe、Si 在不同阶段的析出过程而最终成品退火后箔材中立方织构取向密度的大小。

（2）Fe、Si 含量较低时，由于经预变形和高温退火后，Fe、Si 能充分固溶在铝基体中，通过预变形促进材料内能增加，在成品退火的低温阶段加速 Fe、Si 的析出，增加立方取向晶粒的形核率，在成品退火的高温阶段使立方取向的晶粒择优长大，最终显著增加了高纯铝高压阳极电容铝箔中立方织构的含量。

（3）四种工艺相对比较，d 工艺为最优工艺。

20.4 分级成品退火对高纯铝箔再结晶织构的影响

本节将进一步研究在分级成品退火过程中高纯铝箔再结晶织构的演变规律。

20.4.1 试验和结果

高纯铝箔最终退火的化学成分见表 20 - 5。

表 20 - 5 最终退火的化学成分（1×10^{-4} %）

Al	Fe	Si	Cu	Mg	Mn	其 他
余 量	11	9	35	20	—	< 10

生产工艺：高纯铝半连续铸锭经 600℃ × 10h 均匀化处理后，在 540℃ 热轧，热轧板经 420℃ × 2h 中间退火后直接冷轧至厚度 0.11mm。

三种分级成品退火制度见表 20 - 6。

表 20 - 6 三种分级成品退火制度

制 度	I	II	III
样 品	200℃ × 3h + 520℃ × 2h	250℃ × 3h + 520℃ × 2h	250℃ × 3h + 420℃ × 2h + 520℃ × 2h

高纯铝最终冷轧后硬态箔材的 ODF 图及相应的 α 取向线和 β 取向线见图 20-14。

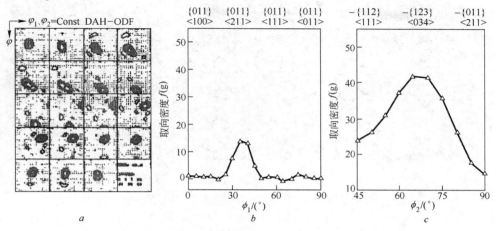

图 20-14 0.11mm 厚硬态箔的 ODF 图、α 取向线和 β 取向线

a—ODF 图；b—α 取向线；c—β 取向线

图 20-14 表明，高纯铝的变形织构主要由 S 取向 {123} 〈643〉组成，另含有少量的 Cu 织构和其他织构。

高纯铝不同成品退火制度退火后软态箔材的（111）极图见图 20-15a、b、c，相应的 ODF 图见图 20-16。

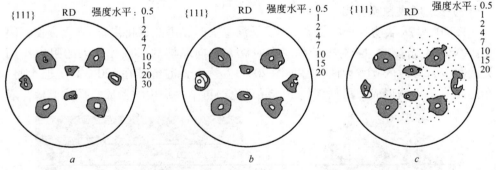

图 20-15 0.11mm 厚软态箔的（111）极图

a—样品Ⅰ；b—样品Ⅱ；c—样品Ⅲ

图 20-16 表明，高纯铝的再结晶织构主要由立方取向和 R 取向组成。

20.4.2 分析和讨论

在分级退火过程中，由于三种分级成品退火制度选择在高温退火阶段工艺相同，而三种样品在图 20-14~图 20-16 中有不同的测试结果，则说明低温退火

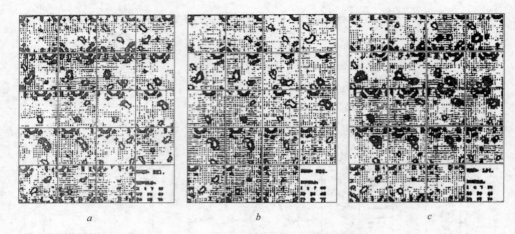

图 20 - 16　0.11mm 厚软态箔的 ODF 图

a—样品 I；*b*—样品 II；*c*—样品 III

阶段对再结晶过程产生了重要的影响。

　　前面几节已经说明铁在高纯铝中是影响立方织构含量的关键杂质元素。铁含量愈高，再结晶织构组分中立方织构含量愈少。根据 Al – Fe 溶解曲线，Fe 在 Al 中的溶解度很低，至共晶温度 655℃ 时，最大溶解度也只达到 0.040%，且随着温度降低，Fe 在 Al 中的溶解度急剧降低，在 200℃ 时 Fe 已几乎不在 Al 中溶解，呈完全析出状态。因此，Fe 可能溶解在 Al 中，也可能偏聚或以 $FeAl_6$、$FeAl_3$ 等化合物形式形成颗粒析出。

　　图 20 –17*b* 表明，样品 I 在 200℃ 低温退火时，沿晶界析出含 Fe 化合物，使晶内基体得到净化，Fe 对再结晶退火时立方取向晶核的形成和长大的阻碍作用大大减少，形成的立方取向核心见图 20 –17*a*。若此时继续在 520℃ 高温退火时，在晶内有析出物形成，根据现代再结晶理论，再结晶织构的形成是择优形核，或

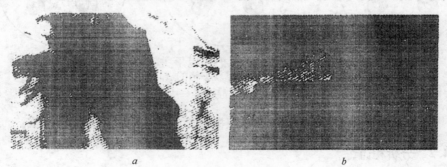

图 20 – 17　硬态铝箔经 200℃ ×3h 低温退火的 TEM 图

a—在亚晶界形成的立方核心 ·20k；*b*—沿回复晶界析出的含 Fe 化合物 ·40k

是择优长大。择优形核理论认为，再结晶初期形成各种不同取向的核心，而只有那些与周围变形基体具有最佳长大的核心才能长大并决定最终再结晶织构。人们通常认为立方织构的形成是由于不连续再结晶在基体内形成立方取向晶核，然后通过大角晶界的迁移而长大。立方核心与具有 S 取向的基体呈 40·(111) 取向关系，520℃高温退火时，这些立方核心择优长大，最终形成强的立方织构，且 R 织构含量较少。

图 20−18 表明，样品 II 在 250℃低温退火时，Fe 完全固溶在基体中，形成回复大角亚晶界，如上所述，若此时继续在 520℃高温退火时，形成强的立方织构，但 R 织构增多。

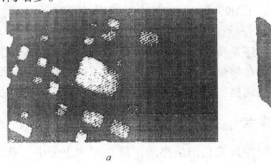

a b

图 20−18　分级退火的 TEM 图

a—250℃ ×3h 退火后的 TEM 图·25k；b—退火后的晶内析出物·40k

样品 III 分 3 级退火时，在 420℃退火阶段中，可能形成大量的随机取向核心，并使 Fe 充分固溶在铝基体中，不利于 520℃高温退火阶段立方取向核心的长大，此热处理工艺不可取。

以上分析说明，分级成品退火对再结晶织构的影响，其实质就是低温退火阶段对铁在高温退火前存在状态的影响，从而导致影响最终再结晶织构的组分。

20.5　生产优质高压阳极电容箔的关键问题

生产优质的高压阳极电容箔，必须把住以下关键问题。

20.5.1　严格控制高纯铝锭的原始化学成分

在电解铝工厂，生产高纯铝锭应有专用的电解槽、专用的铸模生产线和专用的操作工艺及工具，其目的是保证高纯铝锭对其原始化学成分的要求，特别是对于 Fe、Si 杂质元素的严格要求，Fe、Si 杂质的含量应该控制在 10×10^{-6} 以下。因此，生产高压阳极电容箔的铝加工厂的质量管理人员应对电解铝工厂生产高纯铝锭的质量管理体系进行论证，提出要求，并对其购入厂的高纯铝锭原始化学成分进行实时监控。

20.5.2　严格控制高纯铝铸坯的最终化学成分

在生产高压阳极电容箔的过程中，严格控制高纯铝铸坯的最终化学成分和特殊要求。因为在熔炼铸造制备高纯铝扁锭的过程中，若不采取专用的工艺和管理措施，必然会污染高纯铝锭的原始化学成分，特别会使 Fe 杂质元素含量升高。

对于规模生产高压阳极电容箔的铝加工厂，在条件允许的情况下，最好有一台专用的熔炼炉。如果不具备条件，其洗炉工艺是：首先在某一台熔炼炉连续生产 8 ~ 10 炉纯度（Al99.7）的扁锭以后，进行一次大清炉；再投两炉纯度（Al99.7）的扁锭后用纯度（Al99.99）的高纯铝锭洗炉，其洗炉后的洗炉料纯度要达到（Al99.9）后方可开始熔铸高纯铝扁锭。

无论是专用的熔炼炉，还是洗炉后选择用的熔炼炉，其熔炼炉采用的筑炉材料必须是高氧化铝耐火砖。在熔炼和铸造过程中，为了避免熔体污染，凡是与熔体接触的工具都必须是不锈钢材料并喷上 TiO_2 涂料。

20.5.3　把住关键的工艺要点

关键的工艺要点是如何在其成品箔最终的再结晶织构组分中，获得高比例的强的立方织构。而要做到这一点，关键是：

（1）严格控制高纯铝锭的原始化学成分和最终化学成分，尽量使高纯铝箔中的铁含量低，因为铁含量愈高，再结晶织构组分中立方织构含量愈少。

（2）在铝产品使用过程中，对于要求立方织构强的产品（高纯铝高压阳极箔等）热轧生产工艺很重要的一点就是采用大的压下率工艺。此工艺是为了保证卷坯高的热精轧终轧温度。但考虑高纯铝极软，在热轧过程中卷坯表面极易粘铝，终轧温度也不可能太高，一般控制在 220℃ 以上。由于高纯铝的再结晶温度很低（200℃ 以下），即使终轧温度在 220℃，热精轧卷坯的组织也是再结晶组织。从理论上分析，热精轧后的材料内若有足够的储能，则会具有强大的变形织构，主要是 {110}〈112〉织构，也就有了充足的立方取向核心。

（3）热轧厚 7.0mm 的板坯，采用 50% 预变形和 500℃ 中间退火工艺。此工艺能够在温度热激活和应力场的双重作用下，有利于 Fe、Si 原子的扩散和充分溶解。再进一步冷轧后，在 230℃ 左右成品退火时形成回复亚晶及部分立方核心，在 500℃ 以上继续成品退火时，立方核心吞并周围回复基体而择优长大。

（4）由于高纯铝的 Fe、Si 含量很低，成品退火采用分级退火工艺。此工艺在低温退火阶段，使铁的存在状态能充分固溶在铝基体中，有利于促进立方取向的晶粒形核。在高温阶段，这些立方取向的晶粒核心则可择优生长，最后在铝箔中形成强的立方取向。

（5）从化成箔工厂的腐蚀工艺看，铝及铝合金为面心立方金属，其致密方向为（110），密排面为（111），原子间距最长为（100）方向，该方向原子结合力最小，因此，最易沿（100）方向腐蚀。当铝箔中为立方织构时，可以观察到表面腐蚀图形，立方织构 {100} 〈001〉腐蚀表面积扩大为 5 倍。比电容与表面积成正比，面积越大，比电容越高。因此，要求，最终成品中立方织构比例越高越好。

以上分析，影响高压阳极箔立方织构比例和比电容最关键的铝加工工序是热粗、精轧和最终成品退火。

20.6　电解电容器用铝箔市场

电子铝箔是铝电解电容器生产用化成箔的上游产品，其市场需求取决于化成箔和铝电解电容器的市场需求。

20.6.1　国际市场变化趋势

资料显示，2000～2005 年的五年来，全球铝电解电容器市场以每年 4.4% 的速度增长，电子铝箔市场也以同等速度增长。2001～2002 年因受到全球经济不景气的影响，使得全球铝电解电容器市场规模较 2000 年衰退了约 16.3%，市场规模仅有 36.4 亿美元。2002 年以后，世界铝电解电容器的生产出现了恢复性增长。2003 年市场规模达到 46.20 亿美元。2004 年全球铝电解电容器市场规模继续保持发展势头，同比增长约 4%，从而使市场规模达到 48.05 亿美元。2005 年更达到了 52.00 亿美元。2005 年后继续保持这一增长势头。全球电容器用铝箔市场与电解电容器市场发展经历一样，也经历了消费需求高速下落和增长的过程。在 2005 年，电容器用铝箔的全球消费量就达到 11 万吨左右。2005 年后保持了同步增长势头。

20.6.2　国内市场变化趋势

由于国内新兴电子整机行业如计算机、手机等的高速增长，以及传统行业如彩电业等的稳定增长，市场对铝电解电容器的需求越来越大，铝电解电容器产量近几年取得了成倍的增长。2005 年后，国内的铝电解电容器厂商纷纷增加产能，天津三和电机有限公司、常州华威电子有限公司、苏州世昕电子有限公司、扬州升达集团的产量甚至已经翻番。其中，天津三和电机有限公司、常州华威电子有限公司的年产量已经达到 40 亿只，已经逼近业界领头羊青岛三莹电子有限公司46 亿只的年产量。世界铝电解电容器生产厂商，特别是日本、韩国等生产企业都迅速向中国内地转移。

我国台湾省和韩国的铝电解电容器生产企业的主要生产基地均已转移到我国

内地。我国台湾铝电解电容器厂商近几年的产能扩充中心都在我国内地或东南亚地区。2004 年，台湾厂商在台湾的月产能约 4.95 亿只，而在我国内地的月产能总计约 32.17 亿只。韩国铝电解电容器制造业也大规模转向我国，2004 年韩国厂商在韩国的月产能约 6.04 亿只，而在我国内地的月产能总计约 8.52 亿只。

　　2004 年我国铝电解电容器的产量和产能已达 700 亿只，占全球总量近 40%，国内市场需求量约为 855 亿只。目前国内电极箔主要生产企业包括深圳东阳光公司、江苏中联科技集团、扬州升达集团、肇庆华锋电子铝箔有限公司、新疆众和股份有限公司等。2004 年深圳东阳光、江苏中联、新疆众和、扬州升达等厂商销售收入的增长速度超过 30%，而龙头企业深圳东阳光更是实现了成倍增长。

　　2005 年我国电容器用铝箔需求量约为 $9 \times 10^7 \mathrm{m}^2$，其中低压和中高压铝箔约各占 50%；国内生产量约在 $4.9 \times 10^7 \mathrm{m}^2$，尚有约 $4 \times 10^7 \mathrm{m}^2$ 需要进口，进口产品主要是中高压铝箔及高比容和特殊规格的高档次的腐蚀箔和化成箔。这些特殊规格电容器用铝箔在国内仍处于开发研制阶段。2005 年实际消费量约 3 万吨，由于国内提供高档电容器用铝箔的能力不足，而铝电解电容器的生产增长迅速，电容器用铝箔的年进口量在 1 万吨左右，占国内电子铝箔消费总量的 1/3。

20.6.3　需求增长趋势

　　信息时代的到来，知识经济的出现，不仅给全球经济带来了福音，也给电子工业带来前所未有的繁荣，铝电解电容器也面临着前所未有的市场发展机遇。电讯通信、汽车电子、家用电器、工业领域、军事及航空航天等领域，只要是使用电子设备的地方，基本上都离不开铝电解电容器。近几年，铝电解电容器每年都保持 10% 左右的增长速度。

　　需要指出的是，目前亚洲地区拥有世界上最大的电极箔市场，而亚洲乃至世界的电容器制造企业正在向我国转移，因此可以说未来我国的电子铝箔的市场需求增长将高于世界平均增长速度。

　　因此，作为电解电容器的上游产品——电子铝箔的需求也将持续增长。2010 年，世界电子铝箔的年需求量已接近 15 万吨，我国国内需求量在 6 万吨左右，其中高压箔占 35% 左右。

21 建筑装饰用铝板材

用作建筑装饰用的铝板有铝涂层板、铝幕墙板。常用的铝幕墙板有铝塑板、铝单板、蜂窝铝板。

21.1 铝涂层板

彩涂板是金属基板经过涂层生产线（见图 21-1）彩涂机组后，在表面涂敷上一层或多层有机涂料并经烘烤固化而成的复合材料。金属基板是铝合金板，即本书所述的铝涂层板。

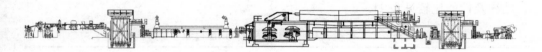

图 21-1 涂层生产线示意图

铝涂层板是冶金和化工相结合的表面处理工程的重要产品。它兼有铝板的机械强度、加工性能和高分子材料的力学性能、耐腐蚀性、装饰性，因此广泛应用于建筑、家电、家具、汽车工业等（见表 21-1）。

表 21-1 铝涂层板用途

行　业	用　　途
建筑业	工业及民用建筑物的屋顶、墙面、钢窗、阳台、雨水管、库门、百叶窗及售货亭、电话亭等
家用电器业	电炉、电气柜、室内加热器、洗衣机、影碟机、电冰箱、电视机等外壳、灯具、卫生设备、铝制家具等
机电产品	控制柜、标牌、面板、通风设施、各种设施外壳、产品的外包装、工业地板等
交通运输业	各类集装箱、库房、汽车挡泥板、船舱舱壁等
办公用品	计算机、复印机、办公桌椅等
室内装饰	建筑物的天花板、内墙面、电梯、幕墙等
其他	照相器材、农用产品、容器、玩具等

涂层铝板作为表面处理技术产品，其产品质量不仅仅局限于产品的理化性能（膜厚、光泽、柔韧性、耐反向冲击性、耐溶剂性、耐腐蚀性、耐候性等），还包括彩涂板产品的涂层表面质量。

彩涂板产品的理化性能和涂层表面质量两者相结合共同决定了彩涂板产品的综合质量。

21.1.1　涂料

涂料作为彩色涂层板的主要原料，是集防锈、防腐、装饰等多种功能为一体的精细化工产品。工业涂料有聚酯类、PVDF 氟碳、FEVE 氟碳以及抗刮涂料，它们具有保护、装饰和特种功能的作用。随着工业的发展，为了保护环境，减少污染，使涂料从溶剂型发展成高固体分涂料、水性涂料。从有毒类发展成无毒类涂料，以低毒溶剂取代有毒溶剂，以水性代替有机溶剂等。

彩色涂层板涂料常用的树脂为聚酯树脂、环氧树脂、聚氨酯树脂。树脂性能主要由其结构决定。以聚酯树脂为例，可以分为线型和支链型树脂，两种树脂的结构及性能比较见表 21 - 2。

表 21 - 2　树脂的结构及性能比较

项　目	线型聚酯树脂	支链型聚酯树脂
相对分子质量	相对较大	相对较小
—OH 位置	末端	末端及侧链
交联数	相对较小	相对较多
交联密度	相对较小	相对较大
加工性能（柔韧性）	相对较好	存在局限性
硬度	相对较软	相对较高

注：假设线型和支链型有相同的被熔化温度。

相对而言，线型结构的聚酯相对分子质量大，—OH 含量低，漆膜固化所需固化剂较少，对漆膜的柔韧性有利，此时涂膜性能主要取决于树脂的单体品种和用量。而带支链的树脂相对分子质量一般比线型的小，羟基含量相对较高，交联密度大，对漆膜的硬度有利，但对柔韧性不利。聚酯树脂的羟基含量越高，漆膜的交联密度就越大，对漆膜的硬度、保光性和耐水汽凝聚性有利。另外，漆膜的硬度和玻璃化温度与交联度密切相关，树脂漆膜交联度大、玻璃化温度高，漆膜的硬度相对较高；反之亦然。随着玻璃化温度的升高，漆膜的硬度、耐候性及耐湿性提高而柔韧性和耐冲击性下降。漆膜的力学性能、耐溶剂性、耐污性和耐久性主要取决于树脂的相对分子质量、羟基含量和玻璃化温度。普通建筑板采用环氧底漆，而面漆及背漆采用聚酯类，涂膜弯曲性能（T 弯）2T～4T，光泽控制为中等光泽。

21.1.2 涂层板的生产工艺

涂层板的产品质量不仅由基材和涂料的基本性能决定，还取决于生产工艺及操作控制技术。操作控制技术对彩涂板产品的物理性能、表面质量影响较大。涂层线的两涂两烘生产工艺如图 21－2 所示，其控制技术的重点主要是前处理（脱脂、成膜）、涂装（初涂、精涂）、固化三个环节。

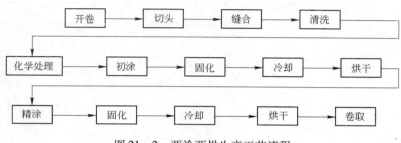

图 21－2　两涂两烘生产工艺流程

21.1.2.1　前处理

轧制后的铝带材表面总会带有少量残存的轧制油、各种氧化物和轧制碎屑，表面必须彻底清洗。前处理是保证涂装工艺的重要步骤，是保证涂层板产品质量的关键工序。在清洁的基材表面进行化学处理或电解处理，化学处理过程中将形成以 Cr^{6+} 和 Cr^{3+} 为基本骨架的网状化学转化膜；热电解过程中将形成氧化膜，并以此增加基材与涂层之间的附着性，提高基材的防腐性和涂层的耐久性。因此，铝带材涂层前的前处理包括脱脂和成膜两个过程。

（1）脱脂。脱脂有两种方法，即化学处理过程脱脂和热电解过程脱脂。

1）化学处理过程脱脂。化学处理过程的脱脂大多采用碱脱脂，即碱洗→水冲洗→酸洗→水冲洗→去离子水冲洗工艺。原始的电解工艺也是使用碱脱脂，然后是直流阳极氧化过程，产生阳极氧化膜厚为 $0.3\mu m$，经过不断地研究，减少氧化膜厚到大约 $0.1\mu m$，柔韧性好，深冲后涂装漆膜的附着力也好。

碱脱脂效果主要取决于清洗液的浓度、温度以及带材的清洗时间。因此在清洗过程中必须注意控制清洗液的浓度及温度。清洗液浓度过低，基材表面油污清洗不干净，导致后面化学涂膜处理存在缺陷从而影响涂层质量；浓度及温度过高，又会加快强碱溶液对铝层的腐蚀，从而也会影响后面化学涂膜效果。化学清洗剂一般含有表面活性剂，各种表面活性剂发挥效能的最佳温度有差异。温度过高，表面活性剂稳定性降低，会降低清洗液去除油污能力；温度过低，皂化反应速度较慢不能将油污清除完全，同时会产生较多泡沫影响清洗效果。因此清洗液的浓度、温度应尽量控制在清洗液厂家建议的控制范围内。

几个公司的涂层生产线前处理（碱洗→水冲洗→酸洗→水冲洗→去离子水冲洗）工艺如表21-3所示。

表21-3 几个公司的涂层生产线前处理工艺

公司	碱洗→水冲洗→漂洗→水冲洗→去离子水冲洗工艺									
BWG	碱洗		漂洗		酸洗		漂洗		去离子水	
时间 2s	2.0	2.0	1.0	1.0	2.0	2.0	1.0	1.0	1.0	
FATA	碱洗	漂洗		碱洗		漂洗		酸洗和漂洗预留	去离子水	
时间 3.6s	1.2	3.6	3.6	1.2	1.2				1.2	
SMS	碱洗		漂洗		酸洗		漂洗		去离子水	
时间 5s	5.0	2.5	2.5	3.0	1.0	1.0	1.0	1.0		
SELEMA	预碱洗	漂洗	碱洗		漂洗		酸洗	漂洗	去离子水	
时间 3s	1.5	1.5	4.8	4.8	1.5	1.5	1.5	1.5	1.0	1.0
Globus	碱洗	漂洗		酸洗		漂洗		去离子水		
时间 6s	3.0	5.0				3.0		3.0		

2）热电解过程脱脂。热电解过程的脱脂清洗处理是基于热电解形成的氧化膜比常温的更软、不易碎的机理，根据实验研究，发展了热电解前处理工艺。在新的电解工艺中，没有碱脱脂部分，带材直接进入稀硫酸溶液的前处理槽，在带有电流的电极中通过，但没有直接接触。热酸和电解产生的大量气泡彻底清洗带材，表面产生一层非常薄的阳极氧化膜，其柔韧性和附着力会更好。这层膜无毒，更适应于需要深冲的食品罐。

无论化学过程碱脱脂处理，还是经热电解过程稀硫酸前处理后的带材喷淋冲洗和干燥都采用传统的方式，即必须使用去离子水或自来水将板面残留的清洗剂和盐分洗净并保证板面干燥，否则残存物质将影响化学涂膜处理效果。

上述可知，目前的生产线喷淋冲洗设计优先选择的配置是使用多级喷淋，新鲜水仅仅加到最后一级，这些水然后收集回流到前一级，这样相当节约水。喷淋的级数由线速决定。每级之间都有挤干辊，它们用气压压在带材上。最终的喷淋级（新鲜水）通常加热到60℃，最后的挤干辊（通常是连续两对）除去带材上多余的水，足够加热带材使之残留的湿气蒸发出去。最后板面继续用热空气喷射干燥。清洗效果的检查可用白色绸布或滤纸擦拭基板表面，若白绸布或滤纸洁白无污，则清洗效果较好，反之清洗效果不佳。或用压敏胶带粘贴基板表面，然后与标准图谱比较来评定清洗效果。

（2）成膜。成膜同样分化学成膜和热电解成膜。

1）化学成膜。化学成膜一般采用辊涂方式，使铬酸盐化学预处理液在基材

表面形成以 Cr^{6+}、Cr^{3+} 为基本骨架的网状结构有机膜层（化学转化膜）。化学转化膜的网状结构增加了涂层的耐久性、耐酸碱性、耐腐蚀性，增加了基材与涂层间的附着力，同时也增加了表面粗糙度，增大了涂层与基材表面的接触面和附着力。图 21-3 为铬含量与彩涂板 T 弯等性能的关系。

从图 21-3 中可以看出化学转化膜中铬的附着量对彩涂板弯曲性能、耐刮伤性能起到非常重要的作用，目前生产线化学转化膜铬含量控制为 30~35mg/m^2。可采用 X 射线荧光、衍射、等离子、原子吸收或化学分析法测定铬含量。

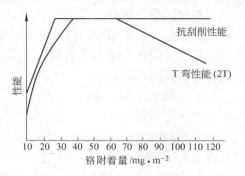

图 21-3 彩涂板 T 弯性能、抗刮削性能与铬附着量的关系

上述化学成膜采用的铬酸盐处理使用了六价铬等剧毒物质，环境污染严重。随着国内外环境法规对六价铬使用的限制，采用无铬处理的绿色化工艺代替铬酸盐处理已成为铝合金表面加工技术的关键技术。

无铬处理方法主要是采用：锆、钛、钴、钼、稀土等元素作为成膜溶液的主盐，在铝合金表面形成一层较薄的转化膜。钼酸盐是一种低毒无机酸盐，其用于碳钢、不锈钢、铝镁合金化学转化膜的氧化剂已经受到重视，采用钼酸盐、高锰酸钾作为成膜氧化剂的处理方法有可能代替有毒的六价铬处理工艺。

采用钼酸钠、氟化钠、高锰酸钾作为主要成分，再加湿润剂等有关研究结果表明：可以在铝合金表面制备化学转化膜，该处理溶液不含六价铬，符合环保要求，而且成膜速度快，可在室温下成膜，膜的耐蚀性能好。

采用扫描电镜对化学处理过程的脱脂清洗处理后的基材与生成转化膜的样品试片进行比较（见图 21-4）。从扫描电镜照片可发现，经过脱脂清洗处理后的

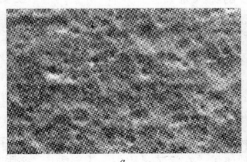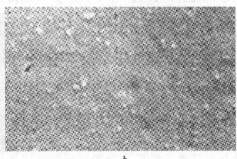

图 21-4 铝合金表面膜扫描电镜照片
a—脱脂处理后；b—化学转化处理后

铝合金基材微观表面为坑洼状，这主要是脱脂处理的酸、碱处理引起选择性溶解造成的；铝合金经过化学处理后表面覆盖一层均匀的氧化膜，而且比较平整，并覆盖了基材脱脂处理时产生的不平。

化学涂层一般采用双辊涂敷头，见图 21 – 5。若化学溶剂含铬，则辊的材料采用镀铬辊，若化学溶剂不含铬，含磷，则辊的材料采用不锈钢辊。

化学涂层的湿膜厚度为 3 ~ 5μm，干膜厚度为 0.5 ~ 2μm。

干燥可以采用红外线（I. R oven），也可以采用热风。若是生产厚度 0.2 ~ 0.8mm 的食品包装材料，则采用立式干燥更好。炉内铝带最高温度 80℃。在 150m/min，炉子保压时间 1.2s。建筑材料在 100m/min，炉子保压时间 3.6s。冷却一般采用水冷（水管冷却）。出口温度 40 ~ 50℃。

图 21 – 5　化学涂层

2）热电解成膜。热电解处理工艺成膜的阳极氧化膜的典型厚度为 0.05μm，即使在 0.02 ~ 0.1μm 之间都能获得好的效果。虽然这些阳极膜厚也能由传统的直流阳极氧化生产，但是对油漆附着力低。这里要注意一点，相似的形貌能用不同的方法生产，但如果处理条件在参数一定范围之外，表面仍然会出现不好的油漆附着力性能，这就说明无论阳极氧化膜厚度还是表面形貌都不是油漆附着力的关键，重要的是氧化膜形成的条件。

热电解工艺在一个宽的时间范围能获得好的结果，即在时间从 1.2s 到高达 10min 范围能获得好的结果。若其他参数恒定，唯一的可视影响是一分钟后带材表面无光泽，这一点，用户是不能接受的。

上述时间范围的实际意义是生产线速度甚至降到爬行速度，也不会影响油漆附着力。

热电解工艺能够运行更高速度，现在运行在德国的生产线速度达到 300m/min，北美生产线设计为 450m/min。

21.1.2.2　涂装

涂装即利用辊涂机将底漆、面漆、背漆涂敷于基材板面并采用加热固化方式使涂料有机溶剂挥发，使有机涂层与基材紧密结合。涂装、固化质量直接影响着涂料各项性能的发挥及彩涂板的涂层外观质量。在涂装过程中，涂料黏度、涂机涂辊间压力及辊速比决定了涂层厚度和涂层表面质量。而涂层厚度又直接影响到产品的光泽、色差、耐 MEK、柔韧性能。

涂料在上机前必须调整黏度至规定上机黏度并充分搅拌均匀，生产过程中也必须不断进行搅拌并保证其均匀性。涂料黏度调整及涂敷过程中必须注意环境温度的影响。若涂料及环境温度过低，涂料流动性和流平性会变差，若加入过量稀释剂会使单位质量（体积）成膜物质减少（涂料的总固体分数保持不变），稀释剂在固化过程中全挥发造成稀释剂浪费使生产成本增加；同时，在同等涂机工艺参数下操作，将导致涂层实际膜厚偏低，容易产生气泡。若涂料及环境温度过高，稀释剂蒸发加快，同等工艺条件下涂层实际膜厚偏厚，易造成橘皮等现象。因此在操作过程中必须注意对涂层室、涂料搅拌室进行恒温控制，以保证涂料黏度稳定。另外，必须保证涂料搅拌室、涂层室的环境洁净，否则灰尘、杂质容易被带入涂料造成涂层表面缩孔、颗粒、脱漆等表面缺陷。在涂料上机后还必须注意涂机辊间压力、辊速的控制，以保证涂膜厚度和涂层表面质量，防止辊纹、横向条纹、发花等表面缺陷。此外，在涂装室也应保证合理的湿度及通风，这些细小环节都将影响涂料的流平，严重时会产生针孔等表面缺陷。可以说涂层的表面质量基本决定于涂机的控制。在生产过程中准确测量湿膜厚度尤为关键，因为湿膜厚度与涂料体积分数相结合可以快速准确预测涂层干膜厚度。湿膜厚度可以通过梳规、轮规两种湿膜仪器进行测量。

A 涂装质量缺陷分析

常见涂装质量缺陷、产生原因及解决方法见表 21 - 4。涂层厚度对色差、光泽影响见表 21 - 5。

表 21 - 4 常见涂装质量缺陷

质量缺陷	缺陷原因	解决方法
发花（原料混入）、涂层厚度变化并造成色差、光差异	涂料搅拌不均匀或前后两批上机涂料黏度差别大引起涂层厚度变化	搅拌稀释过程中少量多次加入稀释剂，保证环境温度恒定
气泡或厚边、漏涂	涂辊损伤、涂料黏度低、湿膜厚、辊速不当	
辊纹、横纵向条纹	涂料黏度高，流平不利；辊速比不良；涂辊硬度高或辊面凹凸不平；涂料盘涂料液面过高；基材和涂辊抖动	保证上机涂料黏度、调整辊速比、调整线速度，更换涂覆辊
污点、缩孔、粒子、拉丝、点脱漆、附着力下降	涂料受到污染、涂敷辊粘有杂质、挡泡板不合适或稀释剂加入过多，稀释剂挥发速率快，涂料来不及流平	加强涂层室、搅拌室管理，消除污染源，控制搅拌室温、湿度
橘皮、色差、光泽偏差	涂膜较厚或较薄、或涂料流平不好	调整黏度、调整辊速比、辊间压力，涂料中加入流平剂

质量缺陷	缺陷原因	解决方法
微泡或针孔	涂料搅拌过度，微泡残留涂料中，涂料贮存温度过低	搅拌不要过激防止气泡产生，涂料搅拌放置一定时间再上机检查基板，换辊或清除异物
漏涂	基板不平整或受污染；涂辊不平、受损或粘有异物	
起粒，涂层表面粗糙	涂料产生凝胶或结皮未搅拌均匀，上机未过滤处理；涂料搅拌加错稀释剂产生凝胶	充分搅拌，上机时进行过滤处理；加强搅拌管理
耐划伤性差	涂层厚度不恰当	调整涂层厚度
气泡	基材表面粗糙存在小孔，涂料未将孔眼填实，固化过程中孔眼中空气受热膨胀形成气泡	轻微时调整辊速比，涂辊压力；表面较粗糙基材严禁上线生产

表 21 - 5　涂层厚度对光泽色差影响

面漆厚度/μm	色　　差				光　泽
	ΔL	Δa	Δb	ΔE	
12	- 0.66	- 0.01	- 0.30	0.72	40.2
15	+ 0.07	- 0.29	- 0.15	0.34	50.9
20	+ 0.05	- 0.02	- 0.01	0.06	58.4

　　从表 21 - 4、表 21 - 5 可见彩色涂层铝板的质量控制主要取决于涂层段的控制技术，在生产过程中控制涂料温度、上机黏度、准确测量湿膜厚度、合理调整涂机参数，从而严格控制涂层的湿膜厚度，是保证涂层表面质量的关键。

　　B　涂层厚度控制

　　涂层生产线可高速、批量生产，同时可与贴膜覆层在同一机组上进行。辊涂机是影响辊涂法生产的一个主要因素。在配置辊涂机时，首先考虑辊涂机必须可靠，并保证能生产出稳定的涂层表面和涂层质量。辊涂机自身能控制的湿膜厚度就是一项主要指标（干膜厚度取决于涂料中固化物的比例）。精确控制涂层厚度，不仅是保证好的涂层表面的前提，而且还能减少油漆的消耗，降低生产成本。在控制湿膜厚度和涂层表面质量方面，辊涂机一般采用下面几种方式。

　　（1）首先通过改变涂敷辊相对带材的运行速度和方向，控制涂层厚度。

　　（2）通过调整各辊和铝带之间的压力，控制湿膜厚度。

　　（3）采用磁尺技术。该技术由新日铁公司开发，采用磁尺位置传感器和压力传感器测量辊的位置和辊之间的压力，并根据测量的值进行调整，以控制涂层厚度。

（4）采用博士刀。博士刀形状类似刮刀，可将提料辊上的涂料沿辊方向刮得更均匀，然后再传递给涂敷辊或计量辊，以控制涂层厚度和涂层表面质量，使涂层更匀。

（5）开发辊帘式流动涂装机。涂料流入两个涂辊之间，由涂辊间隙决定涂膜厚度，膜厚可精确控制，板面无辊印，彩涂板表面有独特的金属光泽。初涂时采用辊涂，精涂时采用幕帘涂装机，将液态涂料幕流到铝带表面，涂过的铝带不会留下辊痕。

初涂的底漆干膜厚度一般控制在 $5 \sim 7 \mu m$，精涂的上表面面漆干膜厚度一般控制在 $10 \sim 25 \mu m$，背面面漆干膜厚度一般控制在 $5 \sim 10 \mu m$。按其干膜厚度的重量上表面 $11 g/m^2$，下表面 $4 g/m^2$。按其溶剂含量，对于建材用的涂层大约是 $50\% \sim 60\%$，对于食品用的涂层大约是 $70\% \sim 75\%$（按重量计）。不同的产品根据国家标准和用户要求，涂层的工艺有所区别，用作铝塑复合板的涂层面板可单面双涂，也可单面单涂，单面双涂的涂层厚度（干膜）按照国家标准要求大于 $25 \mu m$；单面单涂的涂层厚度一般是按照用户要求 $12 \sim 13 \mu m$ 或 $16 \sim 18 \mu m$。对于铝板幕墙采用单面喷涂，其喷涂的涂层厚度一般大于 $35 \mu m$。对于天花板，根据用途可采用双面双涂或双面单涂。对于蜂窝板采用单面双涂。

C　涂装机配置

在涂层线生产时每天需要多次更换涂料的颜色。为保证在更换颜色时快速更换涂料，缩短更换颜色的时间并降低废品率，生产线一般设三个辊涂机，包括一个初涂机和两个精涂机。初涂机通常为两辊式，见图 21 - 6。精涂机通常为三辊式，其中一个为备用精涂机，见图 21 - 7。正常生产时，一台工作，另一台准备下一个产品的颜色。为缩短涂机停机时间，一些公司还开发了涂辊快换技术（类似轧机快速换辊技术），在换辊时将需更换的被涂辊通过轨道整体拉出，将已调整好的新辊推进，以缩短换辊调整、停机时间。

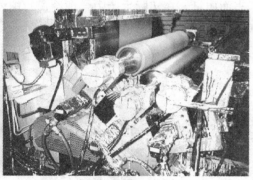

图 21 - 6　两辊式初涂机　　　　　　　图 21 - 7　三辊式精涂机

FATA Hunter 开发的新型辊涂机，见图 21 - 8。新型的单滑轨涂装机与传统的辊涂机相比，消除了多重辊系间误差，会使涂层厚度更加均匀。

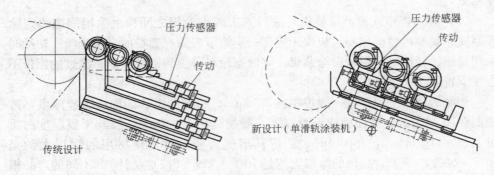

图 21 - 8 新型的单滑轨涂装机

21. 1. 2. 3 固化

涂层烘烤工艺固化炉是影响涂层质量的另一个主要因素，合理的固化工艺能使产品达到所有的要求和使用性能。铝带涂层的烘烤通常为气体循环加热烘烤，即应用最广泛的是气体循环加热烘烤。在循环加热烘烤工艺中，热风循环喷吹烘烤，燃烧产物的热量通过热交换传给循环的热空气，再由热空气直接传热给悬垂式的铝带或气垫式传热和支撑铝带，这种清洁的空气系统设计使燃气的燃烧产物不和铝带接触，铝带的涂层质量完全得到保障。

热风循环喷吹烘烤工艺的固化炉，见图 21 - 9，它一般分为 四个区，每个区单独进行热风循环，并根据油漆厂提供的加热曲线将铝带加热到所要求的金属料加热峰值（PMT），一般为 180～260℃，固化时间为 18～24s。同时为保证安全，在炉内设计有检测可燃气体浓度的传感器，在达到爆炸极限的 25% 时进行报警，并增加送风量以降低可燃气体浓度。由于固化直接影响了彩涂产品的使用性能和表面质量，在实际生产中合理设置的炉温达到涂料固化所需的最高金属料温后，

图 21 - 9 上下两层固化炉（对应初涂、精涂）

可令有机溶剂以合理速度完全逸出，涂层完全固化。合理工艺并保持炉温可以提升涂膜性能，保持涂层质量稳定。目前，固化炉炉型主要有两种：气垫式固化炉（气垫炉）和悬垂式固化炉。气垫式固化炉是现代技术发展的趋势，更适用于高速生产线，但其投资较悬垂式固化炉大。

涂层固化过程一般分为蒸发、固化、冷却干燥三个阶段，蒸发阶段为溶剂挥发的重要阶段，关系到涂层表面质量；固化阶段必须达到最高金属料温，保证涂层性能。一般情况下生产线固化炉第一、二区为蒸发区，三、四区为固化区。最后的冷却干燥阶段，在冷却区采用水冷（有的生产线采用风冷和水冷相结合）和热风干燥。因此，对固化炉整个过程的控制必须注意热风压力以及热风流量的影响，这不仅关系到固化炉的安全运行，同时还影响着涂料溶剂的挥发速率及产品表面质量。当基板厚度发生变化时应及时多次测量金属料温（PMT），防止固化炉控制温度调整后炉内温度变化滞后，造成过度烘烤（过固化）或固化不完全，这样会造成批量性残次品。固化常见质量缺陷见表 21 - 6，PMT 对色差、光泽的影响见表 21 - 7。

通过表 21 - 6、表 21 - 7 分析可见固化是彩色涂层铝板成形的关键工序，生产过程中按照涂料固化技术要求合理设定温度将对降低产品表面质量缺陷，提高产品各项性能具有决定作用。

表 21 - 6　固化常见质量缺陷

质量缺陷	缺陷原因	控制方法
针孔	蒸发区（进口）炉温过高，溶剂挥发过快，或底漆干燥不充分	降低蒸发区炉温，调整炉温分布
气泡，严重的表现为爆孔，特别在厚膜厚时柔韧性差（T 弯下降），耐有机溶剂差、色差、光差明显	涂层表干，但漆膜中还残存溶剂，欠固化或过度固化	降低蒸发区炉温，调整炉温分布
粘卷	欠固化	调整炉温或生产线速度，达到允许的 PMT
耐划伤性差	欠固化或过度固化	

表 21 - 7　PMT 对色差、光泽的影响

PMT/℃	色　差				光　泽
	ΔL	Δa	Δb	ΔE	
216 ~ 224	+ 0.35	- 0.01	- 0.11	0.37	54.3
224 ~ 232	+ 0.20	+ 0.02	+ 0.02	0.20	58.4
232	+ 0.13	+ 0.01	+ 0.01	0.14	58.9
241 ~ 249	- 0.36	- 0.10	- 0.23	0.44	57.6

注：面漆厚度 18 ~ 20μm，面漆技术要求 PMT 为（232 ± 5）℃。

采用补风净化技术，补入新风必须严格过滤，进风口装中效过滤器和亚高效过滤器，新风过滤后含尘量（标态）1.5mg/m³；区段控温技术，各区段温度实现同时调节热风及冷风量的整套热冷风系统控制；提高热利用率技术，利用焚烧炉烟气预热补风，采用蓄热式换热技术，使之排烟温度低于200℃。上述这些技术都是不断改进固化炉的方向。

21.1.3 废气处理

废气处理一般选用RTO型焚烧炉，见图21-10。焚烧炉的作用是采用燃烧的方法，处理掉铝带在固化时从涂料中挥发出的有机溶剂，同时预热新鲜空气来保证固化炉内的温度，焚烧炉内的燃烧温度为780℃。RTO型焚烧炉有两个蓄热室，在90~180s之间互换一次气体流动方向。焚烧炉燃烧后的气体被送到换热器，使新鲜的空气通过该换热器时加热到一定温度，并与冷空气进行配比，送入固化炉内，对铝带上的油漆进行固化。进入固化炉内的热空气在固化涂料的同时，将与涂料中挥发出来的有机溶剂气体混在一起，通过风机进行循环。从固化炉中出来的温度为200~250℃废气通过循环系统又返回焚烧炉炉膛内燃烧，在燃烧前经过焚烧炉的蓄热体进行换热，使温度提高到300~350℃。此时，固化过程中产生的有机溶剂也在焚烧炉内被焚烧，以达到环保所要求的排放标准。燃烧后的气体重复上述路线送到换热器，燃烧后的废气通过两次热交换后排放掉。由于从固化炉中出来的废气在燃烧前被加热，同时废气中所含的有机溶剂也可作为一种燃料，从而减少了焚烧炉的燃料消耗，降低了能耗。水剂涂料不需要焚化炉。溶剂涂料需要焚化炉，设计焚化炉的能力时，需要知道溶剂中固体的含量。涂料可用体积比，大约是50%~60%。如果用金属粉，则是50%；用非金属粉，则是60%。

图21-10 焚烧炉

21.1.4 质量保证

21.1.4.1 其他质量缺陷

上述各工序的质量缺陷只是彩涂板生产过程中的主要问题，生产过程中还可能面临其他质量问题，其产生的具体原因较多，需要仔细认证后逐步排查消除。如因基板的表面光泽而产生的色差；涂装后各张力辊、传动辊间存在异物造成的规律性划伤；卷取张力控制不当或不稳定而产生的彩涂卷张脱，甚至严重时产生卷取变形（鸡心卷或椭圆卷）；漂洗水、冷却水更换不及时产生的水质污染或板面表面张力不均都将影响涂料的流平性，而出现的缩孔；因涂料存放时间过长产生软性树脂粒子在涂辊上滚动，而产生的不规律划伤；固化炉内存在灰尘或其他污染源而产生的麻点等表面质量缺陷都是不可忽视的。同时还要注意一点，彩涂板的生产过程是连续的，一旦出现质量缺陷，就需要全线密切配合逐步排查，找出缺陷原因加以解决。因此，正确理解涂料及生产工艺、合理调整工艺参数、实行全线质量管理、责任到人、不断提高生产和技术人员技能是提高彩涂板产品质量的必要途径。

21.1.4.2 涂层铝板的涂层检验项目

某公司涂层铝板的涂层检验项目及检验报告见表 21－8。

表 21－8　检验报告

序号	检验项目	标准指标	检验值	单项判定
1	涂层厚度	最小值≥16μm	27μm（平均值27μm）	符　合
2	光泽度偏差	≤10（光泽度＜70 时） ≤5（光泽度≥70 时）	2.9（光泽度56.9）	符　合
3	铅笔硬度	≥HB	3H	符　合
4	涂层柔韧性	≤3T	2T	符　合
5	附着力	不次于1级	划格法0级，划圈法1级	符　合
6	耐酸性	无变化	无变化	符　合
7	耐碱性	无变化	无变化	符　合
8	耐油性	无变化	无变化	符　合
9	耐溶剂性	无变化	无变化	符　合
10	耐洗刷性	≥10000 无变化	10000 无变化	符　合

21.1.4.3 涂层生产线的性能保证

表 21－9 是提供设计、制造涂层生产线的某公司在技术合同中提出的涂层生产

线和涂层产品能够达到的各种性能保证值，该技术的性能指标为国际先进水平。

表 21 - 9　性能保证值

参　　数	保证值	允许误差
化涂湿膜（每面）/μm	3 ~ 5	±1
化涂温度/℃	80	±5
背面涂干膜/μm	5 ~ 10	±0.5
初涂干膜/μm	5 ~ 7	±0.5
正面精涂干膜/μm	10 ~ 25	±0.5
精涂温度稳定性/℃		±2
T　弯	≤1T	
冲　击	≥9J	
铅笔硬度	HB, F	

涂层标准按照 ECCA（欧洲卷涂协会）
废物排放
挥发的有机碳化物（标态）　　　　　　　　$< 50mg/m^3$
碳氧化物（标态）　　　　　　　　　　　$< 100mg/m^3$
No_x（标态）　　　　　　　　　　　　$< 350mg/m^3$
对中精度　　　　　　　　　　　　　　　±3mm
拉矫伸长率　　　　　　　　　　　　　　0% ~ 1%
平直度（来料 25I）：　　　　　　　　　2I
宽度切边精度　　　　　　　　　　　　　±0.1mm
卷材塔形　　　　　　　　　　　　　　　≤3mm（最大卷径）
卷材层错　　　　　　　　　　　　　　　≤ ±1mm（内外 3 圈除外）
设备有效利用率（生产线连续操作 720h）
电气　　　　　　　　　　　　　　　　　99.8%
机械 + 电气　　　　　　　　　　　　　99.5%

21.1.5　涂层新产品

建筑材料装饰效果的新需求促进了涂层新技术、新工艺的应用、新产品的开发，如贴膜装饰涂层板、彩色印花涂层板、压花涂层板、拉丝涂层板等。

21.1.5.1　贴膜装饰涂层板

贴膜装饰涂层板是将彩纹膜按设定的工艺条件，依靠黏合剂的作用，使彩纹膜贴在涂有底漆的铝板上或直接贴在经脱脂处理的铝板上。主要品种有花岗岩纹、木纹板等。

贴膜装饰涂层板如图21－11所示。

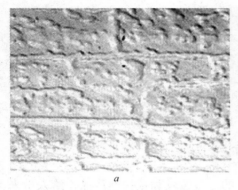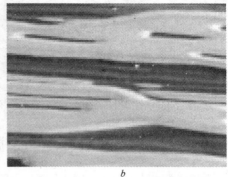

a　　　　　　　　　　　　　　　　　　b

图21－11　装饰涂层板

a—贴膜装饰涂层板；b—木纹装饰涂层板

21.1.5.2　彩色印花涂层板

印花涂层铝板是在底涂后，在面涂前涂层线上增设了一根刻有花纹的钢辊（其制作工艺是将不同的图案通过先进的计算机照排印刷技术，将彩色油墨在转印纸上印刷出各种仿天然花纹，它可以满足设计师的创意和业主的个性化选择）。当底涂烘干后的铝卷料在经过花纹钢辊时，花纹钢辊涂有涂料的凸起部分将把花纹涂印在已经底涂的铝板上，然后铝卷料接着进行清漆面涂，烘干。这种工艺就是采用聚酯涂料生产印花涂层铝板的三涂二烘工艺。彩色印花涂层铝板如图21－12所示。

图21－12　彩色印花涂层板

21.1.5.3　压花涂层铝板

压花涂层铝板是涂层后的铝卷料经过类似轧机特性的一对下辊刻有花纹的钢辊时，在极小的压力下压轧变形而成的整体压成压花涂层铝板。通过换辊可获得皮纹、砖纹、花岗岩纹等各种不同的花纹，美观有立体感、强度高。冷压花机可设在线上或线外，轧制力可达50t，速度可达210m/min。

压花涂层铝板如图21－13所示。

21.1.5.4　拉丝涂层铝板

拉丝涂层铝板是在涂层工序前将铝板表面用沙带摩擦成有一定深度不规则的丝形状表面后再经过涂层工艺的涂层铝板。

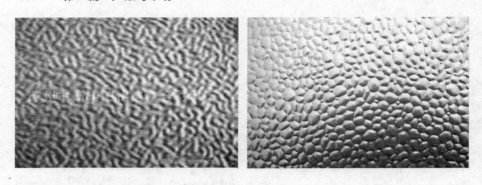

图 21 – 13　压花涂层铝板

拉丝铝塑板如图 21 – 14 所示。常见的是金拉丝和银拉丝产品，给人带来不同的视觉感受。

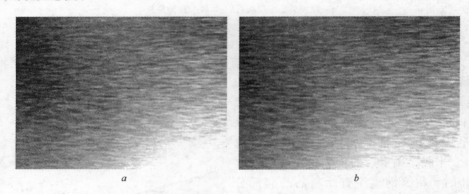

a　　　　　　　　　　　　　　　　*b*

图 21 – 14　拉丝铝塑板

a—金拉丝铝塑板；*b*—银拉丝铝塑板

21.2　铝幕墙板

建筑中常用的铝幕墙板有：铝塑板、铝单板、蜂窝铝板。

铝塑板是由内外两层均为 0.5mm 厚的铝板中间夹持 2～5mm 厚的聚乙烯或硬质聚乙烯发泡板构成，板面涂有氟碳树脂涂料，形成一种坚韧、稳定的膜层，附着力和耐久性非常强，色彩丰富，板的背面涂有聚酯漆以防止可能出现的腐蚀。铝塑板是金属幕墙早期出现的常用的面板材料。

铝单板采用 2.5mm 或 3mm 厚铝合金板，外幕墙用铝单板表面与铝塑板正面涂膜材料一致，膜层坚韧性、稳定性，附着力和耐久性完全一致。铝单板是继铝塑板之后的又一种金属幕墙常用的面板材料，而且应用得越来越多。

蜂窝铝板是两块铝板中间加蜂窝芯材粘接成的一种复合材料，根据幕墙的使用功能和耐久年限的要求可分别选用（厚度为 10～25mm）。

21.2.1 铝塑板

铝塑板是以经过化学处理的涂装铝合金板为表层材料，用无毒低密度聚乙烯塑料为芯材，在专用生产设备上加工而成的铝塑复合材料。在生产线其正面还粘贴一层保护膜。用于室外时，铝塑板正面涂覆氟碳树脂（PVDF）涂层；用于室内时，其正面可采用非氟碳树脂涂层。

21.2.1.1 铝塑板性能

（1）超强剥离强度。铝塑板采用了新工艺，将铝塑复合板最关键的技术指标——剥离强度，提高到了极佳状态，使铝塑复合板的平整度、耐候性方面的性能都有相应提高。

（2）材质轻易加工。铝塑板每平方米的重量仅在 3.5 ~ 5.5kg 左右，故可减轻震灾所造成的危害，特别是防震性好。且易于搬运，其优越的施工性只需简单的木工工具即可完成切割、裁剪、刨边、弯曲成弧形、直角的各种造型，可配合设计人员做出各种的变化，安装简便、快捷，减少了施工成本。

（3）防火性能卓越。铝塑板中间是阻燃的物质 PE 塑料芯材，两面是极难燃烧的铝层。因此，是一种安全防火材料，符合建筑法规的耐火需要。绝热性、隔音性好。

（4）耐冲击性。可塑性好、耐冲击性强、韧性高、弯曲不损面漆。因抗冲击力强，在风沙较大的地区也不会出现因风沙造成的破损。

（5）超耐候性。由于采用了以 KYNAR - 500 为基料的 PVDF 的氟碳漆，耐候性方面具有独特的优势，无论在炎热的阳光下或严寒的风雪中都无损于漂亮的外观，可达 20 年不褪色。

（6）涂层均匀，彩色多样。经过化成处理及汉高皮膜技术的应用，使油漆与铝塑板间的附着力均匀一致，颜色多样，选择空间更大，能尽显个性化。

（7）易保养。铝塑板，在耐污染方面有了明显的提高。由于自洁性好，只需用中性的清洗剂和清水清洗即可，清洗后使板材如新。

21.2.1.2 铝塑板用途

铝塑复合板本身所具有的独特性能，已经成为现代社会必不可少的一种新型建筑装饰材料。铝塑复合板具有广泛的用途：

（1）大楼外墙、帷幕墙板。

（2）旧的大楼外墙改装和翻新。

（3）阳台、设备单元、室内隔间。

（4）面板、标识板、展示台架。

（5）内墙装饰面板、天花板、广告招牌。

（6）工业用材、保冷车的车体。

21.2.1.3　铝塑板分类

铝塑板通常按用途、产品功能和表面装饰效果进行分类。

A　按用途分类

（1）建筑幕墙用铝塑板。其上、下铝板的最小厚度不小于 0.50mm，总厚度应不小于4mm。铝材材质应符合 GB/T 3880 的要求，一般要采用 3000、5000 等系列的铝合金板材，涂层应采用氟碳树脂涂层。

（2）外墙装饰与广告用铝塑板。上、下铝板采用厚度不小于 0.20mm 的防锈铝，总厚度应不小于4mm。涂层一般采用氟碳涂层或聚酯涂层。

（3）室内用铝塑板。上、下铝板一般采用厚度为 0.20mm，最小厚度不小于0.10mm 的铝板，总厚度一般为 3mm。涂层采用聚酯涂层或丙烯酸涂层。

B　按产品功能分类

（1）防火板。选用阻燃芯材，产品燃烧性能达到难燃级（B1 级）或不燃级（A 级）；同时其他性能指标也须符合铝塑板的技术指标要求。

（2）抗菌防霉铝塑板。将具有抗菌、杀菌作用的涂料涂覆在铝塑板上，使其具有控制微生物活动繁殖和最终杀灭细菌的作用。

（3）抗静电铝塑板。采用抗静电涂料涂覆在铝塑板上，其表面电阻率在$10^9\Omega$ 以下，比普通铝塑板表面电阻率小，因此不易产生静电，空气中尘埃也不易附着在其表面。

C　按表面装饰效果来分类

（1）涂层装饰铝塑板。在铝板表面涂覆各种装饰性涂层。普遍采用的有氟碳、聚酯、丙烯酸涂层，主要包括金属色、素色、珠光色、荧光色等颜色，具有装饰性作用，是市面最常见的品种，见图 21 - 15。

（2）氧化着色铝塑板。采用阳极氧化上色处理的铝合金面板拥有玫瑰红、古铜色等别致的颜色，起到特殊的装饰效果。

（3）贴膜装饰复合板。复合板的铝面板采用贴膜装饰涂层板即是贴膜装饰复合板。

（4）彩色印花铝塑板。复合板的铝面板采用彩色印花涂层板即是彩色印花铝塑板。

（5）压花铝塑板。复合板的铝面板采用压花涂层板即是压花铝塑板。

图 21 - 15　涂层装饰板

（6）拉丝铝塑板。复合板的铝面板采用拉丝涂层板即是拉丝铝塑板。

（7）镜面铝塑板。复合板的铝合金面板表面经磨光处理，宛如镜面，即是镜面铝塑板。

21.2.1.4　铝塑板常见的质量问题

A　铝塑板的变色、脱色

铝塑板产生变色、脱色，主要是由于板材选用不当造成的。铝塑板分为室内用板和室外用板，两种板材的表面涂层不同，决定了其适用的不同场合。室内所用的板材，其表面一般喷涂树脂涂层，这种涂层适应不了室外恶劣的自然环境，如果用在了室外，自然会加速其老化过程，引起了变色脱色现象。室外铝塑板的表面涂层一般选用抗老化、抗紫外线能力较强的聚氟碳脂涂层，这种板材的价格昂贵。因此，应该特别注意室内与室外用板材的涂层的性能区别。

B　铝塑板的开胶、脱落

铝塑板开胶、脱落，一是由于在复合过程中黏结剂的质量和选用不当造成的。作为室外铝塑板工程的理想黏结剂，硅酮胶有得天独厚的优越条件。以前，我国的硅酮胶主要依赖进口，只有那些高层建筑上身价不菲的幕墙工程才敢于问津。尽管现在我国的郑州、广东、杭州等地都先后能够生产不同品牌的硅酮胶，但是与之进口的硅酮胶相比质量还是有差别的。另外还要注意的是有一种胶是专用的快干胶。这种胶在室内使用尚可，用在气候变化无常的室外，便出现板材开胶、脱落的现象。二是黏结不良。造成这个问题的因素很多，有设备上的，也有操作上的，芯板冷缩变形与铝卷材的变形，以及烤漆中烟气污染铝表面等都会造成黏结不良。当塑料中含有开口剂、爽滑剂等低分子化学助剂时，胶层的黏结力也会缓慢受到破坏，出现脱胶现象。

C　铝塑板表面的变形、鼓泡、陷斑

铝塑板表面变形、起鼓、陷斑的问题主要出在粘贴铝塑板的基层板材上，其次才是铝塑板本身的质量问题。

板面变形是因为使用的基层材料主要是高密度板、木工板之类。其实，这类材料在室外使用时，其使用寿命是很脆弱的，经过风吹、日晒、雨淋后，必然会产生变形。既然基层材料都变形了，那么作为面层的铝塑板自然就会变形。可见，理想的室外基层材料应采用经过防锈处理后的角钢、方钢、管材结成骨架为佳。如果条件允许的话，采用铝型材作为骨架就更为理想了。这类金属材料制作的骨架，其成本并不比木龙骨、高密板高出许多，可确实保证了工程质量。

板面鼓泡是芯板挤出时带有颗粒状不熔物，这些不熔物平均直径大到一定程度时，就会在芯板的表面上凸出，复合时就会造成板面鼓泡现象。当我们剥开铝板后会发现，在鼓泡的周围有黏结不良的迹象，造成这一迹象的原因是鼓泡处在辊压复合时，鼓泡周围部分的空气不能被完全挤出而夹在板层中间，极薄的空气层阻断了板层的充分黏合所致。这些不熔物有可能是塑料粒子中混入的其他杂质，也有可能是其他塑料粒子的混入，这些塑料的熔点远远高于聚乙烯，在螺筒中不能熔化而被挡在不锈钢丝网片一侧，当聚集到一定程度时会造成挤出时的压力升高，以致顶破了滤网一同被挤出造成芯板鼓泡。因此，对于生产薄型塑料板材，采用多层一定数目的不锈钢丝网进行过滤是必要的，对于铝塑芯板可以采用远小于板厚的一定孔径孔板过滤就不会造成穿破现象，一般就能解决鼓泡问题。

板面陷斑是指铝塑板板面有拇指印大小的塌陷，这一问题是高分子膜僵结所致。高分子膜的僵结大小不等，一般有大米粒大小，呈白色，属胶层质量问题。这些突出的粒状物在复合时，其周围的空气如同上述鼓泡现象一样不能被完全挤出，被裹入板中，当僵结加热熔化后虽然能与板层黏结，但有空气层阻隔的地方会加倍直接受到影响，形成陷斑。需要从物资采购与生产管理上杜绝这一材料的质量问题

D 铝塑板胶缝不整齐

铝塑板在装修建筑物表面时，板块之间一般都有一定宽度的缝隙。为了美观的需要，一般都要在缝隙中充填黑色的密封胶。在打胶时有些施工人员为了省时的需要，不用纸胶带来保证打胶的整齐、规矩，而是利用铝塑板表面的保护膜作为替代品。由于铝塑板在切割时，保护膜会产生不同程度的撕裂情况，所以用它做保护胶带的替代品，不可能把胶缝收拾得整整齐齐。

21.2.2 铝单板

铝单板幕墙常用厚度规格一般为 2.5mm 和 3.0mm 的 1100 和 3003 铝合金板，铝合金板的强度比纯铝板高出近 1 倍左右。目前，国内生产的铝单板宽长尺寸多为标准的 1220mm×2440mm，最大宽度可达 2800mm，长度可达 4000mm。

铝单板幕墙强度好、成本低、寿命长（50 年不会脱落和腐蚀）、加工方式简单、耐候性好、耐腐蚀、耐污染、材质轻、隔音效果也较好（25dB 以上）、易清洗（使用清水或中性温和的清洁剂即可）。铝单板的加工工艺主要分钣金成形加工和喷涂加工两部分。第一步是钣金加工，这个过程主要是通过对平板经过裁剪、折弯、焊接、打磨、修边等工序，把铝单板加工成为施工时所需的形状和尺寸。第二步是喷涂，即对铝板的表面进行处理，以达到更加美观和更长的使用年限。铝单板的成形加工虽然较简单，但又非常难控制，因为铝板所有的加工均在背面进行，而喷涂又是在正面，因此在加工过程中必须控制好板面（喷涂面）的保护。

21.2.2.1 钣金加工

铝单板和龙骨连接主要有两种形式：角铝连接和副框连接（铝塑板连接方式也一样）。角铝连接是指将角铝直接和铝板的折边用铆钉固定后将角铝固定在龙骨上；副框连接是指将副框和铝板连接后再将副框和龙骨连接。

铝单板由于其本身特有的性质决定了它只能在工厂的车间进行加工，工地现场如果发现有个别加工有偏差的铝板，在不影响美观和安全的前提下，可以自行

对其进行调整，达到所需的要求。但是一旦发现批量性的错板，唯一能进行调整的方法就是将其重新送回车间加工。

21.2.2.2 喷涂加工

喷涂加工即为粉涂法。粉涂法的预处理类似于传统的辊涂法预处理，预处理后的基板外表面涂上粉末黏结剂，之后采用粉末枪技术或粉末云涂装技术，使之涂料粉末颗粒均匀地喷射在或沉积在铝材表面上。

粉末枪技术是应用比较广的传统技术，美国 MSC 公司研制的粉末云涂装技术是最新的技术。当预处理后的基板穿过粉涂装置时，粉末涂料在强大的静电场作用下，通过粉末旋转刷产生涂料粉末云；形成粉末云状、带有很高电荷的固体涂料颗粒，飞向高速运行的基板，产生足够大的边界穿透力。由此，粉末颗粒便均匀地沉积在铝板表面上，再经过固化、保温、水冷却处理。此种工艺能适应高速、高效涂装，产品具有抗腐蚀、抗划伤、抗褪色、色泽均匀、环保好、成本低等良好性能。

21.2.3 蜂窝铝板

蜂窝铝板是两块铝板中间加蜂窝芯材粘接成的一种复合材料，见图 21 – 16。

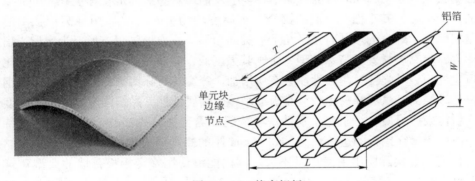

图 21 – 16 蜂窝铝板

蜂窝铝板其板面非常平整。窝芯材不但起支撑作用，亦可消除墙板内外表面的温度差，从而完全避免多数大型外墙板容易出现的弯曲变形。涂漆表面均匀，牢固耐久，色彩丰富，特殊颜色可定制。铝蜂窝板还有质轻、强度高、刚度大等优点，具有相同刚度的蜂窝夹层板重量仅为铝板的 1/5，钢板的 1/10。总厚度为 15mm，面板为 1.0mm，底板为 0.8mm 的铝蜂窝板，重量只有 6kg/m^2。相互连接的蜂窝芯就像无数个工字钢，芯层分布固定在整个板面内，不易产生剪切，使板块更加稳定，更抗弯挠和抗压，其抗风压大大超越于铝塑板和铝单板，并且有不易变形、平直度好的特点，即使蜂窝板尺寸很大，也能达到极高的平直度。由于蜂窝复合板内的蜂窝芯分隔成众多个封闭小室，阻止了空气流动，使热量和声波受到极大阻碍。因此，起到隔热、保温、隔音的效果。各种性能数据见表 21 – 10。

表 21 – 10   性能数据

密度/kg · m^{-2}	3.6 ~ 5.3
平整度/mm	<0.2
板体热阻值/m^2 · K · W^{-1}	0.026
当量导热系数/W · (m · K)$^{-1}$	0.88
隔声量/dB	29
弹性模量/MPa	4104
弯曲抗拉强度/MPa	≥83
抗剪强度/MPa	2
刚度/kPa	1.0 ~ 23.0
防火等级/GIN 级	B1

根据蜂窝铝板幕墙的使用功能和耐久年限的要求可分别选用厚度为 10mm、12mm、15mm、20mm 和 25mm 的蜂窝铝板，标准的宽长为 1250mm × 5000mm，最宽能达到 1500mm，最长可达到 9000mm。厚度为 10mm 的蜂窝铝板由 1mm 的正面铝板和 0.5 ~ 0.8mm 厚的背面铝合金板及铝蜂窝黏接而成；厚度在 10mm 以上的蜂窝铝板，其正面及背面的铝合金板厚度均为 1mm。幕墙用蜂窝铝板的芯材是铝蜂窝，蜂窝的形状有正六角形、扁六角形、长方形、正方形、十字形、扁方形等，蜂窝芯材要经特殊处理，否则其强度低，寿命短。若对铝箔蜂窝进行化学氧化处理，其强度及耐蚀性能会有所增加。蜂窝芯材除铝箔蜂窝外还有玻璃钢蜂窝和纸蜂窝。虽然蜂窝铝板具有板面平整、耐腐蚀性、黏结强度高、抗弯强度高、耐污染、材质轻、阻燃、易清洗、减震、隔音（21 ~ 25dB）的各种优良特性，但由于蜂窝铝板的造价很高，如 15mm 厚的蜂窝铝板价格一般约为 750 元/m^2。因此，在实际应用中使用量不大。国内能够使用蜂窝铝板幕墙的典型建筑有上海大剧院、上海东方艺术中心等。

蜂窝铝板的加工过程如下：蜂窝拉伸→蜂窝表面上黏结剂（上下同时上）→铝板覆盖（正反面同时覆盖）→压实（双面输送带起挤压和输送作用）→贴保护膜（双面同时贴）→切割。生产为流水线作业、一次成形。另外，还可对蜂窝板进行开槽折边、做装饰性造型切割、钻孔、表面贴膜、绘制照片、书写文字、表面喷绘等。由于蜂窝铝板本身的特殊加工性，决定了它只能在工厂车间进行加工，无法和铝塑板一样在工地现场就能进行加工。

蜂窝铝板除了能应用在幕墙上，在建筑行业中还可以用在室内装潢、建筑屋面等地方；在别的行业中，还可以用在船舶、车辆内饰、墙板、地板、吊顶板、隔断、门、风道、赛艇，列车等地方，用途十分广泛。

22　汽车车身用铝板材

22.1　车身轻量化的必然趋势

近年来，各国政府无论是针对 CO_2 的排放标准，还是针对燃油消耗量和 CO_2 超限量排放的罚款法规每年都日趋严格。图 22-1 所示为欧洲对降低 CO_2 排放的时间表及对 CO_2 超限量排放的罚款金额。图 22-2 所示为美国汽车制造企业平均燃油经济性标准，即众所周知的 CAFE。

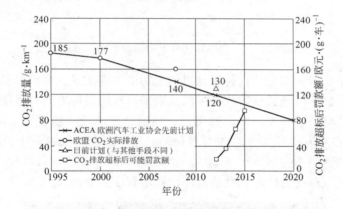

图 22-1　欧洲降低 CO_2 排放和超排放的罚款规定

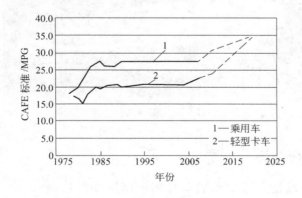

图 22-2　CAFE 标准规定

为了适应上述严格的要求和时间限制，汽车制造业必须对达到环保要求和安全性能方面日益关注，其根本的措施就是减轻车身重量，而要减轻车身重量就必须选择最轻量化的替代材料，也正由于铝质本身的结构特点，铝合金作为轻量化材料的首选。因此，汽车上的铝合金材料使用量呈逐年递增的趋势，图 22 - 3 为西欧每辆汽车中铝的平均使用量的分析。

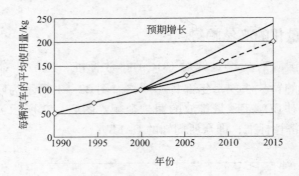

图 22 - 3　西欧每辆汽车中铝的平均使用量

未来汽车是一种以电池代替发动机的无污染交通工具，显然轻量化成为最关键的问题，全铝化框架式整体汽车将成为未来汽车的发展方向。目前，局部或整体使用铝合金材料的车型很多，如宝马、奥迪、沃尔沃、陆虎等。新款奥迪 A8（图 22 - 4）在所有 D 级别车型中有着最轻的车身，在车型参数中，它的重量要比同等车型的钢制车身轻 50%。奥迪 AB3.7quattro 车型仅重 1770kg。在豪华车型中，这个优点对动力性能和燃油经济性有着双重的价值。

图 22 - 4　新款奥迪 A8 铝制车身

22.2　车身铝合金板

汽车车身铝板是交通用车辆车身铝板最主要的代表产品。用作汽车车身（包括车身钣金件）铝板的铝合金主要有 Al - Cu - Mg（2×××系）、Al - Mg

（5×××系）和 Al – Mg – Si（6×××系）。

22.2.1　车身板用铝合金

车身板用铝合金的化学成分见表 22 – 1。

表 22 – 1　国外汽车车身板用铝合金的化学成分（%）

合金牌号	Si	Fe	Cu	Mn	Mg	Cr	Zn	Ti	余量 单个	余量 合计	Al
2008	0.50 ~ 0.8	0.40	0.7 ~ 1.1	0.30	0.25 ~ 0.5	0.10	0.25	0.10	0.05	0.15	余量
2036	0.50	0.50	2.2 ~ 3.0	0.10 ~ 0.4	0.30 ~ 0.6	0.10	0.25	0.15	0.05	0.15	余量
2037	0.50	0.50	1.4 ~ 2.2	0.10 ~ 0.4	0.30 ~ 0.8	0.10	0.25	0.15	0.05	0.15	余量
2038	0.50 ~ 1.3	0.60	0.8 ~ 1.8	0.4 ~ 1.0	0.40 ~ 1.0	0.20	0.50	0.15	0.05	0.15	余量
6009	0.6 ~ 1.0	0.50	0.15 ~ 0.6	0.20 ~ 0.8	0.40 ~ 0.8	0.10	0.25	0.10	0.05	0.15	余量
6010	0.8 ~ 1.2	0.50	0.15 ~ 0.6	0.20 ~ 0.8	0.6 ~ 1.0	0.10	0.25	0.10	0.05	0.15	余量
6016	1.0 ~ 1.5	0.50	0.20	0.20	0.25 ~ 0.6	0.10	0.20	0.15	0.05	0.15	余量
6111	0.7 ~ 1.1	0.40	0.50 ~ 0.9	0.15 ~ 0.45	0.5 ~ 1.0	0.10	0.15	0.10	0.05	0.15	余量
6181	0.8 ~ 1.2	0.45	0.10	0.15	0.6 ~ 1.0	0.10	0.20	0.10	0.05	0.15	余量
5052	0.25	0.40	0.10	0.10	2.2 ~ 2.8	0.15 ~ 0.35	0.10		0.05	0.15	余量
5182	0.20	0.35	0.15	0.20 ~ 0.50	4.0 ~ 5.0	0.25	0.10	0.10	0.05	0.15	余量
5754	0.40	0.40	0.10	0.50	2.6 ~ 3.6	0.30	0.20	0.15	0.05	0.15	余量

2×××系铝合金具有高的强度，优良的锻造性和良好的焊接性能。2036 合金已广泛用于生产车身板。

5×××系铝合金具有接近普通钢板的强度，优良的成形性和抗腐蚀性能，但由于很容易在成形后留下拉伸应变痕迹，而这些表面痕迹又会在喷漆后暴露无遗呈明显的方向性效果，见图 22 – 5。基于 5×××系铝合金的局限性，因此多用于覆盖件内板等形状复杂的部位，很少用于覆盖件的外板。

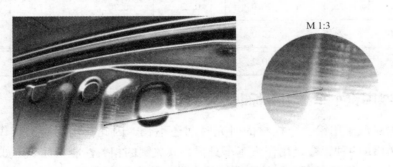

M 1:3

图 22 – 5　5×××系铝合金的拉伸应变痕迹

6×××系铝合金强度高，T4 状态的屈服强度和抗拉强度接近于冷轧钢板，塑性好，具有优良的耐蚀性。特别是板材在冲压成形、喷漆后于 175℃ 烘烤（20～30min）过程中可实现人工时效，获得更高的强度，强度提高约 150MPa。正是由于 6×××系铝合金具有良好的综合性能，已经成为许多汽车生产商的首选新型车身材料。欧洲的汽车生产商一般会使用成形性能较好的 6016 铝合金作为主要的车身板材；而美国的汽车生产商则使用具有足够强度的 6009 和 6010 铝合金作为主要的车身板材。一般用 6009 铝合金制造内层壁板，用 6010 铝合金制造外层壁板。

22.2.2　车身板铝合金的成形性能

显然，在铝合金强度接近于钢板的条件下，其铝合金冲压成形性能指标至关重要。代表冲压成形性能的指标有塑性伸长率、塑性应变比 r 值、拉伸应力硬化指数 n 值、杯突 m 值、180°T 弯次数。表 22-2 列出了轿车车身用 2×××系、5×××系、6×××系铝合金板和钢板的冲压成形性能指标。

表 22-2　轿车车体板用铝合金的成形性能

合金状态	总伸长率/%	均匀伸长率/%	n 值	r 值	杯突 m 值	180°弯曲半径
2002-T4	26.0	20.0	0.25	0.63	9.6	1T
2117-T4	25.0	20.0	0.25	0.59	9.6	1T
2036-T4	24.0	20.0	0.23	0.75	9.1	1T
2037-T4	25.0	20.0	0.24	0.70	9.4	1T
5182-O	26.0	19.0	0.33	0.80	9.9	1/2T
5182-SSF	24.0	19.0	0.31	0.67	9.7	1/2T
6009-T4	25.0	19.0	0.23	0.70	9.7	1/2T
6010-T4	24.0	19.0	0.22	0.70	9.1	1T
深冲钢	42.2	20.2	0.23	1.39	11.9	0T

22.3　我国汽车车身铝板标准

国内对汽车用铝合金板材的研究时间还不长，因此在国标中，仅仅规定了 6106 和 6181 两种铝合金用作汽车车身板，其关键的相关性能指标规定如下。

板材在交货状态 T61 时的室温拉伸力学性能应符合表 22-3 的规定。

表 22 - 3   室温拉伸力学性能

合金状态	厚度/mm	抗拉强度 σ_b/MPa	屈服强度 $\sigma_{0.2}$/MPa	断裂伸长率 δ_{80}/%	平均各向异性	屈强比 $\sigma_{0.2}/\sigma_b$
					不大于	
6016 - T61	0.70 ~ 0.90	≥190	≤130	≥24	0.20	0.55
6181A - T61	1.20 ~ 2.00	≥200	≤140	≥23	0.20	0.60
	>2.00 ~ 2.50	≥220	≤160	≥22	0.20	0.60

板材在烤漆硬化状态 T64（在 T61 状态的基础上，经 2% 冷变形，再（185 ±2)℃保温（20 ±1) min）时的室温拉伸力学性能应符合表 22 - 4 的规定。

表 22 - 4   烤漆硬化状态 T64 的室温拉伸力学性能

合金状态	厚度/mm	抗拉强度 σ_b/MPa	屈服强度 $\sigma_{0.2}$/MPa	断裂伸长率 δ_{80}/%
		不小于		
6016 - T64	0.70 ~ 0.90	220	160	14
6181A - T64	1.20 ~ 2.00	240	200	12

板材在交货状态 T61 时的拉伸应变硬化指数应符合表 22 - 5 的规定。

表 22 - 5   T61 时的拉伸应变硬化指数

合金状态	厚度/mm	拉伸应变硬化指数（5%) n 值		
		0°	45°	90°
		不小于		
6016 - T61	0.70 ~ 0.90	0.26	0.26	0.26
6181A - T61	1.20 ~ 2.00	0.26	0.26	0.26
	>2.00 ~ 2.50	0.26	0.26	0.26

板材在交货状态 T61 时的塑性应变比应符合表 22 - 6 的规定。

表 22 - 6   T61 时的塑性应变比

合金状态	厚度/mm	塑性应变比（10%) r 值		
		0°	45°	90°
		不小于		
6016 - T61	0.70 ~ 0.90	0.65	0.45	0.60
6181A - T61	1.20 ~ 2.00	0.55	0.40	0.50
	>2.00 ~ 2.50	0.55	0.40	0.50

22.4   欧美汽车车身铝板研究

欧美对车身用铝合金板材的研究和应用的时间早，分别开发了车身外板和内板。

22.4.1　车身外板

　　车身外板采用的是 Al－Mg－Si 系合金。欧洲使用的标准车身外板是 AA 6016 合金，同一系列的 Ac－120 合金使用最多，Ac－121 合金能够改善弯曲性，对于无铜的 Ac－122、Ac－140 合金有良好的刚度。北美使用的标准车身外板是 AA 6111 合金。

　　Al－Mg－Si 系合金在电涂层固化后的强度较高，屈服强度 $\geq 200\text{MPa}$（包括 2% 预拉伸），见图 22－6。

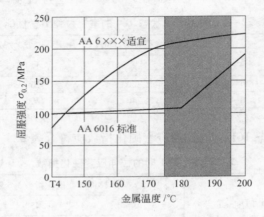

图 22－6　Al－Mg－Si 系合金电电泳固化强度
▓电涂层固化温度范围

　　由于过剩量 Si 可以加速时效过程，致使可淬性强、时效硬化响应快，具有良好的时效性能，见图 22－7。

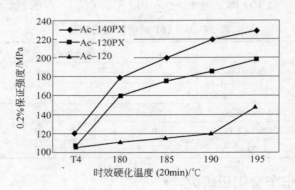

图 22－7　AA6016（Ac－120、Ac－120PX、
Ac－140PX）时效可淬性

在 T4 状态还具有较好的成形性，见图 22 - 8。

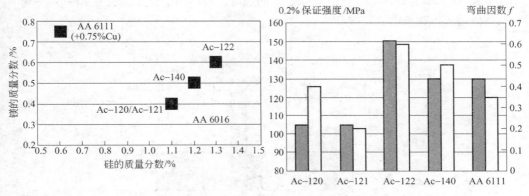

图 22 - 8　Al - Mg - Si 系合金的成形性能

22.4.2　车身内板

车身内板采用铝合金有两种：一是显露在外面的内板，采用 Al - Mg - Si 系合金，典型的代表是 6181 合金；二是不显露在外面的内板，采用 Al - Mg 系合金，典型的代表是 AA 5754 和 AA5182 合金。上述几种合金的化学成分和力学性能、成形性能见表 22 - 7。

表 22 - 7　车身内板铝合金成分及性能

AA	典型成分质量分数/%			抗拉测试数据[①]				
	Mg	Si	Mn	0.2%保证强度/MPa	抗拉强度/MPa	δ_{80}/%	n	r
5754	3.0		0.3	110	220	25	0.30	0.70
5182	4.5		0.3	135	270	26	0.31	0.80
6181A	0.8	0.9		120	230	25	0.26	0.65

①状态：AA 5×××：0，AA 6×××：T4。

采用 6181 合金制作显露在外面的内板的优点首先是无拉伸机印痕，适用于显露在外面的内板；另则，由于 Al - Mg - Si 系合金固有的特点，时效可淬性带来的强度提高可使板材厚度变薄，虽然可成形性比不上 Al - Mg 系合金，但也足以供大多数面板使用；再加上车身内板和外板都是同一合金系，易于工艺废料回收。

采用 AA 5754 和 AA5182 合金作不显露在外面的内板其最大的优点是既保证了一定的强度需求，又具有最优的成形性能和不显露的拉伸机印痕表面。

图 22 –9 表现的是 Al – Mg – Si 系 AA6181A 合金和 AA6016 合金在 T4 状态下的强度和 Al – Mg 系 AA5182 合金 O 状态下的强度比较。图中充分体现了 Al – Mg – Si 系时效可淬性带来的强度提高。

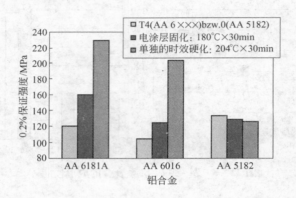

图 22 – 9   Al – Mg – Si 系和 Al – Mg 系合金的强度

22.4.3 车身内外板复合材料

Novelis 公司采用双金属复合锭铸造技术生产汽车铝合金复合板，在本书装备篇现代复合锭铸造技术章节中已经作了阐述。双金属铝合金复合板可以作为包括窗框在内的单件车门内板的设计材料，因为它能够在同一个产品的内外两侧结合不同的特性。其拥有增强的延展性和极佳的包边能力，核心层的铝合金保证了成形性能，内外两侧的合金提供了极佳的抗腐蚀性能。2008年 9 月，某领先的汽车制造商率先采用 Novelis FusionTM AF350 生产车门的内板，见图 22 – 10。

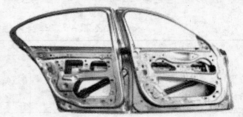

图 22 – 10   使用 Novelis FusionTM AF350 生产的车门内板

Novelis 提供的 Novelis Fusion 多合金的铝板材能够制造出任何复杂形状的汽车覆盖件，这样使得汽车商制造的产品不仅会有更好的性能，而且会有更精益的过程和更节省的成本。

22.5 日本汽车车身铝板研究

日本对车身用铝合金板材的研究时间长，开发了不可热处理强化的 GZ45、GZ145、GC45、GC150、GM245 和可热处理强化的 CV10、SG12、SG08、CV15 两大系列多种新型合金，其合金成分和相关性能指标见表 22 – 8。

表 22 - 8　日本开发车身用铝合金板的成分和性能

合金	成分/%	σ_b/MPa	$\sigma_{0.2}$/MPa	δ/%	n 值	r 值
GZ45	Al - 4.5Mg - 1.5Zn - Cu	300	150	30	0.29	0.68
GZ145	Al - 1.5Mg - 1.5Zn - Cu	270	140	30	0.30	0.65
GC45	Al - 4.5Mg - Cu	270	140	30	0.30	0.67
GC150	Al - 5.0Mg - Cu	280	140	34	0.31	0.63
GM245	Al - 4.5Mg	270	130	28	0.30	0.70
SG12	Al - 0.5Mg - 1.3Si	260	140	28	0.23	0.70
SG08	Al - 0.7Mg - 0.8Si - Cu	280	150	28	0.23	0.70
CV10	Al - 1.1Mg - 0.5Si - Cu	240	130	26	0.25	0.70
CV15	Al - 1.9Cu - 0.5Mg - 0.5Si	320	160	25	0.25	0.70

　　从表 22 - 8 中可以看出，GZ45、GZ145 合金属于 Al - Mg - Zn - Cu 系，GZ45 合金抗拉强度可达 300MPa，伸长率可达 30% 。由于 Zn 含量较高，虽然有一定的自然时效能力，但不利于零件冲制和保持零件形状稳定，甚至在个别情况下会产生裂缝。因此开发了 Zn 含量较低的 GZ145 合金，因无自然时效能力，抗拉强度减至 270MPa；但伸长率仍然为 30% 。既能保证零件冲制，又能保持零件形状稳定。

　　GC45、GC150 合金属于 Al - Mg - Cu 系，GC45 无自然时效能力，其抗拉强度、成形性能与 GZ145 合金相当。由于 GC150 合金增加了 Mg 含量至 5.0% ，抗拉强度升高 10MPa，伸长率同步升高，可达 34% 。

　　GM245 合金属于 Al - Mg 系，它的开发是为了取代 5182 合金，GM245 合金比 5182 合金伸长率高；然而由于 GM245 合金不含 Cu，在喷漆烘烤后，屈服强度会有较大的下降。

　　SG12 合金是一种含有过剩量 Si 的 Al - Mg - Si 系合金，可热处理强化。过剩量 Si 可以加速时效过程，在 200℃ 烘烤后，屈服强度约可升高 120MPa，且可达到 Al - Mg - Zn 系合金相同的强度，对于减薄车身板厚度是有利的。由于 Al - Mg - Si 系合金的车身部件在喷漆后的烘烤温度一般都是 170℃，在此温度下具有良好的时效性能。

　　SG08 和 CV10 合金是在 Al - Mg - Si 系合金中又添加了少量的 Cu 后变为 Al - Mg - Si - Cu 系合金，可热处理强化，在喷漆烘烤后不仅有高的强度，而且抗碰撞的性能也得到改善。SG08 合金的 Cu 含量与 6009 合金相当，CV10 合金的 Cu 含量与 6061 合金相等。SG08 合金与 CV 合金相比，Mg 含量少，Si 含量高，则固溶处理性能能够得到改善。T4 状态的 SG08 合金和 SG12 合金相比，不仅屈服强度高，而且有良好的成形性能与形状稳定性。

CV15 合金属于 Al – Cu – Mg 系，可热处理强化合金，与传统的车身板合金 2036 相比，其 Cu 含量下降，并添加了 Si，因而既保持了与 2036 合金相当的成形性能，又在喷漆烘烤后强度会显著提高。在冲压成形过程中，它的屈服强度会有较大幅度增加，相对 Al – Mg 系和 Al – Mg – Si 系合金高得多。

22.6　汽车工厂车身板部件加工及组装工艺

铝加工厂生产汽车车身板的工艺仍然是典型的板带生产工艺，即熔炼→铸造→锯切→铣面→加热→热轧→冷轧→热处理→拉矫→表面处理→纵剪或横剪→产品（卷材或片材）。

在生产铝合金轿车的工厂里，可以看见铝加工厂提供的铝卷或单张的铝合金板材通过一条车身板部件加工成形及组装的流水作业线。车身铝合金板的表面在部件加工成形前，必须进行表面处理。成卷的铝合金带材的表面处理可在铝加工厂进行，也可在轿车制造厂进行；成张的铝合金板材则多在铝加工厂进行。

汽车工厂加工成形的车身板部件见图 22 – 11。若表面处理在轿车制造厂进行，其部件加工成形及组装工艺则是表面处理→喷润滑剂→冲压成形→联接（图 22 – 12）→点焊→部件组装→车身组装（图 22 – 13）→喷漆与烘烤→修理→钻孔→装修与装配→装机械部件→装车身钣金件→最终修整。

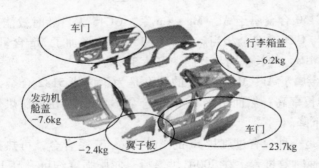

图 22 – 11　加工成形的汽车车身板部件图示

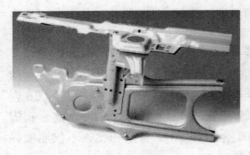

图 22 – 12　联接

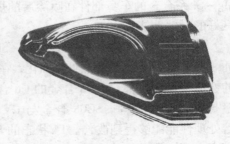

图 22 – 13　装车身钣金件

22.7　中国交通铝板用量步入快速增长期

2010 年，中国汽车无论是生产量，还是销售量，都超过了 2000 万辆。除汽车快速增长外，2009 年 6 月，国内最大、最先进（长 60m、宽 18m、深 5.9m，最高航速 70km/h），用于水上客运、海洋监测、安全救助、海关缉私的铝合金穿浪双体船下水。2009 年，全铝高速动车组采购 800 列计 9260 辆，在世界铁路建设与营运史上是绝无仅有的，而且，这个用量还可持续到 2013 年。美铝与郑州宇通客车有限公司合作生产的全铝公交车已经在郑州、北京、济南等地试运行；美铝还与中集车辆有限公司合作，开发了铝合金油罐车，与传统的不锈钢油罐车相比，铝车重量下降 30%，在其服务周期内可减少 CO_2 排放量 90t。2009 年 12 月，第一辆全铝半挂车研制成功，通过鉴定的轻量化铝合金车厢的质量为 252kg，比钢制车厢轻 178kg，轻化率为 41.4%，节油率可超过 6%。山东丛林集团现已具备生产铝半挂车的能力可达 5000 辆/年。2009 年 12 月，青岛重汽集团专用汽车公司研发的铝合金轻量化自卸车成功下线。另外，早已在集装箱使用的超宽 2m 的铝合金涂层外板需求量也在迅速增长。

"十二五"期间，中国铁路建设继续加快推进，与"十一五"相比，铁路新线建设将增长 87.5%。到"十二五"末，以高速铁路为主骨架的快速铁路网将达到 4.5 万公里，中国西部地区铁路将达到 5 万公里左右。

上述告诉人们：中国交通铝板用量步入到快速增长期。

附 录

附录1　中国变形铝及铝合金状态代号及表示方法
（GB/T 16475—1996）

　　根据 GB/T 16475—1996 标准规定，基础状态代号用一个英文大写字母表示。细分状态代号采用基础状态代号后跟一位或多位阿拉伯数字表示方法。

　　A　基础状态代号

　　基础状态代号分为 5 种，如表 1 所示。

表 1　基础状态代号

代号	名　　称	说明与应用
F	自由加工状态	适用于在成形过程中，对于加工硬化和热处理条件无特殊要求的产品，该状态产品的力学性能不作规定
O	退火状态	适用于经完全退火获得最低强度的加工产品
H	加工硬化状态	适用于通过加工硬化提高强度的产品，产品在加工硬化后可经过（也可不经过）使强度有所降低的附加热处理 H 代号后面必须跟有两位或三位阿拉伯数字
W	固溶热处理状态	一种不稳定状态，仅适用于经固溶热处理后，室温下自然时效的合金，该状态代号仅表示产品处于自然时效阶段
T	热处理状态 （不同于 F、O、H 状态）	适用于热处理后，经过（或不经过）加工硬化达到稳定状态的产品 T 代号后面必须跟有一位或多位阿拉伯数字

　　B　细分状态代号

　　（1）H（加工硬化）的细分状态，即在字母 H 后面添加两位阿拉伯数字（称作 HXX 状态），或三位阿拉伯数字（称作 HXXX 状态）表示 H 的细分状态。

　　1）HXX 状态。H 后面的第一位数字表示获得该状态的基本处理程序，如下所示：

　　H1——单纯加工硬化状态。适用于未经附加热处理，只经加工硬化即获得所需强度的状态。

　　H2——加工硬化及不完全退火的状态。适用于加工硬化程度超过成品规定要求后，经不完全退火，使强度降低到规定指标的产品。对于室温下自然时效软化的合金，H2 与对应的 H3 具有相同的最小极限抗拉强度值；对于其他合金，H2 与对应的 H1 具有相同的最小极限抗拉强度值，但伸长率比 H1 稍高。

H3——加工硬化及稳定化处理的状态。适用于加工硬化后经低温热处理或由于加工过程中的受热作用致使其力学性能达到稳定的产品。H3 状态仅适用于在室温下逐渐时效软化（除非经稳定化处理）的合金。

H4——加工硬化及涂漆处理的状态。适用于加工硬化后，经涂漆处理导致了不完全退火的产品。

H 后面的第二位数字表示产品的加工硬化程度。数字 8 表示硬状态。通常采用 O 状态的最小抗拉强度与表 2 规定的强度差值之和，来规定 HX8 状态的最小抗拉强度值。对于 O（退火）和 HX8 状态之间的状态，应在 HX 代号后分别添加从 1 到 7 的数字来表示，在 HX 后添加数字 9 表示比 HX8 加工硬化程度更大的超硬状态。各种 HXX 细分状态代号及对应的加工硬化程度如表 3 所示。

表 2　HX8 状态与 O 状态的最小抗拉强度的差值

O 状态的最小 抗拉强度/MPa	HX8 状态与 O 状态的最小 抗拉强度差值/MPa	O 状态的最小 抗拉强度/MPa	HX8 状态与 O 状态的最小 抗拉强度差值/MPa
≤40	55	165 ~ 200	100
45 ~ 60	65	205 ~ 240	105
65 ~ 80	75	245 ~ 280	110
85 ~ 100	85	285 ~ 320	115
105 ~ 120	90	≥325	120
125 ~ 160	95		

表 3　HXX 细分状态代号与加工硬化程度

细分状态代号	加工硬化程度
HX1	抗拉强度极限为 O 与 HX2 状态的中间值
HX2	抗拉强度极限为 O 与 HX4 状态的中间值
HX3	抗拉强度极限为 HX2 与 HX4 状态的中间值
HX4	抗拉强度极限为 O 与 HX8 状态的中间值
HX5	抗拉强度极限为 HX4 与 HX6 状态的中间值
HX6	抗拉强度极限为 HX4 与 HX8 状态的中间值
HX7	抗拉强度极限为 HX6 与 HX8 状态的中间值
HX8	硬状态
HX9	超硬状态，最小抗拉强度极限值超 HX8 状态至少 10MPa

注：当按上表确定的 HX1 ~ HX9 状态抗拉强度极限值不是以 0 或 5 结尾时，应修正至以 0 或 5 结尾的相邻较大值。

2）HXXX 状态。HXXX 状态代号如下所示：

H111——适用于是终退火后又进行了适量的加工硬化，但加工硬化程度又不及 H11 状态的产品。

H112——适用于热加工成型的产品。该状态产品的力学性能有规定要求。

H116——适用于镁含量≥4.0% 的 5XXX 系合金制成的产品。这些产品具有规定的力学性能和抗剥落腐蚀性能要求。

花纹板的状态代号

花纹板的状态代号和其对应的压花前的板材状态代号如表 4 所示。

表4 花纹板和其压花前的板材状态代号对照

花纹板的状态代号	压花前的板材状态代号	花纹板的状态代号	压花前的板材状态代号
H114	O	H164 H264 H364	H15 H25 H35
H124 H224 H324	H11 H21 H31	H174 H274 H374	H16 H26 H36
H134 H234 H334	H12 H22 H32	H184 H284 H384	H17 H27 H37
H144 H244 H344	H13 H23 H33	H194 H294 H394	H18 H28 H38
H154 H254 H354	H14 H24 H34	H195 H295 H395	H19 H29 H39

（2）T 的细分状态，即在字母 T 后面添加一位或多位阿拉伯数字表示 T 的细分状态。

1）TX 状态。在 T 后面添加 010 的阿拉伯数字，表示的细分状态（称作 TX 状态），如表 5 所示。T 后面的数字表示对产品的基本处理程序。

表5 TX 细分状态代号说明与应用

状态代号	说明与应用
T0	固溶热处理后，经自然时效再通过冷加工的状态 适用于经冷加工提高强度的产品

状态代号	说明与应用
T1	由高温成形过程冷却，然后自然时效至基本稳定的状态； 适用于由高温成形过程冷却后，不再进行冷加工（可进行矫直、矫平，但不影响力学性能极限）的产品
T2	由高温成形过程冷却，经冷加工后自然时效至基本稳定的状态； 适用于由高温成形过程冷却后，进行冷加工、或矫直、矫平以提高强度的产品
T3	固溶热处理后进行冷加工，再经自然时效至基本稳定的状态； 适用于在固溶热处理后，进行冷加工、或矫直、矫平以提高强度的产品
T4	固溶热处理后自然时效至基本稳定的状态； 适用于固溶热处理后，不再进行冷加工（可进行矫直、矫平，但不影响力学性能极限）的产品
T5	由高温成形过程冷却，然后进行人工时效的状态； 适用于由高温成形过程冷却后，不经过冷加工（可进行矫直、矫平，但不影响力学性能极限），予以人工时效的产品
T6	固溶热处理后进行人工时效的状态； 适用于固溶热处理后，不再进行冷加工（可进行矫直、矫平，但不影响力学性能极限）的产品
T7	固溶热处理后进行过时效的状态； 适用于固溶热处理后，为获取某些重要特性，在人工时效时，强度在时效曲线上越过了最高峰点的产品
T8	固溶热处理后经冷加工，然后进行人工时效的状态； 适用于经冷加工、或矫直、矫平以提高强度的产品
T9	固溶热处理后人工时效，然后进行冷加工的状态； 适用于经冷加工提高强度的产品
T10	由高温成形过程冷却后，进行冷加工，然后人工时效的状态； 适用于经冷加工、或矫直、矫平以提高强度的产品

注：某些 6×××系的合金，无论是炉内固溶热处理，还是从高温成形过程急冷以保留可溶性组分在固溶体中，均能达到相同的固溶热处理效果，这些合金的 T3、T4、T6、T7、T8 和 T9 状态可采用上述两种

2）TXX 状态及 TXXX 状态（消除应力状态除外）。在 TX 状态代号后面再添加一位阿拉伯数字（称作 TXX 状态），或添加两位阿拉伯数字（称作 TXXX 状态），表示经过了明显改变产品特性（如力学性能、抗腐蚀性能等）的特定工艺处理的状态，如表 6 所示。

表 6 TXX 及 TXXX 细分代号说明与应用

状态代号	说明与应用
T42	适用于自 O 或 F 状态固溶热处理后，自然时效到充分稳定状态的产品，也适用于需方任何状态的加工产品热处理后，力学性能达到 T42 状态的产品
T62	适用于自 O 或 F 状态固溶热处理后，进行人工时效的产品，也适用于需方对任何状态的加工产品热处理后，力学性能达到 T62 状态的产品
T73	适用于固溶热处理后，经过时效以达到规定的力学性能和抗应力腐蚀性能指标的产品
T74	与 T73 状态定义相同。该状态的抗拉强度大于 T73 状态，但小于 T76 状态
T76	与 T73 状态定义相同。该状态的抗拉强度分别高于 T73、T74 状态，抗应力腐蚀断裂性能分别低于 T73、T74 状态，但其抗剥落腐蚀性能仍较好
T7X2	适用于自 O 或 F 状态固溶热处理后，进行人工过时效处理，力学性能及抗腐蚀性能达到 T7X 状态的产品
T81	适用于固溶热处理后，经 1% 左右的冷加工变形提高强度，然后进行人工时效的产品
T87	适用于固溶热处理后，经 7% 左右的冷加工变形提高强度，然后进行人工时效的产品

3）消除应力状态，即在上述 TX、TXX 或 TXXX 状态代号后面再添加 "51"、"510"、"511" 或 "54" 表示经历了消除应力处理的产品状态代号，如表 7 所示。

表 7 消除应力状态代号说明与应用

状态代号	说明与应用
TX51 TXX51 TXXX51	适用于固溶热处理或自高温成形过程冷却后，按规定量进行拉伸的厚板、轧制或冷精整的棒材以及模锻件、锻环或轧制环，这些产品拉伸后不再进行矫直； 厚板的永久变形量为 1.5% ~3%；轧制或冷精整棒材的永久变形量为 1% ~3%；模锻件、锻环或轧制环的永久变形量为 1% ~5%
TX510 TXX510 TXXX510	适用于固溶热处理或自高温成形过程冷却后，按规定量进行拉伸的挤制棒、型材和管材，以及拉制管材，这些产品拉伸后不再进行矫直； 挤制棒、型材和管材的永久变形量 1% ~3%；拉制管材的永久变形量为 1.5% ~3%
TX511 TXX511 TXXX511	适用于固溶热处理或自高温成形过程冷却后，按规定量进行拉伸的挤制棒、型材和管材，以及拉制管材，这些产品拉伸后略微矫直以符合标准公差； 挤制棒、型材和管材的永久变形量 1% ~3%；拉制管材的永久变形量为 1.5% ~3%
TX52 TXX52 TXXX52	适用于固溶热处理或高温成形过程冷却后，通过压缩来消除应力，以产生 1% ~5% 的永久变形量的产品
TX54 TXX54 TXXX54	适用于在终锻模内通过冷整形来消除应力的模锻件

（3）W 的消除应力状态，正如 T 的消除应力状态代号表示方法，可在 W 状态代号后面添加相同的数字（如 51、52、54），以表示不稳定的固溶热处理及消除应力状态。

（4）原状态代号与新状态代号的对照，如表 8 所示。

表 8　原状态号与相应的新状态号

旧代号	新代号	旧代号	新代号	旧代号	新代号
M	O	T	HX9	MCS	T62
R	H112 或 F	CZ	T4	MCZ	T42
Y	HX8	CS	T6	CGS1	T73
Y1	HX6	CYS	TX51、TX52 等	CGS2	T76
Y2	HX4	CZY	T0	CGS3	T74
Y4	HX2	CSY	T9	RCS	T5

注：原以 R 状态交货的、提供 CZ、CS 试样性能的产品，其状态可分别对应新代号 T62、T42。

附录2 中国变形铝及铝合金化学成分表

化学成分(质量分数)/%

序号	牌号	Si	Fe	Cu	Mn	Mg	Cr	Ni	Zn		Ti	Zr	其他单个	其他合计	Al	备注
1	1A99	0.003	0.003	0.005									0.002		99.99	LG5
2	1A97	0.015	0.015	0.005									0.005		99.97	LG4
3	1A95	0.030	0.030	0.010									0.005		99.95	LG3
4	1A93	0.040	0.040	0.010									0.007		99.93	LG2
5	1A90	0.060	0.060	0.010									0.01		99.90	LG1
6	1A85	0.08	0.10	0.01									0.01		99.85	
7	1A80	0.15	0.15	0.03	0.02	0.02			0.03	Ca 0.03, V0.05	0.03		0.02		99.80	
8	1A80A	0.15	0.15	0.03	0.02	0.02			0.06	Ca 0.03	0.02		0.02		99.80	
9	1070	0.20	0.25	0.04	0.03	0.03			0.04	V0.05	0.03		0.03		99.70	
10	1070A	0.20	0.25	0.03	0.03	0.03			0.07		0.03		0.03		99.70	
11	1370	0.10	0.25	0.02	0.01	0.02	0.01		0.04	Ca 0.03, V+Ti 0.02, B 0.02			0.02	0.10	99.70	
12	1060	0.25	0.35	0.05	0.03	0.03			0.05	V0.05	0.03		0.03		99.60	
13	1050	0.25	0.40	0.05	0.05	0.05			0.05	V0.05	0.05		0.03		99.50	
14	1050A	0.25	0.40	0.05	0.05	0.05			0.07		0.05		0.03		99.50	
15	1A50	0.30	0.30	0.01	0.05	0.05			0.03	Fe+Si 0.45			0.03		99.50	LB2
16	1350	0.10	0.40	0.05	0.01	0.05	0.01		0.05	Ca 0.03, V+Ti 0.02, B 0.05			0.03	0.10	99.50	
17	1145	Si+Fe 0.55		0.05	0.05	0.05			0.05	V 0.05	0.03		0.03		99.45	
18	1035	0.35	0.60	0.10	0.05	0.05			0.10	V 0.05	0.03		0.03		99.35	
19	1A30	0.10~0.20	0.15~0.30	0.05	0.01	0.01		0.01	0.02		0.02		0.03		99.30	L4
20	1100	Si+Fe 0.95		0.05~0.20	0.05				0.10	①			0.05	0.15	99.00	-1

续表

化学成分（质量分数）/%

序号	牌号	Si	Fe	Cu	Mn	Mg	Cr	Ni	Zn		Ti	Zr	其他 单个	其他 合计	Al	备注
21	1200	Si + Fe1.00		0.05	0.05				0.10		0.05		0.05	0.15	99.00	
22	1235	Si + Fe 0.65		0.05	0.05	0.05			0.10	V 0.05	0.06		0.03		99.35	
23	2A01	0.50	0.50	2.2~3.0	0.20	0.20~0.50			0.10		0.15		0.05	0.10	余量	LY1
24	2A02	0.30	0.30	2.6~3.2	0.45~0.70	2.0~2.4			0.10		0.15		0.05	0.10	余量	LY2
25	2A04	0.30	0.30	3.2~3.7	0.50~0.80	2.1~2.6			0.10	Be 0.001~0.010	0.05~0.40		0.05	0.10	余量	LY4
26	2A06	0.50	0.50	3.8~4.3	0.50~1.0	1.7~2.3			0.10	Be 0.001~0.005	0.03~0.15		0.05	0.10	余量	LY6
27	2A10	0.25	0.20	3.9~4.5	0.30~0.50	0.15~0.30			0.10		0.15		0.05	0.10	余量	LY10
28	2A11	0.70	0.70	3.8~4.8	0.40~0.80	0.40~0.80		0.10	0.30	Fe + Ni 0.70	0.15		0.05	0.10	余量	LY11
29	2B11	0.50	0.50	3.8~4.5	0.40~0.80	0.40~0.80			0.10		0.15		0.05	0.10	余量	LY8
30	2A12	0.50	0.50	3.8~4.9	0.30~0.9	1.2~1.8		0.10	0.30	Fe + Ni 0.50	0.15		0.05	0.10	余量	LY12
31	2B12	0.50	0.50	3.8~4.5	0.30~0.7	1.2~1.6			0.10		0.15		0.05	0.10	余量	LY9
32	2A13	0.7	0.60	4.0~5.0		0.30~0.50			0.6		0.15		0.05	0.10	余量	LY13
33	2A14	0.6~1.2	0.70	3.9~4.8	0.40~1.0	0.40~0.80		0.10	0.30		0.15		0.05	0.10	余量	LD10
34	2A16	0.30	0.30	6.0~7.0	0.40~0.8	0.05			0.10		0.10~0.20	0.20	0.05	0.10	余量	LY16
35	2B16	0.25	0.30	5.8~6.8	0.20~0.40	0.05				V 0.05~0.15	0.08~0.20	0.10~0.25	0.05	0.10	余量	
36	2A17	0.30	0.30	6.0~7.0	0.40~0.8	0.25~0.45			0.10		0.10~0.20		0.05	0.10	余量	LY17
37	2A20	0.20	0.30	5.8~6.8		0.02			0.10	V 0.05~0.15 B 0.001~0.01	0.07~0.16	0.10~0.25	0.05	0.15	余量	LY20
38	2A21	0.20	0.20~0.60	3.0~4.0	0.05	0.8~1.2		1.8~2.3	0.20		0.05		0.05	0.15	余量	

续表

序号	牌号	化学成分（质量分数）/% Si	Fe	Cu	Mn	Mg	Cr	Ni	Zn		Ti	Zr	其他 单个	其他 合计	Al	备注
39	2A25	0.06	0.06	3.6~4.2	0.50~0.7	1.0~1.5		0.06			0.08~0.12		0.05	0.10	余量	
40	2A49	0.25	0.8~1.2	3.2~3.8	0.30~0.6	1.8~2.2		0.8~1.2					0.05	0.15	余量	
41	2A50	0.7~1.2	0.7	1.8~2.6	0.40~0.8	0.40~0.8		0.10	0.30	Fe+Ni 0.7	0.15		0.05	0.10	余量	LD5
42	2B50	0.7~1.2	0.7	1.8~2.6	0.40~0.8	0.40~0.8		0.10	0.30	Fe+Ni 0.7	0.02~0.10		0.05	0.10	余量	LD6
43	2A70	0.35	0.9~1.5	1.9~2.5	0.20	1.4~1.8	0.01~0.20	0.9~1.5	0.30		0.02~0.10		0.05	0.10	余量	LD7
44	2B70	0.25	0.9~1.4	1.8~2.7	0.20	1.2~1.8		0.8~1.4	0.15	Pb 0.05, Sn 0.05 Ti+Zr 0.20	0.10		0.05	0.15	余量	
45	2A80	0.50~1.2	1.0~1.6	1.9~2.5	0.20	1.4~1.8		0.9~1.5	0.30		0.15		0.05	0.10	余量	LD8
46	2A90	0.50~1.0	0.50~1.0	3.5~4.5	0.20	0.40~0.8		1.8~2.3	0.30		0.15		0.05	0.10	余量	LD9
47	2004	0.20	0.20	5.5~6.5	0.10	0.50			0.10		0.05	0.30~0.50	0.05	0.15	余量	
48	2011	0.40	0.7	5.0~6.0					0.30	Bi 0.20~0.6 Pb 0.20~0.6			0.05	0.15	余量	
49	2014	0.50~1.2	0.7	3.9~5.0	0.40~1.2	0.20~0.8	0.10		0.25		0.15		0.05	0.15	余量	
50	2014A	0.50~0.9	0.50	3.9~5.0	0.40~1.2	0.20~0.8	0.10	0.10	0.25	Ti+Zr 0.20	0.15		0.05	0.15	余量	
51	2214	0.50~1.2	0.30	3.9~5.0	0.40~1.2	0.20~0.8	0.10		0.25	③	0.15		0.05	0.15	余量	
52	2017	0.20~0.8	0.7	3.5~4.5	0.40~1.0	0.40~0.8	0.10		0.25	③	0.15		0.05	0.15	余量	
53	2017A	0.20~0.8	0.7	3.5~4.5	0.40~1.0	0.40~1.0	0.10		0.25	③ Ti+Zr 0.25			0.05	0.15	余量	
54	2117	0.8	0.7	2.2~3.0	0.20	0.20~0.50	0.10		0.25				0.05	0.15	余量	
55	2218	0.9	1.0	3.5~4.5	0.20	1.2~1.8		1.7~2.3	0.25				0.05	0.15	余量	
56	2618	0.10~0.25	0.9~1.3	1.9~2.7		1.3~1.8		0.9~1.2	0.10		0.04~0.10		0.05	0.15	余量	

续表

序号	牌号	化学成分（质量分数）/%											其他		Al	备注
		Si	Fe	Cu	Mn	Mg	Cr	Ni	Zn		Ti	Zr	单个	合计		
57	2219	0.20	0.30	5.8~6.8	0.20~0.40	0.02			0.10	V0.05~0.15	0.02~0.10	0.10~0.25	0.05	0.15	余量	LY19
58	2024	0.50	0.50	3.8~4.9	0.30~0.9	1.2~1.8	0.10		0.25	③	0.15		0.05	0.15	余量	
59	2124	0.20	0.30	3.8~4.9	0.30~0.9	1.2~1.8	0.10		0.25	③	0.15		0.05	0.15	余量	
60	3A21	0.6	0.7	0.2	1.0~1.6	0.05			0.10④		0.15		0.05	0.10	余量	LF21
61	3003	0.6	0.7	0.05~0.20	1.0~1.5				0.10				0.05	0.15	余量	
62	3103	0.50	0.7	0.10	0.9~1.5	0.30	0.10		0.20	Ti+Zr 0.10			0.05	0.15	余量	
63	3004	0.30	0.7	0.25	1.0~1.5	0.8~1.3			0.25				0.05	0.15	余量	
64	3005	0.6	0.7	0.30	1.0~1.5	0.20~0.6	0.10		0.25		0.10		0.05	0.15	余量	
65	3105	0.6	0.6	0.30	0.30~0.8	0.20~0.8	0.20		0.40		0.10		0.05	0.15	余量	
66	4A01	4.5~6.0	0.6	0.20					Zn+Sn 0.10		0.15		0.05	0.15	余量	LT1
67	4A11	11.5~13.5	1.0	0.50~1.3	0.20	0.8~1.3	0.10	0.50~1.3	0.25		0.15		0.05	0.15	余量	LD11
68	4A13	6.8~8.2	0.50	Cu+Zn 0.15	0.50	0.05				Ca 0.10	0.15		0.05	0.15	余量	LT13
69	4A17	11.0~12.5	0.50	Cu+Zn 0.15	0.50	0.05				Ca 0.10	0.15		0.05	0.15	余量	LT17
70	4004	9.0~10.5	0.8	0.25	0.10	1.0~2.0			0.20				0.05	0.15	余量	
71	4032	11.0~13.5	1.0	0.50~1.3		0.8~1.3	0.10	0.50~1.3	0.25				0.05	0.15	余量	
72	4043	4.5~6.0	0.8	0.30	0.05	0.05			0.10	①	0.20		0.05	0.15	余量	
73	4043A	4.5~6.0	0.6	0.30	0.15	0.20			0.10	①	0.15		0.05	0.15	余量	
74	4047	11.0~13.0	0.8	0.30	0.15	0.10			0.20	①			0.05	0.15	余量	
75	4047A	11.0~13.0	0.6	0.30	0.15	0.10			0.20	①	0.15		0.05	0.15	余量	
76	5A01	Si+Fe 0.40		0.10	0.30~0.7 或Cr 0.15~0.40	6.0~7.0	0.10~0.20		0.25		0.15	0.10~0.20	0.05	0.15	余量	LF15
77	5A02	0.40	0.40	1.10		2.0~2.8				Si+Fe 0.6	0.15		0.05	0.15	余量	LF2

续表

化学成分（质量分数）/%

序号	牌号	Si	Fe	Cu	Mn	Mg	Cr	Ni	Zn	其他元素	Ti	Zr	其他 单个	其他 合计	Al	备注
78	5A03	0.50~0.80	0.50	0.10	0.30~0.6	3.2~3.8			0.20		0.15		0.05	0.10	余量	LF3
79	5A05	0.50	0.50	0.10	0.30~0.6	4.8~5.5			0.20				0.05	0.10	余量	LF5
80	5B05	0.40	0.40	0.20	0.20~0.6	4.7~5.7				Si+Fe 0.6	0.15		0.05	0.10	余量	LF10
81	5A06	0.40	0.40	0.10	0.50~0.8	5.8~6.8			0.20	Be 0.0001~0.005②	0.02~0.10		0.05	0.10	余量	LF6
82	5B06	0.40	0.40	0.10	0.50~0.8	5.8~6.8			0.20	Be 0.0001~0.005②	0.10~0.30		0.05	0.10	余量	LF14
83	5A12	0.30	0.30	0.05	0.40~0.8	8.3~9.6		0.10	0.20	Be 0.005Sb 0.004~0.05	0.05~0.15		0.05	0.10	余量	LF12
84	5A13	0.30	0.30	0.05	0.40~0.80	9.2~10.5		0.10	0.20	Be 0.005Sb 0.004~0.05	0.05~0.15		0.05	0.10	余量	LF13
85	5A30	Si+Fe 0.40		0.10	0.50~1.0	4.7~5.5			0.25	Cr 0.05~0.20	0.03~0.15		0.05	0.10	余量	LF16
86	5A33	0.35	0.35	0.10	0.10	6.0~7.5			0.50~1.5	Be 0.0005~0.005②	0.05~0.15	0.10~0.30	0.05	0.10	余量	LF33
87	5A41	0.40	0.40	0.10	0.30~0.6	6.0~7.0			0.20		0.02~0.10		0.05	0.10	余量	LT41
88	5A43	0.40	0.40	0.10	0.15~0.40	0.6~1.4					0.15		0.05	0.15	余量	LF43
89	5A66	0.005	0.01	0.005		1.5~2.0							0.005	0.01	余量	LT66
90	5005	0.30	0.7	0.20	0.20	0.50~1.1	0.10		0.25				0.05	0.15	余量	
91	5019	0.40	0.50	0.10	0.10~0.6	4.5~5.6	0.20		0.20	Mo+Cr 0.1~0.6	0.20		0.05	0.15	余量	
92	5050	0.40	0.7	0.20	0.10	1.1~1.8	0.10		0.25				0.05	0.15	余量	
93	5251	0.40	0.50	0.15	0.10~0.50	1.7~2.4	0.15		0.15		0.15		0.05	0.15	余量	
94	5052	0.25	0.40	0.10	0.10	2.2~2.8	0.15~0.35		0.10				0.05	0.15	余量	
95	5154	0.25	0.40	0.10	0.10	3.1~3.9	0.15~0.35		0.20		0.20		0.05	0.15	余量	
96	5154A	0.50	0.50	0.10	0.50	3.1~3.9	0.25		0.20	① Mn+Cr 0.10~0.50	0.20		0.05	0.15	余量	

① Mn+Cr 0.10~0.50

续表

化学成分（质量分数）/%

序号	牌号	Si	Fe	Cu	Mn	Mg	Cr	Ni	Zn		Ti	Zr	其他单个	其他合计	Al	备注
97	5454	0.25	0.40	0.10	0.50~1.0	2.4~3.0	0.05~0.20		0.25		0.20		0.05	0.15	余量	
98	5554	0.25	0.40	0.10	0.50~1.0	2.4~3.0	0.05~0.20		0.25	①	0.05~0.20		0.05	0.15	余量	
99	5754	0.40	0.40	0.10	0.50	2.6~3.6	0.30		0.20	Mn+Cr 0.10~0.60	0.15		0.05	0.15	余量	
100	5056	0.30	0.40	0.10	0.05~0.20	4.5~5.5	0.05~0.20		0.10				0.05	0.15	余量	LF5-1
101	5356	0.25	0.40	0.10	0.05~0.20	4.5~5.5	0.05~0.20		0.10	①	0.06~0.20		0.05	0.15	余量	
102	5456	0.25	0.40	0.10	0.50~1.0	4.7~5.5	0.05~0.20		0.25		0.20		0.05	0.15	余量	
103	5082	0.20	0.35	0.15	0.15	4.0~5.0	0.15		0.25		0.10		0.05	0.15	余量	
104	5182	0.20	0.35	0.15	0.20~0.50	4.0~5.0	0.10		0.25		0.10		0.05	0.15	余量	
105	5083	0.40	0.40	1.0	0.50~1.0	4.0~4.9	0.05~0.25		0.25		0.15		0.05	0.15	余量	LF4
106	5183	0.40	0.40	0.10	0.50~1.0	4.3~5.2	0.05~0.25		0.25	①	0.15		0.05	0.15	余量	
107	5086	0.40	0.50	0.10	0.20~0.7	3.5~4.5	0.05~0.25		0.25		0.15		0.05	0.15	余量	
108	6A02	0.50~1.2	0.50	0.20~0.6	0.15~0.35 或Cr	0.45~0.9			0.20		0.15		0.05	0.10	余量	LD2
109	6B02	0.7~1.1	0.40	0.10~0.40	0.10~0.30	0.40~0.8			0.15		0.01~0.04		0.05	0.10	余量	LD2-1
110	6A51	0.50~0.7	0.50	0:15~0.35		0.45~0.6			0.25	Sn 0.15~0.35	0.01~0.04		0.05	0.15	余量	
111	6101	0.30~0.7	0.50	0.10	0.03	0.35~0.8	0.03		0.10				0.03	0.10	余量	
112	6101A	0.30~0.7	0.40	0.05	0.10	0.40~0.9				B 0.06			0.03	0.10	余量	
113	6005	0.6~0.9	0.35	0.10	0.50	0.40~0.6	0.10		0.10		0.10		0.05	0.15	余量	
114	6005A	0.50~0.9	0.35	0.30		0.40~0.7	0.30		0.20	Mn+Cr 0.12~0.50	0.10		0.05	0.15	余量	
115	6351	0.7~1.3	0.50	0.10	0.40~0.8	0.40~0.8			0.20		0.20		0.05	0.15	余量	

续表

化学成分（质量分数）/%

序号	牌号	Si	Fe	Cu	Mn	Mg	Cr	Ni	Zn	其他元素	Ti	Zr	其他 单个	其他 合计	Al	备注
116	6060	0.30~0.6	0.10~0.3	0.10	0.10	0.35~0.6	0.05		0.15		0.10		0.05	0.15	余量	
117	6061	0.40~0.8	0.7	0.15~0.40	0.15	0.8~1.2	0.04~0.35		0.25		0.15		0.05	0.15	余量	LD30
118	6063	0.20~0.6	0.35	0.10	0.10	0.45~0.9	0.10		0.10		0.10		0.05	0.15	余量	LD31
119	6063A	0.30~0.6	0.15~0.35	0.10	0.15	0.6~0.9	0.05		0.15		0.10		0.05	0.15	余量	
120	6070	1.0~1.7	0.50	0.15~0.40	0.40~1.0	0.50~1.2	0.10		0.25		0.15		0.05	0.15	余量	LD2-2
121	6181	0.8~1.2	0.45	0.10	0.15	0.6~1.0	0.10		0.20		0.10		0.05	0.15	余量	
122	6082	0.7~1.3	0.50	0.10	0.40~1.0	0.6~1.2	0.25		0.20		0.10		0.05	0.15	余量	
123	7A01	0.30	0.30	0.01					0.9~1.3	Si+Fe 0.45			0.03		余量	LB1
124	7A03	0.20	0.20	1.8~2.4	0.10	1.2~1.6	0.05		6.0~6.7		0.02+0.08		0.05	0.10	余量	LC3
125	7A04	0.50	0.50	1.4~2.0	0.20~0.6	1.8~2.8	0.10~0.25		5.0~7.0		0.10		0.05	0.10	余量	LC4
126	7A05	0.25	0.25	0.20	0.15~0.40	1.1~1.7	0.05~0.15		4.4~5.0		0.02~0.06	0.10~0.25	0.05	0.15	余量	
127	7A09	0.50	0.50	1.2~2.0	0.15	2.0~3.0	0.16~0.30		5.1~6.1		0.10		0.05	0.10	余量	LC9
128	7A10	0.30	0.30	0.50~1.0	0.20~0.35	3.0~4.0	0.10~0.20		3.2~4.2		0.10		0.05	0.10	余量	LC10
129	7A15	0.50	0.50	0.50~1.0	0.10~0.40	2.4~3.0	0.10~0.30		4.4~5.4	Be 0.005~0.01	0.05~0.01		0.05	0.15	余量	LC15
130	7A19	0.30	0.40	0.08~0.30	0.30~0.50	1.3~1.9	0.10~0.20		1.5~5.3	Be 0.0001~0.004②		0.08~0.20	0.05	0.15	余量	LC19
131	7A31	0.30	0.6	0.10~0.40	0.20~0.40	2.5~3.3	0.10~0.20		3.6~4.5	Be 0.0001~0.0010	0.02~0.10	0.08~0.25	0.05	0.15	余量	
132	7A33	0.25	0.30	0.25~0.55	0.05	2.2~2.7	0.10~0.20		4.6~5.4		0.05		0.05	0.10	余量	

续表

序号	牌号	化学成分（质量分数）/%											其他		Al	备注
		Si	Fe	Cu	Mn	Mg	Cr	Ni	Zn		Ti	Zr	单个	合计		
133	7A52	0.25	0.30	0.05~0.20	0.20~0.50	2.0~2.8	0.15~0.25		4.0~4.8		0.05~0.18	0.05~0.15	0.05	0.15	余量	LC52
134	7003	0.30	0.35	0.20	0.30	0.50~1.0	0.20		5.0~6.5		0.20	0.05~0.25	0.05	0.15	余量	LC12
135	7005	0.35	0.40	0.10	0.20~0.7	1.0~1.8	0.06~0.20		4.0~5.0		0.01~0.06	0.08~0.20	0.05	0.15	余量	
136	7020	0.35	0.40	0.20	0.05~0.50	1.0~1.4	0.10~0.35		4.0~5.0	Zr+Ti 0.08~0.25		0.08~0.20	0.05	0.15	余量	
137	7022	0.50	0.50	0.50~1.0	0.10~0.40	2.6~3.7	0.10~0.30		4.3~5.2	Zr+Ti 0.20			0.05	0.15	余量	
138	7050	0.12	0.15	2.0~2.6	0.10	1.9~2.6	0.04		5.7~6.7		0.06	0.08~0.15	0.05	0.15	余量	
139	7075	0.40	0.50	1.2~2.0	0.30	2.1~2.9	0.18~0.28		5.1~6.1	⑤	0.20		0.05	0.15	余量	
140	7475	0.10	0.12	1.2~1.9	0.06	1.9~2.6	0.18~0.25		5.2~6.2		0.06		0.05	0.15	余量	
141	8A06	0.55	0.50	0.10	0.10	0.10			0.10	Fe+Si 1.0			0.05	0.15	余量	L6
142	8011	0.50~0.9	0.6~1.16	0.10	0.20	0.05	0.05		0.10		0.08		0.05	0.15	余量	
143	8090	0.20	0.30	1.0~1.6	0.10	0.6~1.3	0.10		0.25	Li 2.2~2.7	0.10	0.04~0.16	0.05	0.15	余量	

①用于电焊条和焊带、焊丝时，铍含量不大于0.0008%。

②铍含量均按规定量加入，可不做分析。

③仅在供需双方商定时，对挤压和锻造产品规定Ti+Zr含量不大于0.20%。

④作铆钉线材的3A21合金的锌含量应不大于0.03%。

⑤仅在供需双方商定时，对挤压和锻造产品规定Ti+Zr含量不大于0.25%。

附录3　各国变形铝及铝合金牌号对照表

中国变形铝合金牌号及与之近似对应的国外牌号									
中国 （GB）	美国 （AA）	加拿大 （CSA）	法国 （NF）	英国 （BS）	德国 （DIN）	日本 （JIS）	俄罗斯 （ГОСТ）	欧洲铝业协会 （EAA）	国际 （ISO）
1A99 （LG5）	1199	9999	A9	1199 （S1）	Al99.98R 3.0385	A1N99	（AB000）		1199 Al99.90
1A97 （LG4）							（AB00）		
1A95	1195								
1A93 （LG3）	1193						（AB0）		
1A90 （LG2）	1090				Al99.9 3.0305	（A1N90）	（AB1）		1090
1A85 （LG1）	1085		A8	1A	Al99.8 3.0285	A1080 （A1×s）	（AB2）		1080 Al99.80
1080	1080	9980	A8	1A	Al99.8 3.0285	A1080 （A1×s）			1080 Al99.80
1080A			1080A					1080A	
1070	1070	9970	A7	2L.48	Al99.7 3.0275	A1070 （A1×0）	（A00）		1070 Al99.70
1070A （L1）			1070A		Al99.7 3.0275		（A00）	1070A	1070 Al99.70（Zn）
1370			1370						
1060 （L2）	1060				Al99.6	A1060 （ABC×1）	（A0）		1060
1050	1050	1050 （995）	A5	1B	Al99.5 3.0255	A1050 （A1×1）	1011 （АД0，A1）		1050 Al99.50
1050A （L3）	1050	1050 （995）	1050A	1B	Al99.5 3.0255	A1050 （A1×1）	1011 АД0，A1）	1050A	1050 Al99.50（Zn）
1A50 （LB2）	1350								
1350	1350								
1145	1145								
1035 （L4）	1035								
1A30 （L4-1）						（1N30）	1013 （АД1）		
1100 （L5-1）	1100	1100 （990C）	A45	1200 （1C）	Al99.0	A1100 A1×3			1100 Al99.0Cu
1200 （L5）	1200	1200 （900）	A4		Al99 3.0205	A1200	（A2）		1200 Al99.00
1235	1235								
2A01 （LY1）	2117	2117 （CG30）	A-U2G		AlCu2.5Mg0.5 3.1305	A2117	1180 （Д18）		2117 AlCu2.5Mg
2A02 （LY2）							1170 （ВД17）		
2A04							1191		

中国变形铝合金牌号及与之近似对应的国外牌号									
中国 （GB）	美国 （AA）	加拿大 （CSA）	法国 （NF）	英国 （BS）	德国 （DIN）	日本 （JIS）	俄罗斯 （ГОСТ）	欧洲铝业协会 （EAA）	国际 （ISO）
（LY4）							（Д19П）		
2A06							1190		
（LY6）							（Д19）		
2A10							1165		
（LY10）							（B65）		
2A11	2017	CM41	A－U4G	（H15）	AlCuMg1	A2017	1110		2017A
（LY11）					3.1325		（Д1）		AlCu4Mg1Si
2B11	2017	CM41	A－U4G				1111		
（LY8）							（Д1П）		
2A12	2024	2024	A－U4G1	GB－24S	AlCuMg2	A2024	1160		2024
（LY12）		（CG42）			3.1355	（A3×4）	（Д16）		AlCu4Mg1
2B12							1161		
（LY9）							（Д16П）		
2A13									
（LY13）									
2A14	2014	2014	A－U4SG	2014A	AlCuSiMn	A2014	1380		2014
（LD10）		（CS41N）		（H15）	3.1255		（AK8）		AlCu4SiMg
2A16									
（LY16）	2219		A－U6MT				（Д20）		AlCu6Mn
2B16									
（LY16－1）									
2A17							（Д21）		
（LY17）									
2A20									
（LY20）									
2A21									
（214）									
2A25									
（225）									
2A49									
（149）									
2A50							1360		
（LD5）							（AK6）		
2B50							（AK6－1）		
（LD6）									
2A70	2618		A－U2GN	2618A		2N01	1141		2618
（LD7）				（H16）		（A4×3）	（AK4－1）		AlCu2MgNi
2B70									
（LD7－1）									
2A80							1140		
（LD8）							（AK4）		
2A90	2018	2018	A－U4N	6L25		A2018	1120		2018
（LD9）		（CN42）				（A4×1）	（AK2）		
2004				2004					

续表

中国变形铝合金牌号及与之近似对应的国外牌号

中国 （GB）	美国 （AA）	加拿大 （CSA）	法国 （NF）	英国 （BS）	德国 （DIN）	日本 （JIS）	俄罗斯 （ГОСТ）	欧洲铝业协会 （EAA）	国际 （ISO）
2011	2011	2011 （CB60）			AlCuBiPb 3.1655	2011			
2014	2014	2014 （CS41N）	A－U4SG	2014A （H15）	AlCuSiMn 3.1255	A2014 （A3×1）			2014 Al－Cu4SiMg
2014A									
2214	2214								
2017	2017	CM41	A－U4G	H14 5L.37	AlCuMg1 3.1325	A2017 （A3×2）			
2017A								2017A	
2117	2117	2117 （CG30）	A－U2G	L.86	AlCuMg0.5 3.1305	A2117 （A3×3）			2117 Al－Cu2Mg
2218	2218		A－U4N	6L.25		A2218 （A4×2）			
2618	2618		A－U2GN	H18 4L.42		2N01 （2618）			
2219 （LY19，147）	2219								
2024	2024	2024 （CG42）	A－U4G1		AlCuMg2 3.1355	A2024 （A3×4）			2024 Al－Cu4Mg1
2124	2124								
3A21 （LF21）	3003	M1	A－M1	3103 （N3）	AlMnCu 3.0515	A3003 （A2×3）	1400 （AMц）		3103 Al－Mn1
3003	3003	3003 （MC10）	A－M1	3103 （N3）	AlMnCu 3.0515	A3003 （A2×3）			3003 Al－Mn1Cu
3103								3103	
3004	3004		A－M1G						
3005	3005		A－MG05						
3105	3105								
4A01 （LT1）	4043	S5	A－S5	4043A （N21）	AlSi5	A4043	AK		4043 （AlSi5）
4A11 （LD11）	4032	SG121	A－S12UN	（38S）		A4032 （A4×5）	1390 （AK9）		4032
4A13 （LT13）	4343					A4343			4343
4A17 （LT17）	4047	S12	A－S12	4047A （N2）	AlSi12	A4047			4047 （AlSi12）
4004	4004								
4032	4032	SG121	A－S12UN			A4032 （A4×5）			
4043	4043	S5		4043A （N21）	AlSi5 3.2345	A4043			
4043A								4043A	
4047	4047	S12		4047A （N2）		A4047			
4047A								4047A	

中国 (GB)	美国 (AA)	加拿大 (CSA)	法国 (NF)	英国 (BS)	德国 (DIN)	日本 (JIS)	俄罗斯 (ГОСТ)	欧洲铝业协会 (EAA)	国际 (ISO)
中国变形铝合金牌号及与之近似对应的国外牌号									
5A01 (2101, LF15)									
5A02 (LF2)	5052	5052 (GR20)	A－G2C	5251 (N4)	AlMg2.5 3.3523	A5052 (A2×1)	1520 (AMr2)		5052 AlMg2.5
5A03 (LF3)	5154	GR40	A－G3M	5154A (N5)	AlMg3 3.3535	A5154 (A2×9)	1530 (AMr3)		5154 AlMg3
5A05 (LF5)	5456	GM50R	A－G5	5556A (N61)	AlMg5	A5456	1550 (AMr5)		5456 AlMg5Mn0.4
5B05 (LF10)							1551 (AMr5П)		
5A06 (LF6)							1560 (AMr6)		
5B06 (LF14)									
5A12 (LF12)									
5A13 (LF13)									
5A30 (2103, LF16)									
5A33 (LF33)									
5A41 (LT41)									
5A43 (LF43)	5457					A5457			5457
5A66 (LT66)									
5005	5005		A－G0.6	5251 (N4)	AlMg1 3.3515	A5005 (A2×8)			
5019								5019	
5050	5050		A－G1	3L.44	AlMg1 3.3515				
5251								5251	
5052	5052	5052 (GR20)	A－G2	2L.55 2L.56, L.80	AlMg2 3.3515	A5052 (A2×1)			5251 Al－Mg2
5154	5154	GR40	A－G3	L.82	AlMg3 3.3535	A5154 (A2×9)			5154 Al－Mg3
5154A	5154A								
5454	5454								
5554	5554	GM31P				A5554			
5754	5754								
5056 (LF5－1)	5056	5056 (GM50R)	A－G5	5056A (N6, 2L.58)	AlMg5 3.3555	A5056 (A2×2)			5056A Al－Mg5
5356	5356	5356		5056A	AlMg5	A5356			

中国(GB)	美国(AA)	加拿大(CSA)	法国(NF)	英国(BS)	德国(DIN)	日本(JIS)	俄罗斯(ГОСТ)	欧洲铝业协会(EAA)	国际(ISO)
		(GM50P)		(N6, 2L.58)	3.3555				
5456	5456								
5082	5082								
5182	5182								
5083 (LF4)	5083	5083 (GM41)		5083 (N8)	AlMg4.5Mn 3.3547	A5083 (A2×7)	1540 (AMr4)		5083 Al-Mg4.5MnO.7
5183	5183		A-G5	(N6)		A5183			Al-Mg5
5086	5086		A-G4MC						5086 Al-Mg4
6A02 (LD2)	6151	(SG11P)				A6151 (A2×6)	1340 (AB)		6151
6B02 (LD2-1)									
6A51 (651)									
6101	6101		A-GS/L	6101A (91E)	E-AlMgSi0.5 3.2307	A6101 (ABC×2)			
6101A				6101A (91E)					
6005	6005								
6005A			6005A						
6351	6351	6351 (SG11R)	A-SGM	6082 (H30)	AlMgSi1 3.2351				6351 Al-Si1Mg
6060								6060	
6061 (LD30)	6061	6061 (GS11N)	A-GSUC	6061 (H20)	AlMgSiCu 3.3211	A6061 (A2×4)	1330 (АД33)		6061 AlMg1SiCu
6063 (LD31)	6063	6063 (GS10)	A-GS	6063 (H19)	AlMgSi0.5 3.3205	A6063 (A2×5)	1310 (АД31)		6063 AlMg0.7Si
6063A				6063A					
6070 (LD2-2)	6070								
6181								6181	
6082								6082	
7A01 (LB1)	7072				AlZn1 3.4415	A7072			
7A03 (LC3)	7178						1940 (B94)		AlZn7MgCu
7A04 (LC4)							1950 (B95)		
7A05 (705)									
7A09 (LC9)	7075	7075 (ZG62)	A-ZSGU	L95	AlZnMgCu1.5 3.4365	A7075			7075 AlZn5.5MgCu
7A10 (LC10)	7079				AlZnMgCu0.5 3.4345	A7N11			
7A15									

中国变形铝合金牌号及与之近似对应的国外牌号

中国 （GB）	美国 （AA）	加拿大 （CSA）	法国 （NF）	英国 （BS）	德国 （DIN）	日本 （JIS）	俄罗斯 （ГOCT）	欧洲铝业协会 （EAA）	国际 （ISO）
(LC15, 157) 7A19									
(919, LC19) 7A31									
(183 – 1) 7A33									
(LB733) 7A52									
(LC52, 5210) 7003						A7003			
(LC12) 7005	7005					7N11			
7020								7020	
7022								7022	
7050	7050								
7075	7075	7075 （ZG62）	A – Z5GU		AlZnMgCu1.5 3.4365	A7075 （A3 ×6）			
7475	7475								
8A06 （L6）							АД		
8011 （LT98）	8011								
8090								8090	

注：1. GB—中国国家标准，AA—美国铝业协会，CSA—加拿大国家标准，NF—法国国家标准，BS—英国国家标准，DIN—德国工业标准，JIS—日本工业标准，ГOCT—苏联国家标准，EAA—欧洲铝业协会，ISO—国际标准化组织；

2. 各国牌号中括号内的是旧牌号；

3. 德国工业标准和国际标准化组织的铝合金牌号有两种表示法，一种是用字母、元素符号与数字表示，另一种是完全用数字表示；

4. 表内列出的各国相关牌号只是近似对应的，仅供参考。

附录 4 国内外主要铝合金板带箔加工企业一览表

1. 国外主要铝合金板带箔加工企业（见表 1）

表 1 国外主要铝合金板带箔加工企业一览表（排名不分先后）

序号	Plant	Oporator/Owner	Country（国家）
1	Kicsa（Abasto）	Aluar	Argentina（阿根廷）
2	Polnt Henry	Alooa	Australia（澳大利亚）
3	Yennora	Alcoa	Australia（澳大利亚）
4	Ranshofen	AMAG	Austria（奥地利）
5	Garmco	Garmco	Bahrain（巴林岛）
6	Duffel	Aleris	Belgium（比利时）
7	Aluininio（Sorocaba）	CBA	Bnazil（巴西）
8	Ltapissuma	Alcoa Aluminio	Brazil（巴西）
9	Plndamonhangaba	Novells	Brazil（巴西）
10	Shoumen	Alcomet	Bulgaria（保加利亚）
11	Cap－de－la－Madeleine	Aleris	Canada（加拿大）
12	Kingston	Novolis	Canada（加拿大）
13	Saguenay	Novolis	Canada（加拿大）
14	Sibenlk	Tvornlca Laklh Metala	Croatla
15	Kovohute	Al Invest Btidllcna	Czech Republic（捷克）
16	Nag Hammadl	Egyptalum	Egypt（埃及）
17	issoire	Alcan	France（法国）
18	Neuf Brisach	Alcan	France（法国）
19	Rugles	Novtelts	France（法国）
20	Harnburg	Hydro	Germany（德国）
21	Kobleriz	Aleris	Germany（德国）
22	Nachterstedt	Novelis	Germany（德国）
23	Nort－Gottingen	Novelis	Germany（德国）
24	Nort－Grevenbroich	Hydro	Germany（德国）
25	Singen	Alcan	Germany（德国）
26	Alhens	Eival	Greece（希腊）
27	Szekesfeheryar	Alcoa	Hungary（匈牙利）
28	Belur	Hindalco	India（印度）
29	Hoera/Calcutta	Indla Foils	India（印度）

序号	Plant	Oporator/Owner	Country（国家）
30	Korba	Balco	India（印度）
31	Mouda	Hindalco	India（印度）
32	Renukoot	Hindalco	India（印度）
33	Taioja	Hindalco	India（印度）
34	Surabaya	PT Alumindo	Indonesia（印度尼西亚）
35	Caserta	Laminazione Sottile	Italy（意大利）
36	Cisterna	Hydro	Italy（意大利）
37	Delebio	A. Carcano	Italy（意大利）
38	Fusina	Alcoa	Italy（意大利）
39	Gallerate	Laminati Alluminio Gallarate（LAG）	Italy（意大利）
40	Pievo Emanuele	Novelis	Italy（意大利）
41	Porto Vesma	Otefal	Italy（意大利）
42	Fuji	Mitsubishi	Japan（日本）
43	Fukaya	Furukawa－Sky	Japan（日本）
44	Fukul	Furukawa－Sky	Japan（日本）
45	Moka	Kobe Steel	Japan（日本）
46	Nagoya（NLM）	NLM	Japan（日本）
47	Nagoya（SLM）	SLM	Japan（日本）
48	Nikko	Furukawa－Sky	Japan（日本）
49	Osaka	Showa Al	Japan（日本）
50	Daegu/Taegu	Choil Al	Korea（朝鲜）
51	Uisan	Novelis	Korea（朝鲜）
52	Yonolu	Novelis	Korea（朝鲜）
53	Dudelange	Novelis	Luxembourg（卢森堡）
54	Bukit Raja	Alcom	Malaysia（马来西亚）
55	Pasir Gudang	Hydro	Malaysia（马来西亚）
56	Vera Cruz	Vera Cruz	Mexico（墨西哥）
57	Holmestrand	Hydro	Norway（挪威）
58	Karmoy	Hydro	Norway（挪威）
59	Konin	Impexmetal	Poland（波兰）
60	Jud Olt（Statina）	Alro	Romania（罗马尼亚）
61	Beleya Kalitwa	Alcoa	Russia（俄罗斯）

续表

序号	Plant	Oporator/Owner	Country （国家）
62	Samara	Alcoa	Russia （俄罗斯）
63	Sayanal	Russian Al	Russia （俄罗斯）
64	Sevojno	Impol	Serbia （塞尔维亚）
65	Slovenska – Bistrica	Impol Seval	Slovenia （斯洛文尼亚）
66	Platermaritzburg	Hulett	South Africa （南非）
67	Alicante	Alcoa	Spain （西班牙）
68	Amorebieta	Alcoa	Spain （西班牙）
69	Irurzun	Hydro	Spain （西班牙）
70	Valencia	Bancolor	Spain （西班牙）
71	Finspong	SAPA	Sweden （瑞典）
72	Siarre	Alcan/Novelie	Switzerland （瑞士）
73	Tuzla	Assan aluminium	Turkey （土耳其）
74	Bridg north	Bridgnorth Al	UK （英国）
75	Kitts Green	Alcoa	UK （英国）
76	Rogerstone	Novelis	UK （英国）
77	Warrington	Novelis	UK （英国）
78	Alcoa Tennessee	Alcoa Tennossee	USA （美国）
79	Bellwood	Aleris	USA （美国）
80	Berea	Novelis	USA （美国）
81	Clarksburg	Precision Coil	USA （美国）
82	Clayton	Clayton	USA （美国）
83	Davenport	Alcoa	USA （美国）
84	Davenport	Hichols Aluminum	USA （美国）
85	Decatur	Hichols Aluminum	USA （美国）
86	Fairmont	Novelis	USA （美国）
87	Foley	Vulcan	USA （美国）
88	Fort Lupton	CrestwoodCapital	USA （美国）
89	Greensboro	Novelis	USA （美国）
90	Hammond	Juplter Al	USA （美国）
91	Hot Springs	Alooa	USA （美国）
92	Huntingdon	Noranda	USA （美国）
93	Lancaster	Alcoa	USA （美国）

序号	Plant	Oporator/Owner	Country（国家）
94	Lewisport	Aleris	USA（美国）
95	Lincolnshire	Nichois Aluminum	USA（美国）
96	Listerhill	Wise Metals	USA（美国）
97	Logan	Logan Al（Novelis/ARCO）	USA（美国）
98	Mount Holly	JW Alurminum	USA（美国）
99	North Haven	United Al	USA（美国）
100	Oswego	Novelis	USA（美国）
101	Ravenswood	Alcan	USA（美国）
102	Roxboro	Aleris	USA（美国）
103	Salisbury	Norandal	USA（美国）
104	St Louis	JW Aluminum	USA（美国）
105	Terre Haute	Novelis	USA（美国）
106	Texarkana	Texarkana	USA（美国）
107	Trentwood	Kalser	USA（美国）
108	Uhrichsvilla	Aleris	USA（美国）
109	Warrick	Alcoa	USA（美国）
110	Williamsport	JW Aluminum	USA（美国）
111	Winston－Salem	RJR	USA（美国）
112	Puerto Ordaz	Alcasa	Venezuela（委内瑞拉）

2. 国内主要铝合金板带箔生产企业（见表2）

表2　国内主要铝合金板带箔生产企业一览表（排名不分先后）

序号	国内生产企业	序号	国内生产企业
1	中铝西南铝业（集团）有限责任公司	11	上海沪鑫铝箔有限公司
2	中铝西南铝板带有限公司	12	鑫泰铝业有限公司
3	中铝西南铝冷连轧板带有限公司	13	银邦铝业有限公司
4	中铝东北轻合金有限责任公司	14	肥城矿业铝业公司
5	中铝瑞闽铝板带有限公司	15	河北龙马铝业有限公司
6	中铝河南铝业有限公司	16	登电集团铝加工厂
7	中铝西北铝加工分公司	17	浙江红岛铝业有限公司
8	中铝青海铝业有限责任公司	18	浙江永杰铝业有限公司
9	中铝兰州铝业有限责任公司	19	湖南邵东铝业有限公司
10	亚洲铝业（中国）有限公司	20	富邦集团铝业有限公司

续表

序号	国内生产企业	序号	国内生产企业
21	南山轻合金有限公司	54	环亚（银密）铝业有限公司
22	渤海铝业有限公司	55	河津康家庄铝业集团
23	河南明泰铝业有限公司	56	通洞铝材有限责任公司
24	河南中孚实业有限公司	57	江阴博威合金材料有限公司
25	青海平安高精铝板带有限公司	58	江苏蝙蝠塑料集团有限公司
26	广西柳州银海铝业股份有限公司	59	山东魏桥铝电公司
27	厦门厦顺铝箔有限公司	60	河南顺源铝业有限公司
28	上海神火铝箔有限公司	61	河南浙川铝业有限公司
29	华北铝有限公司	62	河南长葛市中兴工贸公司
30	山东鲁丰铝箔股份公司	63	河南龙光铝业科技发展有限公司
31	江苏江阴中基复合材料有限公司	64	河南富源铝业有限公司
32	昆山铝业有限公司	65	河南永登铝业有限公司
33	镇江鼎胜铝业有限公司	66	重庆银浩铝业有限公司
34	河南龙鼎铝业有限公司	67	重庆捷和铝业有限公司
35	广东乳源东阳光精箔有限公司	68	重庆顺威万希铝业有限公司
36	湖南晟通科技有限公司	69	广东佛山三英铝业有限公司
37	云南铝业股份有限公司	70	广西百色兴和铝业有限公司
38	河南伊川豫港龙泉铝业公司	71	广西南南铝加工有限公司
39	河南万达铝业有限公司	72	湖南鸿帆铝业有限公司
40	河南永顺铝业有限公司	73	广东星湖新材料有限公司
41	浙江巨科铝业有限公司	74	天津东亚铝业公司
42	浙江湖州世纪栋梁铝业有限公司	75	吉林世捷铝业公司
43	浙江杭州东南铝业有限公司	76	上海华峰铝业有限公司
44	江苏常铝铝业股份有限公司	77	浙江中金铝业有限公司
45	江苏大亚铝业有限公司	78	浙江嵊州铝业公司
46	江苏苏铝铝业有限公司	79	安徽安庆金誉金属材料有限公司
47	江苏丰源铝业有限公司	80	徐州财发铝业集团
48	江阴新仁科技有限公司	81	江苏丹阳大力神合金材料有限公司
49	福建南平铝业有限公司	82	河南博威铝业有限公司
50	南方铝业（中国）有限公司	83	云南浩鑫铝业公司
51	上海能源大屯铝板带公司	84	贵州万山银河铝业公司
52	大连汇程铝业有限公司	85	青海鲁丰铝业公司
53	山东力同铝业有限公司	86	永杰新材料股份有限公司

参 考 文 献

［1］周鸿章. 中国铝加工业发展战略思考［J］. 世界学术文库，2000：1388～1390.

［2］周鸿章. 中国铝加工业——小国－大国－强国的必由之路［C］. 中国铝板带论文集，北京，2005.

［3］周鸿章. 高强铝合金研究的新发展［C］. 铝加工高新技术文集，2001.

［4］周鸿章. 铝合金加工材料的发展现状［J］. 中国有色金属学报，2001，Vol. 11（增刊1）.

［5］周鸿章. 预拉伸板［C］，第二届轻合金年会论文集，1975.

［6］周鸿章. 铝合金预拉伸板［J］. 铝加工，1999：22（3）.

［7］Lin Gaoyong, Zhang Hui, Zhu Wei, Peng Dashu, Liang Xuan, Zhou Hongzhang. Residual stress in quenched 7075 aluminum alloy thick plate. Nonferrous Met. Soe. China, Jun. 2003, 13 （3）.

［8］周鸿章，张新民，钟掘，游江海. 铝及铝合金斜轧工艺开发及理论研究. 1994.

［9］Zhou Hongzhang, Wang Lingyun, Huang Guangjie, Liu Zhenghong. Rolling Process and Mechanism of Aluminium Alloy Bonding Sheet. Trans. Nonferrous Met. Soe. China, Sep. 1998, 8 （3）.

［10］Zhou Hongzhang, Wang Lingyun, Huang Guangjie. Rolling Deformation Law of Aluminium Alloy Clad Sheet. Trans. Nonferrous Met. Soe. China, Jun. 1999, 9 （2）.

［11］张新民，孟亚，周鸿章. Fe 杂质对高纯铝箔再结晶织构及比电容的影响［J］. 中国有色金属学报，1999，9（1）.

［12］H Z. Zhou, S. yll, X M. Zhang, G. gottstein. Crystallographic Analysis of the Influence of Stress State on Earing Behavior in Drawing. Physieal Metallurgy and Materials Science, Volume 28A, March 1997：785～793.

［13］Liu Chuming, Zhang Xinming, Zhou Hongzhang. Evolution of recrystallization textures in high aluminium capacitor foils. Trans. Nonferrous Met. Soe. China, Aug. 2001, 11 （4）.

［14］刘楚明，张新民，周鸿章等. 预变形及退火对高纯铝箔立方织构的影响［J］. 金属热处理，2001：26（9）.

［15］刘楚明，张新民，周鸿章等. 分级退火对高纯铝箔再结晶织构的影响［J］. 金属热处理，2001：5.

［16］刘楚明，张新民，周鸿章. 微量铍对高压阳极电容箔再结晶织构形成的影响［J］. 轻合金加工技术，2001：29（6）.

［17］刘楚明，张新民，周鸿章等. Fe 含量及对高纯铝箔再结晶织构的影响［J］. 金属热处理，2002：27（3）.

［18］陈杰，钟掘，周鸿章，谭大贵. CVC 四辊轧机有载辊缝解析模型［J］. 重型机械，1998：42～44.

［19］周鸿章. 铝带材气垫式连续热处理（上、中 、下）［J］. 铝加工，1989，3：5～12，4：16～20，5：12～14.

［20］周鸿章. 用投入产出观点抓好生产管理［J］. 铝加工，1994：17（2）.

[21] 周鸿章. 热轧粘铝机理与润滑控制［J］. 轻合金加工技术，1999：27（10）.

[22] 陈杰. 轧辊弹性变形解析理论研究与应用［D］. 长沙：中南大学，1999.

[23] 张静. AA1235 合金铝箔的组织控制和工艺优化［D］. 重庆：重庆大学，1999.

[24] 陈昌云，恽玉祥. CTP 用铝基材质量要求及典型质量问题分析［C］. 印刷版材发展技术论坛论文集，2008.

[25] 陈昌云，温庆红. 印刷对铝基材质量的要求［C］. 印刷版材发展技术论坛论文集，2008.

[26] 岳德茂. 对 PS 版和 CTP 版表面粗糙度要求的探讨［C］. 印刷版材发展技术论坛论文集，2008.

[27] 李春红，曾苏民，程南璞等. 1052PS 版铝板基的晶粒细化机制［J］. 轻合金加工技术，2008：36（12）.

[28] 彼德·里根，沃依泰克·希皮澳尔斯基. 哈兹列特工艺及其在中国的前景［C］. 中国铝板带论文集，2005：95～103.

[29] 胡豫，满瑞林，曹晓燕等. 综合评定铝箔轧制润滑基础油质量的研究［J］. 铝加工，2007，5：34～38.

[30] 邓宪洲. 铝带热连轧的工艺过程自动控制［J］. 轻合金加工技术，2002：30（6）.

[31] 陈春怀. 铝轧制润滑［J］. 铝轧制润滑技术研究，2010.

[32] 陈东初，黄柱周，李文芳. 表面技术［J］，2005：34（6）.

[33] 孔祥鹏，卢德强，张深阳. 高质量双张铝箔轧制技术的应用及其发展［C］. 铝加工高新技术论文集. 2001：247～253.

[34] 洛阳有色金属加工设计院. 铝板带项目可行性研究报告. 2005～2010.

[35] 田启辉. 铝板带工厂信息化管理. 2011.

[36] Bricmont 公司. 交流资料，2005～2010.

[37] Gautschi 公司. 交流资料，2005～2010.

[38] BLoom 公司. 交流资料，2005～2010.

[39] ABB 公司. 交流资料，2005～2010.

[40] EMP Tecnoiogies Ltd. 交流资料，2005～2010.

[41] Novelis 公司. 交流资料，2005～2010.

[42] Almex USA，INC. 交流资料，2005～2010.

[43] Wagstaff 公司. 交流资料，2005～2010.

[44] Hazelett 公司. 交流资料，2005～2010.

[45] Magnum 公司. 交流资料，2005～2010.

[46] ALU－CUT International Inc. 交流资料，2005～2010.

[47] SMS Meer 公司. 交流资料，2005～2010.

[48] Kirk & Blum 公司. 交流资料，2005～2010.

[49] SMS（Dmarg）公司. 交流资料，2005～2010.

[50] VAW 公司. 交流资料，2005～2010.

[51] IHI 公司. 交流资料，2005～2010.

[52] Achenbach 公司. 交流资料, 2005 ~ 2010.

[53] Siemag 公司. 交流资料, 2005 ~ 2010.

[54] Herkules 公司. 交流资料, 2005 ~ 2010.

[55] BWG 公司. 交流资料, 2005 ~ 2010.

[56] Eisenmann 公司. 交流资料, 2005 ~ 2010.

[57] Selema 公司. 交流资料, 2005 ~ 2010.

[58] Fata hunter 公司. 交流资料, 2005 ~ 2010.

[59] Stomco 公司. 交流资料, 2005 ~ 2010.

[60] Ungerer 公司. 交流资料, 2011.

[61] Danieli frohling 公司. 交流资料, 2005 ~ 2010.

[62] Ebner 公司. 交流资料, 2005 ~ 2010.

[63] Ottojunker 公司. 交流资料, 2005 ~ 2010.

[64] Olivotto 公司. 交流资料, 2005 ~ 2010.

[65] Corus 公司. 交流资料, 2005 ~ 2010.

[66] Houghton 公司. 交流资料, 2005 ~ 2010.

[67] 古河スカィ株式会社. 交流资料, 2011.

[68] 三井金属矿业株式会社. 交流资料, 2011.

[69] 苏州欧爱泰克静电科技有限公司, 交流资料, 2011.

[70] 付垚. 蛇形轧制在铝合金超厚板轧制中的应用研究 [D]. 北京: 北京有色金属研究总院, 2011.

[71] 韩小磊. 7150 铝合金热处理工艺及组织性能研究 [D]. 北京: 北京有色金属研究总院, 2010.

[72] 李志辉. 7B04 铝合金预拉伸板的热处理工艺、微观组织及性能研究 [D]. 北京: 北京有色金属研究总院, 2007.

[73] 侯波, 李永春, 李建荣, 谢水生, 铝合金连续铸轧和连铸连轧技术 [M]. 北京: 冶金工业出版社, 2010.

[74] 刘静安, 谢水生. 铝合金材料应用与开发 [M]. 北京: 冶金工业出版社, 2011.

[75] FU Yao, Xie Shuisheng, Xiong Baiqing, Huang Guojie, Cheng Lei. Effect of rolling parameters on plate curvature during snake rolling [J]. Journal of Wuhan University of Technology, accepted.

[76] 付垚, 谢水生, 熊柏青. 主应力法计算蛇形轧制的轧制力 [J]. 塑性工程学报, 2010, 17 (6): 103 ~ 109.

[77] Qiang Li, Yan Wang, Shuisheng Xie, Guojie Huang. Numerical simulation of microstructure and solutal microsegregation formation of ternary alloys during solidification process, Iron Making and Steel Making, UK, 2008.

[78] 程磊, 谢水生, 黄国杰. 中国铝板带箔轧制工业的发展 [J], 轻合金加工技术, 2007, 35 (11).

[79] Shuisheng Xie, Haoqiang Yang, Guojie Huang. Numerical simulation of continuous roll – casting

process of Aluminum alloy. Trans. Nonferrous Met. Soc. China, 2006.

[80] Shuisheng Xie, Lei Cheng. Aluminum rolling in China: quality, quantity and market development. 4th Chinese Aluminium Conference, 2006.

[81] 刘静安, 谢水生. 铝及铝合金加工材料的研究与开发趋向 [C]. 第十一届有色金属学会材料科学与工程合金加工学术研讨会文集. 2005.

[82] 谢水生. 我国有色金属加工发展中的几个热点问题 [C]. 中国有色金属学会第六届学术年会论文集. 北京, 2005.

[83] Shen J, Song Y Q, Xie S S, Gottstein G. Modelling hot deformation of Al – Zn – Mg alloy, Thermec'2003, PTS 1 – 5 Materials Science Forum 426: 3843 ~ 3848.

[84] 谢水生, 朱琳. 高效、节能、短流程加工技术在有色金属加工中的应用 [J], 中国机械工程, 2002, 13 (19): 1631 ~ 1633.

[85] Zhu Lin, Xie Shuisheng, He jinyu. Development and Application of Processing Technology on High Efficiency, Energy Saving and Short Process in China. New materials and technologies in 21st Century, Proceedings of the sixth Sino – Russian International Symposium on new materials and Technologies, 2001.

冶金工业出版社部分图书推荐

书　　名	定价（元）
铝加工技术实用手册	248.00
铝合金熔铸生产技术问答	49.00
铝合金熔炼与铸造技术	32.00
铝合金连续铸轧和连铸连轧技术	36.00
铝合金热轧及热连轧技术	30.00
铝合金中厚板生产技术	38.00
铝合金冷轧及薄板生产技术	32.00
铝合金挤压工模具技术	35.00
铝箔生产技术	28.00
铝合金特种管、型材生产技术	36.00
铝合金材料组织与金相图谱	120.00
铝及铝合金粉材生产技术	28.00
铝合金型材表面处理技术	39.00
铝合金生产安全及环保技术	29.00
金属板材精密裁切 100 问	20.00
特种金属材料及其加工技术	36.00
钛冶金	69.00
大型铝合金型材挤压技术与工模具优化设计	29.00
铝型材挤压模具设计、制造、使用及维修	43.00
镁合金制备与加工技术	128.00
半固态镁合金铸轧成形技术	26.00
铜加工技术实用手册	268.00
铜加工生产技术问答	69.00
铜水（气）管及管接件生产、使用技术	28.00
铜加工产品性能检测技术	36.00
冷凝管生产技术	29.00
铜及铜合金挤压生产技术	35.00
铜及铜合金熔炼与铸造技术	28.00
铜合金管及不锈钢管	20.00
现代铜盘管生产技术	26.00
高性能铜合金及其加工技术	29.00
薄板坯连铸连轧钢的组织性能控制	79.00
彩色涂层钢板生产工艺与装备技术	69.00
连续挤压技术及其应用	26.00
金属挤压理论与技术	25.00
金属塑性变形的实验方法	28.00
复合材料液态挤压	25.00